TAGUNGSBERICHT
Nr. 119

Aktuelle Probleme der Getreideforschung

Wissenschaftliche Vortragstagung
im Institut für Getreideforschung
Bernburg-Hadmersleben
der Akademie der Landwirtschaftswissenschaften
der Deutschen Demokratischen Republik
vom 17. bis 19. Februar 1971

1972
AKADEMIE
DER LANDWIRTSCHAFTSWISSENSCHAFTEN
DER
DEUTSCHEN DEMOKRATISCHEN REPUBLIK

Herausgeber: Akademie der Landwirtschaftswissenschaften
der Deutschen Demokratischen Republik

Chefredakteur: Prof. Dr. sc. agr. HANSGEORG STEIKHARDT, Direktor des Instituts
für Getreideforschung Bernburg-Hadmersleben der Akademie

Herstellung: Institut für Landwirtschaftliche Information und Dokumentation Berlin
Erschienen im Akademie-Verlag GmbH, 108 Berlin, Leipziger Straße 3–4

Lizenznummer: 202 · 100/542/72
P 497/71
Satz, Druck und Bindung: VEB Druckerei »Gottfried Wilhelm Leibniz«,
445 Gräfenhainichen/DDR · 3874
Bestellungen durch den Buchhandel
Bestell-Nr. 808 194 6

Inhalt

Vorwort 7

Steikhardt, Hg.
Gesellschaftlicher Aspekt der Weltgetreideproduktion 9

Schmalz, H.
Die Frühdiagnose in der Getreidezüchtung 15

Makowski, N.
Ertragsanalytische Untersuchungen an der Wintergerste und die Erfassung funktionaler Zusammenhänge im Ertragsaufbau 31

Focke, R.
Der Kornbildungswert der Blattfläche von Getreide (mit Empfehlungen für die Züchtung) 33

Apel, P.
Über Wechselbeziehungen zwischen Assimilatbildung und -speicherung 41

Damisch, W.
Photosynthese und Ertrag, untersucht an Gefäßversuchen mit Winterweizen . . . 47

Zwicker, R.
Untersuchungen zum Wasserverbrauch bei einzelnen Genotypen und Möglichkeiten der Frühdiagnose 55

Vielemeyer, H.-P.; Hundt, I.; Neubert, P.
Untersuchungen zur Ermittlung von Mineralstoffgrenzwerten als Parameter für die Beurteilung des Ernährungszustandes bei Getreide 65

Wurl, G.
Über den Zusammenhang zwischen N-Umlagerung und Kornertrag bei Getreide . . 71

Klein, G.
Die Wirkung einiger Wachstumsregulatoren auf Ertrag und qualitätsbeeinflussende Parameter bei Getreide 79

Vasel, H.
Über Versuche zur Entwicklungshemmung von Winterroggen mit Hilfe applizierter Entwicklungsregulatoren 87

Bätz, G.; Bahn, E.; Meinel, A.
Gedanken zur Verkürzung der Prüfungsdauer in der Getreidezüchtung durch Klassifikation der Umweltbedingungen 95

Körschens, M.
Die Ermittlung des Stichprobenumfanges für teilstückweise zu bestimmende Prüfmerkmale in der Getreidezüchtung 105

Bock, H.-D.; Wünsche, J.; Kreienbring, F.; Herrmann, U.
Einige Aspekte zur züchterischen Verbesserung der Proteinzusammensetzung von Futtergetreide aus der Sicht der Eiweißforschung 113

Wustrack, H. - J.; Szigat, G.
Möglichkeiten der züchterischen Beeinflussung der N-Verwertung bei Futtergersten 121

Meinel, A.; Noske, I.
Ergebnisse mehrjähriger Leistungsprüfungen mit Winterweizenstämmen bei gestaffelten N-Gaben 129

Richter, K.; Herdam, H.
Erste Ergebnisse von Kreuzungen mit 'Atlas 66' 137

Mettin, D.; Müller, F.; Schlegel, R.
Untersuchungen an Valenzkreuzungen beim Roggen (*Secale cereale* L.) 3. Mitt.: Über die Häufigkeit von 3 x- und 4 x-Bastarden unter verschiedenen Bestäubungsbedingungen 145

Mettin, D.; Balkandschiewa, J.; Müller, F.
Untersuchungen an trisomen Formen des Roggens (*Secale cereale* L.) 153

Deutschmann, G.
Genetische Differenzen des Paarungsverhaltens von Roggenchromosomen 163

Friedrich., H. A.
Die Kreuzungsbarriere des *Secale-silvestre*-Genoms gegen andere *Secale*-Genome . . . 167

Hempel, G.
Secale vavilovii als Partner in Valenzkreuzungen 175

Künzel, G.
Über Möglichkeiten der Nutzung von Translokationen in der Züchtung 181

Thiele, M.; W. Porsche
Ergebnisse eines Versuches mit einer Modellpopulation bei Sommerweizen — Verhalten von unterschiedlichen Genotypen in Rein- und Mischsaat 187

Spaar, D.; Schmelzer, K.
Die derzeitige Situation des Auftretens von Getreidevirosen in der DDR und mögliche Entwicklungstendenzen 193

Oldach, K.-O.
Grundsätze bei der Intensivierung der Getreideproduktion aus volkswirtschaftlicher Sicht 203

MICHEL, H. J.
Zur zweckmäßigen Gestaltung von Umfang und Struktur der Getreideproduktion in Gebieten mit großräumigen Meliorationsvorhaben 211

BERNHARDT, H.
Die Bedeutung der Technologie bei der Intensivierung der Getreideproduktion . . . 217

KROSCHEWSKI, A.
Zu Fragen der möglichen Mähdrescherausnutzung in der Kampagne 223

ZEHLER, W.
Verlustmessungen am Mähdrescher 231

GÖRLITZ, H.; ANSORGE, H.; HAGEMANN, O.; JAUERT, R.; SPECHT, G.
Produktionsfunktionen der Stickstoffdüngung auf verschiedenen Standorten . . . 239

EBERT, K.; RINNO, G.
Ökonomischer Einsatz hoher N-Gaben in der Getreideproduktion durch preisliche Bewertung des Rohproteingehaltes 247

BANNEICK, A.; STUMPE, H.; WICKE, H.-J.
Wirkung der N-Spätdüngung auf Ertrag und Rohproteingehalt des Getreides in Abhängigkeit von anderen Intensivierungsmaßnahmen 253

RINNO, G.; EBERT, K.
Einfluß der N-Düngung auf den Gehalt an Lysin, Tryptophan, Methionin und Cystin im Rohprotein verschiedener Winterweizensorten 257

KÜHN, G.
Güllekopfdüngung zu Winterweizen 267

STOCK, H.-G.; WICKE, H.-J.
Erfassung der Wirkung von Witterungsfaktoren und pflanzenbaulichen Maßnahmen auf die Ertragsbildung des Getreides durch phänometrische Untersuchungen . . . 277

WICKE, H.-J.; STOCK, H.-G.
Wirkung der Bewässerung sowie der Anbaukonzentration auf Ertrag und Ertragsstruktur 287

KRATZSCH, G.
Einfluß von Reihenweite auf Standfestigkeit, Ertrag und Ertragsstruktur 295

BANNEICK, A.
Wirkung verschiedener pflanzenbaulicher Maßnahmen auf die Ertragskomponenten von Winterweizen 303

FEYERABEND, G.; BUHR, L.
Neue Erfahrungen zur Windhalmbekämpfung in Getreide 307

STEIKHARDT, HG.
Probleme des Körnermaisanbaues 313

HERZOG, G.
Zu einigen Fragen der Bodenbearbeitung im Getreidebau 323

KÖNNECKE, G.
Intensivierung der Getreideproduktion innerhalb von Fruchtfolgen mit hoher Getreidekonzentration durch phytosanitäre Maßnahmen 333

SMUKALSKI, M.
Zu einigen Problemen des Produktionsprofils aus der Sicht des Getreidebaues . . . 345

KNOCH, G.
Experimentelle Befunde aus der Fruchtfolgeforschung Getreide 355

Vorwort

Vom 17. bis 19. Februar 1971 fand im Institut für Getreideforschung Bernburg-Hadmersleben eine wissenschaftliche Vortragstagung über Probleme der Getreideforschung statt. Sie wurde gemeinsam mit weiteren wissenschaftlichen Einrichtungen der Akademie der Landwirtschaftswissenschaften der Deutschen Demokratischen Republik und den Universitäten sowie Zuchtstationen der VVB Saat- und Pflanzgut durchgeführt und setzte die in den Vorjahren organisierten Weiterbildungsveranstaltungen fort.
Dem komplexen Charakter der Forschung entsprechend standen Referate sowohl aus der Grundlagenforschung und Züchtung als auch aus der Produktionsforschung auf dem Programm. Diese Disziplinen stellen maßgebende Kettenglieder der Getreideforschung dar und haben die wichtige Aufgabe, das Ertragspotential des Getreides zu erhöhen und dieses Ertragspotential optimal nutzbar zu machen.
In Auswertung der 14. Plenartagung und in Vorbereitung des VIII. Parteitages der Sozialistischen Einheitspartei Deutschlands stellte sich die Vortragstagung die Aufgabe, über den modernsten Stand der Forschung auf Schwerpunktgebieten zu informieren, neue Probleme und Lösungswege zu diskutieren sowie Erfahrungen und Impulse zu vermitteln. Sie wollte dadurch die Effektivität der Getreideforschung erhöhen und diese noch besser zur unmittelbaren Produktionskraft entwickeln.
Die Themen der Vorträge, die in diesem Heft veröffentlicht werden, zeigen im einzelnen die Schwerpunkte, über die referiert wurde. Die zahlreichen Beiträge zu Problemen der Grundlagen- und Züchtungsforschung beweisen, daß diesen Disziplinen bei der Lösung der gestellten Aufgaben große Beachtung geschenkt wird. Auf dem Sektor der Produktionsforschung standen Arbeiten zur Steigerung der Erträge und zur Erzeugung von Getreide mit neuem höherem Eiweißgehalt im Vordergrund.
Insgesamt darf eingeschätzt werden, daß die wissenschaftliche Tagung einen weiteren Baustein zu höheren Leistungen in der Getreideforschung geschaffen hat und in allen Forschungseinrichtungen zielstrebig daran gearbeitet wird, die von Partei und Regierung gestellten Aufgaben in der Getreidewirtschaft zum Wohle und zur allseitigen Stärkung unserer Deutschen Demokratischen Republik konsequent und termingerecht zu erfüllen.

Prof. Dr. sc. agr. Hg. STEIKHARDT

Tag.-Ber. Akad. Landwirtsch.-Wiss. DDR · Nr. 119 · 1972 · S. 9–13

Institut für Getreideforschung Bernburg-Hadmersleben
der Akademie der Landwirtschaftswissenschaften
der Deutschen Demokratischen Republik

HANSGEORG STEIKHARDT

Gesellschaftlicher Aspekt der Weltgetreideproduktion

Im Mittelpunkt unseres gesamten Schaffens und Wirkens steht die weitere allseitige Stärkung unserer Deutschen Demokratischen Republik. Das legte der Erste Sekretär des Zentralkomitees der SED und Vorsitzende des Staatsrates, Genosse WALTER ULBRICHT, in seinem Referat auf der 15. Tagung des Zentralkomitees der SED erneut dar.

Wir alle tragen dazu eine große politische Verantwortung, da nahezu 20% der gesellschaftlichen Gesamtproduktion in der Land- und Nahrungsgüterwirtschaft erzeugt werden, um die Bevölkerung mit Nahrungsgütern und die Industrie mit Rohstoffen zu versorgen.

In diesem Ringen um die Stärkung unseres Arbeiter-und-Bauernstaates und in der Auseinandersetzung mit dem Imperialismus spielt die Entwicklung der Getreidewirtschaft in der DDR eine maßgebende Rolle.

Getreide ist für fast alle Menschen auf unserem Erdball die Ernährungs- und damit die Lebensgrundlage. Von der gesamten Ackerfläche der Welt, die rund 1,4 bis 1,5 Milliarden Hektar beträgt, werden mehr als 700 Mill. Hektar mit Getreide bebaut. Die Produktion ist in den letzten zwei Jahrzehnten sehr gesteigert worden. Während vor zwanzig Jahren 690 Mill. Tonnen geerntet wurden, belief sich die Erzeugung in den letzten Jahren auf 1,1 Milliarden Tonnen. Die Pro-Kopf-Produktion beträgt damit bei einer Bevölkerungszahl von 3,5 Milliarden Menschen mehr als 300 kg Getreide. Im Weltmaßstab gesehen könnte deshalb von einer positiven Entwicklung der Getreideproduktion gesprochen werden. In Wirklichkeit jedoch sind Hektarerträge und Produktionsleistungen und damit die Bedarfsdeckung in den einzelnen Ländern sehr unterschiedlich. In Asien, Lateinamerika und auch Afrika gibt es ausgesprochene Hungergebiete, und jede Dürreperiode und Mißernte kostet oft Tausenden von Menschen das Leben. Etwa 500 bis 600 Mill. Menschen leiden unter Hunger, und 1,5 Milliarden Menschen haben eine unzureichende Ernährung, das geht aus Berechnungen der FAO hervor.

Zahlreiche Stimmen in den kapitalistischen Ländern führen diese Bilanz auf das schnelle Bevölkerungswachstum zurück und folgern, daß die 6 bis 7 Milliarden Menschen wohl kaum ernährt werden können, die im Jahre 2000 auf unserem Erdball leben werden. Die Lehre von MALTHUS erfährt eine Neuauflage. Anstelle armer und reicher Menschen werden arme und reiche Nationen als

Naturgesetz deklariert. Für bestimmte Völker und vor allem für bestimmte Bevölkerungsschichten werden Familienplanung, Fruchtbarkeitsbeschränkung und Enthaltsamkeit als einzig mögliche Auswege propagiert. Diese Lehre dient darüber hinaus den aggressiven Kreisen des Imperialismus zur Befürwortung des Krieges als einem Mittel, das Gleichgewicht zwischen Bevölkerungszuwachs und Nahrungsgüterproduktion zu sichern. Durchsichtig sind auch jene Behauptungen, die in bewußter Überschätzung der Möglichkeiten der USA glaubhaft machen wollen, daß die Vereinigten Staaten von Amerika allein in der Lage seien, Nahrungsmittel in größerem Umfang bereitzustellen und deshalb politische und wirtschaftliche Gefolgschaft der USA sich lohne und eines Tages auszahle.

Dagegen fehlt jede Kritik an der staatsmonopolistischen Regulierung und Drosselung der Reis- und Weizenproduktion in den USA durch die sogenannte „Bodenbank" und die Herabsetzung der Stützpreise, deren Aufgabe es ist, Getreideanbauflächen je nach dem Verhältnis von Angebot und Nachfrage aus der Produktion zu ziehen und den Farmern für die Nichtbestellung des Ackers Prämien zu zahlen. Auch die Denaturierung und Vernichtung hochwertiger Lebensmittel wie Weizen, Obst, Gemüse, Zucker und Butter innerhalb der EWG und in anderen kapitalistischen Staaten wird ohne jeglichen Protest hingenommen. Im Gegenteil, ohne Rücksicht auf Millionen hungernder Menschen werden Argumente gesucht, die die Einschränkung der landwirtschaftlichen Produktion rechtfertigen sollen. Die imperialistischen Staaten, besonders aber die USA, erzeugen diese Situation planmäßig, um sie politisch ausnutzen zu können. Sie knüpfen an den Handel mit dem lebensnotwendigen Getreide politische Bedingungen und versuchen, die Länder unter Druck zu setzen und in ihre Globalstrategie einzubeziehen, die den Bedarf an Nahrungsmitteln noch nicht aus eigener Produktion decken können.

Wir aber wissen, daß Hunger vor allem ein gesellschaftliches Problem und weniger ein naturwissenschaftlich-landwirtschaftliches darstellt. Deshalb können weder die USA noch andere kapitalistische Staaten die Erlöser aus der Not sein. Die Verhältnisse in den USA selbst und in anderen Gebieten der Welt klagen die antihumanistische Politik der herrschenden Klasse in den imperialistischen Ländern an. Anstatt die Getreideproduktion den vorhandenen Möglichkeiten entsprechend immer mehr zu steigern, werden Maßnahmen zur Drosselung der Erzeugung und zur Vernichtung von Nahrungsgütern im Interesse des Profits ergriffen. Die gesamte landwirtschaftliche Produktion ist der Politik der Monopole untergeordnet, und aus diesem Grunde weichen Produktionsmöglichkeiten und Produktion weit voneinander ab. „17 Millionen Amerikaner gehen abends hungernd ins Bett", führte seinerzeit JOHN F. KENNEDY in seiner Amtsantrittsrede im Jahre 1961 aus, und Präsident NIXON betonte 1969 in seinem Wohlfahrtsprogramm, daß 22 Millionen Amerikaner und ihre Kinder unter dem Existenzminimum leben.

In den sozialistischen Ländern bilden die Produktionsverhältnisse dagegen keine Schranke für die Produktion. Hier werden alle Maßnahmen eingeleitet, um die Getreideerzeugung ständig zu verbessern. So wurde die Getreideproduktion in der gesamten Welt in den letzten 15 bis 20 Jahren nur auf 152 Prozent erhöht, während sich die Erzeugung in den Mitgliedsländern des RGW auf 175 Prozent steigerte. Die Weltweizenproduktion stieg in zwei Jahrzehnten auf 166 Prozent, die der RGW-Staaten erreichte jedoch 214 Prozent.

Auch die unterschiedliche Entwicklung beispielsweise im mittelasiatischen Raum bestätigt, daß Hunger vor allem ein gesellschaftliches Problem darstellt und durch sozialistische Produktionsverhältnisse beseitigt wird. Während der Sozialismus aus den mittelasiatischen Republiken der Sowjetunion – Usbekistan, Kirgisien, Aserbaidshan usw. – blühende Gebiete gestaltet, gehören in den angrenzenden Ländern Iran, Afghanistan oder Pakistan, die nahezu gleiche Umweltverhältnisse aufweisen, nach wie vor Hunger und Krankheiten zum kapitalistischen oder feudalistischen Herrschaftssystem.

Aus diesen Gründen werden es in zunehmendem Maße die sozialistischen und nicht die kapitalistischen Länder sein, auf welche die Völker, insbesondere die der jungen Nationalstaaten und Entwicklungsländer, schauen und von denen sie Hilfe und Unterstützung im Kampf gegen Hunger und Unterdrückung erwarten. Deshalb sind Getreidelieferungen aus der Sowjetunion und anderen sozialistischen Staaten eine wichtige und notwendige politische Maßnahme.

Daraus resultieren für uns hohe Verpflichtungen, und in diesem Zusammenhang ist auch die Hauptaufgabe der Getreidewirtschaft in unserer Republik zu sehen. Es geht darum, die Hektarerträge und damit die Getreideproduktion zu verbessern, um einerseits die Versorgung mit Getreide immer mehr aus eigenem Aufkommen zu sichern und von den Schwankungen des Weltmarktes unabhängig zu machen und andererseits größere Getreidelieferungen aus den sozialistischen Ländern, insbesondere aus der Sowjetunion, an die jungen Nationalstaaten zu ermöglichen und dadurch deren immer bessere Unterstützung im Kampf gegen den USA-Imperialismus zu garantieren.

Der zukünftige Bedarf unserer Volkswirtschaft an Getreide beläuft sich auf 11 bis 12 Mill. Tonnen. Heute produzieren wir jedoch nur 7 Mill. Tonnen. Vor der Getreidewirtschaft unserer Republik steht also die große Aufgabe, die Getreideerzeugung auf 150 bis 160 Prozent zu erhöhen. Neben dieser Steigerung der Produktion geht es aber auch um eine qualitätsmäßige Profilierung der Getreideerzeugung. Wir müssen in zunehmendem Maße nicht nur schlechthin Getreide anbauen, sondern dessen Produktion nach der Nutzung und Verwertung organisieren und einrichten.

Von den 11 Mill. Tonnen Getreide, die wir zukünftig brauchen, werden 3 Mill. in der Nahrungsgüterwirtschaft und etwa 8 Mill. in der Tierproduktion benötigt. Der große Anteil des Getreides für die Tierproduktion liegt darin begründet, daß erstens eine hocheffektive Tierproduktion ohne Erhöhung des Kraftfutteranteiles undenkbar ist und zweitens die klassischen Kraftfuttermittel wie Futtergerste, Sojaschrot, Erdnußkuchen, Fisch- und Fleischmehle, Extraktionsschrote usw. auf dem Weltmarkt immer knapper und deshalb deren Importe immer schwieriger und auch teurer werden.

Andererseits resultiert aus dem Einsatz des Getreides als Kraftfutter die Aufgabe und Konsequenz, in immer stärkerem Maße Getreide mit einem hohen Eiweiß- und Lysingehalt zu erzeugen. Aus diesem Grunde müssen wir beim Getreide für die Mischfutterindustrie einen Eiweißgehalt von 16 bis 18 Prozent anstreben. Unser heutiges Getreide besitzt aber nur 11–13 Prozent. Das heißt also für die Zukunft, daß wir immer mehr zwischen Getreide für die Tierproduktion bzw. Mischfutterindustrie und Getreide für die Nahrungsgüterwirtschaft unterscheiden müssen. Beide Nutzungsrichtungen stellen unterschiedliche Anforderungen an die Qualität des Getreides, und diese verschiedenen Zielsetzungen werden auch die gesamte Produktionskette von der Planung über den Anbau und die Ernte bis zur Abnahme, Lagerung und Verarbeitung beeinflussen.

Für die Agrarforschung, die sich unter Führung der Partei der Arbeiterklasse immer mehr zu einer unmittelbaren Produktivkraft entwickelt, ergibt sich daraus die Verpflichtung, den entsprechenden Vorlauf in der Forschung und die entsprechenden wissenschaftlichen Grundlagen für die der Getreidewirtschaft gestellten Ziele zu schaffen.

Wir wissen, daß Forschung nicht der Sammlung irgendwelcher Erkenntnisse schlechthin dient oder etwas bedeutet, was sich in einem abstrakten Raum abspielt, sondern immer ein gesellschaftlicher Auftrag ist, von dessen Erfüllung die Gesellschaft einen Nutzen erwartet. Auch bejahen wir voll die Forderung, Stärke und Ansehen unseres Staates mit allen Kräften zu fördern. Aus diesem Grunde haben wir das vom Genossen Gerhard Grüneberg vorgegebene wissenschaftliche Ziel von 100 dt/ha Getreide zur Schwerpunktaufgabe unserer Arbeiten gemacht und Lösungswege festgelegt, mit deren Hilfe die entsprechenden Parameter vollinhaltlich und termingerecht erreicht werden. Dieses hohe Ziel in der wissenschaftlichen Arbeit ist notwendig, um den Vorlauf für die sozialistische Landwirtschaft voll zu sichern.

Walter Ulbricht sagte auf der 15. Tagung des Zentralkomitees: „In den nächsten Jahren ist es notwendig, neue Ergebnisse der Wissenschaft und Technik in breiterer Form für die Entwicklung der Pflanzen- und Tierproduktion wirksam zu machen, die weitere Voraussetzungen für den planmäßigen Prozeß der sozialistischen Intensivierung mit dem Schwerpunkte der Rationalisierung in den nächsten Jahren schaffen sollen.“

Unsere Veranstaltung setzt sich in Vorbereitung auf den VIII. Parteitag der SED deshalb das Ziel, durch den Vortrag moderner Forschungsergebnisse sowie den Austausch wissenschaftlicher Erkenntnisse und Erfahrungen dazu beizutragen, den wissenschaftlichen Vorlauf in der Forschung zu gewährleisten und die wissenschaftlichen Grundlagen für die weitere Steigerung der Getreideproduktion zu erarbeiten. Weiterhin bieten die zahlreichen Referate Gelegenheit, Bilanz zu ziehen und einen Überblick über den Stand der Forschungsarbeiten zu erhalten.

Nicht zuletzt dürften auch die persönlichen Begegnungen während dieser Tage neue Impulse für die zukünftige Arbeit vermitteln.

In diesem Sinne eröffne ich unsere Weiterbildungsveranstaltung und wünsche der Tagung einen guten Verlauf und Ihnen allen einen angenehmen Aufenthalt in Bernburg!

Literatur

FRUCK, H.: Weltproblem Getreide. Einheit 25 (1971), S. 1219–1225

ULBRICHT, W.: Die politische Vorbereitung des VIII. Parteitages. Referat auf der 15. Tagung des Zentralkomitees der SED

Anschrift des Verfassers:

Prof. Dr. sc. agr. HANSGEORG STEIKHARDT
Institut für Getreideforschung Bernburg-Hadmersleben
der Akademie der Landwirtschaftswissenschaften
der Deutschen Demokratischen Republik
4351 Bernburg-Strenzfeld, Mitschurinstraße 22

Tag.-Ber. Akad. Landwirtsch.-Wiss. DDR · Nr. 119 · 1972 · S. 15–30

Sektion Pflanzenproduktion – Lehrstuhl für Pflanzenzüchtung, Hohenthurm – der Martin-Luther-Universität Halle-Wittenberg

HELLMUT SCHMALZ

Die Frühdiagnose in der Getreidezüchtung

Das Verfahren der Frühdiagnose, die Vorhersage der Leistung einer Kulturpflanze im Nutzungsstadium aus ihrer Jugendleistung bzw. aus bestimmten Jugendzuständen, ist nicht neu. Schon seit vielen Jahrzehnten ist mit mehr oder weniger großem Erfolg versucht worden, diese Art einer Prognose in der Züchtung bzw. der Züchtungsforschung zu praktizieren.

Das auf diesem Gebiet sehr verstreute Schrifttum erfuhr 1957 durch die Herausgabe eines Sonderheftes der Zeitschrift „Der Züchter" (STUBBE u. SCHMIDT, 1957) eine Zusammenfassung, womit schon damals auf die große Bedeutung dieses Forschungsgebietes aufmerksam gemacht wurde.

Beim Studium der damaligen und der inzwischen angefallenen Literatur wird allerdings deutlich, daß Frühdiagnoseforschung bisher in erster Linie bei langlebigen Kulturpflanzen, Forstgehölzen, Reben und Obstarten, betrieben worden ist. Hier ist die Frühdiagnose aus naheliegenden Gründen auch besonders bedeutsam, da bei diesen Zuchtobjekten ohne eine Frühdiagnose, und in der Folge davon eine Frühselektion, unselektierte Populationen mit einem hohen Anteil unbrauchbarer Genotypen unter großen Kosten und mit einem hohen Flächenbedarf bis in das Ertragsalter angezogen werden müssen, ehe Entscheidungen fallen können.

MITSCHURIN schloß bereits von den Hypokotyl- und Keimblattmerkmalen junger Apfelsämlinge auf deren Fruchtmerkmale im Ertragsstadium (SCHMIDT, 1950). Besonders alte Nachzuchtteste mit Kiefer-Herkünften stammen von A. de VILMORIN schon aus dem Jahre 1830. Sie zeigten, daß bestimmte Jugendunterschiede bis in Altersstadien beibehalten wurden (SCHMIDT, 1957).

Von einem breit angewendeten System der Frühdiagnose bei kurzlebigen Kulturpflanzen, etwa dem Getreide, konnte und kann leider noch nicht die Rede sein, obwohl auch hier zahlreiche Beispiele für erfolgreich praktizierte Frühdiagnosen schon lange bekannt sind.

Die Autoren des oben erwähnten Sonderheftes weisen deshalb mit Recht wiederholt auf Frühdiagnose-Beispiele bei kurzlebigen Pflanzen hin und betonen deren hohen Wert als Modellbeispiele für Frühdiagnosen bei langlebigen Zuchtobjekten, für deren züchterische Bearbeitung, wie ausgeführt, Methoden der Frühdiagnose einerseits besonders wichtig sind, der Nachweis der Richtig-

keit von Frühdiagnoseverfahren gleichzeitig aber viel schwieriger als bei kurzlebigen zu erbringen ist.
Lärchen-Nachkommenschaften zeigten bei normaler Anzucht erst im Alter von 11 Jahren eine gute Beziehung zu ihrer Altersleistung im Alter von 45 Jahren (Fischer, 1953).
Voraussetzung für jede Frühdiagnose ist der Nachweis korrelativer Beziehungen zwischen der Jugendleistung bzw. den Jugendeigenschaften und der Leistung im Nutzungsalter. Dieser Nachweis ist bei kurzlebigen Zuchtobjekten, wie schon betont, schneller zu führen als bei langlebigen; ob immer leichter, ist eine andere Frage, auf die noch zurückzukommen ist.
Wir werden dabei sehen, daß sich beim Getreide hinsichtlich der Prognose der Ertragsleistung gewisse Schwierigkeiten auftun, die durch eine intensive weitere Forschungsarbeit überwunden werden müssen.
Gerade beim Getreide ist es erforderlich, auf dem Gebiet der Frühdiagnoseforschung große Anstrengungen zu machen, da nur so die großen Aufgaben, die der Getreidezüchtung der Deutschen Demokratischen Republik gestellt worden sind, erfüllt werden können. Frühdiagnoseverfahren sind hier insbesondere notwendig, wenn es gilt, die Schaffung und Einführung neuer Sorten in die sozialistische landwirtschaftliche Praxis zu beschleunigen.
Dabei bieten die verschiedenen bekannten Frühdiagnoseverfahren schon gute Ansatzpunkte, die nur darauf warten, wirkungsvoll genutzt zu werden. Vieles bleibt aber in der Frühdiagnoseforschung noch zu tun, ehe aus den einzelnen Methoden ein System der Frühdiagnose werden kann.
Der klassische und in der Vergangenheit nahezu ausschließlich gesehene Fall einer Frühdiagnose liegt vor, wenn von der Jugendleistung einer Einzelpflanze auf deren Leistung im Nutzungsstadium geschlossen wird. Im Prinzip ist der gleiche Fall gegeben, wenn einer solchen Prognose eine Linie oder ein Stamm unterworfen wird. Es ist das in beiden Fällen eine ausschließlich ontogenetisch gesehene Betrachtungsweise.
So eng sollte der Begriff der Frühdiagnose künftig aber nicht gefaßt werden.
Sicher können zur Frühdiagnose auch alle die Verfahren gerechnet werden, die aus der Untersuchung von frühen Kreuzungs-Generationen auf die Selektionschancen in späteren Generationen solcher Kreuzungen zu schließen suchen. Dieses Vorgehen scheint berechtigt zu sein, wenn das gewöhnlich in etwas späteren Generationen liegende „Auslesestadium" als das „Nutzungsstadium" einer Population angesehen wird.
Auch die Vorhersage von Hybrideffekten kann natürlich zur Frühdiagnose gezählt werden.
Dagegen sollten Massen-Selektionsverfahren und Mikrountersuchungsmethoden nicht unter die Frühdiagnosemethoden eingeordnet werden. Die Bestimmung der Backqualität an Einzelpflanzen mit Hilfe einer Mikromethode z. B. ist an sich noch keine Frühdiagnosemethode, da sie auch nur das Nutzungsstadium untersucht. Sie wird höchstens zum Bestandteil eines Frühdiagnoseverfahrens, wenn es mit ihrer Hilfe gelingt, schon F_1- und F_2-Einzelpflanzen

zu untersuchen und damit Vorhersagen auf Selektionschancen in späteren Generationen zu begründen.
Zu diskutieren ist, ob Ertragsprüfungen unter standardisierten Mikrobedingungen im Freiland, in Gefäßen oder im Phytotron zur Frühdiagnose zu rechnen sind. Ich bin geneigt, sie dazu zu zählen, obwohl hier nicht damit gerechnet werden kann, daß sich das Ertragspotential des Prüfmaterials unter derartigen Bedingungen völlig normal zu erkennen gibt. Es werden in solchen Fällen immer gewisse Abstraktionen notwendig sein, um den Wert eines Versuchsgliedes zutreffend zu beurteilen.
Die spezifischen Vorteile bzw. Möglichkeiten von Frühdiagnoseverfahren lassen sich im wesentlichen unter den folgenden acht Punkten zusammenfassen:

1. Es kann mit ihrer Hilfe eine besonders große Zahl von Einzelpflanzen untersucht werden, da Jungpflanzen weniger Raum als ausgewachsene erfordern. Das ist auch beim Getreide in vielen Fällen ein beträchtlicher Vorteil, insbesondere dann, wenn die gesuchten Typen als Mutanten oder Neukombinationen nur sehr selten auftreten.
2. Der Umfang des Materials, das nach einer Frühdiagnose unter Normalbedingungen weitergezogen werden muß, verringert sich beträchtlich.
3. Frühdiagnoseverfahren, die im Gewächshaus oder unter Laborbedingungen ablaufen, können in kurzen Zeitabständen aufeinander folgen, wodurch sich der Gesamtzuchtumfang erheblich vergrößern läßt.
4. Beim Roggen stellen Frühdiagnoseverfahren ein bedeutendes Hilfsmittel für eine effektive Befruchtungsregulierung dar.
5. Frühdiagnosen können im Zusammenhang mit Rückkreuzungsexperimenten, Konvergenzzüchtungsverfahren etc. helfen, die Arbeiten zu beschleunigen und effektiver zu gestalten.
6. Frühdiagnosen auf zu erwartende Hybrideffekte können dazu beitragen, den Umfang der Hybridtestungen unter Normalbedingungen, die gewöhnlich aufwendiger sind, wesentlich einzuschränken.
7. In fernerer Zukunft scheint es beim Vorliegen eines Frühdiagnose-Systems möglich zu sein, die Züchtung einer neuen Sorte überwiegend oder ausschließlich in das Gewächshaus zu verlegen.
8. Bei der Prüfung von Neuzüchtungen unter den erwähnten Mikrobedingungen kann eventuell der Prüfungsumfang verringert und die Prüfungszeit verkürzt werden.

Frühdiagnoseverfahren, die aus Jugendzuständen von Einzelpflanzen oder Stämmen deren Leistung im Nutzungsstadium vorauszusagen suchen, können auf sehr verschiedenen genetischen bzw. physiologischen Kausalzusammenhängen aufbauen:
Der einfachste diesbezügliche Fall liegt vor, wenn das Gen oder Gene, die die Altersleistung bedingen, sich schon mehr oder weniger deutlich im Jugendstadium manifestieren, ohne daß die Nutzungsleistung schon voll ausgeprägt ist.

Dieser Fall ist gegeben, wenn die Halmlänge im Reifestadium sich bereits an der Länge wenige Tage alter Keimpflanzen ablesen läßt oder die sortentypische Reaktionsstärke auf eine CCC-Applikation schon in ähnlicher Weise an jungen Keimpflanzen nachgewiesen werden kann, wie es in eigenen Versuchen (SCHMALZ et al., 1971) möglich war.

Hier kann mit hoher Sicherheit angenommen werden, daß die Gene, die den Alterszustand bzw. die Altersreaktion bestimmen, über spezifische Zellgrößen, Zellteilungsraten, histologische Gegebenheiten, Fermentsysteme etc. auch schon in jungen Pflanzen in prinzipiell gleicher oder zumindest sehr ähnlicher Weise wirksam sind.

Im Prinzip genauso dürfte es sich verhalten, wenn standfeste Formen bereits besonders stark versteifte Keimpflanzen hervorbringen, eine Erscheinung, die bei den entsprechenden Keimpflanzen-Testverfahren auf Standfestigkeit nach PECH (1937) und NIGGEMANN (1938) u. a. ausgenutzt wird.

Noch deutlicher wird dieser direkte Zusammenhang, wenn aus Merkmalen des Vegetationskegels hinsichtlich Länge oder Ährchenausdifferenzierung auf entsprechende Ähreneigenschaften im reifen Zustand geschlossen wird oder wenn Chlorophyllgehalts-Unterschiede älterer Pflanzen schon im Keimpflanzenstadium sichtbar sind. Sicher wird auch die Blatthaltung älterer Pflanzen – steile Blattstellung scheint nach neueren Untersuchungen für die Ertragsbildung vorteilhaft zu sein – schon an Keimpflanzen vorgetestet werden können. Schließlich ist hier noch der bekannte Zusammenhang zwischen der Koleoptilenfarbe und dem Hellkorn- bzw. dem Grünkorncharakter des Roggens zu nennen.

Teste auf Hybridleistung, wie etwa die Untersuchung des Wurzelwachstums von Hybridpflanzen in Hydrokultur als Hybridwirkung auch im Sproßsystem anzeigendes Kriterium, wie es von TAVČAR (1937) beim Mais und von SUR (1956) beim Roggen erfolgreich versucht wurde, rechnen ebenfalls zu dieser Art direkter Frühdiagnoseteste, da auch in diesen Fällen die frühe Wirkung von Genen untersucht wird, die unmittelbar auf die Wüchsigkeit des Sproßsystems Einfluß nehmen dürften.

Keine Frühdiagnose liegt dagegen m. E. vor, wenn an Keimpflanzen Pilzresistenzeigenschaften oder die Kälteresistenz getestet wird, da in diesen Fällen entweder das Belastungsstadium normalerweise ohnehin im Jugendstadium liegt (Kälteresistenz) oder, wie bei der Pilzresistenz, der Resistenzmechanismus im Keimpflanzenstadium bereits voll ausgeprägt ist. Daran ändert auch die Tatsache nichts, daß unter Freilandbedingungen der Befall mit Pilzkrankheiten gewöhnlich erst später auftritt.

Nur wenn solche Teste zur Vorhersage von Selektionschancen in Populationen herangezogen werden, sind sie Bestandteile einer Frühdiagnose (s. oben). Damit scheiden alle Resistenzprüfungen an Keimpflanzen bei Krankheiten, die einen festen Zusammenhang zwischen Keimpflanzen- und Stadienresistenz zeigen, aus den eigentlichen Frühtestverfahren aus.

Ein Frühdiagnoseverfahren liegt aber wieder vor, wenn aus der Größe, der Form oder der Fächerung des Fruchtknotens von Tomatenjungpflanzen auf die entsprechenden Fruchteigenschaften geschlossen wird, wie es von v. SENGBUSCH (1957) in Kreuzungsmaterial aus der Kreuzung der Kulturtomate mit *Lycopersicon pimpinellifolium* erfolgreich praktiziert wurde, da hier zum Termin der Frühdiagnose das Endmerkmal noch nicht in annähernd vollendeter Form ausgebildet war.

Für derartige direkte Zusammenhänge gibt es noch viele Beispiele, die aber nicht im einzelnen aufgeführt werden sollen. Sie sind sämtlich ihrer Natur nach weitgehend direkt, und ihr Kausalzusammenhang ist relativ leicht durchschaubar.

Zu einer indirekten Frühdiagnose gestalten sich die Vorhersagen, wenn von bestimmten Genen – und das ist bei vielen der Fall – bekannt ist, daß sie pleiotrope Wirkungen entfalten und aus einer bereits im Jugendstadium manifesten Teilwirkung eines solchen Gens auf eine erst später sichtbar werdende weitere Wirkung pleiotroper Art des gleichen Gens geschlossen wird.

Die Sicherheit solcher Frühdiagnosen hängt davon ab, wie beständig solche Pleiotropieeffekte auch in verschiedenen genetischen Hintergründen sind, was im allgemeinen, „leider" sagen die Mutationsforscher, der Fall ist.

Als Beispiel kann hierfür der pleiotrop bedingte Zusammenhang zwischen Halmlänge und Ährendichte bei der Gerstenvarietät *erectum* oder bei *erectoides*-Mutanten der Gerste genannt werden. Bei einer Frühselektion unter Gerstenkeimlingen nach der Keimlingslänge (direkte Frühdiagnose auf Pflanzenlänge) wird somit indirekt auch eine Selektion auf größere Ährendichte betrieben werden können.

Das Vorliegen von Genkopplung gestattet ebenfalls indirekte Frühdiagnosen, wenn die Kopplung genügend eng ist. Der klassische Fall hierfür ist die Ausnutzung der sehr engen Kopplung zwischen einem rezessiven Gen für einen leichten Chlorophylldefekt, der die Vitalität der Pflanzen aber nicht ernstlich beeinträchtigt und dem Gen für gefüllte Blüte bei der Levkoje (KAPPERT, 1957). Dadurch ist es bei der Produktion von gefüllten Levkojen, die infolge ihrer Sterilität immer nur aus nichtgefüllten heterozygoten Pflanzen erhalten werden können, möglich, nur die Pflanzen anzuziehen, die später gefüllt sein werden.

Es dürfte lohnend sein, beim Getreide verstärkt nach derartigen genetischen Zusammenhängen zu forschen. Ansatzpunkte ergeben sich aus den bekanntgewordenen Zusammenhängen zwischen Salztoleranz und Eiweißgehalt (MESDAG et al., 1970) bzw. Kornfarbe und Auswuchsresistenz (KAPPERT, 1957) oder Kornfarbe und Proteingehalt (TANDON et al., 1970) beim Weizen.

Neben diesen unmittelbar genetischen Zusammenhängen bietet sich in der Frühdiagnose die Ausnutzung von Kausalzusammenhängen an, die nur mittelbar genetisch bedingt sind, bei denen anatomische, histologische, physiologische bzw. entwicklungsphysiologische Prozesse so miteinander verflochten sind, daß aus der Veränderung eines Gliedes einer solchen Prozeßkette auf eine entsprechende Änderung der Folgeglieder geschlossen werden kann. Ein sehr früh angelegter, genetisch determinierter morphologisch-anatomischer Charakter

z. B. kann bestimmte andere nach sich ziehen, ohne daß für diese eine bestimmte genetische Veranlagung überhaupt vorliegen muß, oder deren genetische Veranlagung wird mehr oder weniger „überrannt“ bzw. in eine bestimmte Richtung gelenkt.

Ein in Verbindung mit einer bestimmten Umwelt früh ausgebildeter Phänotyp zieht hier sozusagen einen bestimmten Folge-Phänotyp immer oder vorzugsweise nach sich.

Schwanitz (1957) hat derartigen Zusammenhängen sehr treffend den Terminus „funktionelle Kopplung“ beigelegt.

Bemerkenswert an dieser Erscheinung ist, daß sich in vielen Fällen durch die Veränderung der Umweltbedingungen das Gleiche oder wenigstens Ähnliches erreichen läßt wie durch eine bestimmte genetische Veranlagung für die Anfangsglieder der Wirkungskette. Kurztagbehandlung kann die Ährchenzahl je Ähre genauso erhöhen wie die Gene für einen starken Langtagpflanzencharakter in einem mittellangen Tag (Schmalz, 1962).

Ein Charakteristikum derartiger Zusammenhänge ist weiterhin, daß sie nicht wie die direkten genetischen Beziehungen in ihrer Gültigkeit streng an eine Spezies oder einen noch engeren Formenkreis gebunden sind, sondern für viele verwandte Arten in ähnlicher Weise gelten.

Schließlich muß betont werden, daß bei diesen Wechselbeziehungen eine starke Abhängigkeit ihrer Gültigkeit von den jeweils herrschenden Umweltverhältnissen vorliegt.

In sehr grober Form zeigen sich solche funktionellen Kopplungen in den gewöhnlich positiven Korrelationen

Lebensdauer/Ertrag
Winter- bzw. Sommertyp/Ertrag
Reifezeit/Eiweißgehalt bzw. Stärkegehalt.

Für die Getreide-Ertragszüchtung ergibt sich die Aufgabe, solche Formen zu finden, die in Verbindung mit einer im Durchschnitt auftretenden Umwelt eine Wirkungskette ablaufen lassen, die zu einem maximalen Ertrag führt.

Die Sicherheit, mit der bei Beachtung eines solchen Zusammenhanges von Jugendzuständen auf die Leistung im Nutzungsalter geschlossen werden kann, hängt davon ab, wie wesentlich das im Jugendstadium erfaßte Merkmal für die ganze Kette ist, wie stark spätere Einflußgrößen die Wirkungskette noch zu modifizieren vermögen und in welchem Maße ertragsbeeinflussende Merkmale, wie etwa Resistenzeigenschaften, die Endausprägung des Ertrages beeinflussen können.

Ein verhältnismäßig charakteristisches Beispiel für einen Fall funktioneller Kopplung stellt der sogenannte „Gigaswuchs“ polyploider Pflanzen dar.

Ausgehend von der erhöhten Chromosomenzahl polyploider Pflanzen werden mehr oder weniger vergrößerte Zellen gebildet, die dann vergrößerte Organe etc. nach sich ziehen (Schwanitz, 1957). Der Gigaswuchs Polyploider kann sich konsequenterweise bereits an der Wurzeldicke von Keimpflanzen der Gerste äußern und eine entsprechende Frühdiagnosemöglichkeit eröffnen (Peters, 1954).

In ähnlich drastischer Weise wie bei der Polyploidie die vergrößerten Zellen stellen auch die genetischen Veranlagungen für entwicklungsphysiologische Reaktionsnormen, die sich schon in frühen Stadien auswirken, für die weitere generative Entwicklung und damit auch für das vegetative Wachstum und davon ausgehend schließlich auch für den Endertrag bestimmte Weichen.

Aus dieser Erkenntnis heraus ist von uns schon länger die Bedeutung der entwicklungsphysiologischen Veranlagung als einem solchen Weichensteller für Prozesse, die wesentlich auf die Ertragsbildung Einfluß nehmen, betont worden (Schmalz, 1953, 1962).

Der in Abbildung 1 verzeichnete Zusammenhang wurde auf Grund umfangreicher Sortimentsuntersuchungen erarbeitet.

Danach haben die Gene für photoperiodische Veranlagung eine nachhaltige Wirkung, die über Zwischen- und Nebeneffekte (Winterfestigkeit) bis zum

Wuchs-typ	Winter-ruhe	Winter-festigkeit	Generative Jugendentwicklung	Be-stockung	Be-ährung	Ährchen-zahl je Ähre	Korn-ertrag
liegend →	stärker →	höher →	langsamer →	höher →	höher →	größer →	höher
aufrecht →	schwächer →	geringer →	schneller →	geringer →	geringer →	kleiner →	geringer

Abb. 1: Schema – „Wirkungskette" vom Wuchstyp bis zum Kornertrag, die sich beim Weizen als Ergebnis verschiedener photoperiodischer Reaktionsnormen, deren Ausdruck der Wuchstyp ist, ergibt.

Ertrag reicht. Der Wuchstyp des Winterweizens im zeitigen Frühjahr wird dabei als Ausdruck der photoperiodischen Reaktionsnorm eines bestimmten Genotyps angesehen (Schmalz, 1953).

Wenn diese Wirkungskette richtig konzipiert ist und im allgemeinen gilt, muß sich darauf eine Frühdiagnosemethode aufbauen lassen.

Zur Überprüfung dieser Annahme ist von uns bereits vor längerer Zeit ein entsprechender Frühdiagnoseversuch angestellt worden, dessen Ergebnisse im weiteren mitgeteilt werden sollen, da bisher noch keine Publikation erfolgte.

Am 3. 5. 1951 wurden in 30 Winterweizen-Populationen, die als „Populationen zur Auslese" mit einem Einzelpflanzenstandraum von 20 × 10 cm angebaut waren, je 5 bis 6 Pflanzen mit einem ausgesprochen aufrechten bzw. extrem niederliegenden Wuchstyp markiert, geerntet und im Herbst 1951 als A-Stämme auf fünfreihigen Parzellen (1,5 m Reihenlänge, 20 cm Reihenabstand, Pflanzenentfernung in der Reihe 5 cm) angebaut.

Da die Populationen in F_7- bis F_{11}-Generationen standen, ergaben sich in den A-Stämmen nur in Ausnahmefällen noch sichtbare Aufspaltungen. Insgesamt wurden 320 Nachkommenschaften in den Jahren 1951/52 bis 1953/54 nachgebaut und untersucht.

Die Bonitur des Wuchstypes der Nachkommenschaften am 15. 5. 1952 zeigte, daß sich die 1951 festgestellten Wuchstypunterschiede an den Nachkommenschaften weitgehend reproduzierten.
Über alle Populationen hinweg ergaben sich die in Tabelle 1 verzeichneten Ergebnisse.
Die Nachkommen der 1951 niederliegenden Pflanzen wiesen wieder bevorzugt

Tabelle 1

Ergebnisse von Wuchstyp-Bonituren 1952 an 320 Nachkommenschaften von Einzelpflanzen mit aufrechtem bzw. liegendem Wuchstyp aus 30 Winterweizen-Populationen 1951 in Hohenthurm

Wuchstyp der Einzel-Pflanzen am 3. 5. 1951	Wuchstyp der Nachkommenschaften am 15. 5. 1952										
	9	8	7	6	5	4	3	2	1	n	$\bar{x}$
aufrecht = 9	26	37	76	17	2	—	—	—	—	158	7,43
liegend = 1	2	5	50	61	43	—	—	—	1	162	6,11

Homogenität der beiden Reihen: $Chi^2 = 113{,}956$; $FG = 4$; $P = < 10^{-10}$
(der Einzelwert in der Wuchstyp-Klasse 1 des Jahres 1952 wurde der Klasse 5 zugeschlagen)
Wuchstyp-Bonitur: 9 = sehr aufrecht, 1 = ausgesprochen niederliegend
2 bis 8 = zunehmend aufrechter

einen flacheren Wuchstyp als die ehemals aufrechten auf. Die Inhomogenität der beiden Wuchstyp-Klassen ist hochsignifikant.
Daß 1952 bis auf einen Fall ausgesprochen niederliegend wachsende Nachkommenschaften nicht mehr festgestellt wurden, liegt an dem in diesem Jahre wesentlich späteren Boniturtermin.
Im Sinne unserer Fragestellung ist von größerem Interesse, wie sich die Nachkommenschaften der Pflanzen mit verschiedenem Wuchstyp im Jahre 1951 in den Versuchsjahren 1951/52 und 1953/54 hinsichtlich der Ausprägungsgrade für entwicklungsphysiologische Merkmale, morphologische Eigenschaften und Winterfestigkeit verhielten. Mit anderen Worten: wie verwirklichte sich die im Schema (Abb. 1) skizzierte Wirkungskette an diesem Material?
Dabei wurden die Untersuchungen nicht immer über alle Nachkommenschaften der beiden Wuchstypklassen hinweg durchgeführt, sondern es sind überwiegend Vergleiche jeweils innerhalb einer Population gezogen worden.
Dieses Vorgehen war notwendig, da nicht angenommen werden konnte, daß die mittleren Leistungs- bzw. Merkmalsniveaus der 30 Populationen gleichartig waren. Beim Vergleich der mittleren Ertragswerte der Nachkommenschaften mit aufrechtem bzw. niederliegendem Wuchstyp innerhalb der Populationen ergaben sich tatsächlich auch signifikante korrelative Beziehungen (1952: $r = +0{,}53$; $P < 1\%$; 1954: $r = +0{,}41$; $P < 5\%$), womit unterschiedliche Leistungen von Population zu Population nachgewiesen waren.
Eine ausschließlich pauschale Betrachtung hätte deshalb zu Nivellierungen führen müssen (in Einzelfällen wird sie dessenungeachtet zur Ergänzung vorgenommen).

Das Anbaujahr 1952/53 mußte von der Auswertung ausgeschlossen werden, da durch Brachfliegenschaden in den Parzellen zu große Lücken entstanden waren.

Das Versuchsjahr 1953/54 erwies sich infolge der starken Ausfrierungen durch den sehr kalten Februar 1954 als sehr günstig für die Testung des Merkmals Winterfestigkeit.

Die Tabelle 2, die die Ergebnisse der Versuchsjahre 1951/52 und 1953/54

Tabelle 2

Ergebnisse der Untersuchung in Hohenthurm von Nachkommenschaften aus 30 Winterweizen-Populationen in den Jahren 1952 und 1954, die auf Einzelpflanzen mit einem aufrechten bzw. liegenden Wuchstyp im Jahre 1951 zurückgingen (aus jeder Population etwa gleichviele Pflanzen mit aufrechtem bzw. liegendem Wuchstyp)

Untersuchte Merkmale	Jahr	Die Nachkommenschaften von Pflanzen mit liegendem Wuchstyp erwiesen sich gegenüber denen von Pflanzen mit aufrechtem Wuchstyp als		
		überlegen	unterlegen	Signifikanz[9]
Wuchstyp[1]	1952	1	29	+ +
„	1954	2	28	+ +
Vegetationskegellänge[2]	1952	2	28	+ +
Bestockung[3]	1952	27	3	+ +
Ährenschieben[4]	1952	29	1	+ +
„	1954	24	6	+ +
Ähren je Pflanze[5]	1952	21	9	+
Ährchenzahl je Ähre[6]	1952	23	7	+ +
Kornertrag[7]	1952	19	11	–
„	1954	25	5	+ +
„	1952 + 1954	44	16	+ +
Winterfestigkeit[8]	1954	20	10	(+)

Anmerkungen

[1] Als Unterlegenheit wird der liegende Wuchstyp gewertet

[2] Messung an den Haupttrieben von 5 Pflanzen je Nachkommenschaft vom 25.–27. 5. 1952

[3] Feststellung der Triebzahl an 10 Pflanzen je Nachkommenschaft

[4] Bonitur und Feststellung, wenn etwa 75% der Pflanzen einer Nachkommenschaft wenigstens eine Ähre geschoben hatten

[5] Bestimmung an 10 Pflanzen je Nachkommenschaft zum Zeitpunkt der Reife (Randpflanzen und Lückennachbarn wurden ausgeschlossen)

[6] Feststellung an 10 Hauptähren je Nachkommenschaft zum Zeitpunkt der Reife

[7] Bestimmung an 10 Pflanzen je Nachkommenschaft unter Ausschaltung von Randpflanzen und Lückennachbarn

[8] Bestimmung durch Auszählung im Herbst 1953 und im Frühjahr 1954 (je Nachkommenschaft 80–100 aufgelaufene Pflanzen)

[9] + +, + = signifikant bei P = 1 bzw. 5% von einem 15 : 15- bzw. 30 : 30-Verhältnis abweichend (Vorzeichentest, zweiseitig; VAN DER WAERDEN und NIEVERGELT, 1956); (+) = am Schwellenwert-Verhältnis für P 5% liegend

enthält, zeigt eindeutig, daß sich die postulierte Wirkungskette in recht gutem Maße bestätigt hat.

In 29 (1952) bzw. 28 (1954) der 30 Populationen war der Wuchstyp der Nachkommenschaften der 1951 niederliegenden Pflanzen wieder im Mittel flacher

als der der 1951 aufrecht wachsenden. In 28 von 30 Populationen hatten 1952 die Nachkommenschaften der 1951 niederliegenden Pflanzen die kürzere Vegetationskegellänge als Zeichen einer langsameren generativen Entwicklung.
In 27 der 30 Populationen waren 1952 die Nachkommen der 1951 niederliegenden Pflanzen denen von ehemals aufrechtem Wuchstyp in der Bestockungsstärke überlegen. Bei pauschaler Betrachtung ergab sich ein Zweizeilen-Korrelationskoeffizient von 0,65 ($P < 0{,}1\%$).
In 29 (1952) bzw. 24 (1954) von 30 Populationen trat das Ährenschieben der Nachkommen von Pflanzen mit niederliegendem Wuchstyp später ein als das der Nachkommenschaften von Pflanzen mit ursprünglich aufrechtem Wuchstyp.
Der Zweizeilen-Korrelationskoeffizient bei pauschaler Betrachtung der Ergebnisse betrug hier 1952 0,64 ($P < 0{,}1\%$).
Ergänzend zu diesen Ergebnissen kann eine Überprüfung dieses Zusammenhanges an 1373 A-Stämmen des Jahres 1951 angeführt werden. Bei einer Gruppierung der Wuchstypen der A-Stämme nach fünf Klassen (SCHMALZ, 1953) ergab sich zum Zeitpunkt des Ährenschiebens im gleichen Jahr ein Korrelationskoeffizient von 0,40 ($P < 0{,}1\%$).
Für die Merkmale Ähren je Pflanze bzw. Ährchenzahl je Ähre waren 1952 die Nachkommenschaften der 1951 niederliegenden Pflanzen in 21 bzw. 23 der 30 Populationen denen von Pflanzen mit aufrechtem Wuchstyp überlegen.
Der Zweizeilen-Korrelationskoeffizient bei pauschaler Betrachtung des Merkmals Ährchenzahl je Ähre über alle Populationen hinweg beträgt 0,27 ($P < 0{,}1\%$).
Auch für den Kornertrag waren 1952 und 1954 die Nachkommenschaften der niederliegenden Pflanzen aus dem Jahre 1951 denen von Pflanzen mit einem aufrechten Wuchs vorwiegend überlegen (in 19 bzw. 25 von 30 Fällen).
Das Ergebnis des Jahres 1952 ist zwar nicht signifikant von einem bei völliger Zufälligkeit zu erwartenden 15 : 15-Verhältnis verschieden, die Zusammenfassung der Ergebnisse beider Jahre ergibt aber mit einem 44 : 16-Verhältnis wieder eine signifikante Abweichung von dem in diesem Falle rein zufällig zu erwartenden 30 : 30-Verhältnis.
Schließlich waren 1954 in 20 von den 30 Populationen die Nachkommenschaften der 1951 niederliegenden Pflanzen winterfester als die der aufrechten Pflanzen dieser Populationen. Das Verhältnis 20 : 10 liegt gerade an der Signifikanzschwelle für P 5%.
Für dieses Merkmal wurde ebenfalls eine Gesamtzusammenfassung über alle Populationen hinweg vorgenommen.
Die Abbildung 2 zeigt, daß die niederliegenden Pflanzen des Jahres 1951 in der Häufigkeitsverteilung der Überwinterungsprozentsätze ihrer Nachkommenschaften gegenüber denen von ehemals aufrecht wachsenden Pflanzen 1954 deutlich signifikant nach rechts, nach besseren Überlebenswerten, verschoben waren.
Wenn bedacht wird, daß die Winterfestigkeit nicht allein vom photoperiodischen Verhalten, sondern darüber hinaus von vielen anderen Eigenschaften

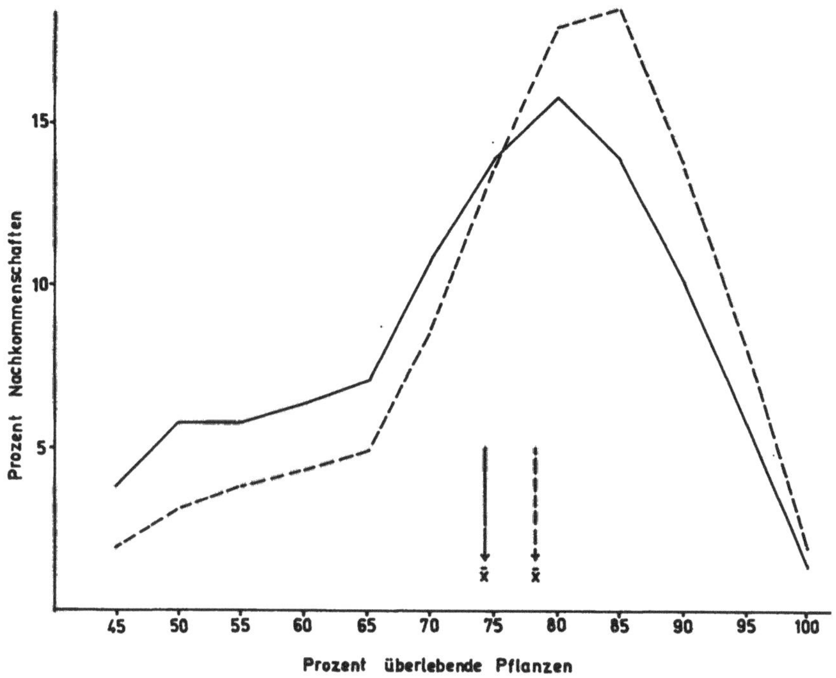

Abb. 2: Verteilung der Überlebensprozentsätze von 320 Winterweizen-Nachkommenschaften von 158 Pflanzen mit ehemals aufrechtem Wuchstyp (ausgezogene Linie) bzw. 162 Pflanzen mit ehemals niederliegendem Wuchstyp (gestrichelte Linie). Die Mittelwert-Differenz ist signifikant ($P < 1\%$).

bestimmt wird (Jarowisationsverhalten, osmotischer Wert, Plasmaviskosität, Zellgröße, Wurzelfestigkeit etc.), ist der eingetretene Frühselektionseffekt einer einmaligen Wuchstypbonitur bemerkenswert hoch.

Mit diesen Ergebnissen ist eindeutig gezeigt, daß die eingangs postulierte Wirkungskette (oder „funktionelle Kopplung") tatsächlich existiert und daß die Bestimmung des am Anfang dieser Kette stehenden simpel erscheinenden Merkmals, des Wuchstyps, genügt, um eindeutige Frühselektionseffekte indirekter Art für zahlreiche Nachfolgemerkmale, bis hin zum Ertrag, zu erreichen.

Wenn weiter berücksichtigt wird, wie wenig eng im allgemeinen die Korrelationen zwischen direkt an Einzelpflanzen und ihren Nachkommenschaften bestimmten Merkmalen sind, muß die indirekte Vorhersage von zahlreichen Nachkommenschaftsmerkmalen aus dem Wuchstyp als recht effektiv bezeichnet werden.

Die Erklärung dafür kann nur sein, daß einerseits die Reproduzierbarkeit von Einzelpflanzen-Wuchstypunterschieden verhältnismäßig gut ist und zum anderen der Wuchstyp bzw. seine entwicklungsphysiologischen Ursachen in unserer Wirkungskette ein wesentliches Glied darstellte.

Unter Ausnutzung solcher und ähnlicher Zusammenhänge lassen sich Populationen offenbar erfolgreich vorselektieren und in ihrer Zusammensetzung in positiver Weise verschieben, z. B. auch unter Ausnutzung des Jarowisationsverhaltens und seiner Verbindung zur Winterfestigkeit.
Unsere Versuchsergebnisse können somit für künftige Frühdiagnose-Vorhaben möglicherweise als eine Art Modellbeispiel dienen.
Nur in diesem Sinne möchten wir die mitgeteilten Befunde gewertet wissen, denn in der Zwischenzeit haben sich Entwicklungen ergeben, die es eventuell nicht erlauben, unsere Ergebnisse direkt zu übernehmen.
Im dargelegten Frühdiagnosebeispiel blieb nämlich das Merkmal Pflanzenlänge unberücksichtigt. Es kann aber angenommen werden, daß in dem untersuchten Populationsmaterial eine positive Korrelation zwischen allgemein verbesserter Wüchsigkeit verbunden mit größerer Pflanzenlänge und einem höheren Ertrag bestanden hat, wie sie häufig gefunden wurde.
Diese Beziehung muß aber künftig gerade durchbrochen werden, wenn es jetzt darum geht, hohe Ertragsleistung mit möglichst geringer Pflanzenlänge zu verbinden.
Es ist unter diesen Umständen zu prüfen, ob eine Frühdiagnose, wie wir sie durchführten, direkt zum Ziele führen kann.
Auch der von v. Sengbusch (1957) beschriebene Fall einer erfolgreichen Frühselektion beim Roggen nach der Wüchsigkeit der Jungpflanzen nimmt sich unter diesem Blickpunkt anders aus.
Vielleicht liegt in dieser Problematik die größte Schwierigkeit für eine Frühdiagnose auf Ertrag beim Getreide begründet, die wesentlich gravierender ist als etwa bei der Zuckerrübe, wo der Endertrag an Wurzelmasse, Zuckergehalt und Blattmasse zweifellos leichter aus den entsprechenden Jungpflanzenleistungen abgelesen werden kann.
Beim Getreide kommt es demgegenüber darauf an, Hochertragstypen zu erkennen, die bei einem Minimum an vegetativem Wachstum ein Maximum an ertragsbildenden Organen hervorbringen. Das sind Merkmalsverbindungen, die sich wahrscheinlich schwerer als in unserem Beispiel in ein Frühdiagnoseverfahren einordnen lassen, es muß aber angestrebt werden.
Vielleicht löst sich das Problem bereits, wenn das dargestellte und ausgenutzte Beziehungsgefüge auf dem Hintergrund von bestimmten Verzwergungs-Genotypen untersucht und genutzt wird.
Ein Nachteil von Frühdiagnoseverfahren, die Wirkungsketten auszunutzen trachten, besteht möglicherweise darin, daß bei ihrer Anwendung nur Typen selektiert werden, die den in der Wirkungskette sich normalerweise manifestierenden Korrelationen folgen. In der Züchtung kommt es häufig aber gerade darauf an, Formen zu finden, die zumindest in bestimmter Weise diese Korrelation durchbrechen. Die Frühdiagnose-Verfahren müssen deshalb genügend flexibel gestaltet werden und dürfen keine starre Anwendung finden.
Schließlich soll nochmals darauf hingewiesen werden, wie bedeutsam auch die weitere Ausarbeitung bzw. Verfeinerung von Frühdiagnoseverfahren ist, die

die Vorhersage von Selektionschancen in Kreuzungs- oder Mutanten-Populationen zum Inhalt haben.

Hier werden sich Mikrountersuchungsmethoden, die die Untersuchung zahlreicher Einzelpflanzen gestatten, äußerst vorteilhaft auswirken.

Wesentliche Bestandteile derartiger Frühdiagnosen sind entsprechend aussagekräftige Heritabilitätsschätzungen und Aussagen über zu erwartende Selektionsgewinne.

Erschöpfend ließen sich die Probleme und Möglichkeiten der Frühdiagnose bei Getreide aus Raumgründen nicht darstellen. Beispielsweise konnte das wichtige Gebiet der Erarbeitung von Frühdiagnoseverfahren unter Ausnutzung stoffwechselphysiologischer Leistungswerte keine Berücksichtigung finden.

Abschließend sollen aber die aus unserer Sicht wichtigsten Aufgaben der Frühdiagnoseforschung bei Getreide in der nächsten Zukunft noch kurz formuliert werden:

1. Erarbeitung neuer Frühdiagnoseverfahren für die wichtigsten Zuchtziele und Untersuchung ihrer Treffsicherheit
2. Zusammenfassung der bekannten und noch zu erarbeitenden Frühdiagnosemethoden zu einem Frühdiagnosesystem, da nur so Fehlentscheidungen auf Grund der isolierten Berücksichtigung einzelner Zusammenhänge vermieden werden können
3. Erprobung der Sicherheit eines solchen Frühdiagnosesystems an einer Modellpopulation, die aus Genotypen verschiedener Leistungsfähigkeit und unterschiedlicher habitueller Beschaffenheit im weitesten Sinne zusammengesetzt ist (analog zur Arbeit mit Modellpopulationen, wie sie von uns zur Erkennung optimaler agrotechnischer Bedingungen für Selektionsarbeiten angewandt wurde (SCHMALZ, 1966))
4. Ein außerordentlich großer Fortschritt wäre erreicht, wenn es bei den künftigen Forschungen gelänge, Genwirkungen, die normalerweise an Jungpflanzen noch nicht zu erkennen sind, im Nutzungsalter aber eine entscheidende Rolle spielen, schon an Jungpflanzen erkennbar zu machen. Dazu können eventuell die künftigen Fortschritte der Molekularbiologie und -genetik verhelfen. Auf dieses hochgesteckte Ziel hat bereits KAPPERT (1957) hingewiesen.

Zusammenfassung

Einleitend wird die große Bedeutung von Frühdiagnoseverfahren, die in der Vergangenheit besonders für langlebige Kulturpflanzen erarbeitet worden sind, auch für die Getreidezüchtung betont. Frühdiagnosen können direkter oder indirekter Art sein und ermöglichen Frühselektionen, die bei den verschiedenen Zuchtverfahren zu erheblichen Zeit- und Kosteneinsparungen führen. Bei Fremdbefruchtern kommen Möglichkeiten für eine effektive Befruchtungsregulierung hinzu. Kausalanalytisch können Frühdiagnoseverfahren auf früh erkennbaren Genwirkungen, Pleiotropieerscheinungen, Genkopplungen und genetisch-physiologischen korrelativen Beziehungen („funktionelle Kopplung“, Schwanitz, 1957) aufbauen. Es werden die Ergebnisse eines indirekten Frühdiagnoseexperiments, mit dem die Erscheinung der funktionellen Kopplung ausgenutzt wurde, dargestellt. Dabei war es möglich, ausgehend von Wuchstypunterschieden (Ausdruck der photoperiodischen Veranlagung) von Einzelpflanzen aus 30 Winterweizenpopulationen, die vorwiegenden Merkmalsausprägungen der Nachkommenschaften für Entwicklungsgeschwindigkeit, Ährenschieben, Bestockungsstärke, Beährung, Ährchenzahl je Ähre, Kornertrag und Winterfestigkeit vorherzusagen. Die wichtigsten Aufgaben der Frühdiagnoseforschung bei Getreide in der nächsten Zukunft werden abschließend genannt. Insbesondere wird darauf verwiesen, daß es notwendig ist, Frühdiagnose-Systeme zu schaffen und eingehend zu erproben.

Резюме

В начале работы указывается на большое значение методов раннего диагноза, которые в прошлом преимущественно разрабатывались для культурных растений с длинным периодом жизни, и для селекции зерновых. Ранние диагнозы могут носить прямой и косвенный характер и позволяют проводить ранние отборы, которые при использовании различных методов селекции приводят к значительной экономии времени и затрат. У перекрестноопыляющихся растений можно кроме того использовать эффективное регулирование оплодотворения. Методы раннего диагноза могут строится на рано распознаваемых действиях генов, на явлениях плейотропии, на сцеплении генов и генетически-физиологических коррелятивных связях [«функциональное сцепление», Шванитц, 1957]. Излагаются результаты косвенного эксперимента по раннему диагнозу, в котором были использованы явления функционального сцепления. При этом на основе различий типов роста как выражения фотопериодических задатков растений из 30 популяций озимой пшеницы удалось предсказать преобладающую выраженность признаков у полученных от этих растений потомств по скорости развития, колошению, силе кущения и образования колосьев, числу колосков, урожаю зерна и зимостойкости.
Указываются важнейшие задачи исследований по ранней диагностике зерновых на ближайшие годы. В частности подчеркивается необходимость создания систем ранних диагнозов и их тщательного испытания.

Summary

The author proved that methods of early diagnosis, which in the past had been developed mainly for long-lived cultivated plants, are of great importance also for cereal breeding. Early diagnosis may be of either direct or indirect kind and enables early selection which, in turn, leads to considerable savings of time and expenditures with the various breeding methods. With cross-pollinated plants there are additional possibilities for effective regulation of pollination. Methods of early diagnosis may be based on early perceptible gene actions, phenomena of pleiotropy, gene linkages, and genetical-physiological correlations ("functional linkage", SCHWANITZ, 1957). The results of an indirect early diagnosis experiment using the phenomenon of functional linkage are presented. In this case it was possible, on the basis of growth type differences as an expression of the photoperiodic disposition of single plants from 30 winter wheat populations, to predict the predominant development of the resulting progenies with regard to the following traits: rate of development, shooting into ear, intensity of tillering and ear formation, number of spikelets, grain yield, and winter hardiness. – The paper outlines the major tasks of early diagnosis research with cereals in the near future. It is particularly necessary to develop systems of early diagnosis and to test them thoroughly.

Literatur

FISCHER, F.: Ergebnisse eines Versuchs über die Vererbbarkeit der Wuchsform bei der Lärche, mit einem Beitrag zur Methodik der Erfassung von Formmerkmalen. Internat. Kongr. IUFRO, Rom 1953, S. 437

KAPPERT, H.: Die genetischen Grundlagen der Frühdiagnose. In: STUBBE und SCHMIDT, 1957, S. 4–9

MESDAG, J.; SLOOTMAKER, L. A. J.; POST, J.: Linkage between tolerance to high soil acidity and genetically high protein content in the kernel of wheat, *Triticum aestivum* L. and its possible use in breeding. Euphytica 19 (1970), S. 163–174

NIGGEMANN, W.: Methoden zur Messung der Standfestigkeit und ihre Anwendung zur Bestimmung der Faktorenkopplung mit Gelbrostverhalten in verschiedenen Weizenkreuzungen. Kühn-Archiv 44 (1938), S. 55–82

PECH, W.: Neue Methode zur Bestimmung der Standfestigkeit des Getreides. Z. Züchtung, A: Pflanzenzücht. 21 (1937), S. 46–58

PETERS, R.: Vorselektion induzierter autopolyploider Gersten- und Roggenkeimlinge nach der Wurzeldicke. Züchter 24 (1954), S. 128–131

SCHMALZ, H.: Entwicklungsphysiologische Untersuchungen am Saatweizen *Triticum aestivum* L., insbesondere über die Bedeutung der photoperiodischen Veranlagung für die Ausbildung der Sortencharaktere. Z. Pflanzenzücht. 32 (1953), S. 27–78

SCHMALZ, H.: Einige Schwerpunkte der pflanzenzüchterischen Arbeit in Halle. Kühn-Arch. 76 (1962), S. 57–74

SCHMALZ, H.: Der Einfluß ökologischer Faktoren auf den Selektionserfolg bei Weizen. Ber. ü. d. Arb.-Tag. 1966 d. Arbeitsgem. d. Saatzuchtleiter in der Vereinigung österreichischer Pflanzenzüchter in Gumpenstein v. 23.–25. 11. 1966, S. 60–84

SCHMALZ, H.; GRUMMT, C.; JERUZEL, G.; STOLBERG, S.: Die Reaktion von chlorophyllhaltigen bzw. chlorophyllfreien Weizenkeimpflanzen auf eine Chlorcholinchlorid (CCC)-Applikation. Arch. Züchtungsforsch. 1 (1971), S. 163–166

SCHMIDT, M.: Die Methoden Mitschurins in der Obstzüchtung. Dt. Baumschule 2 (1950), S. 278–282, 305–306

SCHMIDT, W.: Die Sicherung von Frühdiagnosen bei langlebigen Gewächsen. In: STUBBE und SCHMIDT. 1957, S. 39–69

SCHWANITZ, F.: Entwicklungsphysiologische Grundlagen der Frühdiagnose. In: STUBBE und SCHMIDT. 1957, S. 9–14

SENGBUSCH, R. v.: Frühdiagnose. In: STUBBE und SCHMIDT. 1957, S. 1–4

STUBBE, H.; SCHMIDT, W. (Herausgeber): Die Frühdiagnose in der Züchtung und Züchtungsforschung. Beiträge zur Methodik der Züchtung langlebiger Pflanzen. Züchter, 4. Sonderh., Berlin-Göttingen-Heidelberg, Springer-Verl., 1957, 96 S.

SUR, G.: Frühtest auf Heterosis am Roggen. Halle, Univ., Dipl.-Arb. 1956

TAVČAR, A.: Labormethode zur Erkennung der Heterosis. Arch. landwirtsch. Ministerium Belgrad IV/1937. Zitiert nach SUR, 1956

TANDON, J. P.; DHILLON, S. S.; GOSWAMI, A. K.: An association between locus for grain colour and protein content in wheat (*Triticum aestivum*). Canad. J. Genet. and Cytol. 12 (1970), S. 28–31

WAERDEN, B. L. v. D.; NIEVERGELT, E.: Tafeln zum Vergleich zweier Stichproben mittels X-Test und Zeichentest. Berlin-Göttingen-Heidelberg, Springer-Verl., 1956, 34 S.

Anschrift des Verfassers:

Prof. Dr. HELLMUT SCHMALZ
Sektion Pflanzenproduktion
– Lehrstuhl für Pflanzenzüchtung –
der Martin-Luther-Universität Halle-Wittenberg
4104 Hohenthurm, Berliner Straße 2

Tag.-Ber. Akad. Landwirtsch.-Wiss. DDR · Nr. 119 · 1972 · S. 31—32

Institut für Pflanzenzüchtung Gülzow-Güstrow
der Akademie der Landwirtschaftswissenschaften
der Deutschen Demokratischen Republik

NORBERT MAKOWSKI

Ertragsanalytische Untersuchungen an der Wintergerste und die Erfassung funktioneller Zusammenhänge im Ertragsaufbau[1]

Korrelations- und Regressionsanalysen sind zur Erfassung des dynamischen Charakters des Ertragsaufbaues geeignet. Zwischen Bestandesdichte und Tausendkornmasse, Kornzahl je Ähre und Tausendkornmasse sowie Bestandesdichte und Kornzahl je Ähre bestehen korrelative Beziehungen. Die Abhängigkeit der Kornzahl je Ähre von der Bestandesdichte sowie der Tausendkornmasse von der Kornzahl je Ähre und der Bestandesdichte ist mit hoher Wahrscheinlichkeit negativ. Für den Kornertrag wird die größte Abhängigkeit von der Bestandesdichte nachgewiesen. Mit Regressionsanalysen wird für die Wintergerste ein Ertragsmodell erarbeitet. Als Bezugsbasis dient die Bestandesdichte. Der Kornertrag wird als ein Polynom 3. Grades der Bestandesdichte definiert. Der funktionale Zusammenhang kann in Form eines einfachen Modells sichtbar gemacht werden.

Корреляционные и регрессионные анализы могут использоваться для учета динамического характера формирования урожая. Между густотой посева и весом 1000 семян, количеством зерен в колосе и весом 1000 семян, а также между густотой посева и количеством зерен в колосе имеются коррелятивные взаимосвязи. Зависимость количества зерен в колосе от густоты посева, а также веса 1000 семян от количества зерен в колосе и густоты посева с большой вероятностью отрицательная. Была доказана сильная зависимость урожая зерна от густоты посева. С помощью регрессионных анализов была составлена модель урожая озимого ячменя. В качестве базисной величины была использована густота посева. Урожай зерна определяется полиномом третьей степени от густоты посева. Функциональная зависимость может быть показана в форме простой модели.

Correlation- and regression analyses are appropriate means for estimating the dynamic character of yield structure. There are correlations between stand

[1] Die Originalveröffentlichung zu diesem Thema ist im Albrecht-Thaer-Archiv erschienen, siehe MAKOWSKI: Thaer-Arch. 14 (1970), S. 883—890 und S. 891—897.

density and 1000-grain weight, grain number per ear and 1000-grain weight as well as stand density and grain number per ear. The dependence of grain number per ear on stand density as well as of 1000-grain weight on grain number per ear and on stand density appears to be negative with a high degree of probability. The greatest dependence of stand density was found for grain yield. With the help of regression analyses a yield model for winter barley is established. Stand density is used as reference. Grain yield is defined as a polynomial of the 3rd degree for stand density. The functional relationship can be made visible in the form of a simple model.

Anschrift des Verfassers

Dr. sc. NORBERT MAKOWSKI
Institut für Pflanzenzüchtung Gülzow-Güstrow
– Außenstelle Rostock-Biestow –
der Akademie der Landwirtschaftswissenschaften
der Deutschen Demokratischen Republik
2551 Rostock-Biestow

Tag.-Ber. Akad. Landwirtsch.-Wiss. DDR · Nr. 119 · 1972 · S. 33–40

Institut für Getreideforschung Bernburg-Hadmersleben
der Akademie der Landwirtschaftswissenschaften
der Deutschen Demokratischen Republik

RICHARD FOCKE

Der Kornbildungswert der Blattfläche von Getreide (mit Empfehlungen für die Züchtung)

Bei einer Bewertung der apparenten Assimilation einzelner Organteile der Weizenpflanze nach dem Ährenschieben kommt PUCKRIDGE (1969) auf Grund von Assimilationsmessungen unter Feldbedingungen zu dem Ergebnis, daß von der gesamten CO_2-Aufnahme etwa 6–12% auf die Ähre, 39–44% auf Stengel und Blattscheiden und der Rest, etwa 50%, auf die Blattspreiten entfallen. LUPTON (1969) gibt an, bei den Sorten „Capelle Desprez" und „Prof. Marchal" stammen 60% der Assimilate in den Körnern aus dem Ährenblatt und der Blattscheide.

Zwischen dem Blattgewicht und der Höhe des zu erwartenden Kornertrages besteht innerhalb eines Jahres in der Regel ein enger Zusammenhang; am Mais konnte HANWAY (1962) jedoch zeigen, daß zwischen den Jahren beträchtliche Unterschiede in den Regressionswerten bestehen. BRADFIELD und HOYT (1962) beobachteten eine lineare Zunahme der Trockenmasse in Abhängigkeit von der Blattfläche bis zu einem BFI von 2,7. Innerhalb des Blattapparates einer Pflanze besitzen die einzelnen Blätter für die Bildung des Kornertrages sowohl beim Mais als auch bei Getreide einen unterschiedlichen Wert (PENDLETON u. HAMMOND, 1969; STOY, 1966; MAINX, 1966; RAWSON u. HOFSTRA, 1969).

Wir führten sowohl mit Körnermais als auch mit Sommerweizen und -gerste Untersuchungen über Beziehungen zwischen der Blattfläche und dem Kornertrag aus. Nachfolgend sei in einem Vergleich der 3 Arten festgestellt, welche Unterschiede sich hinsichtlich Umfang und zeitlicher Verteilung der Blattfläche bei der Bildung des Kornertrages ergeben. Eine Bewertung der einzelnen Blätter in ihrer Beziehung zum Kornertrag kann nur dann aussagekräftig sein, wenn die Blätter der Halme verschiedener Bestockungsordnung getrennt vom Haupthalm berücksichtigt werden, weil u. a. die zeitliche Verteilung und die Zahl der Blätter je Halm innerhalb einer Pflanze schwanken. Da aber die Bestockung neben der genetischen Veranlagung u. a. von der Bestandesdichte und der Düngung beeinflußt wird, ergeben sich unterschiedliche Blattflächenverhältnisse zwischen Haupt- und Bestockungshalmen, wobei nicht unbeträchtliche zeitliche Verschiebungen dieser Flächenverhältnisse auftreten, die ihrerseits wiederum zu unterschiedlichen Kornerträgen führen. Welche Kornertragsverhältnisse dabei zwischen Haupt- und Bestockungshalmen auftreten und wie

Tabelle 1

Blattamputationsversuch bei So.-Weizen ('Carola') bei 2 N Düngungsstufen und 2 verschiedenen Bestandesdichten (1969)

Behandlungen		N-Düngung	Pflanzenzahl	Ährenzahl je Pflanze	Korngewicht je Gefäß/g Gesamtgewicht*	Korngewicht HÄ	Korngewicht NÄ	Kornzahl HÄ	Kornzahl NÄ	TKM HÄ	TKM NÄ	Bedeutung der Blattfläche	Strohgewicht g	Halme ohne Ähren je Gefäß
Kontrolle		1	7,2	4,6	43,7	13	31	42	31	43	39		100	16
1. + 2. Bl.		1	6,5	3,9	40,8	10	31	37	39	44	40	− 3	101	16
3. + 4. Bl.		1	8,0	4,2	40,0	12	28	36	29	42	38	− 22	95	19
5. Bl.		1	7,0	4,5	34,2	12	22	39	24	43	38	− 4	99	17
6. Bl.	entfernt	1	7,5	4,5	36,6	13	24	40	25	42	36	− 7	96	15
7. Bl.		1	7,8	4,2	41,2	12	29	37	29	43	40	± 0	99	12
8. + 9. Bl.		1	7,5	4,7	41,6	11	31	35	32	41	35	− 1	113	16
Kontrolle		3	7,5	5,1	43,4	11	32	40	31	38	34		110	15
1. + 2. Bl.		3	7,8	5,1	33,0	9	24	31	24	38	31	+ 16	106	11
3. + 4. Bl.		3	7,8	5,6	30,4	6	24	23	21	36	31	+ 6	111	11
5. Bl.		3	7,2	5,6	32,8	10	23	32	20	43	35	− 4	111	16
6. Bl.	entfernt	3	7,5	4,1	27,4	10	17	30	24	45	34	+ 8	117	28
7. Bl.		3	7,0	6,0	37,2	9	28	32	23	40	35	+ 9	114	9
8. + 9. Bl.		3	7,8	5,6	38,7	8	31	27	25	38	34	+ 6	116	12
Kontrolle		1	30,0	1,2	53,1	51	2	40	9	42	39		121	52
1. + 2. Bl.		1	29,0	1,4	36,1	35	1	31	4	39	34	+ 18	105	34
3. + 4. Bl.		1	26,8	1,2	47,9	41	7	38	31	40	34	− 15	95	54
5. Bl.		1	29,2	1,2	49,0	46	3	38	18	41	37	− 6	118	42
6. Bl.	entfernt	1	29,2	1,3	45,1	40	5	35	17	40	35	+ 1	105	46
7. Bl.		1	29,8	1,2	44,7	39	6	32	25	40	33	+ 3	104	36
8. + 9. Bl.		1	28,8	1,3	35,1	30	5	31	20	34	33	+ 14	96	42
Kontrolle		3	29,5	1,6	54,3	42	12	38	23	37	31		121	47
1. + 2. Bl.		3	28,8	1,6	41,9	30	12	31	24	33	31	+ 13	119	41
3. + 4. Bl.		3	29,2	1,7	40,5	30	11	30	19	34	28	− 2	104	33
5. Bl.		3	29,8	1,4	45,7	38	8	34	18	37	34	− 3	119	56
6. Bl.	entfernt	3	29,2	1,3	39,7	36	4	32	18	39	28	+ 11	114	52
7. Bl.		3	30,0	1,8	45,5	33	13	30	21	37	28	+ 5	116	47
8. + 9. Bl.		3	28,8	1,6	36,2	23	13	28	24	29	31	+ 15	104	49

* Behandlung GD 5% = 7,6 g Düngung GD 5% = 2,2 g Pflanzenzahl GD 5% = 2,2 g HÄ = Hauptähre NÄ = Nebenähre

die Blattflächen der Halme dazu in Beziehung stehen, bildete den Schwerpunkt unserer Untersuchungen.

Ergebnisse

Aus der Tabelle 1 ist ersichtlich, daß die manuelle Entfernung der einzelnen Blätter im Laufe ihrer Entfaltung einen unterschiedlichen Einfluß auf die Bildung des Kornertrages ausübt. Bei geringerer Bestandesdichte und erhöhter N-Düngung erfolgt die Verteilung der Kornerträge auf die Haupt- und Nebenähren zugunsten letzterer. Steigt der Anteil an Nebenähren, fällt der Kornertrag der Hauptähren, wobei in gleicher Weise eine Verminderung der Kornzahl als auch der TKM der Hauptähre erfolgt. Die Entfernung des 1. und 2. sowie des 5. und 6. Blattes verursacht einen starken Ertragsrückgang. Die Aussage ist aber nur brauchbar, wenn sie in Verbindung mit der Blattfläche der entfernten Blätter gesehen wird. Setzt man die prozentual reduzierte Blattfläche in Beziehung zum prozentualen Ertragsrückgang, erhält man durch Differenzbildung dieser beiden Werte eine Aussage über die Bedeutung der Blattfläche der jeweiligen Blätter für den Ertrag. Die Bedeutung der Blattfläche des 1. und 2. Blattes und des Ährenblattes für den Kornertrag ist als wesentlich, hingegen die des 5. bzw. 6. Blattes als unwesentlich einzuschätzen. Hinzuweisen wäre u. a. auf den Einfluß der Entfernung des 8. und 9. Haupthalmblattes und die damit verbundene positive Kornzahl- und TKM-Veränderung der Nebenähren. Eine Reihe weiterer an So.-Weizen und So.-Gerste diesbezüglich durchgeführter Untersuchungen brachten ähnliche Ergebnisse.
Der Tabelle 2 sind die Kornproduktionswerte der Blattfläche in cm^2/g (KB) von So.-Weizen der Sorte 'Carola' getrennt nach Haupt- und Bestockungshalmen zu entnehmen. Zwischen den beiden Jahren sind erhebliche Differenzen in der Blattfläche vorhanden, die für die Erzeugung von 1 g Körnern benötigt wird. Die ungünstigeren KB bei der höheren N-Düngung resultieren aus der starken Vergrößerung der Blattfläche, die nicht in gleicher Weise eine Kornertrags-

Tabelle 2
Kornproduktionswert der Blattfläche von Haupt- und Bestockungshalmen der Sommerweizensorte 'Carola'

Jahr	Pflanzenzahl	N Düngung g/Gefäß	KB Pflanze cm^2	KB Haupthalm cm^2	KB Bestock. Halm cm^2	Kornertrag in g/Gefäß
1968	16	1,2	110	92	128	57,2
	16	3,6	103	95	110	64,7
1969	8	1,2	158	119	174	43,7
	8	3,6	181	144	194	43,4
	32	1,2	162	110	1273	53,1
	32	3,6	219	147	460	54,3

Tabelle 3

Klimakabinenversuch

						Korngewicht je Gefäß		je Gefäß Kornzahl Ähre		je Gefäß TKM		Kornzahl je Ährchen		Halme	
Variante	Licht	N-Düngung	Variante Pflanzenzahl	Ährenzahl je Pflanze	Korngew. je Gefäß*	HH g	BH g	HH	BH	HH g	1. BH g	HÄ	1. BÄ	mit Ähren	ohne Ähren
1. Blatt – handhoch	1 × 400 W	1	16	1,5	44,8	37	8	50	28	46	38	2,4	1,4	24	26
	HQL +	2	16	1,7	46,9	37	10	52	26	44	40	2,4	1,4	26	21
	1 × 40 W	1	32	1,0	49,0	48	1	38	17	41	38	2,0	1,3	32	10
		2	32	1,0	52,9	51	2	43	25	41	42	2,1	1,6	30	8
„	3 × 400 W	1	16	1,8	48,3	34	14	48	28	46	41	2,2	1,5	27	28
	HQL +	2	16	1,9	44,7	32	13	50	25	42	36	2,3	1,3	29	21
	2 × 100 W	1	32	1,0	53,8	53	1	40	24	43	18	2,0	0,7	32	7
		2	32	1,1	54,1	52	2	42	25	41	28	2,1	0,8	33	7
handhoch Ähren-schieben	1 × 400 W	1	16	1,7	26,3	18	8	28	19	41	36	1,5	0,9	27	10
	HQL +	2	16	2,1	26,9	17	10	27	19	41	31	1,6	1,3	31	11
	1 × 40 W	1	32	1,2	26,8	24	3	21	13	37	27	1,3	1,0	35	6
		2	32	1,3	23,2	20	3	20	12	35	27	1,4	1,0	36	5
„	3 × 400 W	1	16	2,1	39,1	23	16	34	22	42	39	1,8	1,8	33	8
	HQL +	2	16	2,2	35,7	22	14	32	19	42	37	1,7	1,3	32	12
	2 × 100 W	1	32	1,2	36,4	32	4	28	13	40	34	1,6	1,0	34	4
		2	32	1,3	30,1	26	4	25	14	36	30	1,6	1,1	37	12
Ähren-schieben-Blühende	1 × 400 W	1	16	1,8	14,5	8	6	23	17	26	26	1,2	0,9	25	12
	HQL +	2	16	1,6	8,8	5	4	21	20	26	25	1,1	0,7	15	8
	1 × 40 W	1	32	1,2	20,6	19	2	22	9	28	30	1,1	0,7	34	25
		2	32	1,2	7,2	6	1	16	13	18	13	0,9	0,3	24	17
„	3 × 400 W	1	16	2,2	27,5	17	11	32	20	34	32	1,6	1,3	33	19
	HQL +	2	16	2,1	31,1	19	12	33	20	38	39	1,6	1,1	32	16
	2 × 100 W	1	32	1,3	30,0	26	4	28	16	33	26	1,5	0,8	36	17
		2	32	1,1	28,4	27	1	30	10	31	28	1,6	1,0	32	29

* GD % Stadien = 3,1 g Licht = 2,1 g Düngung = 2,1 g Pflanzenzahl = 2,1 g

HH = Haupthalme BH = Bestockungshalme HÄ = Hauptähre BÄ = Bestockungsähre verbesserung zur Folge hat. Die KB der Bestockungshalme liegen bei sämtlichen Varianten ungünstiger als die Haupthalme. Die Blattfläche der Bestockungshalme erzeugt somit je dm^2 weniger Korn als die der Haupthalme. Bei der Sommergerste weisen die KB an den Haupthalmen höhere Werte auf als an den Nebenhalmen. Das ist durch die anders geartete Assimilateverteilung bedingt. Die KB liegen beim Mais je nach Standraum zwischen 12–43 je 1g und damit weitaus günstiger als bei Getreide.

In Klimakabinenversuchen wurden in 3 verschiedenen Entwicklungsetappen verschieden gedüngte Pflanzen 2 verschiedenen Lichtintensitäten ausgesetzt. Wir konnten unter den gegebenen Versuchsbedingungen die Funktion der Haupt- und Bestockungshalmblätter in ihrer Bedeutung für die Ertragsbildung getrennt beurteilen (Tab. 3). Die 2 gebotenen Lichtintensitäten konnten nicht die Freilandwerte erreichen und die Lichtbedürftigkeit während der Entwicklungsetappen zunächst also nicht in Beziehung zum Kornertrag gebracht werden. Nach der ersten Entwicklungsetappe waren erwartungsgemäß die größten Kornerträge festzustellen, weil hier zwischen dem natürlichen und dem in den Kabinen geschaffenen Lichtklima geringere Differenzen bestanden (8.4.–22.4.) als in der mit fortschreitender Jahreszeit zunehmenden Einstrahlung. Während bei der Lichtbehandlung der 1. Etappe im Durchschnitt sämtlicher Varianten das Verhältnis der Korngewichte zwischen Haupt- und Bestockungsähren 43,0 : 6,3 g beträgt, verändert es sich in der 2. Etappe auf 22,8 : 7,6 g. Im Gegensatz dazu führt die Verbesserung der Lichtverhältnisse innerhalb einer Entwicklungsetappe zu einer allgemeinen Ertragsverbesserung sowohl der Haupt- als auch der Bestockungshalmähren, wobei es allerdings den Anschein hat, als ob die Haupthalmähren größerer Bestandesdichten durch verstärkte Lichteinstrahlung eine größere Förderung des Ertrages erfahren als die Bestockungsähren.

Ungünstige Assimilationsbedingungen in bestimmten Entwicklungsetappen beeinflussen demnach wichtige Ertragskomponenten bei Haupt- und Bestockungshalmen nicht gleich stark. Die Bestockungsfähigkeit äußert sich hier

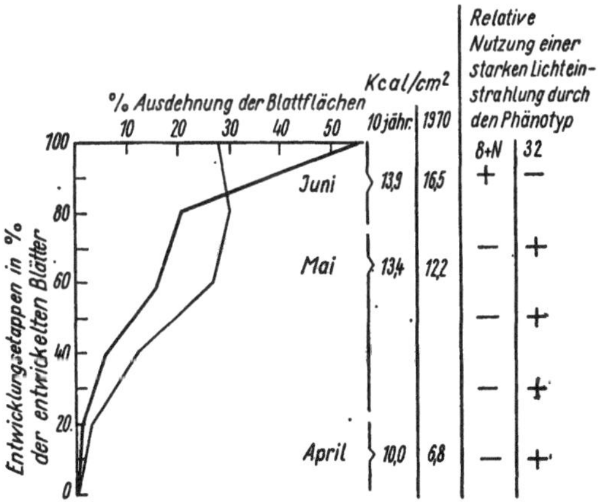

Abb. 1: Phänotypische Blattflächenverteilung beim Weizen

in einer größeren Umweltstabilität hinsichtlich der Ausbildung reproduktiver Organe.

In der Abbildung 1 ist die Nutzung einer starken Lichteinstrahlung durch 2 mögliche Phänotypen dargestellt. Die in den jeweiligen Entwicklungsetappen ausgewiesene Kennzeichnung „+“ oder „–“ soll grob zum Ausdruck bringen, ob einer hohen Lichteinstrahlung auch eine genügend große Blattfläche gegenübersteht, die ja eine wesentliche Voraussetzung für hohe Kornerträge ist. Außer dieser durch Standraum und Düngung verursachten phänotypischen Variabilität in der Blattfläche und der damit verbundenen Lichtnutzung muß jedoch der Einfluß der Intensität und Länge der Lichteinstrahlung selbst auf dieses Merkmal berücksichtigt werden.

In der Abbildung 2 ist die genotypische Bedeutung der Blattfläche für den Kornertrag in den einzelnen Entwicklungsetappen der Pflanze durch „+“ und „–“

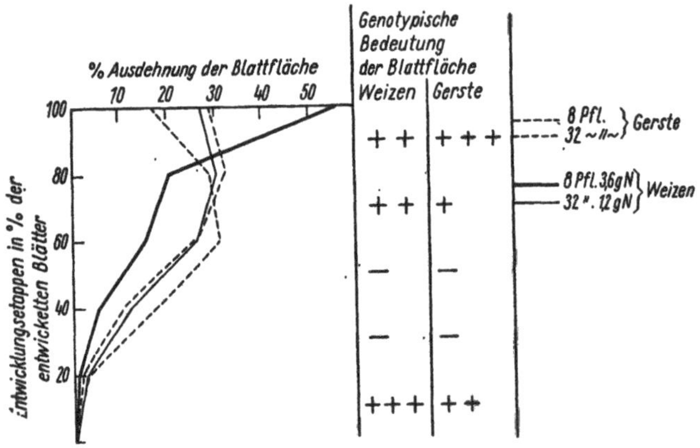

Abb. 2: Prozentuale Ausdehnung der Blattfläche während der Entwicklung in ihrer Beziehung zum Kornertrag

ausgewiesen. Die ersten Blätter haben für den Kornertrag des Weizens eine sehr große, für die Gerste eine große Bedeutung. Die folgenden Blätter des Weizens haben nur dann Bedeutung, wenn sie für die Ausbildung der Ähre und die Determination der Größe der Ährenblätter gebraucht werden. Dazu

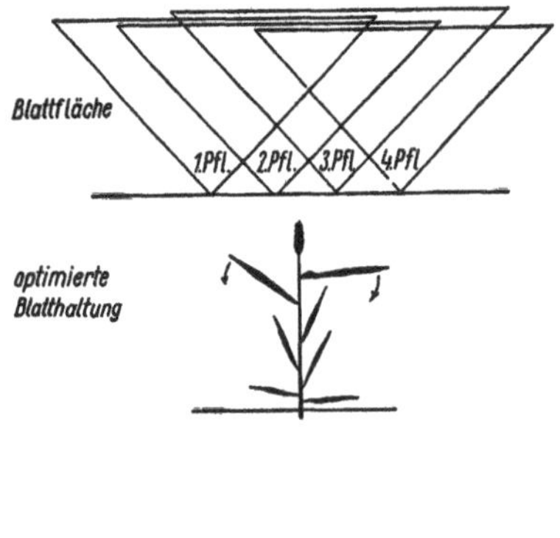

Abb. 3: Forderung einer großen Ährenblattfläche bei maximalem Lichtgenuß ohne Bestockung

ist jedoch nicht eine größere Blattzahl notwendig; es genügt eine geringere, die aber über einen längeren Zeitraum intensiv assimiliert. Wesentlich ist, daß große Ährenblätter von den vorangehenden Blättern determiniert werden.

Zusammenfassung

In der Abbildung 3 ist eine nach unseren Vorstellungen in ihrem architektonischen Aufbau ideale Weizenpflanze dargestellt. Die Pflanze sollte einhalmig sein. Die ersten 2–3 Blätter sollten verhältnismäßig groß und horizontal angeordnet sein, die folgenden 4 Blätter eine vertikale Blatthaltung einnehmen. Das diesen Blättern folgende und vor allem das Ährenblatt müßten die größten Blätter der Pflanze sein. Die Blatthaltung dieser beiden Blätter sollte anfänglich vertikal und anschließend horizontal sein. Die mit einer großen Oberfläche ausgestattete Ähre soll dicht am Ährenblatt stehen.
Durch pflanzenbauliche Maßnahmen kann die Architektur der Getreidepflanze in Grenzen verändert und außerdem durch gezielte Dünger- und Wassergaben eine bereits bestehende Architektur zu optimaler Ertragsleistung gebracht werden.

Резюме

На изображении 3 представлено растение пшеницы, по нашему мнению, идеальное по своему «архитектурному строению». Растение должно быть одностебельным. Первые 2–3 листа должны быть сравнительно большими и горизонтально расположенными, следующие 4 листа должны принимать вертикальное положение. Следующий за ними лист и особенно колосовой лист должны быть самыми крупными листями растения. Положение обоих этих листьев должно быть вначале вертикальным, а затем горизонтальным. Колос, снабженный большой поверхностью, должен располагаться близко от колосового листа. За счет агротехнических мер можно изменять архитектуру зерновых растений, а за счет целенаправленного применения удобрений и поливов можно от растений с уже имеющейся архитектурой получать оптимальные урожаи.

Summary

Figure 3 of the paper shows a wheat plant which, in the author's opinion, has an ideal architecture. The plant should have one haulm. The first two or three leaves should be comparatively big and have a horizontal position, while the arrangement of the next four leaves should be vertical. The leaf that follows the latter and above all the ear leaf should be the biggest leaves of the plant. They should be arranged vertically in the beginning and then take a horizontal position. The large-surfaced ear should be situated close to the ear leaf. The architecture of the cereal plant can be changed to some extent by measures of crop production. In addition, systematic fertilization and watering can produce an optimal yield performance with an already existing architecture.

Literatur

Bradfield, R.; Hoyt, P.: Effect of varying leaf area by partial defoliation and plant density on dry matter production in corn. Agr. J. 54 (1962), S. 523–525

Hanway, J.: Corn growth and composition in relation to soil fertility: Agr. J. 54 (1962), S. 145–148

Lupton, F.: Estimation of yield in wheat from measurements of photosynthesis and translocation in the field. Ann. appl. Biol. 64 (1969), S. 363–374

Mainx, R.: Wirkung der Blattentfernung auf den Kornertrag. Arbeitstagung 1966 der Arbeitsgemeinschaft der Saatzuchtleiter in Gumpenstein. S. 50–59

Pendleton, J.; Hammond, J.: Relative photosynthetic potential for grain yield of various leaf canopy levels of corn. Agr. J. 61 (1969), S. 911–913

Puckridge, D.: Photosynthesis of wheat under field conditions. Aust. J. agric. Res. 20 (1969), S. 623–634

Rawson, H.; Hofstra, G.: Translocation and Remobilization of ^{14}C Assimilated at Different Stages by each Leaf of the Wheat Plant. Austral. J. biol. Sci. 22 (1969), S. 321–331

Stoy, V.: Funktion von Blatt, Halm und Ähre bei der Ertragsbildung vom Getreide. Arbeitstagung 1966 der Arbeitsgemeinschaft der Saatzuchtleiter in Gumpenstein. S. 29–49

Anschrift des Verfassers:

Dr. habil. Richard Focke
Institut für Getreideforschung Bernburg-Hadmersleben
der Akademie der Landwirtschaftswissenschaften
der Deutschen Demokratischen Republik
4351 Bernburg-Strenzfeld, Mitschurinstraße 22

Tag.-Ber. Akad. Landwirtsch.-Wiss. DDR · Nr. 119 · 1972 · S. 41–46

Zentralinstitut für Genetik und Kulturpflanzenforschung
der Akademie der Wissenschaften der DDR

PETER APEL

Über Wechselbeziehungen zwischen Assimilatbildung und -speicherung

Getreidepflanzen, von den einheimischen Arten besonders Weizen und Gerste, sind häufig Objekte physiologischer Untersuchungen gewesen.
Speziell über die ertragsbildenden Prozesse in der Kornfüllungsphase liegen von verschiedenen Autoren meist recht gut übereinstimmende quantitative Messungen vor (BIRECKA, 1963, 1964; STOY, 1965; LUPTON, 1969).
So wichtig diese Meßergebnisse sind, sagen sie doch nichts darüber aus, wodurch letzten Endes der Ertrag, in diesem Falle der Einzelährenertrag, limitiert ist.
Ist dafür die Fähigkeit der Pflanze, Photosyntheseprodukte zu bilden, entscheidend, ist es die durch anatomische und physiologische Gegebenheiten etwa begrenzte Translokation oder die Speicherkapazität der sich entwickelnden Karyopsen? Gibt es eine Begrenzung des Ertrags durch „sink" oder „source"?
Diese Fragestellung an sich ist ja nicht neu und hat durch verschiedene Forscher eine geradezu entgegengesetzte Beantwortung erfahren.
Es wäre in diesem Zusammenhang interessant, zu untersuchen, was die Züchtung, die Evolution – etwa der Kulturweizen – an diesem Verhältnis von Stoffbildung und -speicherung verändert hat. Hat die Züchtung bisher nur „Biomasse umgelagert", d. h. die Allometrie der Ähre vergrößert oder, nach NICHIPOROVICH, den ökonomischen Koeffizienten (= genutzter Ertrag: Gesamtbiomasse) erhöht? Wenn ja, wieweit kann man diesen Weg züchterisch dann noch weitergehen?
Aufschlußreiche Ergebnisse hierzu wurden kürzlich von EVANS und DUNSTONE (1970) mitgeteilt. Sie zogen aus ihren Ergebnissen den Schluß, daß – bisher jedenfalls – die Photosynthesekapazität den Ertrag nicht begrenzt habe, setzen aber vorsichtig hinzu, daß dies in Zukunft, also bei neuen Zuchtsorten, anders sein könne.
Will man das Problem experimentell angehen, so hat man prinzipiell verschiedene Möglichkeiten, in das „sink"-„source"-Verhältnis einzugreifen:

a) Verminderung der „source" etwa durch partielle Defoliation, Verdunkeln photosynthetisch aktiver Organe, Anwendung von Photosyntheseinhibitoren, Verminderung der Lichtintensität
b) Erhöhung der „source" durch Erhöhung der CO_2-Konzentration bzw. der Lichtintensität

c) Verminderung des „sink“ durch Entfernung eines Teiles der Samenanlagen oder Abschneiden ganzer Ähren

Problematisch ist bisher die experimentelle Erhöhung des „sink“, sofern man nicht die unter a) genannten Möglichkeiten einer teilweisen Verminderung der „source“ darunter versteht, wobei sich natürlich für die verbleibenden Photosyntheseorgane das „sink“-„source“-Verhältnis verschiebt, d. h. erhöht.

Eine absolute Erhöhung der Speicherkapazität wäre eventuell durch Variation der Anzuchtbedingungen in der Phase der Ährenausbildung zu erreichen; möglicherweise nach Klärung der noch offenen Probleme auch durch Einsatz von Phytohormonen.

Fast alle der genannten Möglichkeiten wurden experimentell durch verschiedene Autoren geprüft.

Wardlaw (1965) fand bei Weizen, c. v. „GABO“, daß eine teilweise Entfernung von Samenanlagen (15–20 d nach der Anthese) das Translokationsmuster, nicht aber die Rate der aus dem Fahnenblatt abfließenden Assimilate änderte.

Von King, Wardlaw und Evans (1967) wurde eine Verminderung der Photosyntheserate des Fahnenblattes um 50% gemessen, nachdem die Ähre entfernt wurde. Außerdem wurde eine deutliche Reduktion der Menge der aus dem Fahnenblatt abfließenden Assimilate registriert.

Diese Hemmung der Photosynthese erwies sich als reversibel, nachdem der Assimilatstrom durch Verdunkeln des Restes der Pflanze zu den Wurzeln gelenkt wurde. Diese und andere Ergebnisse wurden so gedeutet, daß die Photosyntheserate des Fahnenblattes direkt durch den Bedarf an Assimilaten bzw. durch den Abfluß der Assimilate aus dem Blatt reguliert wird und nicht über Auxin, produziert vom Attraktionszentrum.

Bemerkenswert an diesen Untersuchungen erscheint mir weiterhin, daß die Verminderung der Photosyntheserate des Fahnenblattes relativ rasch, bereits 3–15 h nach Abschneiden der Ähre auftritt und daß der Stomatadiffusionswiderstand signifikant und beträchtlich erhöht wird.

Eine andere Gruppe von Versuchen wird am besten durch die Arbeit von Wareing und Khalifa (1968) erläutert. Hier führte eine partielle Entblätterung nach mehreren Tagen zu einer Erhöhung der Photosyntheserate des verbleibenden Blattes (Versuchsobjekte waren hierbei *Zea mays* und *Phaseolus vulgaris*). Dieser Effekt ist mit einer signifikanten Erhöhung der Ribulosediphosphat-Carboxylase-Aktivität verbunden, er tritt nach 3 d ein.

Die Ergebnisse wurden analog zu den vorn erwähnten so gedeutet, daß die Photosyntheserate der Blätter durch den Assimilatbedarf reguliert wird und darüber hinaus, daß die Photosynthesekapazität unter den Versuchsbedingungen von den Kontrollpflanzen nicht voll genutzt wurde, d. h., der Bedarf an Assimilaten wirkte ertragsbegrenzend.

Diese Ergebnisse, die für eine Anzahl anderer und in gleicher Richtung zu interpretierender stehen, sind durchaus geeignet, die Hypothese zu vertreten, daß eine experimentell oder züchterisch wie auch immer zu erzielende Ver-

größerung der Assimilatspeicher, also der Ähren bzw. der Zahl und Größe der Körner pro Ähre ausreichen müsse, um die für diesen erhöhten Bedarf notwendige Erhöhung der Photosyntheseleistung nach sich zu ziehen.
Dies scheint mir allerdings eine zu stark vereinfachte Vorstellung zu sein, die den tatsächlichen Verhältnissen, zumindest unter Feldbedingungen, nicht gerecht wird.
Man muß sich vergegenwärtigen, daß derartige Experimente als Gefäßversuche unter Gewächshaus- oder gar Klimakammerbedingungen durchgeführt wurden. Unter solchen Bedingungen aber wird die Photosyntheserate kaum einmal durch äußere Faktoren limitiert sein, wie es unter Feldbedingungen sehr häufig der Fall sein dürfte, z. B. durch Wassermangel und hierdurch bedingten Stomataschluß, verbunden mit hoher Blattemperatur, durch gegenseitige Beschattung, suboptimale Nährsalzversorgung usw.
So beweisen derartige Versuche meines Erachtens nur, daß die Photosyntheserate unter optimalen Bedingungen endogen durch den Assimilatbedarf reguliert werden *kann* und der Ertrag unter solchen Bedingungen ein Ergebnis eher des Speichervermögens als der Assimilationskapazität ist, nicht aber, daß der Ertrag unter Feldbedingungen tatsächlich unabhängig von der Photosynthese allein durch die Speicherung limitiert wird.
Für die Meinung, die Assimilatbildung via Photosynthese limitiere unter Feldbedingungen den Ertrag, gibt es zwar auch keine direkten Beweise, aber doch eine Reihe von Indizien.
So führten zahlreiche Experimente unter Feldbedingungen, bei denen ein Teil der Blätter entfernt wurde, im Ergebnis zu einer mehr oder minder starken Ertragsdepression bei Getreide.
Mäßiger Wasser- oder Mineralsalzmangel in der Phase der Kornfüllung führt auch dann zu Ertragsdepressionen, wenn durch vorher optimale Bedingungen gut ausgebildete Ähren, d. h. Speicher, vorhanden sind. Solche Bedingungen sollten aber eher auf die Photosynthese als auf Translokation und Speicherung wirken.
Schließlich ist die Tausendkornmasse nicht unabhängig von den Witterungsbedingungen während der Kornfüllung. Obwohl man einen direkten Einfluß von Witterungsfaktoren auf die Assimilattranslokation und -speicherung nicht ausschließen kann, ist eine Wirkung auf die Photosyntheserate in vielen Fällen doch wahrscheinlicher.
Ein einfaches Schema möge die Beziehungen zwischen endogener Regulation und exogener Steuerung der Photosyntheserate veranschaulichen.
Wenn das Schema die tatsächlichen Verhältnisse in den Grundlagen richtig wiedergibt, dann läßt sich daraus folgendes ableiten.
Bei in Reihe geschalteten Widerständen wird der Fluß durch die Summe der Widerstände bestimmt und das Verhältnis der Teilwiderstände gibt an, welcher für den Gesamtfluß am wichtigsten ist.
Bei optimalen Photosynthesebedingungen könnte R_1 klein sein gegenüber R_2 und der über die Regelstrecke Speicher-R_2 regulierte Widerstand R_2 bestimmt

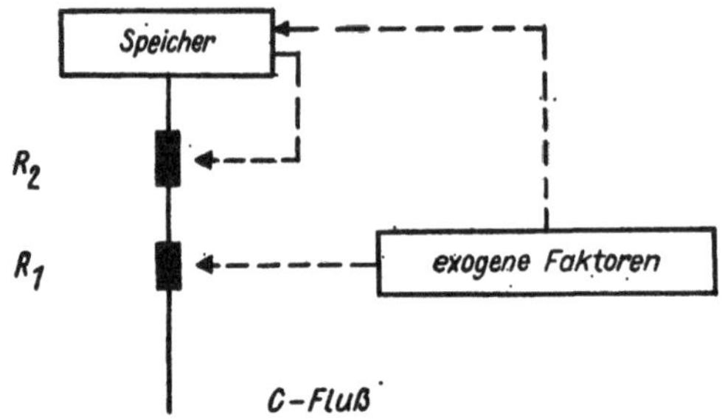

x)

x) R_1 und R_2 sind Widerstände im C-Fluß (Diffusion, Photosynthese, Translokation usw.)

im wesentlichen den Gesamtfluß. Dagegen könnte R_2 bei großem R_1, d. h. starker Hemmung der Photosynthese durch exogene Faktoren, relativ bedeutungslos sein; der Fluß würde im wesentlichen durch die exogen gesteuerte Photosyntheserate bestimmt.

Für eine hinreichende Beschreibung der die Kornertragsbildung limitierenden Faktoren wären m. E. vorrangig folgende Fragen zu klären:

1. Welcher Art ist die Rückkopplung zwischen Speicherung und Assimilatbildung?
   a) Wie wird die Information vom Speicherorgan zum Blatt übermittelt? (Die „Rückstau-Hypothese" ist nicht mit allen experimentellen Befunden vereinbar!)
   b) Auf welcher Ebene (Enzymaktivierung oder -depression, Stomataregulation usw.) wird die Photosyntheserate durch die Assimilatableitung und -speicherung beeinflußt?
   c) Welches Ausmaß kann die Regulation der Photosynthese durch die Speicherung bei den einzelnen Sorten bei optimalen Umweltbedingungen haben; wie groß sind also die „Photosynthesereserven" bei einzelnen Sorten?
2. Welche Änderungen erfährt diese Regulation im Verlauf der Kornfüllung?
3. Es fehlen quantitative Angaben darüber, wieweit die reale Photosyntheserate unter Feldbedingungen unter der optimalen Rate liegen kann (Bestimmung der Größe von R_1).

Die Klärung derartiger Fragen könnte eine Voraussetzung sowohl für eine physiologisch orientierte Züchtung wie für eine exogene Beeinflussung und Optimierung der Regulationsmechanismen zwischen Assimilatspeicherung und -bildung sein.

Zusammenfassung

Eine Reihe von experimentellen Ergebnissen verschiedener Autoren legen den Schluß nahe, daß bei Getreide der Bedarf der Ähren an Assimilaten die Photosyntheserate reguliert. Das würde bedeuten, der Einzelährenertrag ist eher durch das Speichervermögen der Karyopsen limitiert als durch die Fähigkeit der Pflanze, Assimilate zu bilden. Es wird darauf hingewiesen, daß unter Feldbedingungen die Photosyntheserate infolge der Einwirkung exogener Faktoren häufig nicht ihren potentiellen Wert erreichen dürfte und demzufolge ertragsbegrenzend wirken kann.

Резюме

На основании ряда экспериментальных данных различных авторов можно сделать вывод, что у зерновых потребность колосьев в ассимилятах регулирует фотосинтетическую деятельность. Это означало бы, что урожаи одного колоса лимитируются скорее накопительной способностью кариопс, чем способностью растения образовывать ассимиляты. Указывается, что в полевых условиях фотосинтетическая деятельность вследствии воздействия экзогенных факторов вероятно часто не достигает своей потенциальной величины, а, следовательно, может лимитировать урожайность.

Summary

A number of experimental results of various authors suggests that in cereals crops the rate of photosynthesis is regulated by the assimilate requirement of the ears. This would mean that the single ear yield was limited by the storage capacity of the caryopses rather than by the plant's ability of assimilate production. However it is indicated that under field conditions because of the effect of exogenous factors the rate of photosynthesis would frequently not reach its potential value and thus limits the yield.

Literatur

Birecka, H.; Skupinska, J.; Wojcieska, U.; Zinkiewicz, E.: Photosynthesis, translocation and accumulation of assimilates in cereals during grain development. I. Investigations on spring barley and wheat by application of shading and defoliation technique. Acta Soc. Bot. Polon. 32 (1963), S. 435–461

Birecka, H.; Skupinska, J.: Photosynthesis, translocation and accumulation of assimilates in cereals during grain development II. Spring barley–photosynthesis and the daily accumulation of photosynthates in the grain. Acta Soc. Bot. Polon. 32 (1963), S. 531–552

Birecka, H.; Dakic-Wlodkowska, L.: Photosynthesis, translocation and accumulation of assimilates in cereals during grain development III. Spring wheat–photosynthesis and the daily accumulation of photosynthates in the grain. Acta Soc. Bot. Polon. 32 (1963), S. 631–650

Birecka, H.; Dakic-Wlodkowska, L.: Photosynthesis, translocation and accumulation of assimilates in cereals during grain development IV. Contribution of products of current photosynthesis after heading to the accumulation of organic compounds in the grain of spring wheat. Acta Soc. Bot. Polon. 33 (1964), S. 407–426

Birecka, H.; Skupinska, J.; Bernstein, I.: Photosynthesis, translocation and accumulation of assimilate in cereals during grain development V. Contribution of products of current photosynthesis after heading to the accumulation of organic compounds in the grain of barley. Acta Soc. Bot. Polon. 33 (1964), S. 601–618

Evans, L. T.; Rawson, H. M.: Photosynthesis and respiration by the flag leaf and components of the ear during grain development in wheat. Austr. J. biol. Sci. 23 (1970), S. 245–254

Evans, L. T.; Dunstone, R. L.: Some physiological aspects of evolution in wheat. Austr. J. biol. Sci. 23 (1970), S. 725–741

King, R. W.; Wardlaw, I. F.; Evans, L. T.: Effect of assimilate utilization on photosynthetic rate in wheat. Planta 77 (1967), S. 261–276

Lupton, F. G.: Estimation of yield in wheat from measurement of photosynthesis and translocation in the field. Ann. appl. Biol. 64 (1969), S. 363–374

Neales, T. F.; Incoll, L. A.: The control of leaf photosynthesis rate by the level of assimilate concentration in the leaf: A review of the hypothesis. Botanical Review 34 (1968), S. 107–125

Rawson, H. M.; Hofstra, G.: Translocation and remobilization of ^{14}C assimilated at different stages by each leaf of the wheat plant. Austr. J. biol. Sci. 22 (1969), S. 321 bis 331

Stoy, V.: Photosynthesis, respiration and carbohydrate accumulation in spring wheat in relation to yield. Physiol. Plantarum, Suppl. IV, 1965

Wardlaw, I. F.: The velocity and pattern of assimilate translocation in wheat plants during grain development. Austr. J. biol. Sci. 18 (1965), S. 269–281

Wardlaw, I. F.: The control and pattern of movement of carbohydrates in plants. Botanical Review 34 (1968), S. 79–105

Wardlaw, I. F.; Porter, H. K.: The redistribution of stem sugars in wheat during grain development. Austr. J. biol. Sci. 20 (1967), S. 309–318

Wareing, P. F., Khalifa, M. M.; Treharne, K. J.: Rate limiting processes in photosynthesis at saturating light intensities. Nature 220 (1968), S. 453–457

Anschrift des Verfassers:

Dr. Peter Apel
Zentralinstitut für Genetik und Kulturpflanzenforschung
der Akademie der Wissenschaften der DDR
4325 Gatersleben, Corrensstr. 5

Tag.-Ber. Akad. Landwirtsch.-Wiss. DDR · Nr. 119 · 1972 . S. 47—53

Institut für Getreideforschung Bernburg-Hadmersleben
der Akademie der Landwirtschaftswissenschaften
der Deutschen Demokratischen Republik

WOLFGANG DAMISCH

Photosynthese und Ertrag, untersucht an Gefäßversuchen mit Winterweizen

Im Rahmen der stoffwechselphysiologischen Untersuchungen zur Klärung der physiologischen Ursachen der Ertragsbegrenzung bei Getreide ist es ein schon viel geübtes, aber immer wieder versuchtes Bemühen, den Anteil der einzelnen Organe am Gesamtertrag zu bestimmen. Die hierzu benutzten Techniken sind verschiedenartig. Eine häufig verwendete Methode ist die Beschattung oder Entfernung bestimmter Organe in entscheidenden Phasen der Ontogenese. Hierzu liegen Versuchsergebnisse von BOONSTRA (1937), NATR (1967) und vielen anderen Autoren vor.

In diesem Beitrag sollen Ergebnisse von VOLDENG und SIMPSON (1967) zitiert werden. Diese Autoren dreiteilten die Getreidepflanze in Ähre, Fahnenblatt und Halm bis zum ersten Halmknoten und den darunter liegenden Rest. Zwei Serien wurden jeweils ein Drittel bzw. zwei Drittel der Pflanze im Verlaufe der Kornfüllungsperiode beschattet und die Kornerträge der Varianten verglichen.

Die Autoren vermerken, daß sowohl die Technik der mäßigen als auch der vermehrten Beschattung die Bedeutung des Fahnenblatt- und des Ährenbeitrages zum Korngewicht zeigt. Der Anteil am Korngewicht ist auch je nach verwendeter Technik unterschiedlich groß (Tab. 1).

Tabelle 1
Anteil der einzelnen Organe am Gesamtertrag
(nach VOLDENG und SIMPSON ergänzt)

	1 Teil unbeschattet			2 Teile unbeschattet			3 Teile unbeschattet
Ähre	29	24	34	42	39	40	
Fahnenblatt	39	32	31	37	34	36	
Übrige Teile	32	26	35	21	20	24	
	100	82	100	100	93	100	
		100 = 984			100 = 984		
	809		1072	918		1110	Kontrolle = 984 g
	− 175		+ 86	− 66		+ 126	

Außerdem muß beachtet werden, daß auch bei unterschiedlicher Interpretation der angewandten Technik noch verschiedene Anteile errechnet werden können (Spalte 3 und 6).

In jedem Falle handelt es sich bei diesen Techniken um einen Eingriff in das funktionierende Gesamtsystem Getreidepflanze, und es entsteht die Frage, ob nicht auch über andere Methoden ein Einblick erzielt werden kann.
Wir haben diesen Versuch unternommen, und zwar mit Hilfe von CO_2-Gaswechselmessungen. Es wird hierbei die Frage aufgeworfen, welchen Anteil haben die einzelnen Organe am Gesamt-CO_2-Gaswechsel im Verlaufe der Ontogenese.
Die Messungen erfolgten an Weizenpflanzen, die in Mitscherlichgefäßen unter Freilandbedingungen angezogen wurden und die nach etwa 16 Stunden Akklimatisation in Klimakammern bei 20 °C aus der Dunkelphase heraus gemessen wurden. Es wurde dabei die Methode eines sukzessiven Abbaus der Pflanzen angewandt und so der Anteil der Ähren, Blätter und Halme bestimmt. Die verwendete Lichtintensität betrug etwa 5000 Lux, es wurden HQR-Lampen von Narva Berlin verwendet. Eine Beeinflussung der gemessenen Photosyntheseraten durch Abnahme der Ähren ist bei den benutzten Belichtungszeiten von etwa 90 Minuten pro Fraktion noch nicht zu erwarten.
1969 wurden die Messungen nur an einzelnen Tagen ausgeführt, die Ergebnisse sind in Tabelle 2 enthalten. Die Zahlen stellen direkte Meßergebnisse in ppm CO_2 pro Gefäß bei 400 l Strömungsgeschwindigkeit dar. Der Anteil der Ähre an der Gesamtbruttophotosynthese (B-P) beträgt danach 22 Tage nach der Vollblüte am 17. 7. 20%, was gegenüber anderen Methoden ein niedriger Anteil ist.
Hervorstechend sind bei diesen Analysen die sehr hohen Atmungswerte (R) bei den Ähren. Auf Grund dieser hohen Atmungswerte haben die Ähren weder

Tabelle 2
Anteile der einzelnen Organe am CO_2-Gasstoffwechsel – Pilot 1969

	Gesamt			Ähre			Blätter			Halme		
	N–P	R	B–P	N–P	R	B–P	N–P	R	B–P	N–P	R	B–P
26. 6.	95	44	139	−4	11	7	76	22	98	23	11	34
	100	100	100	−4	25	5	80	50	70	24	25	25
17. 7.	68	73	141	−16	45	29	28	11	39	56	17	73
	100	100	100	−23	62	20	41	15	28	82	23	52
23. 7.	20	69	89	−24	37	13	16	14	30	28	18	46
	100	100	100	−120	54	14	80	20	34	140	26	52
24. 7.	37	–	–	−13	–	–	14	–	–	36	–	–

unter Kunstlicht noch im Sonnenlicht (24. 7.) den Kompensationspunkt erreicht und haben damit nicht zu einer positiven Stoffbilanz direkt beigetragen.
Auch diese Ergebnisse sind nicht neu. In der Literatur sind Angaben über hohe Atmungswerte bei Getreideähren zu finden. Aus einem modernen Handbuch (BROUWER, 1970) möchte ich zitieren:

„Von den in den Blattspreiten und -scheiden produzierten Assimilaten wird der größte Teil zur Ähre abtransportiert. Zu Beginn der Kornfüllungsperiode sind die Atmungsverluste besonders hoch und reduzieren dadurch die aufgespeicherten Kohlenhydrate um 30–40%."

Brouwer beruft sich bei diesen Angaben auf Stoy. Es können aber auch noch andere Autoren zitiert werden.

Vom Standpunkt der Gesamtstoffbilanz sind dies bei erster Betrachtung durchaus Atmungsverluste, denn es ist ein Stoffabbau!

Wie aber, wenn dieser Stoffabbau notwendig ist, wenn er die Voraussetzung für den Aufbau einer größeren Stoffmenge darstellt?

Theoretische Erwägungen und praktische Versuchsergebnisse veranlassen uns, die bisherige Interpretation in Zweifel zu ziehen und eine neue Betrachtungsweise zur Diskussion zu stellen.

Die in den Photosyntheseorganen gebildete und gespeicherte Stärke wird wieder mobilisiert und in ihre Monosaccharidbausteine zerlegt. Die Monosaccharidmoleküle dienen als Substrat für die oxydative Energieproduktion oder werden in Transportformen umgewandelt. In den meisten Pflanzen dient Saccharose als Transportform der Kohlenhydrate. Der Saccharosetransport verläuft in Längsrichtung der Sproßachse an einem Gradienten fallender Konzentration entlang. Die Synthese der Stärke im Speicherorgan kann von Hexosephosphat ausgehen, es können jedoch auch Disaccharide als Bausteinlieferanten dienen. Werden Hexosephosphate benutzt, dann wird die Energie der Gruppenübertragung vom Phosphat auf den Akzeptorzucker für die Bildung der Glykosidbindung verwendet. Der Phosphatrest stammt aus der Hexoseaktivierung durch ATP, und damit wäre der Kreislauf geschlossen. Energiereiche Phosphate vom ATP-Typ entstehen nur, wo Atmungs- oder Photosynthesevorgänge als Energiequelle zur Verfügung stehen (Abb. 1).

Wo stark geatmet wird, entsteht viel Energie zur ATP-Bildung, wo viel ATP zur Verfügung steht, kann viel Einfachzucker aktiviert werden und die Glykosidbindung zum Polysaccharid Stärke entstehen. Hohe Atmung – hoher Kornertrag! Dieses Postulat würde zutreffen, wenn keiner der anderen Faktoren ins Minimum gerät.

King, Wardlaw und Evans hatten in einer 1967 in der „Planta" veröffentlichten Arbeit nachgewiesen, daß der „Assimilateverbrauch" die entscheidende Steuerungsgröße für die Photosyntheseeffektivität in der Kornfüllungsperiode ist.

Durch Einsatz von ^{14}C und durch Infrarot-Gasanalyse untersuchten sie das Photosyntheseverhalten der Fahnenblätter von Weizenpflanzen und stellten den in Abbildung 2 aufgezeichneten Zusammenhang fest.

Diese Ergebnisse zeigen, daß die Photosyntheserate des Fahnenblattes in diesem System letztlich durch den Abzug von Assimilaten aus dem Fahnenblatt direkt reguliert wird und nicht durch die Wirkung von Wuchsstoffen, die vom Speicherorgan gebildet werden.

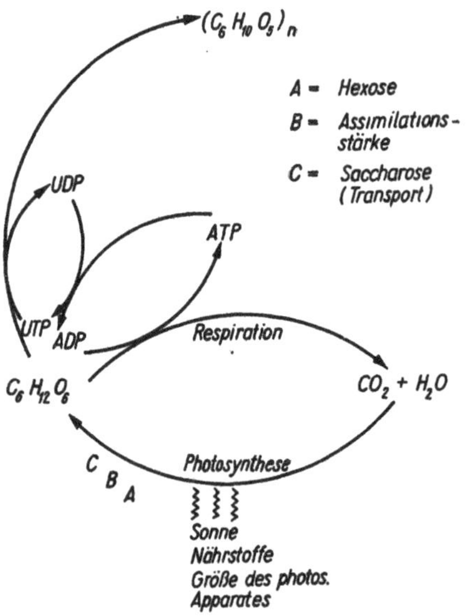

Abb. 1: Atmungs- oder Photosynthesevorgänge als Energiequelle

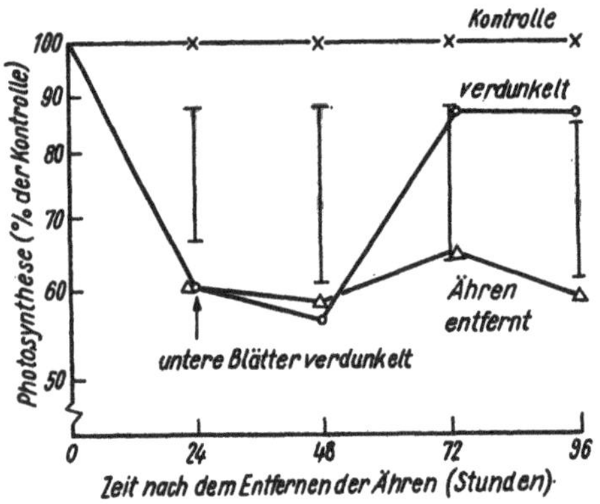

Abb. 2: Tägliche Messung der Nettophotosyntheserate des Fahnenblattes, der nachstehende drei Behandlungen folgten: Kontrolle; Ähren entfernt; Ähren entfernt und untere Blätter 24 Stunden später verdunkelt (nach KING, WARDLAW u. EVANS, 1967)

Wenn die zentrale Größe Photosynthese direkt von der Attraktionsgröße des Speicherorgans gesteuert wird, so stellt sich die nächste Frage:

Wodurch wird die Attraktionsgröße bedingt?
Wovon ist die „sink"-Kapazität abhängig?

Unter dem Blickwinkel dieser Fragestellung haben wir die vorliegenden Ergebnisse des Gasstoffwechsels analysiert, dabei ergibt sich der aus Tabelle 3 ersichtliche interessante Zusammenhang.
Nach Abzug einer der Photosynthese und dem photosynthetischen Apparat der Ähre zuzuordnenden Atmungsgröße verbleibt ein Atmungswert, der an den betreffenden Tagen die Größe 38 bzw. 32 erreicht.

Tabelle 3

Anteil der einzelnen Organe am CO_2-Gasstoffwechsel – Pilot 1969

	Ähre			Blätter			Halme			Blätter + Halme		
	N–P	R	B–P	N–P	R	B–P	N–P	R	B–P	N–P	R	B–P
17. 7.	– 16	45	29	28	11	39	56	17	73	84	28	112
		1 :	4								1 :	4
		7 :	29									
		38										
23. 7.	24	37	13	16	14	30	28	18	46	44	32	76
		1 :	2,4								1 :	2,4
		5 :	13									
		32										

Die Vermutung, daß es sich bei dieser Atmung um den äußeren Ausdruck der dissimilatorischen Prozesse der Energiegewinnung zur Sekundärsynthese von Stärke im wachsenden Korn handeln könnte, liegt sehr nahe.

Wir haben die Werte dieser Attraktionsatmung während der Kornfüllungsperiode 1970 sorgfältig erfaßt und sind zu den in den Abbildungen 3 und 4 ausgewiesenen Ergebnissen gekommen.

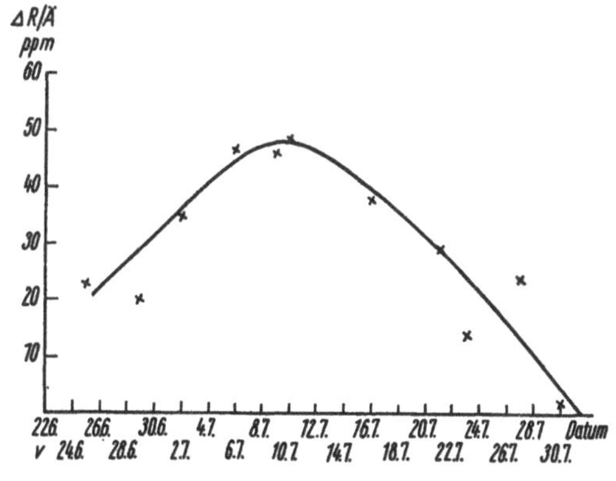

Abb. 3: Attraktionsatmung – Sorte „Kawkas", 1970 (ppm/Gefäß)

Die Beziehungen zwischen dem Verlauf der Attraktionsatmung und den Werten der Ährenzunahme in der Kornfüllungsperiode scheinen eindeutig.

Diese Ergebnisse werden als eine erste Bestätigung der vorgetragenen Konzeption betrachtet, wonach die Antwort auf die Frage nach der Determination der für die Photosyntheseeffektivität entscheidenden Attraktionsgröße wie folgt lautet:

> Die Attraktionsgröße bzw. die „sink"-Kapazität hängt von der Größe der für die Stärkesynthese verfügbaren Energie ab. Diese Energie wird durch Atmungsvorgänge bereitgestellt.

Es ist möglich, daß es sich bei dieser Attraktionsatmung um eine zentrale Größe im System der Stoff- und Ertragsbildung bei Pflanzen allgemein handelt.

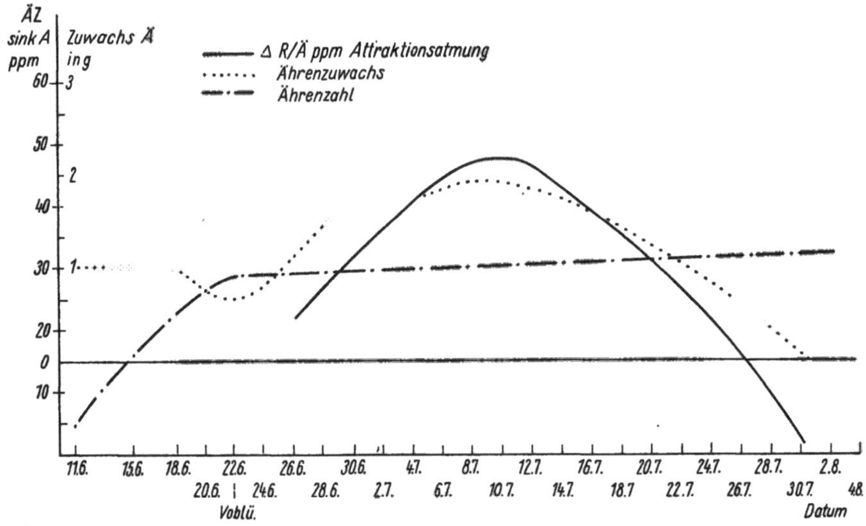

Abb. 4: Sorte „Kawkas", 1970 (sink A = △ R/Ä) – Angaben je Gefäß

Mit der Aufdeckung dieses Zusammenhanges werden die oft unverständlich erscheinenden Disproportionen zwischen potentieller Photosyntheserate einerseits und Photosyntheseeffektivität, die sich in der Ertragshöhe manifestiert, andererseits – überschaubar und erklärbar.

Zusammenfassung

Die Ergebnisse über den Anteil der Ährenphotosynthese am Gesamtertrag, wie sie aus Gaswechselmessungen ermittelt wurden, werden mit Angaben aus der Literatur verglichen, die auf Beschattungsversuche zurückgehen. Die festgestellte hohe Dunkelatmung der Ähre im Verlaufe der Kornfüllungsperiode wird nicht wie bisher in der Literatur als „Atmungsverlust" interpretiert, sondern als Attraktionsatmung. Es wird eine enge Beziehung zwischen Attraktionsatmung und Kornzuwachs bei Winterweizen nachgewiesen.

Резюме

Показатели участия фотосинтеза колосьев в общем урожае, полученные на основании учёта газообмена сравниваются с литературными данными, полученными в опытах с затемнением. Установленное высокое теневое дыхание колосьев в ходе периода налива зерна интерпретируется не как «потеря на дыхание», что обычно принято в литературе, а как атракционное дыхание. Доказывается тесная взаимосвязь между атракционным дыханием и приростом зерна у озимой пшеницы.

Summary

The results on the share of ear photosynthesis in the total yield, as determined from gas exchange measurements, are compared with data from the literature that were obtained in shading trials. The established high ear respiration in the dark during the grain filling period is not interpreted as "respiratory loss" as had so far been done in the literature, but as attractive respiration. A close correlation between attractive respiration and grain increment was found with winter wheat.

Literatur

BOONSTRA, A. E. H. R.: Der Einfluß der verschiedenen assimilierenden Teile auf den Samenertrag von Weizen. Z. Pflanzenzücht. 21 (1937), S. 115–147

BROUWER, W.: Handbuch des Speziellen Pflanzenbaues. Berlin und Hamburg, 1970

KING, R. W.; WARDLAW, I. F.; EVANS, L. T.: Effect of Assimilate Utilization on Photosynthetic Rate in Wheat. Planta (Berlin) 77 (1967), S. 261–276

NATR, L.: Untersuchung der Kornertragsbildung bei Getreidearten. III. Rostlinna vyroba 13 (1967), S. 797–818

VOLDENG, H. D.; SIMPSON, G. M.: The relationship between photosynthetic area and grain yield per plant in wheat. Canad. J. Plant Sci. 47 (1967), S. 359–365

Anschrift des Verfassers:

Dr. WOLFGANG DAMISCH
Institut für Getreideforschung Bernburg-Hadmersleben
der Akademie der Landwirtschaftswissenschaften
der Deutschen Demokratischen Republik
4351 Bernburg-Strenzfeld, Mitschurinstraße 22

Tag.-Ber. Akad. Landwirtsch.-Wiss. DDR · Nr. 119 · 1972 · S. 55–64

Laboratorium Wasserhaushalt der landwirtschaftlichen Kulturpflanzen
an der Sektion Tierproduktion und Veterinärmedizin
der Karl-Marx-Universität Leipzig

RUTH ZWICKER

Untersuchungen zum Wasserverbrauch bei einzelnen Genotypen und Möglichkeiten der Frühdiagnose

Der Wasserverbrauch der Pflanze ist seit langem Gegenstand physiologischer und ökologischer Untersuchungen und wurde schon frühzeitig in Beziehung zum Ertrag gebracht. Berücksichtigt man, daß Wachstum und Entwicklung von den akropetal vorhandenen Vegetationspunkten ausgehen, so ergibt sich, daß der wachsende Organismus von einem bestimmten Entwicklungsstadium an gleichzeitig sowohl embryonale als auch ausgewachsene und im Absterben begriffene Teile aufweist, deren Leistungsmaximum unterschiedlich ist. Im Hinblick darauf, daß die sich nacheinander entwickelnden Teile einer Pflanze im Freien photoperiodisch unterschiedlichen Bedingungen unterliegen, war es naheliegend, sowohl das Wachstum als auch die Entwicklung und den Wasserverbrauch unter klimatisch und insbesondere photoperiodisch kontrollierten Bedingungen zu studieren, um Schlußfolgerungen für die Praxis ableiten zu können (vgl. auch KOPETZ, 1966).

Als Versuchspflanze diente Hafer, dessen Wachstums- und Entwicklungsverlauf im Rahmen eines Gefäßversuches bei kontrollierter Wasserversorgung und unterschiedlicher Stickstoffverabreichung erfaßt wurde. So gelang es bereits im Rahmen einer früheren Veröffentlichung aufzuzeigen, daß zwischen dem Wachstum von Wurzel und Sproß eine hochsignifikante positive Korrelation besteht (ARLAND u. ZWICKER, 1968).

Bezeichnet man die zur Reife den höchsten Kornertrag bringende Variante als die optimal mit Stickstoff versorgte (2,0 g N/Gefäß), so fällt auf, daß deren Wachstum im Vergleich zu der mit der nächst niedrigeren N-Gabe (1,0 g N/Gefäß) bis Anfang Mai verzögert verläuft. Unter dem Einfluß der im Mai und Anfang Juni herrschenden Umweltfaktoren erfährt jedoch der Zuwachs an Wurzelmasse bei den optimal mit N versorgten Pflanzen, also den 2-g-N-Pflanzen eine Förderung, was sich auch auf die Zunahme an Frischmasse des Sprosses auswirkt. Zur Blüte, die in die Zeit des größten Tageslängenwertes fällt, war der Anteil an junger, meristematischer Wurzelmasse bei den optimal mit N versorgten Pflanzen am größten. So zeichneten sich schließlich die so ernährten Pflanzen zur Blütezeit durch absolut größte Wurzel- und Sproßmassen (Frischmasse, Trockenmasse, Wassergehalt) aus (Abb. 1).

In ähnlicher Weise beeinflußten die Umweltfaktoren den Wasserverbrauch. Mit der Zunahme an Frischmasse erhöhte sich der absolute Wasserverbrauch,

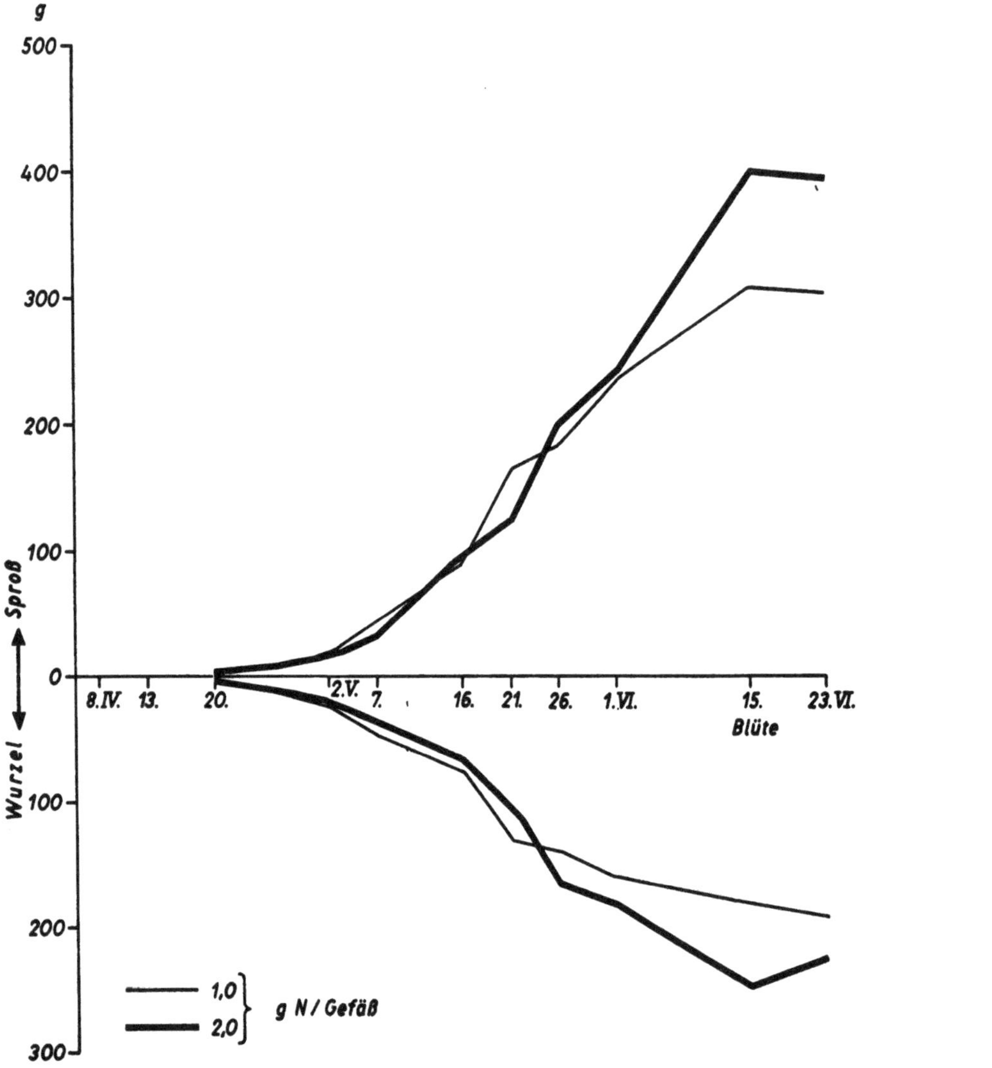

Abb. 1: Gegenüberstellung der Frischmasse von Wurzel und Sproß bei variierter N-Düngung. Gefäßversuch mit Hafer „Hadmerslebener Auswuchsfester Gelb"

wobei optimale N-Versorgung das signifikant größte Ausmaß bewirkte. Bringt man jedoch den absoluten Wasserverbrauch in Beziehung zu der in der gleichen Zeit produzierten Trockenmasse, so ergibt sich für die 2-g-N-Pflanzen ein niedrigerer Transpirationskoeffizient als bei den 1-g-N-Pflanzen, was besagt, daß erstere das Wasser effektiver nutzten (Abb. 2).
Unterzieht man in diesem Zusammenhange auch die Wasserbilanz an Hand der Zellsaftkonzentration (Walter, 1931) einer vergleichenden Betrachtung,

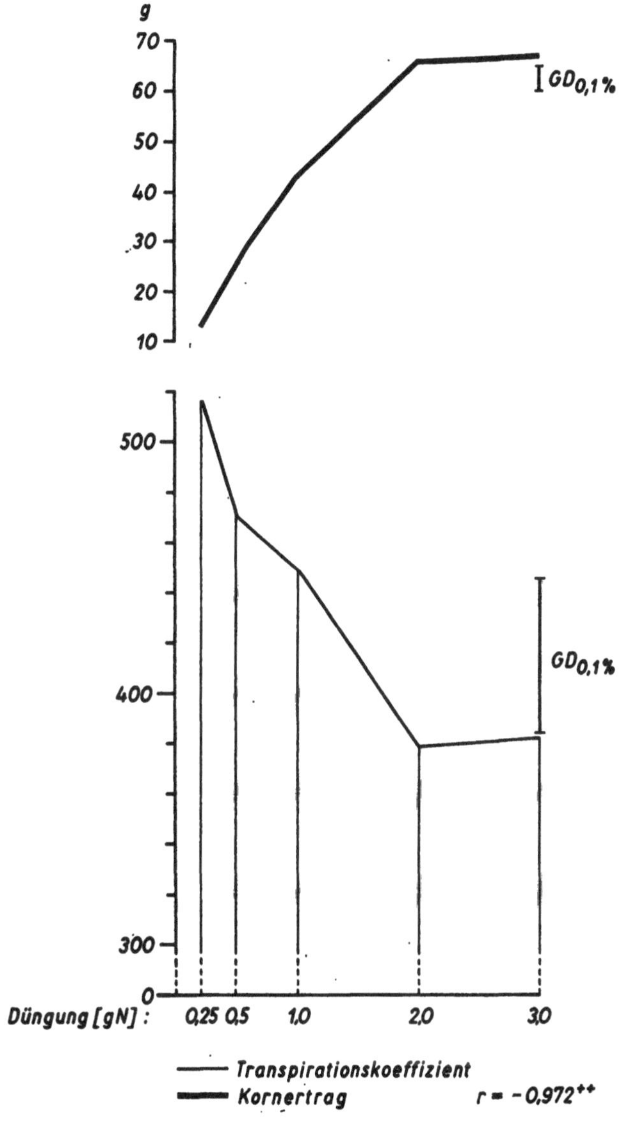

Abb. 2: Gegenüberstellung von Transpirationskoeffizient und Gesamtkornertrag bei variierter N-Düngung. Gefäßversuch mit Hafer „Hadmerslebener Auswuchsfester Gelb“

so zeigt sich, daß die anfänglich höheren osmotischen Werte des Zellsaftes der 2-g-N-Pflanzen sich unter die der 1-g-N-Pflanzen senken, was einer Verbesserung ihrer Wasserbilanz entspricht. Andererseits ist aus dem Ansteigen der anfänglich niedrigeren osmotischen Werte der 1-g-N-Pflanzen auf Verschlechte-

rung ihres Wasserhaushaltes und daraus resultierende Ertragsminderung zu schließen (Abb. 3).
Wie bereits in anderem Zusammenhange veröffentlicht (Zwicker, 1966), zeichneten sich die optimal mit N versorgten Pflanzen nicht nur durch signifikant höchste Gesamtkornerträge aus, sondern auch durch hohe Anzahl der

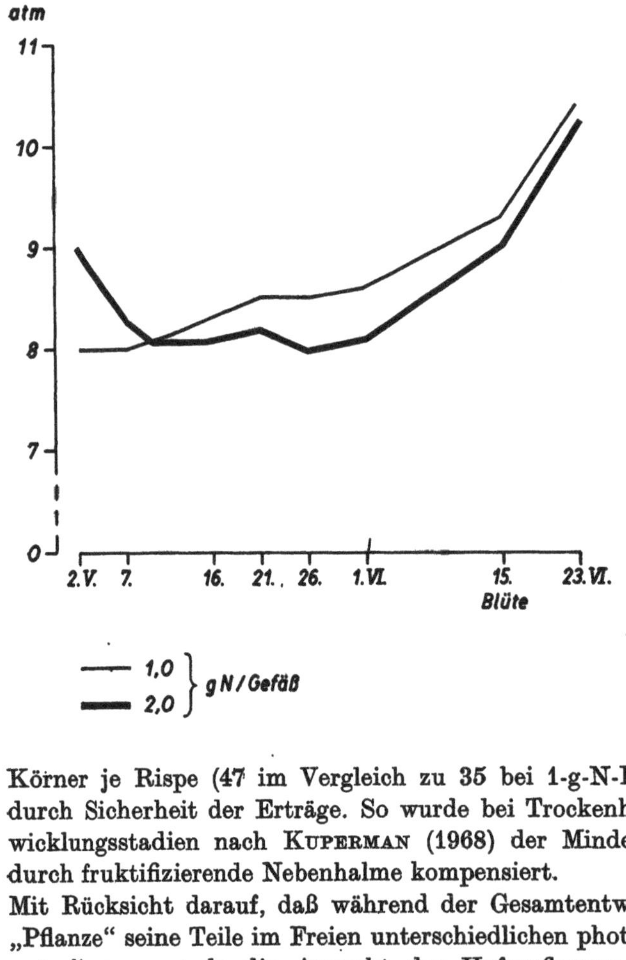

Abb. 3: Gegenüberstellung der osmotischen Werte des Zellsaftes bei variierter N-Düngung. Gefäßversuch mit Hafer „Hadmerslebener Auswuchsfester Gelb“

Körner je Rispe (47 im Vergleich zu 35 bei 1-g-N-Pflanzen) und vor allem durch Sicherheit der Erträge. So wurde bei Trockenheit in einem der 5 Entwicklungsstadien nach Kuperman (1968) der Minderertrag am Haupthalm durch fruktifizierende Nebenhalme kompensiert.
Mit Rücksicht darauf, daß während der Gesamtentwicklung des Organismus „Pflanze“ seine Teile im Freien unterschiedlichen photoperiodischen Einflüssen unterliegen, wurde die Anzucht der Haferpflanzen in weiteren Versuchen unter klimatisch kontrollierten Bedingungen vorgenommen. Die Umweltverhältnisse wurden hierbei so gewählt, wie sie im Tages- und Jahresrhythmus auf das Wachstum älterer Individuen einwirken, was bedeutet, daß die Tageslänge mit 17 Stunden bemessen wurde. Als Lichtquelle dienten Lumineszenzlampen, wobei eine Versuchsreihe Tageslicht mit relativ hohem Anteil an langwelliger Strahlung (Rotlicht) unterworfen wurde und eine zweite Tageslicht mit relativ hohem Anteil an kurzwelliger Strahlung (Blaulicht) erhielt. Ver-

wendung fanden Leuchtstoffröhren J vom VEB Berliner Glühlampenwerk sowie „TL“ 55 vom Philips Laboratorium, Eindhoven, je 40 W, wobei die Belichtung in der Zeit von 5 bis 22 Uhr vorgenommen wurde. Die Wasserversorgung der Pflanzen erfolgte täglich 2mal nach $8^1/_2$stündiger Lichtphase, und zwar um 7.30 Uhr und um 16.00 Uhr. Die Lichtintensität betrug in Pflanzenhöhe 6000 lx. Die Tagestemperaturen wurden in den einzelnen Entwicklungsetappen

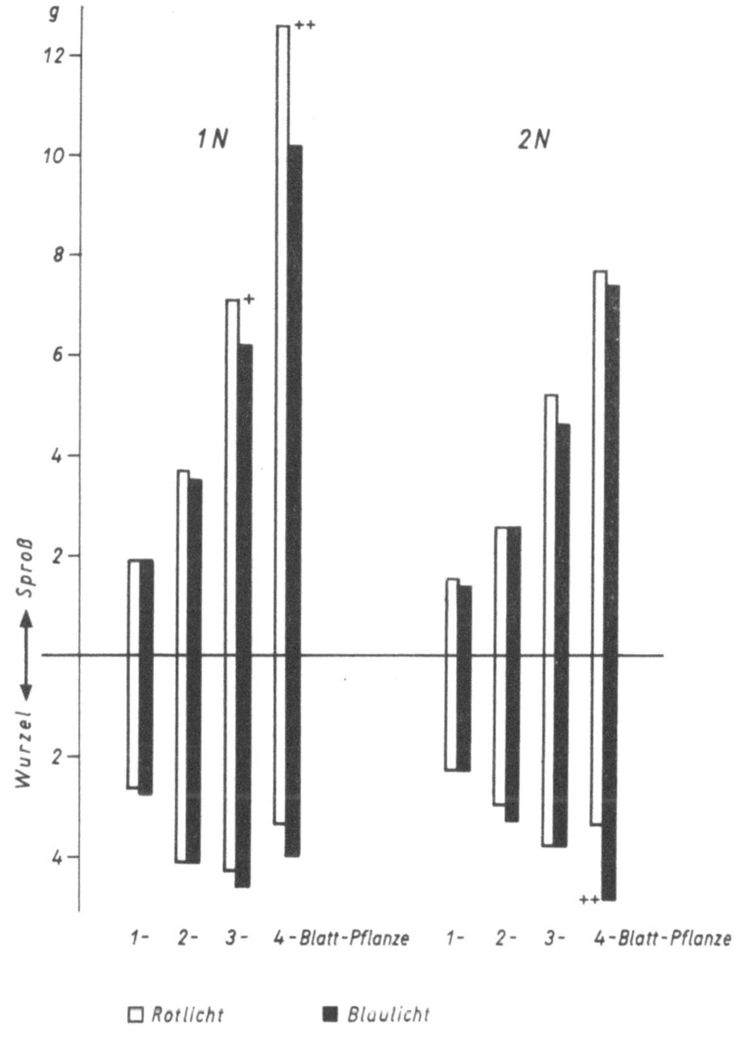

Abb. 4: Gegenüberstellung der Frischmasse von Wurzel und Sproß bei variierter N-Düngung und bei Wachstum unter Rot- bzw. Blaulicht. Schalenversuch mit Hafer „Hadmerslebener Auswuchsfester Gelb“

verschieden hoch gehalten, wobei zwischen Tages- und Nachttemperatur eine Differenz von 5 bis 7 °C bestand.

Aus Abbildung 4 ergibt sich, daß die Frischmasse von Wurzel und Sproß bei 1- und 2-Blatt-Pflanzen zunächst unabhängig von der Qualität des Lichtes bei geringerer N-Gabe größer ist als bei höherer N-Versorgung. Bei den 3- und 4-Blatt-Pflanzen wirkt das Rotlicht bei der Düngung 1 g N fördernd auf das Sproßwachstum, während das Blaulicht erst in der Infloreszenzphase bei höherer N-Versorgung fördernd auf das Wurzelwachstum Einfluß nimmt.

Wie bereits in anderem Zusammenhange aufgezeigt werden konnte (Zwicker, 1963), wird der Wasserverbrauch je Einheit Frischmasse (relative Transpiration oder besser gesagt Anwelktranspiration) bei 1- und 2-Blatt-Pflanzen durch Rot- oder Blaulicht nicht spezifisch beeinflußt. Erst zu Beginn der Infloreszenzphase wirken sich Rot- und Blaulicht in Abhängigkeit von der N-Versorgung unterschiedlich auf die relative Transpiration aus. Wie Abbildung 5 erkennen läßt, wird die Anwelktranspiration junger Pflanzen unter klimatisch kontrollierten Bedingungen durch Blaulicht in ähnlicher Weise beeinflußt wie der Wasserverbrauch in der Vegetationsperiode. Es ergab sich: Niedrigeren relativen Transpirationswerten der jungen 2-g-N-Pflanzen entsprach ein niedrigerer Transpirationskoeffizient als bei 1-g-N-Pflanzen.

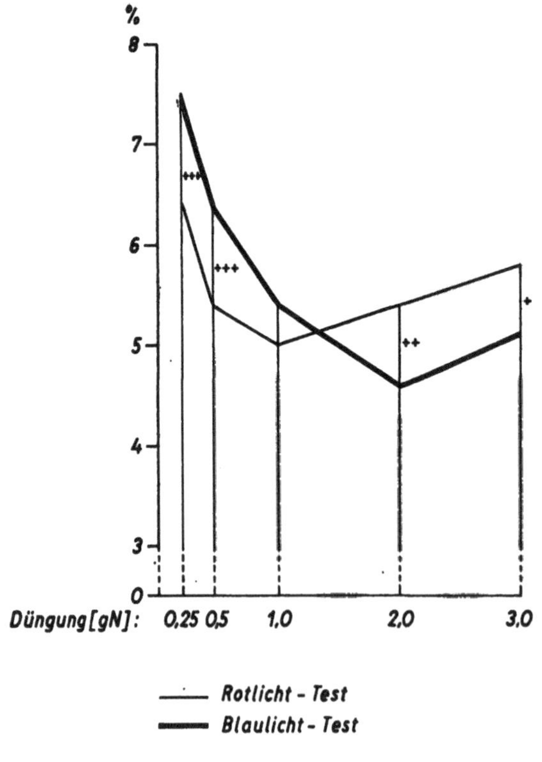

Abb. 5: Gegenüberstellung von Anwelktranspirationswerten bei variierter N-Düngung, ermittelt nach 2tägiger Anpassung der Pflanzen an Rot- bzw. Blaulicht. Schalenversuch mit Hafer „Hadmerslebener Auswuchsfester Gelb“

Unter Rotlichteinfluß war die relative Transpiration der optimal mit Stickstoff versorgten Jungflanzen signifikant höher und erreichte etwa die Werte der 1-g-N-Pflanzen. Mit Hinweis darauf, daß der Kornertrag der optimal mit N versorgten (2 g N/Gefäß) Pflanzen das größte Ausmaß erreichte, läßt sich indirekt die Folgerung ziehen, daß das Blaulicht auf die stofflichen Beziehungen zwischen Wurzel und Sproß Einfluß nimmt (vgl. auch MOTHES, 1956). Ergänzend sei bemerkt, daß im Rahmen früherer Untersuchungen unter Blaulicht-Vorbehandlung der Pflanzen eine hochsignifikante Korrelation zwischen Wurzelatmung und Transpiration ($r = +\ 0{,}957^{+++}$ bei 24 Meßwerten) nachgewiesen werden konnte. Einem höheren Sauerstoffverbrauch der Wurzeln entsprach ein höherer Wasserverbrauch (relative Transpiration) und umgekehrt (ZWICKER, 1964). Nach neueren Untersuchungen von VOSKRESENSKAJA, NEČAEVA, VLASOVA und NIČIPOROVIČ (1968) hat das Blaulicht eine dem Kinetin

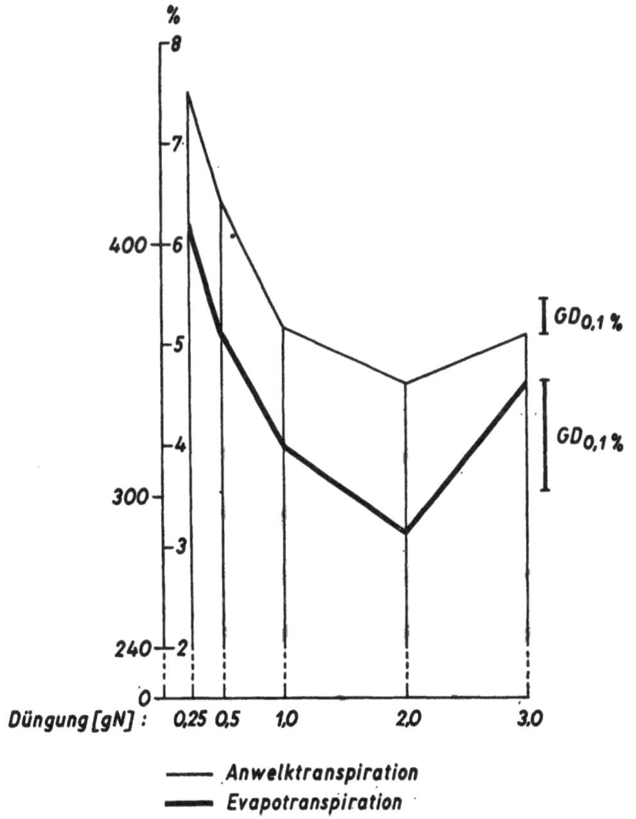

Abb. 6: Gegenüberstellung von Anwelktranspirationswerten und Evapotranspirationswerten bei variierter N-Düngung, ermittelt nach 2tägiger Anpassung der Pflanzen an Blaulicht. Schalenversuch mit Hafer „Hadmerslebener Auswuchsfester Gelb“

ähnliche Wirkung auf die Strukturproteine der Chloroplasten. Die Einflüsse von Rotlicht und Kinetin sind hingegen nicht gleich gerichtet.
Unter Berücksichtigung des Blaulichtes als Testfaktor bei Leistungsprüfungen galt es im weiteren, die Transpirationsmessungen für praktische Belange einfacher zu gestalten, wobei die im Verfahren der Anwelkmethode zur Anzucht gelangten Pflanzen sowohl Anwelktranspirationsmessungen als auch Evapotranspirationsmessungen unterworfen wurden. Wie aus Abbildung 6 ersichtlich ist, zeigen die erzielten Befunde tendenzmäßig gute Übereinstimmung, so daß die Möglichkeit gegeben sein dürfte, bei der Frühdiagnose größerer Sortimente sich auf Evapotranspirationsmessungen stützen zu können (siehe auch Kindlmann, 1968).

Zusammenfassung

Von einem bestimmten Pflanzenalter an (Infloreszenzphase) reagieren junge Haferpflanzen in der Anwelktranspiration auf photoperiodische Einflüsse (Langtag, Rotlicht, Blaulicht) ähnlich wie ältere Individuen. Unter Langtagbedingungen förderte Rotlicht bei geringer N-Versorgung die Zunahme an Frischmasse des Sprosses stärker als Blaulicht. Blaulicht nahm bei höherer N-Düngung auf die Frischmasse der Wurzeln fördernd Einfluß. Zwischen den unter Blaulicht-Einfluß ermittelten Anwelktranspirationswerten und den Ertragszahlen bestand eine Beziehung dahingehend, daß niedrigen Anwelktranspirationswerten hohe Kornertragszahlen gegenüberstanden und umgekehrt. Blaulicht erweist sich demnach in den stofflichen Beziehungen zwischen Wurzel und Sproß als regulierender Faktor. Es gestattet bereits in der Infloreszenzphase Selektion von Genotypen auf ökonomischen Wasserverbrauch. Bei unterschiedlich mit Stickstoff versorgten Individuen vergleichend durchgeführten Anwelk- und Evapotranspirationsbestimmungen ergab sich tendenzmäßig Übereinstimmung der Befunde, was bedeutet, daß Leistungsprüfungen auch mit Hilfe der technisch einfacher zu handhabenden Evapotranspirationsbestimmung durchgeführt werden können.

Резюме

Начиная с определенного возраста (спектростадии) молодые растения овса реагируют в относительной транспирации на фотопериодические воздействия (длинный день, красный свет, синий свет) подобно более старым индивидуумам. В условиях длинного дня и низкой обеспеченности азотом красный свет сильнее способствовал увеличению свежей массы, чем синий свет. При более высокой обеспеченности азотом синий свет оказывал положительное влияние на увеличение свежей массы корней. При определении показателей относительной транспирации в условиях воздействия синего света было установлено, что низкие показатели относительной транспирации сопутствуют высоким показателям урожая зерна и наоборот. Таким образом синий свет оказался регулятором связей между корнем и побегом. Это позволяет уже во время спектростадии проводить отбор генотипов по признаку экономного использования влаги. Определения относительной транспирации и эвапотранспирации, проведенные на растениях по-разному обеспеченных азотом, по своей тенденции подтвердили данные, означающие, что проверки можно проводить с помощью более простого определения эвапотранспирации.

Summary

Having reached a certain age (phase of inflorescence), the relative transpiration response of young oat plants to photoperiodic treatment (long-day, red and blue light) is similar to that of older specimens. Under long-day conditions red light promoted the increment of shoot fresh matter more strongly than blue light did, if only small amounts of nitrogen were applied. At heavier nitrogen dressing blue light promoted the fresh matter production of the roots. It was established that low relative transpiration values, determined under blue light conditions, correlated with high grain yield and vice versa. Consequently, blue light is a controlling factor in the matter relations between root and shoot. It permits the selection of genotypes for economical water consumption already in the phase of inflorescence. Comparative determination of relative transpiration and evapotranspiration of specimens of different nitrogen status showed a trend towards coincidence of results, thus indicating that performance testing can also be carried out by means of the technologically more simple determination of evapotranspiration.

Literatur

Arland, A.; Zwicker, R.: Wachstum und Ertragsbildung von *Avena sativa* L. und *Beta vulgaris* L. unter besonderer Berücksichtigung der Stickstoff- und Wasserversorgung. Wiss. Z. Karl-Marx-Univ. Leipzig, Math.-Nat. R. 17 (1968), S. 379–383

Kindlmann, J.: Praktické využití Arlandovy metody zavadání ve výživě obilovin. Prag, Landwirtschaftl. Hochsch. Betriebsökonomische Fakultät České Budějovice, Diss. 1968

Kopetz, L. M.: Photoperiodismus, ein Zentralproblem des Pflanzenbaues. Z. Acker- u. Pflanzenbau 124 (1966), S. 27–40

Kuperman, F. M.: Morfofiziologija rastenij. Izdatel'stvo „Vysšaja Škola", Moskva, 1968

Mothes, K.: Stoffliche Beziehungen zwischen Wurzel und Sproß. Angew. Bot. 30 (1956), S. 125–128

Voskresenskaja, N. P.; Nečaeva, E. P.; Vlasova, M. P.; Ničiporovič, A. A.: Značenie sinego sveta in kinetina dlja vosstanovlenija fotosintetičeskogo apparata starejuščich list'ev jačmenja. Fiziologija rastenij (Moskva) 15 (1968), S. 890–897

WALTER, H.: Die Hydratur der Pflanze und ihre physiologisch-ökologische Bedeutung. Jena, Fischer-Verl., 1931

ZWICKER, R.: Untersuchungen zur ARLANDschen Anwelkmethode unter besonderer Berücksichtigung der Stickstoffernährung bei Hafer. Leipzig, Karl-Marx-Univ., Habil.-Schr. 1963

ZWICKER, R.: Ein Beitrag zum Problem des Wasserhaushaltes verschieden mit Stickstoff ernährter Haferpflanzen unter besonderer Berücksichtigung von Transpiration, Guttation, Blutung und Atmung. Wiss. Z. Karl-Marx-Univ. Leipzig, Math.-Nat. Reihe 13 (1964), S. 881–888

ZWICKER, R.: „Anwelkmethode" und „Biologische Kontrolle" im Dienste des Pflanzenbaues. Wiss. Z. Karl-Marx-Univ. Leipzig, Math.-Nat. R. 15 (1966), S. 71–81

Anschrift der Verfasserin:

Dr. rer. nat. habil. RUTH ZWICKER
Laboratorium Wasserhaushalt der landwirtschaftlichen Kulturpflanzen
an der Sektion Tierproduktion und Veterinärmedizin
der Karl-Marx-Universität Leipzig
701 Leipzig, Johannisallee 19

Tag.-Ber. Akad. Landwirtsch.-Wiss. DDR · Nr. 119 · 1972 · S. 65–70

Institut für Pflanzenernährung Jena
der Akademie der Landwirtschaftswissenschaften
der Deutschen Demokratischen Republik

HANS-PETER VIELEMEYER, IRMGARD HUNDT und PETER NEUBERT

Untersuchungen zur Ermittlung von Mineralstoffgrenzwerten als Parameter für die Beurteilung des Ernährungszustandes bei Getreide

Für einen gezielten und ökonomischen Einsatz der Mineraldüngemittel zu Getreide kann die Bestimmung des Mineralstoffgehaltes der Pflanzen während der Vegetation wichtige Informationen liefern. Insbesondere für die Wahl des Zeitpunktes und die Höhe der 2. N-Gabe während der Vegetation bei hohem N-Düngemitteleinsatz gewinnt die N-Untersuchung der Pflanzen für die Beurteilung des N-Ernährungszustandes zunehmend an Bedeutung.
Die hierbei zum Einsatz gelangende sogenannte Pflanzenanalyse beruht auf der Abhängigkeit des Wachstums und der Ertragsbildung der Pflanzen von bestimmten Konzentrationen der Mineralstoffe im Verlauf der Vegetation. Auf einen bestimmten Zeitpunkt bzw. Entwicklungszustand bezogen stellt sich der Zusammenhang zwischen dem Nährstoffgehalt und dem Ertrag in folgender Weise dar (Abb. 1):

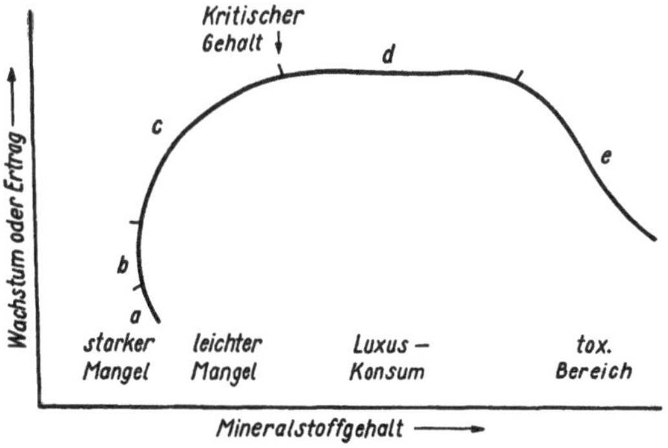

Abb. 1: Zusammenhang zwischen Mineralstoffgehalt und Wachstum bzw. Ertrag

In der Regel beobachtet man bei erhöhter Nährstoffzufuhr ein gleichzeitiges Ansteigen von Gehalt und Ertrag bzw. Wachstum. Ähnlich wie bei der bekannten von MITSCHERLICH aufgestellten Exponentialfunktion des Zusammenhanges zwischen Wachstum und der Steigerung eines Wachstumsfaktors (z. B. Stickstoff) verflacht die Kurve des über dem Gehalt aufgetragenen Ertrages in einem bestimmten Bereich, da in der Regel die Aufnahme des betreffenden Nährstoffes und damit die Gehaltszunahme über das für die maximale Ertragsbildung erforderliche Maß hinausgeht. Bei übermäßiger Nährstoffzufuhr ist schließlich auf Grund der im Überschuß aufgenommenen Nährstoffmengen mit Stoffwechselstörungen zu rechnen, die wiederum mit niedrigeren Erträgen verbunden sein können. Dazwischen liegt ein mehr oder weniger ausgedehnter, meist als „Luxuskonsum" bezeichneter Bereich. Der für die Pflanzenanalyse wichtigste Abschnitt der Kurve ist der Ertragsgrenzwertbereich mit der sogenannten „kritischen Konzentration", oberhalb der eine optimale Ernährung der Pflanze mit den betreffenden Nährstoffen gewährleistet ist.

Anhand von Nährstoffsteigerungsversuchen unter möglichst optimaler Gestaltung aller anderen Wachstumsfaktoren lassen sich durch Untersuchung der Pflanze während der Vegetation diese Mineralstoffgrenzwertbereiche ermitteln. Für eine praktische Anwendung der Pflanzenanalyse im Hinblick auf Entscheidungen über Düngungsmaßnahmen müssen hierbei jedoch eine Reihe von Gesichtspunkten Berücksichtigung finden, über die am Beispiel der N-Ernährung des Winterweizens im folgenden berichtet werden soll.

Zunächst ist die Frage zu klären, in welchem Abschnitt der Entwicklung die Mineralstoffuntersuchung stattfinden muß. Da das Ziel der Pflanzenanalyse in der Gewinnung von Entscheidungsunterlagen für vorgesehene oder eventuell notwendig werdende Düngungsmaßnahmen während der Vegetation besteht, muß die Probenahme zu einem Zeitpunkt erfolgen, bei dem eine gezielte Düngung Ertrag und Qualität noch wirksam verbessern kann. Eine Beeinflussung der für den Endertrag sehr wesentlichen Ertragskomponenten Bestandesdichte und Kornzahl pro Ähre ist jedoch nur durch frühzeitige Maßnahmen etwa im Zeitraum zwischen Bestockung und Halmstrecken möglich, da Versäumnisse in den frühen Stadien durch spätere Maßnahmen nicht mehr ausgeglichen werden können. Wie aus Abbildung 2 hervorgeht, erfolgt jedoch während dieses Entwicklungsabschnittes ein starkes Absinken des N-Gehaltes der Pflanzen, das im Durchschnitt innerhalb von 7 bis 10 Tagen bzw. bei einem Zuwachs von etwa 10 cm Wuchshöhe über 1% der Trockenmasse betragen kann und damit größer ist als die durch eine unterschiedliche Düngung zwischen 30 und 120 kg N/ha hervorgerufenen Unterschiede im N-Gehalt. Die genaue Festlegung des Entwicklungszeitpunktes ist also sowohl für die Ermittlung wie auch für die Anwendung von N-Grenzwertbereichen von ausschlaggebender Bedeutung. Folgende Möglichkeiten zur Charakterisierung der vegetativen Entwicklung des Getreides kommen in Betracht: Wuchshöhe des Bestandes, Höhe des obersten Blattansatzes, Anzahl und Ausbildung der Blätter, FEEKES-Skala und schließlich eine an der Differenzierung des meristematischen Gewebes der Sproßspitze orientierte Charakterisierung, z. B. nach KUPERMAN (1963). Dabei muß natürlich stets eine durchschnittliche Einschätzung des Gesamtbestandes erreicht werden. Am einfachsten ist offensichtlich die Messung der Bestandeshöhe, und sie wird sich, trotz aller gegen sie vorzubringenden Einwände, zunächst für praktische Belange, evtl. neben der Anzahl und Ausbildung der Blätter, am ehesten durchsetzen. Die FEEKES-Skala ist nach unseren Erfahrungen in den frühen Stadien zu ungenau, während sich die mikroskopische Untersuchung der Sproßspitze zur Charakterisierung des Entwicklungs-

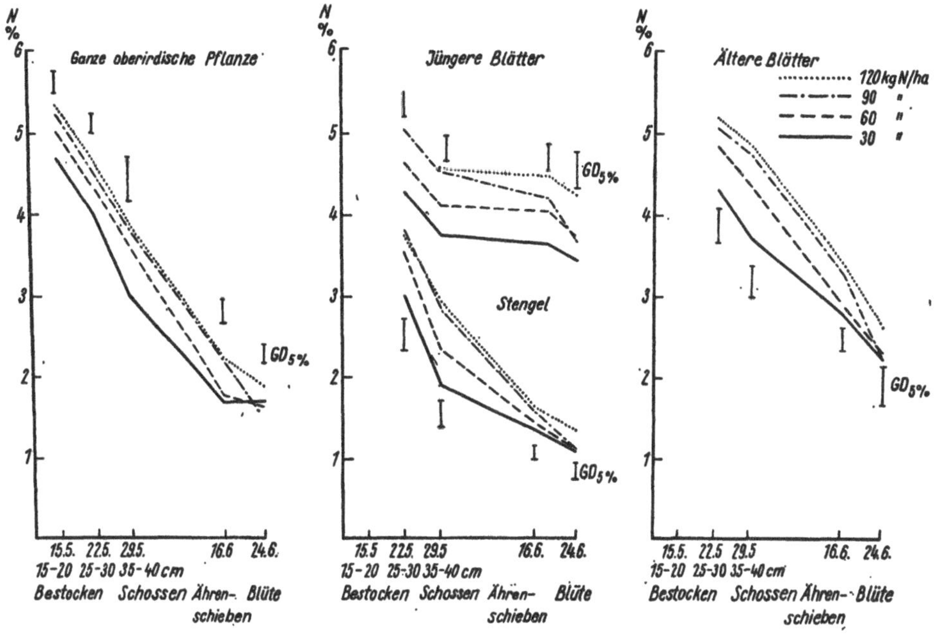

Abb. 2: Veränderungen der N-Gehalte während der Vegetation in einzelnen Organen bei Winterweizen

stadiums wohl kaum in der Praxis einführen dürfte. Daher wurden in den bisherigen Untersuchungen alle Ergebnisse in den frühen Stadien auf die Wuchshöhe und erst am Beginn der generativen Phase auf das Entwicklungsstadium, also z. B. Ährenschieben bzw. Blüte, bezogen.

Neben der Festlegung der für die Probenahme in Frage kommenden Entwicklungsstadien wurden Untersuchungen über das zu erfassende Pflanzenorgan angestellt. Während im Obstbau für die Pflanzenanalyse von vornherein nur bestimmte Blätter in Frage kommen, gibt es für das Getreide hierüber in der Literatur durchaus unterschiedliche Auffassungen. Es wird teilweise die Entnahme von Blättern verschiedener Insertionshöhen (LUNDEGÅRDH, 1945; CHAPMAN, 1967; BOLDYREV, 1970), aber auch bestimmter Halmabschnitte für die Nitratbestimmung (FÜHRING, 1969) und die Untersuchung der gesamten oberirdischen Pflanze (MELSTED u. a., 1969; BOLDYREV, 1970) empfohlen.

Die eigenen Untersuchungen ergaben unter Heranziehung der 3 Kriterien:

1. Geringe entwicklungsbedingte Veränderlichkeit der N-Gehalte (s. Abb. 2)
2. Statistische Sicherung der Unterschiede des N-Gehaltes in den Pflanzenorganen bei differenziertem N-Angebot
3. Einfachheit der Probenahme

für die untersuchten Organe:

oberste 2 Blätter, ältere Blätter, Halme sowie gesamte oberirdische Pflanze die folgende Empfehlung für die Probenahme. In den frühen Stadien bis zu einer Wuchshöhe von 30 bis 40 cm, also für die Entscheidung über eine sogenannte Schosserdüngung, kann die gesamte oberirdische Pflanze entnommen werden. Zu den späteren Terminen ist die Entnahme der beiden obersten Blätter vorzuziehen.
Neben der Festlegung des Zeitpunktes der Probenahme und des zu erfassenden Organs spielen für die Anwendung der Pflanzenanalyse noch eine Reihe anderer Faktoren eine Rolle. Dazu gehören die Abhängigkeit der Grenzwerte vom jeweiligen Standort, d. h. von den Boden- und Klimabedingungen, von den zwischen den einzelnen Nährstoffen bzw. mit anderen Mineralstoffen auftretenden Wechselwirkungen und die Frage der Differenzierung der Grenzwerte nach einzelnen Sorten, um nur die wichtigsten zu nennen. Unsere bisherigen Ergebnisse deuten darauf hin, daß eine gewisse Standortdifferenzierung der Grenzwerte sicherlich notwendig sein wird. Zum Beispiel scheinen für die Erzeugung hoher Erträge auf leichten Böden in den frühen Entwicklungsstadien höhere N-Gehalte wegen der geringeren N-Nachlieferung und schlechteren Wasserversorgung als auf den schweren Böden erforderlich zu sein. Bezüglich der Sortenfragen kann aus einem Gefäßversuch abgeleitet werden, daß für Kurzstrohsorten andere Grenzwerte zutreffen als für die Langstrohsorten. Weitere Untersuchungen hierüber sind notwendig.
Für die Gewinnung von Grenzwerten zur Beurteilung des N-Ernährungszustandes von Winterweizen, Winterroggen und Wintergerste wurden aus einer größeren Anzahl von N-Steigerungsversuchen Regressionen zwischen der Wuchshöhe des Getreides und den, bestimmten Ertragsklassen zugeordneten, N-Gehalten während der Vegetation errechnet. Die Kurve der zu den höchsten Erträgen führenden N-Gehalte wird dabei als die „Optimalkurve" angesehen, aus der unter Berücksichtigung der Streubreite der Werte für jede beliebige Wuchshöhe die Grenzwertbereiche ableitbar sind. Auf der Grundlage dieser Grenzwertbereiche könnten folgende Entscheidungen durch eine N-Untersuchung etwa zu Beginn des Halmstreckens gefällt werden:
1. Der N-Gehalt liegt im Optimalbereich:
Eine 2. N-Gabe braucht nicht zu erfolgen, es sei denn, eine spätere Verabfolgung von N zum Ährenschieben soll den Rohproteingehalt im Korn erhöhen. Hierfür könnte eine nochmalige N-Untersuchung kurz vor dem Ährenschieben Hinweise vermitteln.
2. Der N-Gehalt liegt unter dem Optimalbereich:
Eine 2. N-Gabe sollte sofort vorgenommen werden. Die Höhe dieser Gabe richtet sich dabei entweder nach der EDV-Düngungsempfehlung des Instituts für Mineraldüngung Leipzig oder nach der Größe der Abweichung des N-Gehaltes vom Optimalwert, wofür noch gezielte Untersuchungen angestellt werden müssen, bzw. nach den zur Verfügung stehenden N-Düngemittelmengen. Da eine nochmalige Düngung zum Ährenschieben gegenwärtig unökonomisch ist, muß bei dieser Gabe gleichzeitig der gewünschte Rohproteingehaltseffekt mit berücksichtigt werden.

3. Der N-Gehalt liegt oberhalb des Optimalbereichs:
Die Pflanzen sind reichlich mit N versorgt. Eine Nachdüngung zum Schossen würde die Lagergefahr erhöhen. Für eine N-Gabe zum Ährenschieben kann eine erneute N-Untersuchung Hinweise geben.

Aufgabe zukünftiger Arbeiten muß es sein, durch die Anlage entsprechender Versuche die erhaltenen Optimalkurven der N-Gehalte weiter zu präzisieren, ihre Abhängigkeit von den jeweiligen Standortbedingungen zu erfassen und sie u. U. für bestimmte Sorten zu differenzieren. Untersuchungen über die Effektivität einer Pflanzenanalyse für den Einsatz der 2. N-Gabe zu Getreide und zur Beurteilung von auftretenden Schadensfällen sowie über technisch-organisatorische Probleme bei der Probenahme und Probenverarbeitung müssen entscheiden, in welchem Umfang der Einsatz dieser Methode in der Praxis gerechtfertigt ist.

Zusammenfassung

Für den Einsatz der Pflanzenanalyse zur Beurteilung des Ernährungszustandes des Getreides, insbesondere im Hinblick auf die Entscheidung über eine 2. N-Gabe, ist eine frühe Probenahme im Zeitraum zwischen Bestockung und Halmstrecken notwendig. Infolge der starken Abnahme des N-Gehalts der Pflanzen in diesem Entwicklungsabschnitt muß eine genaue Charakterisierung der Pflanzenentwicklung bei der Probenahme erfolgen. Während in dieser Phase die gesamte oberirdische Pflanze für die Probe entnommen werden sollte, ist zu späteren Zeitpunkten, die für die Erhöhung des Rohproteingehaltes im Korn Bedeutung erlangen können, die Entnahme der jüngeren Blätter vorzuziehen. Die bisher aufgefundenen N-Grenzwertbereiche bedürfen einer weiteren Präzisierung, insbesondere bezüglich ihrer Abhängigkeit von Standort und Sorte.

Резюме

Для использования анализа растений при оценке уровня обеспеченности зерновых питательными веществами, особенно с точки зрения второго внесения азотных удобрений, необходимо раннее взятие пробы, в период между кущением и стеблеванием. Ввиду сильного снижения содержания азота в растениях в этот период развития при взятии пробы необходимо давать точную характеристику развития растения. Если в этой фазе для пробы следует брать всю надземную часть растения, то в более поздние периоды, которые могли бы иметь значение для увеличения содержания сырого протеина в зерне, предпочтительно для пробы брать более ранние листья. Установленные до сих пор предельные области по азоту должны быть уточнены, особенно с точки зрения их зависимости от места произрастания и сорта.

Summary

Early sampling in the period between tillering and stem growth is required, if plant analysis is to be applied for the assessment of the nutrient status of grain crops, above all with a view of deciding on a second nitrogen dressing. Since the nitrogen content of the plants declines strongly during that phase of development, plant development must be precisely characterized on sampling. In that phase of development the entire above-surface part of the plant should be sampled, whereas during later phases, which may be important for the increase of the crude protein content of the grain, the younger leaves should be preferred. The hitherto known nitrogen threshold ranges need further definition, particularly with regard to their dependence on site and variety.

Literatur

Boldyrev, N. K.: Analiz list'ev kak metod opredelenija potrebnosti rastenij v udobrenijach (Listovaja diagnostika). Omskij sel'sko chozjajstvennyj institut imeni S. M. Kirova, Omsk 1970, 125 S.

Chapman, H. D.: Plant analysis values suggestive of nutrient status of selected crops. In: Soil testing and plant analysis. – Madison, Wisc. (USA), Publ. Soil Sci. Soc. Amer. 1967, S. 77–92

Führing, H. D.: Irrigated wheat on a calcareous soil as affected by application of nitrogen, phosphorus, potassium and zinc: II. Analysis of the young plant in relation to yield. – Agron. J. 61 (1969), S. 594–596

Kuperman, F. M.: Der Wirkungseffekt der spektralen Zusammensetzung des Lichtes auf Wachstum und Entwicklung der Pflanzen in Abhängigkeit von der Dauer der Photoperiode (russ.). Experim. Morphogenese. Bd. I. S. 36–67, Moskau, 1963, zit. b. Fuchs, A.: Morphophysiologie und Pflanzenzüchtung. Wiss. Z. Karl-Marx-Univ. Leipzig, Math.-naturwiss. R. 13 (1964), S. 949–959

Lundegardh, H.: Die Blattanalyse. Jena, Gustav-Fischer-Verl. 1945, 164 S.

Melsted, S. W.; Motto, H. L.; Peck, T. R.: Critical plant nutrient composition values useful in interpreting plant analysis data. Agron. J. 61 (1969), S. 17–20

Anschrift der Verfasser:

Dr. Hans-Peter Vielemeyer, Dr. Irmgard Hundt, Dr. Peter Neubert
Institut für Pflanzenernährung Jena
der Akademie der Landwirtschaftswissenschaften
der Deutschen Demokratischen Republik
69 Jena-Zwätzen, Naumburger Straße 98

Tag.-Ber. Akad. Landwirtsch.-Wiss. DDR · Nr. 119 · 1972 · S. 71–78

Sektion Pflanzenproduktion – Lehrstuhl für Pflanzenzüchtung Dornburg – der Martin-Luther-Universität Halle-Wittenberg

GÜNTHER WURL

Über den Zusammenhang zwischen N-Umlagerung und Kornertrag bei Getreide

1. Problemstellung

Von SCHILLING (1966) ist wohl als erstem darauf aufmerksam gemacht worden, daß für die Mineralstoffumlagerung anscheinend die gleichen Gesetzmäßigkeiten gelten wie für die Assimilatleitung: die Syntheseleistungen am Zielort bestimmen den Umfang der Verlagerung. Dabei legt SCHILLING seiner Hypothese Untersuchungen von TROBISCH an *Sinapsis alba* L. und FAUST (1960) an *Hordeum vulgare* L. zugrunde. Auch die Befunde von FISCHBECK und REINER (1969) sowie GÜNZEL (1968), die eine enge Korrelation zwischen Korn- und N-Ertrag feststellen konnten, weisen in die gleiche Richtung.
Ausgehend von diesen Befunden lag es nun nahe, zu untersuchen, ob die genannten Prinzipien auch für verschiedene Genotypen gelten. Mit anderen Worten: Es sollte festgestellt werden, ob ertraglich unterschiedliche Formen, also Formen mit einem offenbar verschieden umfangreichen Attraktionszentrum, eine unterschiedliche Mineralstoffumlagerung, speziell eine unterschiedliche N-Umlagerung, aufweisen, wobei das Endziel der Untersuchungen darin besteht, evtl. eine Selektionsmethode auf Ertrag zu entwickeln.

2. Material und Methoden

Methodisch wurde so vorgegangen, daß aus dem zu untersuchenden erntereifen Material ein aliquoter Anteil (i. a. 10 bis 100 beliebige Halme) entnommen und dessen Trockenmasse, getrennt in Körner und Stroh (einschließlich Spelzen und Grannen), bestimmt wurde. In beiden Fraktionen wurde dann der N-Gehalt nach KJELDAHL ermittelt und daraus die Gesamt-N-Menge der Körner- und Strohprobe errechnet. Durch Addition der beiden Werte erhielt man die in der gesamten Probe enthaltene N-Menge. Der prozentuale Anteil[1], der sich in den Körnern befand, konnte dann rechnerisch leicht ermittelt werden. Dieser Anteil wurde zu dem jeweiligen Kornertrag in Beziehung gesetzt und die Korre-

[1] Dieser Anteil ist im folgenden kurz als „umgelagerter“ N bezeichnet worden, obgleich eine direkte Translokation des aufgenommenen N in das Korn nicht auszuschließen ist.

lationskoeffizienten, Regressiongeraden und Streuungen der Einzelwerte berechnet. Es wurden sowohl Gefäß- als auch Feldversuche mit unterschiedlichen Winterweizen- und Sommergerstengenotypen auf die entsprechende Art und Weise ausgewertet.

3. Ergebnisse

3.1. Gefäßversuche

In der Tabelle 1 sind zunächst die Versuchsergebnisse eines Gefäßversuches mit 7 Winterweizen-Stämmen im Jahre 1968 wiedergegeben.
Der Versuch wurde in Mitscherlichgefäßen mit Quarzsand durchgeführt. Dabei wurden 2 N-Stufen bei sonst unveränderter Grunddüngung gewählt. Vergleicht

Tabelle 1

Erträge und Anteil des Kornstickstoffs (i. v. H.) an der N-Menge der oberirdischen Masse z. Z. der Ernte (Gefäßversuch mit Winterweizen 1968)

Versuchs-Nr. %	1 N Kornertrag (g/Gefäß)	Anteil des Kornstickstoffs (%)	2 N Kornertrag (g/Gefäß)	Anteil des Kornstickstoffs (%)
1	38,70	71,10	42,57	67,05
2	43,49	69,62	41,93	60,61
3	39,73	73,10	50,95	73,83
4	31,45	55,30	34,11	58,44
5	46,44	73,90	53,92	75,22
6	39,76	66,60	42,71	65,68
7	43,57	75,80	51,96	74,34
	$r = 0{,}856^{++}$		$r = 0{,}96^{+++}$	
	$b = 0{,}601$		$b = 0{,}998$	

man die bei jeder N-Stufe pro Gefäß erzielten Kornerträge mit dem Anteil des Kornstickstoffs – in v. H. angegeben – an der gesamten N-Menge der oberirdischen Masse z. Z. der Reife, so findet man eine weitgehende Übereinstimmung zwischen Kornertrag und N-Umlagerung, indem diejenigen Genotypen, die den höchsten Ertrag aufwiesen, auch den größten Anteil des Stickstoffs in den Körnern enthielten. Eine Ermittlung der Korrelationskoeffizienten ergab eine gesicherte Beziehung zwischen dem Kornertrag und dem Anteil des Stickstoffs der oberirdischen Pflanzenmasse, der sich zur Zeit der Reife im Korn befand. Gleichzeitig ist ersichtlich, daß die Berechnung von r für jede N-Stufe gesondert vorgenommen werden muß.
Auch 1969 ließ sich für Winterweizen diese Beziehung nachweisen, wobei allerdings nur 4 Stämme untersucht wurden. Die entsprechenden Korrelationskoeffizienten betrugen hierbei $r = 0{,}91$ ($b = 0{,}97$) bzw. $r = 0{,}99$ ($b = 0{,}34$).

3.2. Feldversuche

Der positive Ausfall der Gefäßversuche war Ausgangspunkt von weiteren Untersuchungen, in denen festgestellt werden sollte, ob sich auch unter Feldbedingungen die gefundene Beziehung zwischen N-Umlagerung und Flächenertrag nachweisen läßt. Gleichzeitig sollte dabei eine größere Anzahl Genotypen geprüft werden. Als erstes ist auf Abbildung 1 die graphische Auswertung der

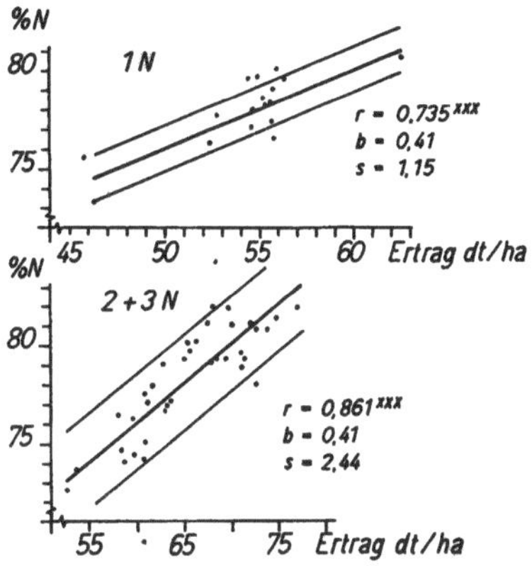

Abb. 1: Makroprüfung – Weizen 1967/68

Winterweizen-Makroprüfung 1967/68 wiedergegeben. Man kann aus ihr ersehen, daß bei beiden N-Stufen sich eine enge Korrelation zwischen N-Umlagerung und Ertrag nachweisen ließ.

Auch in einem Feldversuch mit 6 Gerstensorten bzw. Mutanten bei zwei N-Stufen konnte ein ähnlich positives Ergebnis erhalten werden, wie man aus Abbildung 2 ersehen kann.

Die über 6 hinausgehende Anzahl Punkte kommt dadurch zustande, daß verschiedene Aussaatstärken bzw. Reihenabstände geprüft wurden, die sich dabei zwanglos einordnen ließen.

Ein 1970 mit denselben Gerstengenotypen durchgeführter Versuch ergab Korrelationskoeffizienten von $r = 0{,}74$ bzw. $r = 0{,}68$ (beide dreifach gesichert).

Auch bei einem weiteren Feldversuch mit 7 Winterweizenstämmen bzw. -sorten ergab sich eine positive Beziehung zwischen Ertrag und N-Umlagerung in das Korn. In diesem Falle konnten Korrelationen von $r = 0{,}77^{+++}$ (bei 140 kg N/ha) bzw. $r = 0{,}81^{+++}$ (bei 210 kg N/ha) ermittelt werden.

Neben der „normalen" Aussaatstärke kam noch eine Variante mit einer um 80% erhöhten Aussaatmenge zur Anwendung, wobei der Reihenabstand gleichzeitig um die Hälfte verringert wurde. Sie ist wiederum bei der Berechnung von r berücksichtigt worden.

Wie erwähnt, wurde die N-Umlagerung an einzelnen Halmen bestimmt. Das könnte zu der Annahme führen, daß vor allem Formen mit einem hohen

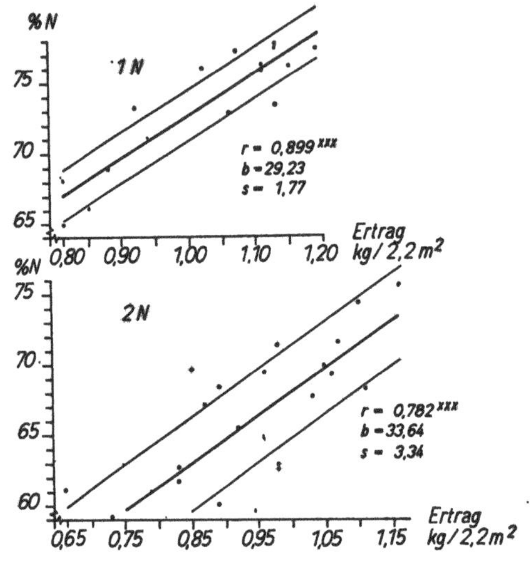

Abb. 2: Makroprüfung – Gerste (Feldversuch) 1969

Einzelährenertrag besonders günstig abschneiden. Das war offensichtlich nicht der Fall, wie sich an dem Standweitenversuch mit Winterweizen zeigte.
Durch die erhöhte Aussaatstärke wurde z. B. bei der 2. N-Stufe die Anzahl ährentragender Halme im Durchschnitt um etwa 25% erhöht. Um den gleichen Betrag erniedrigte sich im allgemeinen der Einzelährenertrag. Dennoch trat keine Verringerung in dem Anteil des in das Korn verlagerten N ein, wenn der Gesamtflächenertrag sich nicht änderte.
Bei „Fakir", wo die prozentuale Zunahme der Bestandesdichte die Abnahme des Einzelährenertrages um 10% übertraf und dadurch gleichzeitig der Flächenertrag um 10% anstieg, war auch eine Zunahme trotz verminderten Einzelährenertrages von etwa 3% bei dem umgelagerten N zu verzeichnen.
Auch zwischen dem Korn: Stroh-Verhältnis und der N-Umlagerung ließ sich keine Beziehung nachweisen, denn Genotypen mit gleichem Kornertrag und unterschiedlichem Korn: Stroh-Verhältnis wiesen einen gleichen prozentualen Anteil am verlagerten N in ihrem Korn auf, während umgekehrt Typen mit gleichem Korn: Stroh-Verhältnis und unterschiedlichem Ertrag auch eine unterschiedliche N-Umlagerung zeigten.
Allerdings waren die Unterschiede im Korn: Stroh-Verhältnis mit maximal 30% relativ gering, und es dürfte nicht ausgeschlossen sein, daß ein gegenüber den geprüften Normalstrohtypen wesentlich verändertes Korn: Stroh-Verhältnis die gefundenen Beziehungen zwischen Kornertrag und N-Umlagerung verdecken kann.
Als Ergänzung und Bestätigung der eigenen Untersuchungen sei noch die Auswertung von Versuchsergebnissen angeführt, die von Bretschneider-Herrmann (1966) veröffentlicht worden sind.
Es handelt sich hierbei um Gefäßversuche mit 8 Hafer- und 6 Sommerweizen-Sorten unter Phytotronbedingungen. Dadurch, daß sowohl die Korn- als auch

Stroherträge und die dazugehörigen N-Gehalte mitgeteilt sind, war es möglich, die prozentuale N-Umlagerung in das Korn z. Z. der Reife zu errechnen und auf ihre Beziehung zum Kornertrag zu prüfen.
Wie bei den bereits beschriebenen eigenen Untersuchungen entsprachen auch bei diesem Versuch die höchsten Erträge der prozentual größten N-Umlagerung. Die entsprechenden Korrelationskoeffizienten zwischen dem Kornertrag und der prozentualen N-Verlagerung in das Korn sind

$r = 0{,}943$ für Hafer (gesichert bei $P < 0{,}1\%$) und

$r = 0{,}895$ für Sommerweizen (gesichert bei $P < 1\%$).

Es muß der Vollständigkeit halber erwähnt werden, daß es auch vorkommen kann, daß sich keine Beziehung zwischen N-Umlagerung und Ertrag nachweisen läßt. Das war in unseren Versuchen dann der Fall, wenn ein Teil des gedüngten Stickstoffs den Pflanzen offenbar erst sehr spät zur Verfügung stand. Spätgedüngter N wandert gerichtet in das Korn (vgl. z. B. FAUST, 1965), wobei die ertragserhöhende Wirkung bei allen Genotypen etwa in der gleichen Größenordnung zu liegen scheint.
Ertragsschwache Formen können dadurch bevorteilt sein, indem bei ihnen der Stickstoff durch die niedrige Kornmasse eine geringere „Verdünnung" erfährt als bei ertraglich überlegenen Formen, wodurch letztere im Endeffekt trotz eines höheren Ertrages eine nur gleich große bzw. sogar geringere N-Umlagerung aufweisen können als erstere. Es ist versucht worden, diese Fehlerquelle auszuschalten, indem die ermittelte N-Umlagerung durch den Korn-N-Gehalt geteilt wurde. Die dimensionale Zahl, die man dadurch erhält, ist als „Index" bezeichnet worden. Tatsächlich führte diese Manipulation zum Erfolg, wie an der Winterweizen-Makroprüfung 1968/69 nachgewiesen werden konnte. Die Makroprüfung 1968/69 wurde mit 100 kg/ha N gedüngt, von denen nur 60 kg/ha N im zeitigen Frühjahr gegeben wurden. Die restlichen 40 kg wurden erst Ende Mai ausgebracht. Durch die folgende Trockenheit dürften sie den Pflanzen erst sehr spät zur Verfügung gestanden haben, so daß sich nur zwischen dem „Index" und dem Ertrag eine Korrelation nachweisen ließ.
Auch bei einem Gefäßversuch mit „Pilot", „Fakir", „Kawkas", „Sonora" und „Carola", der im Institut für Pflanzenernährung Jena-Zwätzen durchgeführt wurde[2], ließ sich nur zwischen „Index" und Ertrag eine gesicherte Beziehung nachweisen, die allerdings sehr hoch war: bei 2 g N/Gefäß $r = 0{,}97^{+++}$ und bei 3 g N/Gefäß $r = 0{,}82^{+}$.
Im allgemeinen ist aber die N-Aufnahme unter Feldbedingungen – ohne zusätzlich späte N-Gabe – z. Z. der Blüte nahezu abgeschlossen, so daß man durch eine Bestimmung des Anteils des in die Körner verlagerten Stickstoffs zum Ziele kommen müßte.
Es kann daher zusammenfassend festgestellt werden, daß zwischen der N-Umlagerung in die Körner z. Z. der Reife und dem Ertrag/Fläche offensichtlich

[2] Für die Überlassung der Versuchsergebnisse sei Herrn Dr. VIELEMEYER an dieser Stelle herzlich gedankt.

eine enge (positive) Beziehung besteht. Wenn dabei die Korrelationskoeffizienten der Gefäßversuche i. a. größer waren als diejenigen der Feldversuche, so dürfte das seine Ursache darin haben, daß im ersteren Fall Verluste an Pflanzenmaterial besser auszuschließen sind als im letzteren und außerdem bei Gefäßversuchen eine Behinderung der N-Umlagerung durch (teilweises) Lager ausgeschlossen ist.

3.3. Parzellen-Hill-Vergleiche

Die festgestellte positive Korrelation zwischen N-Umlagerung in die Körner und dem Flächenertrag an Kornmasse ist zunächst nur von rein theoretischem Interesse. Sie erlangte aber sogleich praktische Bedeutung, wenn es möglich wäre, die gefundene Beziehung zur Selektion auf Ertrag bei frühen Generationen von Neuzüchtungen, etwa bei A-Stämmen, anzuwenden. Dazu mußte zunächst untersucht werden, ob überhaupt und inwieweit man durch Bestimmung der N-Verlagerung an Hills auf den Parzellenertrag eines Stammes Rückschlüsse ziehen kann. Es sind deshalb 1970 erste Untersuchungen an 6 Weizen- und 8 Nacktgersten-Stämmen durchgeführt worden. Alle Weizen-Stämme standen 1968/69 in der Makroprüfung, in der sie recht unterschiedliche Erträge brachten, während bei Gerste Stämme der Mikroprüfung des Jahres 1969 ausgewählt wurden.

Für die entsprechenden Untersuchungen wurde sowohl der Weizen als auch die Gerste 1969/70 einmal als 10 m^2-Parzellen (zweifache Wiederholung) und zum anderen als Zehner-Hills (zweifache Wiederholung) angebaut. Hills und Parzellen erhielten die gleichen Düngermengen pro Flächeneinheit (Weizen 100 kg/ha N und Gerste 40 kg/ha N). Zur Zeit der Reife wurden aus jedem 10er-Hill etwa 100 Halme (pro Hill etwa 10) entnommen und die N-Umlagerung bestimmt. Gleichzeitig wurde eine Ertragsfeststellung an den Hills und den Parzellen vorgenommen. Die Ergebnisse des Weizenversuches sind in der Tabelle 2 mitgeteilt. In der 1. Spalte sind noch einmal die 1969 erzielten Erträge aufgeführt. Ihre prinzipielle Übereinstimmung mit den 1970er Erträgen weist aus, daß es sich zumindest bei den Weizen-Stämmen um Genotypen mit sehr unterschiedlichem Ertragspotential handeln dürfte.

Zwischen dem Hillertrag und dem Parzellenertrag bestand eine schwach positive Beziehung, die sich nicht sichern ließ. Zwischen dem Parzellenertrag und der N-Verlagerung dagegen war $r = 0{,}87$ (dreifach gesichert). Zwischen Hillertrag und der N-Umlagerung in das Korn ließ sich keine Beziehung nachweisen. Eine Erklärungsmöglichkeit für diese Tatsache dürfte in der unterschiedlichen Keimfähigkeit und Winterfestigkeit, evtl. auch in der unterschiedlichen Aussaatstärke, bedingt durch eine unterschiedliche TKM der einzelnen Stämme, zu suchen sein, indem das Vorhandensein einer unterschiedlichen Anzahl Pflanzen sich durchaus im Ertrag, nicht so sehr dagegen in der N-Umlagerung bemerkbar machen dürfte.

Tabelle 2
Vergleich der Parzellenerträge und der an den Hills bestimmten N-Umlagerung (Winterweizen 1970)

Versuchs-Nr.	Parzellenertrag (kg/10 m^2 mit 86% T. S.) 1969	1970	Hillertrag 1970 (kg/10 Hills)	N-Umlagerung in das Korn %
6014	4,46	4,810	1,127	69,4
6002	4,67	5,474	1,475	73,1
6020	5,06	5,173	1,174	72,7
6009	5,32	4,907	1,262	68,7
6001	5,55	5,758	1,462	74,5
6018	5,93	6,602	1,592	78,7

Grenzdifferenz 1970
5% = 0,647 kg/10 m^2 — $GD_{5\%}$ = 6,05%
1% = 1,014 „ — $GD_{1\%}$ = 9,49%
0,1% = 1,726 „

Bei der Nacktgerste ergab sich eine Korrelation von $r = 0{,}74^{+++}$. Es zeigte sich also, daß durch Bestimmung der N-Umlagerung an Hills sich Rückschlüsse auf den Flächenertrag eines Stammes ziehen lassen. Deshalb ist an etwa 1000 Nacktgerste-A-Stämmen (1er Hills) die Bestimmung des Anteils des Kornstickstoffs an dem Gesamt-N der oberirdischen Masse z. Z. der Reife vorgenommen worden. Eine Bestätigung der dabei gewonnenen Ergebnisse steht aber bisher noch aus.

Zusammenfassung

An Gefäß- und Feldversuchen konnte ein enger (positiver) Zusammenhang zwischen dem prozentualen Anteil des Stickstoffs der gesamten oberirdischen Pflanzenmasse, der sich z. Z. der Reife in den Körnern befand, und dem Flächenertrag verschiedener Winterweizen- und Sommergerstengenotypen nachgewiesen werden. Diese Beziehung galt auch, wenn die Bestimmung des genannten Anteils an Hills vorgenommen wurde. Es soll deshalb untersucht werden, ob nach dieser Methode eine Einschätzung der Leistungsfähigkeit von als 1er-Hills angebauten Nacktgerste-A-Stämmen möglich ist.

Резюме

В вегетационных и полевых опытах удалось доказать наличие тесной [положительной] взаимосвязи между процентной долей азота в общей надземной растительной массе, который в момент созревания содержался в зерне и урожайностью различных генотипов озимой пшеницы и ярового ячменя с единицы площади. Эта взаимосвязь имелась и в том случае, если определение указанной доли проводилось по методу гнездового посева [Hills]. Поэтому следует изучить, можно ли с помощью этого метода проводить оценку продуктивности штаммов А голосемянного ячменя, выращенного на однорядных гнездовых посевах [1er-Hills].

Summary

Pot and field experiments revealed a close (positive) correlation between the percentage of the total above-surface plant matter nitrogen in the ripe grains and the yield per unit area of several winter wheat and spring barley genotypes. This correlation was also found when determining the above percentage in hills. It should, therefore, be investigated whether the productivity of A-strains of naked barley grown in one-row hills can be estimated with this method.

Literatur

Bretschneider-Herrmann, B.: Nährstoffaufnahme und Ertragsbildung einiger Hafer- und Sommerweizensorten unter klimatisch kontrollierten Bedingungen. Z. Acker- u. Pflanzenbau 124 (1966), S. 234–248

Faust, H.: Untersuchungen über die Mineralstoffabgabe einiger Pflanzen. Z. Pflanzenernähr., Düng., Bodenkd. 90 (1960), S. 83–93

Faust, H.: Untersuchungen über Verteilung und Umsatz spät gedüngten Stickstoffs bei *Triticum aestivum* L. und *Hordeum vulgare* L. Jena, Univ., Habil.-Schr. 1965

Fischbeck, G.; Reiner, L.: Standortdifferenzierungen im Proteingehalt des Deutschen Weizens, Z. Acker- u. Pflanzenbau 129 (1969), S. 225–246

Günzel, G.: Die Wirkung extrem hoher und später Stickstoffgaben auf die Qualitätsmerkmale ausgewählter Winter- und Sommerweizensorten. Z. Acker- u. Pflanzenbau 128 (1968), S. 93–116

Schilling, G.: Syntheseprinzipien der Pflanze bei der Ertragsbildung, betrachtet vom Standpunkt der Pflanzenernährungslehre. Tag.-Ber. Dt. Akad. Landwirtsch.-Wiss. Berlin Nr. 82, 1966, S. 9–25

Trobisch, S.: loc. cit. bei Schilling, G., 1966

Anschrift des Verfassers:

Dr. Günther Wurl
Sektion Pflanzenproduktion
– Lehrstuhl für Pflanzenzüchtung Dornburg –
der Martin-Luther-Universität Halle-Wittenberg
6904 Dornburg/Saale

Tag.-Ber. Akad. Landwirtsch.-Wiss. DDR · Nr. 119 · 1972 · S. 79–85

Institut für Getreideforschung Bernburg-Hadmersleben
der Akademie der Landwirtschaftswissenschaften
der Deutschen Demokratischen Republik

GÜNTER KLEIN

Die Wirkung einiger Wachstumsregulatoren auf Ertrag und qualitätsbeeinflussende Parameter bei Getreide•

Es wurde die Wirkung von CCC, Gibberellinsäure (GA_3) und Fluorenol auf den Ertrag, die Standfestigkeit und den Eiweißgehalt insbesondere verschiedener Sommergerstensorten untersucht.

Die Feldversuche der Jahre 1969 und 1970 über die Standfestigkeit verschiedener Sommergerstensorten – „Alsa“, „Plena“, „Ciro“, „Astacus“ und 1970 erstmalig „Elgina“ – und ihre Beziehungen zur Halmmorphologie lassen erkennen, daß durch CCC-Gaben, insbesondere nach wöchentlicher (4mal) Applikation, die Standfestigkeit verbessert werden kann. Der Umfang der Verbesserung war jedoch insgesamt im Jahre 1969 wesentlich günstiger als 1970 (Tab. 1). Stellvertretend für die anderen Sorten sollen hier nur die Ergebnisse der Sorte „Alsa“ dargestellt werden. Bei den Fluorenolapplikationen – es handelt sich um das Natriumsalz der Fluoren-9-Carbonsäure – treten diese Jahresunterschiede noch gravierender in Erscheinung. Eine Verbesserung der Standfestigkeit von einem Boniturwert 3,1 auf 2,3 im Jahr 1970 war nur bei der Sorte „Elgina“ festzustellen. Vergleicht man die aus den beiden Jahren resultierenden Mittelwerte der Fluorenolbehandlungen mit den Kontrollen (Tab. 1), so ergibt sich eine positive Reaktion. Allerdings ist sie vornehmlich durch die sehr günstigen Boniturwerte des Jahres 1969 bedingt. Im Vergleich zum Chlorcholinchlorid wirkt Fluorenol aber insgesamt schwächer. Gibberellinsäuresprühungen beeinflussen offensichtlich die Standfestigkeit der Sommergerste sehr unterschiedlich. So traten 1970 die vermuteten Erscheinungen in Form einer deutlichen und statistisch gesicherten Verminderung der Standfestigkeit – verstärkt bei mehrfacher GA_3-Applikation – auf. Dagegen konnte 1969 nach einmaliger GA_3-Sprühung im 5-Blatt-Stadium eine signifikante Verbesserung der Standfestigkeit nachgewiesen werden, und zwar ohne wesentliche Veränderung der Halmlänge. Vermutlich hängen Art und Ausmaß der zu erzielenden Gibberellinsäurewirkungen sehr stark von der Jahreswitterung ab. Aus den Versuchen kann aber auch abgeleitet werden, daß die endgültige Halmlänge bzw. die wirksame Hebelarmlänge nur ein Faktor von mehreren ist, der auf die Halmstabilität bzw. Standfestigkeit Einfluß nimmt, denn nach der Blüte treten bei etwa gleicher Halmlänge deutliche Unterschiede in der Lagerneigung auf.

Sucht man nach den Ursachen der veränderten Standfestigkeit der Sommergerste, so spiegelt sich diese in der Regel in einer Längenänderung der Halm-

Tabelle 1

Die Wirkung von Regulatoren auf die Halmlänge, die Standfestigkeit und den Kornertrag der Sommergerste „Alsa“ (Feldversuche 1969–1970, 4 Wiederholungen)

Behandlung 380 ml Lösung je Parzelle	Halmlänge einschließlich Ähre cm		Lagerbonitur* am						Kornertrag dt/ha	
	1969	1970	27. 6. 69/16. 6. 70		8. 7. 69/30. 6. 70		15. 7. 69/6. 7. 70		1969	1970
Kontrolle	111	91	3,0	1,1	3,5	1,8	3,5	1,8	56,9	50,4
$\bar{x}$ 1969/70	101		2,0		2,6		2,6		53,6	
1 × 5880 ppm CCC	112	91	1,5	1,0	1,5	1,6	1,5+	1,6	64,7	44,4
$\bar{x}$ 1969/70	101		1,2		1,5		1,5		54,5	
4 × 1470 ppm CCC	107	89	2,0	1,0	2,3	1,3+	2,3+	1,4	58,8	49,3
$\bar{x}$ 1969/70	98		1,5		1,8		1,8		54,0	
1 × 133 ppm GA_3	107	88	1,3	1,1	1,5	2,9+	1,5+	3,1+	65,3	37,5
$\bar{x}$ 1969/70	98		1,2		2,2		2,3		51,4	
4 × 133 ppm GA_3	–	94	–	1,8	–	3,7+	–	4,2+	–	37,7
$\bar{x}$ 1969/70										
4 × 30 ppm Fluorenol	108	92	1,5	1,0	1,5	2,0	1,5+	2,2	65,4	51,1
$\bar{x}$ 1969/70	100		1,2		1,7		1,8		58,2	
GD 5%	7,2	6,1+				1,2+	0,34+	1,1+	10,0+	9,1

* 1 = kein Lager; 9 = totales Lager

internodien wider. Nicht in jedem Fall schlägt sich eine verbesserte Standfestigkeit in einer Verkürzung der Gesamthalmlänge nieder, zumal wenn diese in der Zeit nach der Blüte gemessen wird, weil oft eine Verkürzung der basalen Internodien durch eine Streckung der apikalen Internodien kompensiert wird. Die apikale Streckung kann in einigen Fällen so stark sein, daß daraus eine Zunahme der Gesamthalmlänge resultiert. Demzufolge reicht eine Messung der Gesamthalmlänge zur Beurteilung der potentiellen Standfestigkeit nicht aus, sondern es muß eine Analyse der Einzelinternodien erfolgen. Dieser Aspekt sollte bei der züchterischen Selektion stärker berücksichtigt werden.
Eine Vielzahl vergleichender Analysen ergibt, daß für die Halmstabilität besonders die Länge und die Beschaffenheit der unteren drei Halminternodien von Bedeutung sind. Die neuzugelassene Sorte 'Elgina' läßt sich sehr gut durch Regulatoren in einigen Merkmalen verändern (Tab. 2). Chlorcholinchlorid verkürzt die unteren Internodien recht beträchtlich, so daß sogar die Gesamthalmlänge – verbunden mit günstigen Lagerboniturwerten – vermindert wird.

Tabelle 2

Die Wirkung von Regulatoren auf die Internodienlänge der Sommergerste Sorte 'Elgina' (Feldversuch 1970, 4 Wiederholungen). Anzahl der gemessenen Halme je Parzelle: 25–35 (Standweite 20 × 2,5 cm)

Behandlung 380 ml je Parzelle	Internodienlänge in cm 1. basal	2.	3.	4.	5.	6. apikal	Summe cm	Lagerbonitur*
Kontrolle	2,5	9,9	13,4	14,4	15,1	17,6	72,9	3,1
1 × 5880 ppm CCC	1,9	7,8	13,1	13,4	15,9	19,2	71,3	1,6
4 × 1470 ppm CCC	1,9	7,3	10,5	12,2	15,0	17,6	64,6	1,8
1 × 133 ppm GA_3	3,7	9,0	12,0	12,7	12,7	14,3	64,3	3,8
4 × 133 ppm GA_3	4,0	10,0	13,1	15,1	15,9	14,5	72,6	4,7
4 × 30 ppm Fluorenol	2,2	6,4	9,8	10,9	14,0	15,7	59,0	2,3
1 × 133 ppm GA_3 + 1 × 5880 ppm CCC	3,5	10,9	14,1	15,3	15,8	17,0	76,6	3,0
1 × 133 ppm GA_3 10 × 2,5 cm	4,9	11,0	13,2	13,7	13,3	13,5	69,6	4,1

* 1 = kein Lager; 9 = totales Lager

Gibberellinsäure verlängert basale Partien und verringert so die Standfestigkeit. Mehrfache Fluorenolsprühungen verkürzen in diesem Fall mehrere Internodien, führen aber im Vergleich zum CCC zu geringeren Verbesserungen der Boniturwerte. Die Sorte 'Alsa' reagierte auf CCC-Applikation ebenfalls deutlich mit Verkürzungen basaler Internodien, während die Sorte 'Plena' nur geringfügige Veränderungen erkennen läßt. Die Mittelwerte der Kornerträge der Jahre 1969 und 1970 lassen keine signifikante Erhöhung der behandelten Varianten im Vergleich zur unbehandelten Kontrolle erkennen. Vielmehr sind bei Gibberellinsäureapplikationen z. T. signifikante Ertragsdepressionen zu erwarten (Tab. 3), die vorwiegend durch eine geringere produktive Bestockung (Anzahl ährentragender Halme) verursacht werden.

Tabelle 3

Die Wirkung von Regulatoren auf den Kornertrag (dt/ha bei 86% TM) verschiedener Sommergerstensorten (Feldversuche 1969–1970, 4 Wiederholungen, Standweite 20 × 2,5 cm)

Behandlung	Alsa		Plena		Ciro		Astacus		Elgina
380 ml je Parzelle	1969	1970	1969	1970	1969	1970	1969	1970	1970
Kontrolle	56,9	50,4	56,8	49,7	70,0	57,3	63,3	55,3	60,1
$\bar{x}$	53,6		53,2		63,6		59,3		
1 × 5880 ppm CCC	64,7	44,4	61,7	52,4	71,6	63,5	66,0	55,1	47,3*
$\bar{x}$	54,5		57,0		67,5		60,6		
4 × 1470 ppm CCC	58,8	49,3	57,7	45,5	66,6	61,2	65,4	60,6	55,0
$\bar{x}$	54,0		51,6		63,9		62,5		
1 × 133 ppm GA_3	65,3	37,5*	49,6*	40,5*	60,4*	43,0*	65,7	39,3*	45,7*
$\bar{x}$	51,4		45,0		50,2		52,5		
4 × 133 ppm GA_3	–	37,7*	–	34,1*	–	43,9*	–	47,1	38,8*
4 × 30 ppm Fluorenol	65,4	51,1	60,0	42,0	57,4*	56,7	57,4	56,3	50,5*
$\bar{x}$	58,2		51,0		57,0		56,8		
1 × 133 ppm GA_3 + 1 × 5880 ppm CCC	70,0*	44,8	53,3	42,8	56,6*	49,3	58,2	46,6	43,3*
$\bar{x}$	57,4		48,0		52,9		52,4		
1 × 133 ppm GA_3 10 × 2,5 cm	–	49,5	–	44,2	–	58,3	–	61,7	48,9*
GD 5% Behandlung		1969		1970	Sorte	1969		1970	
		10,0*		9,1*		5,0		5,7	

Regulatoren sind hochwirksame Substanzen, die neben morphogenetischen Effekten in gleicher Weise sehr stark in den Stoffwechsel eingreifen und damit auch direkt oder indirekt zur Steuerung des Eiweißgehaltes eingesetzt werden können. So wurde in einem Gefäßversuch mit den Sorten 'Kawkas', 'Mironowskaja 808', 'Poros' und dem Stamm 418 festgestellt, daß durch mehrfache Gibberellinsäuresprühungen (100 ppm, 25 ml/Gefäß) die Roh- und Reinproteingehalte stark ansteigen. Die Kornerträge der GA_3-behandelten Varianten liegen aber nur bei etwa 75% des Ertrages der Kontrollen ohne Behandlung (Tab. 4). Die Tausendkornmasse bleibt dabei in gleicher Größenordnung von etwa 50 Gramm und schwerer, vielfach steigt sie durch die GA_3-Applikation erheblich an. Analysen der Feldversuche mit verschiedenen Sommergerstensorten erbrachten in analoger Weise 2–3% über den Kontrollen liegende Rohproteingehalte bei geminderten Kornerträgen. Damit kann als bewiesen gelten, daß die geprüften Winterweizensorten unter bestimmten Bedingungen physiologisch in der Lage sind, hohe Rohproteingehalte der Körner zu realisieren. Ertragsstrukturanalysen lassen folgende Deutungsmöglichkeiten zu: Durch die intensiven Gibberellinsäuresprühungen wird die ertragswirksame Bestockung und z. T. auch die Kornzahl je Ähre im Durchschnitt verringert, währenddessen die TKM entweder das Niveau der Kontrollen erreicht, vielfach dieses aber auch beträchtlich übertrifft. Im Endergebnis resultieren daraus dann die verminderten

Tabelle 4

Die Wirkung von mehrfachen GA_3-Spritzungen auf den Kornertrag, Rohproteingehalt und die TKM verschiedener Winterweizensorten (Gefäßversuch 1970, 4 Wiederholungen, 12 Pfl./Gefäß)

Sorte	Düngung g N/Gef.	% Rohprotein i. d. TM Kontrolle	mehrf. GA_3	Diff.	Kornertrag g/Gefäß Kontrolle	mehrf. GA_3	TKM Kontrolle	mehrf. GA_3
'Kawkas'	2	14,0	16,8	2,8	64,6+	49,0	49,6	50,5
	4	17,6	21,7	3,1	66,7+	53,9	50,5	51,8
'Mironowskaja 808'	2	15,0	18,6	3,6	64,9+	41,9	51,8	56,2+
	4	18,3	19,5	1,2	73,2	69,7	51,0	53,4
'Poros'	2	13,4	15,6	2,2	58,2+	41,0	51,4	53,4
	4	17,6	19,1	1,5	50,5	44,7	45,4	52,0+
Stamm 418	2	14,4	17,3	2,9	56,7+	31,2	56,5	55,7
	4	19,1	20,3	1,2	51,0	48,0	54,4	58,3+
GD 5%				Dü 2 N = 10,1+			2 N = 4,1+	
				4 N = 7,8+			4 N = 4,7+	

Kornerträge je Gefäß bzw. je Parzelle. Offenbar wird jedoch die N-Aufnahme und N-Umlagerung nicht depressiv beeinflußt, so daß die Gesamt-N-Menge in eine – im Vergleich zur unbehandelten Kontrolle – geringere Ähren- und Kornzahl eingelagert wird und demzufolge dort zwangsläufig zu höheren N-Gehalten führen muß. Einige orientierende Untersuchungen zur Frage der Qualitätsbeeinflussung (Fallzahl nach Hagberg) lassen bei Winterroggen eine deutliche Tendenz zur Erhöhung der Fallzahl nach CCC-Applikation erkennen (Tab. 5). Dieser Anstieg der Fallzahlen kann mit einer Qualitätsverbesserung im Hinblick auf verschiedene Verarbeitungseigenschaften gleichgesetzt werden. Die Unterschiede in den Fallzahlen der einzelnen Jahre weisen erneut eindrucksvoll auf die Wirkungsabhängigkeit der Wachstumsregulatoren von der jeweiligen Witterung innerhalb der Vegetationsperiode hin.

Tabelle 5

Die Wirkung von CCC bei unterschiedlicher N-Düngung auf die Fallzahl nach Hagberg. Winterroggen Sorte 'Danae' (Feldversuche 1969–1970, 4 Wiederholungen)

	1969		1970	
	80 kg N/ha	160 kg N/ha	80 kg N/ha	160 kg N/ha
Kontrolle	210	291	131	117
CCC $n = 3$	276	316	150	130

Zusammenfassung

Aus den Untersuchungen (Gefäß- und Feldversuche) über die Wirkung von CCC, GA_3 und Fluorenol auf den Ertrag, die Standfestigkeit und den Eiweißgehalt insbesondere verschiedener Sommergerstensorten läßt sich folgendes ableiten: Durch mehrfache CCC-Applikation kann die Standfestigkeit bei einigen Sommergerstensorten ('Alsa', 'Elgina') durch Verkürzung basaler Halminternodien verbessert werden. Allgemein wirkt Fluorenol schwächer als CCC. Mehrfache GA_3-Sprühungen steigern den Rohproteingehalt bei Winterweizen und Sommergerste um 2–3% gegenüber der Kontrolle, bei hohen TKM-Werten ('Kawkas' 21,7% Rohprotein i. TM, TKM = 52 g). Die Kornerträge sinken jedoch ab. Nach CCC-Applikation wird bei Winterroggen die Fallzahl nach Hagberg im Sinne einer Qualitätsverbesserung erhöht.

Резюме

На основании изучения (вегетационные и полевые опыты) влияния CCC, GA_3 и флуоренола (натриевая соль флуорен-9-карбоновой кислоты) на урожай, устойчивость к полеганию и содержание белка, особенно у различных сортов ярового ячменя, можно сделать следующие выводы:

За счет многократной обработки CCC может быть улучшена устойчивость некоторых сортов ярового ячменя (Альза, Эльгина) к полеганию за счет укорачивания базального междоузлия. Обычно флуоренол действует слабее, чем CCC. Многократные обработки GA_3 увеличивают содержание сырого протеина у озимой пшеницы и ярового ячменя на 2–3% по сравнению с контролем, при высоких показателях веса тысячи семян (Кавказ – 21,7% сырого протеина в сухом веществе, вес тысячи семян = 52 г). Однако урожай зерна снижается. После обработки озимой ржи CCC показатель падения по Хагбергу увеличивается в смысле улучшения качества.

Summary

Studies (pot experiments and field experiments) on the effect of CCC, GA_3, and fluorenole (Na salt of fluorene-9-carboxylic acid) on the yield, the lodging resistance, and the protein content above all of several spring barley varieties produced the following results: Repeated application of CCC may improve the lodging resistance of several spring barley varieties ('Alsa', 'Elgina') through the shortening of basal haulm internodia. In general, fluorenole is less effective than CCC. Repeated spraying with GA_3 raises the crude protein content (by 2 to 3% as compared with the control) and the thousand-grain weight of winter wheat and spring barley ('Kavkaz': crude protein content of the dry matter 21.7%, thousand-grain weight 52 g), while grain yields decline. After CCC application to winter wheat the falling number according to HAGBERG is increased, i. e. the quality is improved, Mitschurinstraße 22

Anschrift des Verfassers:

Dr. GÜNTER KLEIN
Institut für Getreideforschung Bernburg-Hadmersleben
der Akademie der Landwirtschaftswissenschaften
der Deutschen Demokratischen Republik
4351 Bernburg-Strenzfeld, Mitschurinstraße 22

Tag.-Ber. Akad. Landwirtsch.-Wiss. DDR · Nr. 119 · 1972 · S. 87–93

Institut für Pflanzenzüchtung Gülzow-Güstrow
der Akademie der Landwirtschaftswissenschaften
der Deutschen Demokratischen Republik

HORST VASEL

Über Versuche zur Entwicklungshemmung von Winterroggen mit Hilfe applizierter Entwicklungsregulatoren

1. Problematik

Besondere zuchtmethodische Vorteile können beim allogamen Roggen von Verfahren der Verklonung und der mehrjährigen Überdauerung von wertvollem Ausgangsmaterial erwartet werden. Auf vorliegenden Ergebnissen von Kurztagsbehandlungen aufbauend, wird gegenwärtig in Gülzow an verbesserten technischen und technologischen Problemen der Klonüberdauerung gearbeitet. Statt der entwicklungsverzögernden Kurztagsbehandlung könnte theoretisch auch eine Entwicklungshemmung durch Applikation entsprechend wirksamer Entwicklungsregulatoren möglich sein. Für die praktische Zielstellung einer überjährigen Pflanzenerhaltung sind deshalb Entwicklungsinhibitoren oder aber zumindest retardierend wirkende Substanzen von besonderem Interesse.

2. Material und Methoden

In begrenztem Umfang wurde bisher die Wirkung der Mittel geprüft, die in Tabelle 1 angegeben sind.

Tabelle 1
Bezeichnung und Herkunft der verwendeten Entwicklungsregulatoren

Bezeichnung	verwendete Abkürzung	Herkunft	angewandter Konzentrationsbereich
AMO 1618	AM	Inst. f. Biochemie der DAW, Halle/S.	0,5 –10%
Abscisinsäure	AS	Shell–AG Sittingbourne/GB	5 –20 ppm
Äthylurethan	ÄU	Biol. Abt. des Pädag. Institut Güstrow	10^{-3} –10^{-1} M
Chlorcholinchlorid	CCC	VEB Berlin–Chemie Berlin-Adlershof	1 –10%
Maleinsäurehydrazid (Handelsmittel Malzid)	MH	Fa. G. Schönert KG Leipzig	0,05– 5%

Für die Versuche wurde überwiegend Saatgut einer Gülzower Kreuzungspopulation der Winterroggensorten 'Danae' × 'Carsten' verwendet. Die Applikationen der Testsubstanzen erfolgten dabei durch Einquellen von Roggenkaryopsen in entsprechende Lösungen oder durch Sprühbehandlungen wachsender Pflanzen.
Die Dauer der Einquellung war gestaffelt zwischen 2 und 24 Stunden. Künstliche Vernalisationen erfolgten im Kühlschrank, die Einquellungen wurden dabei als Vor- oder Nachbehandlungen durchgeführt (VB- bzw. NB-Serien). Zur Messung des Keimlängenzuwachses wurden Keimrollen nach jeweils 7 Tagen ausgewertet. Gewächshausanzuchten erfolgten in Töpfen mit Komposterde, Freilandvarianten wurden nach Vorbehandlung auf 30 × 30 cm im Zuchtgarten ausgelegt.
Bei Sprühapplikationen auf optimal vernalisierte Pflanzen im Gewächshaus wurde den abgestuften Konzentrationen von AS, AMO, CCC oder MH zur besseren Haftung jeweils 0,05% Tween 20 zugesetzt. Die Pflanzen befanden sich bei der I. Altersstufe im 3-Blattstadium, bei der Behandlung der II. Altersstufe im 6-Blatt–Stadium. Das Besprühen erfolgte in beiden Altersstufen täglich 1mal in einer Folge von 6, 12 oder 18 Tagen, wobei am 7. und 14. Tag nicht behandelt wurde, oder aber 1mal wöchentlich im Verlauf 3 aufeinanderfolgender Wochen. Pro Pflanze wurden beim täglichen Sprühen 0,4 ml Lösung, beim wöchentlichen Sprühen jeweils 0,8 ml Lösung pro Pflanze und Applikation berechnet. Die tatsächlich von den Einzelpflanzen aufgenommenen Lösungsmengen differierten geringfügig, da immer eine Gesamtgabe pro Behandlungsgruppe über die entsprechende Topfzahl versprüht wurde. Die Auswertung erfolgte auf der Grundlage einer angepaßten Feekes-Skala (Feekes, 1941) und durch vergleichende Messungen und Zählungen von Einzelmerkmalen.

3. Ergebnisse

Konzentrationen von 10^{-1} Äthylurethan hemmten die sichtbare Keimrate und den Längenzuwachs von Keimpflanzen im Keimrollentest. Nach Vorbehandlung mit 10^{-1} M ÄU (24 h VB), 60tägiger Vernalisation und Freilandaussaat fielen nach Abschluß des Ährenschiebens aller Kontrollen bei 13% der 135 behandelten Pflanzen starke basale Stauchungen und hohe Triebzahlen auf, wobei 10 Pflanzen bis zum 18. 9. 68 noch keine Ähren geschoben hatten. Von insgesamt 18 stark bestockten Pflanzen schlossen 10 ihren normalen Entwicklungsgang erst im 2. Vegetationsjahr 1969 ab, d. h., 7% der Versuchspflanzen überdauerten. Andere Applikationsformen, wie das Auftropfen verschiedener Konzentrationen oder 6tägiges Eintauchen angeschnittener Blätter getopfter Pflanzen, erbrachten keine nutzbaren Entwicklungsmodifikationen.
Bei Versuchen mit dem Antiauxin Maleinsäurehydrazid in Konzentrationen von 0,05% bis 5,0% Malzid und Einquellungszeiten von 2 bis 24 Stunden trat trotz nicht immer geradlinigem Entwicklungsverlauf mit steigender Dauer der

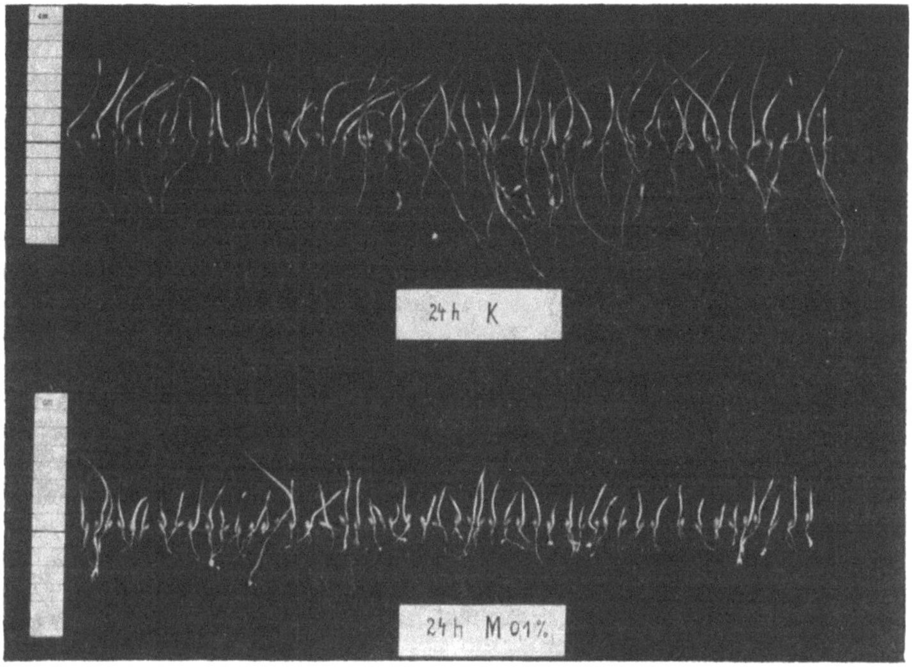

Keimpflanzen von Winterroggen nach unterschiedlicher Vorbehandlung (Keimrollentest)

Sameneinquellung und besonders mit zunehmender Konzentration allgemein eine negative Beeinflussung von Keimrate und Keimlänge auf (s. Abb.). Da sowohl vernalisiertes Material wie unvernalisiertes Material ähnliche Hemmungen zeigte, ist eine vernalisationsunabhängige Toxizität anzunehmen.

Die Prüfung von VB- und NB-Varianten im Gewächshaus ergab zunächst ein eindeutiges Zurückbleiben fast aller behandelten Varianten. Die Keimpflanzen zeigten dabei ein eigentümlich starres, verdicktes, dunkelgrünes Aussehen. Relativ unbeeinflußt in Wachstum und Entwicklung blieben lediglich die Pflanzen der 0,05%-Variante nach 2- bzw. 4-stündiger Vorbehandlung. Alle übrigen Varianten wiesen im weiteren Verlauf hohe Ausfälle bis zu Totalverlusten auf.

Gleichsinnig wirkte 1970 das Besprühen von Roggenpflanzen mit MH-Lösungen im Gewächshaus. Auch hierbei zeigten alle behandelten Varianten eine starke Wuchshemmung und blieben weit hinter den Kontrollen zurück. Mit zunehmender Vegetationsdauer vergilbte jedoch die Mehrzahl der besprühten Blätter, und alle Pflanzen der täglichen sowie die Pflanzen der I. Altersstufe der wöchentlichen Behandlungen starben ab. Demgegenüber blieben bei der II. Altersstufe der wöchentlichen Behandlung 14 von 15 Pflanzen vital, 12 von ihnen schoben zeitlich etwas verzögert normale Ähren. Nur bei 2 Pflanzen unterblieb das Ährenschieben.

Parallel zu den Ergebnissen mit MH zeigte sich auch bei den CCC-Behandlungen mit Konzentrationen bis zu 10%, dem etwa Zehnfachen des normalen Aufwandes für Freilandspritzungen zur Halmverkürzung, eine Tendenz zur Keimverzögerung mit höheren Konzentrationen und längerer Quellungsdauer, wobei die Toxizität jedoch weitaus niedriger lag. Bei Überprüfungen des Keimpflanzenverhaltens von 15 diploiden und 4 tetraploiden Winterroggensorten nach gestaffelter Vorbehandlung von 16 bis 48 Stunden mit Konzentrationen von 1%, 5% und 10% CCC ließ sich zumindest eine deutliche Wirkungstendenz des CCC bereits an Keimpflanzen feststellen. Diese anfängliche Hemmung von Jungpflanzen glich sich jedoch mit zunehmender Vegetationsdauer immer mehr aus, so daß zur Blüte praktisch keine Entwicklungsunterschiede zu den Kontrollen mehr erkennbar waren.

Bei den Spritzungen mit 6%, 8% und 10% CCC wurde durch die rasche Aufeinanderfolge der täglichen Applikation von 0,4 ml Spritzlösung offensichtlich die Grenze der physiologischen CCC-Verträglichkeit der Roggenpflanzen überschritten. Bis auf 1–2 stark verkürzte Pflanzen starben alle übrigen innerhalb von 3 Wochen nach den Behandlungen ab. Die 3mal wöchentlich mit insgesamt der gleichen Wirkstoffmenge behandelten Pflanzen schoben dagegen vollständig normale Ähren, wobei die Halmlängen nach der Behandlung mit 6% CCC um durchschnittlich 16,8%, mit 8% CCC um 21,3% und mit 10% CCC um durchschnittlich 27,5% verkürzt wurden.

In bezug auf die spezielle Fragestellung einer erfolgreichen Überdauerung führten die Behandlungen mit CCC jedoch insgesamt bisher nicht zu praktikablen Ergebnissen.

Das gleiche gilt für die Sprühapplikationen mit AMO 1618 im Konzentrationsbereich von 0,5 bis 10%. Die Auswertungen dieser Versuche wiesen stets nur unsignifikante Differenzen der Entwicklungsstadien, der Trieb- und Ährenzahlen sowie der Halmlängen auf.

Bei den Arbeiten mit dem Sesquiterpen Abscisinsäure wurden 300 Körner 24 Stunden lang in einer 5-ppm-Lösung eingequollen und ab 5. 3. 68 im Freiland angezogen. Die Auswertung erfolgte hier durch vergleichende Bonituren herauspräparierter Vegetationskegel entsprechend einem numerischen Bewertungsschema (Tab. 2). Die Differenzierung der Vegetationskegel wurde durch die Behandlung merklich verzögert (Tab. 3).

Tabelle 2

Boniturschema für Entwicklungsstadien des Vegetationskegels bei Roggen

Note	Entwicklungsstadium
1	ungestreckter Vegetationskegel
2	Streckung des Vegetationskegels
3	Einfachreihenstadium (single ridge)
4	Doppelreihenstadium (double ridge)
5	Differenzierung der Ährchen

Tabelle 3

Entwicklung der Vegetationskegel von Winterroggen nach Sameneinquellung in Abscisinsäure und Frühjahrsaussaat

Variante	Konzentration	Entwicklungsstand nach Tagen						
		21	35	49	63	78	90	105
AS	5 ppm	1	1	2	3	4	4	5
K	—	1	2	3	4	5	5	5

Während z. B. die Kontrollen das double-ridge-Stadium, den Beginn der reproduktiven Phase nach GARG und CHINOY (1964), nach 63 Tagen erreicht hatten, befanden sich die Vegetationskegel der behandelten Karyopsen zum gleichen Zeitpunkt noch eindeutig im Einfachreihenstadium. Frühstadien der generativen Entwicklung werden also auch beim vernalisationsbedürftigen Winterroggen durch Abscisinsäure nachweisbar gehemmt. Dieser Entwicklungsverzug setzte sich in geringerem Maße bis zur Abreife fort, führte jedoch nicht zu klonungsfähigen Pflanzen.
Ein damit völlig übereinstimmendes Resultat erzielten HARTMANN et al. (1969) mit gleichem Kornmaterial und mit Abscisinsäure vom gleichen Muster. Die nach der bereits dargelegten Methodik durchgeführten Spritzapplikationen mit 5, 10 und 20 ppm Abscisinsäure zeigten weder toxische Wirkungen noch morphologische Abweichungen.

4. Schlußfolgerungen

Trotz einiger Ansätze zu stärkerer Entwicklungshemmung insbesondere in frühen Stadien der reproduktiven Differenzierung der Vegetationskegel ergaben alle bisher geprüften Methoden der gezielten Anwendung von Entwicklungsregulatoren noch keine praktisch nutzbare Möglichkeit zur generell erfolgreichen Überdauerung von Winterroggen. Bei der komplexen Natur der Blühinduktion und generativen Entwicklung erscheint dieses Problem außerordentlich schwierig, zumal weder die gesamte biochemische Wirkkette des Induktionsablaufes noch die spezifischen Angriffspunkte der applizierten Wachstumsregulatoren ausreichend geklärt sind. Nach wie vor ist deshalb zur Roggenüberdauerung methodisch das Hauptaugenmerk auf die gerichtete Beeinflussung der Photo- und Thermoinduktion zu richten, wobei künftig auch die Wirksamkeit von Entwicklungsregulatoren unter reproduktiv hemmenden Kurztagsbedingungen zu überprüfen ist.

Zusammenfassung

Im Rahmen zuchtmethodischer Arbeiten wird gegenwärtig in Gülzow versucht, außer durch Kurztagsbehandlungen auch durch Applikation von Entwicklungsinhibitoren Möglichkeiten zur Klonüberdauerung bei Winterroggen zu schaffen.

Als Prüfsubstanzen wurden benutzt: Abscisinsäure (5–20 ppm), Äthylurethan (10^{-3}–10^{-1} M), AMO 1618 (0,5–10%), CCC (1–10%) und Malzid mit 30% Maleinsäurehydrazid (0,01–5%). Neben Sameneinquellungen von 2 bis 24 Stunden Dauer wurden tägliche oder wöchentliche Sprühapplikationen ab 3-Blatt- bzw. 6-Blattstadium durchgeführt.
Nach Samenvorbehandlungen mit ÄU überdauerten 10 von 135 behandelten Pflanzen. Bei MH und CCC traten starke Ausfälle auf, überlebende Pflanzen nach wöchentlichen Sprühungen zeigten keine ausnutzbare Entwicklungshemmung. AMO-Sprühapplikationen blieben wirkungslos. Behandlungen mit 5 ppm Abscisinsäure führten zu deutlicher Entwicklungsverzögerung früher Stadien der Vegetationskegelentwicklung. Generell erwies sich bisher keines der angewandten Verfahren zur Roggenüberdauerung als praktisch ausreichend.

Резюме

В рамках селекционно-методических работ в Гюльцове в настоящее время предпринимаются попытки добиться выживания клонов озимой ржи не только за счет воздействия условий короткого дня, но и за счет применения ингибиторов роста. Испытывались следующие вещества: абсцисиновая кислота (5–20 кг/кг), этилуретан (10^{-3} — 10^{-1} M), AMO 1618 (0,5–10%), CCC (1–10%) и мальцид с содержанием 30% гидразида малеиновой кислоты (0,01–5%). Кроме намачивания семян в течение 2–24 часов проводились ежедневные или еженедельные опрыскивания, начиная со стадии 3 или 6 листьев. После обработки семян этилуретаном выжили 10 из 135 обработанных растений. При обработке растений гидразидом малеиновой кислоты и CCC имелись большие потери, выживавшие растения после еженедельных опрыскиваний не проявляли торможения развития, представляющего интерес с точки зрения возможности его использования. Опрыскивания AMO оказывались бездейственными. Обработки с применением 5 мг/кг абсцисиновой кислоты приводили к четкой задержке на ранних стадиях развития конуса нарастания. В общем до сих пор ни один из примененных способов не оказался практически удовлетворительным для выживания ржи.

Summary

In the frame of work on breeding methods it is presently tried at Gülzow to create possibilities for the survival of winter rye clones not only through short-day treatment, but also through the application of growth inhibitors. The following test preparations were used: abscisic acid (5 to 20 ppm), ethyl urethan (10^{-3} to 10^{-1} M), AMO 1618 (0.5 to 10%), CCC (1 to 10%), and Malzid containing 30% maleic acid hydrazide (0.01 to 5%). Apart from steeping the seed for 2 to

24 hours, the plants were sprayed once a day or once a week from the three-leaf or six-leaf stages on, respectively. After seed treatment with ethyl urethan 10 out of 135 plants survived. Heavy losses occurred in case of treatment with CCC or maleic acid hydrazide; surviving plants did not show any utilizable growth inhibition after having been sprayed once a week. Spraying with AMO did not produce any effect. Treatment with 5 ppm abscisic acid led to significant growth inhibition in early stages of vegetation cone development. So far, none of the applied methods for the survival of rye proved to be sufficient for practical use.

Literatur

Feekes, W.: De tarwe en haar milien, Abschn. 118: Een schattingsmethode ter bepaling van de morphologische ontwikkeling van de tarweplant. 1941, S. 558–562

Garg, O. P.; Chinoy, J. J.: Influence of vernalization and photoperiod on elongation of the shoot apex and differentiation of the spike of wheat in relation to stem growth and flowering. Indian J. of Plant – Physiol. 7 (1964), 1 und 2, S. 71–85

Hartmann, W.; Schwarz, M.; Freitag, S.: Wirkungen von Abscisinsäure (Abscisin II, Dormin) auf den Übergang von der vegetativen in die reproduktive Phase der Entwicklung von Winterroggen. Wiss. Z. Päd. Inst. Güstrow, Reihe Biol./Chem./Polytechn. 6 (1968/69), S. 16–18

Anschrift des Verfassers:

Diplomlandwirt Horst Vasel
Institut für Pflanzenzüchtung Gülzow-Güstrow
der Akademie der Landwirtschaftswissenschaften
der Deutschen Demokratischen Republik
2601 Gülzow, Kreis Güstrow

Tag.-Ber. Akad. Landwirtsch.-Wiss. DDR · Nr. 119 · 1972 · S. 95–103

Forschungszentrum für Bodenfruchtbarkeit Müncheberg
– Zweigstelle Bad Lauchstädt –
der Akademie der Landwirtschaftswissenschaften
der Deutschen Demokratischen Republik

GERD BÄTZ, ERWIN BAHN und ALBRECHT MEINEL

Gedanken zur Verkürzung der Prüfungsdauer in der Getreidezüchtung durch Klassifikation der Umweltbedingungen

1. Problemstellung

Die derzeit verbreitete Form der Auswertung von Sortenversuchsserien sieht die Anwendung der Hypothese „zufällig“ für die Einflußfaktoren (auch als Prüffaktoren zu bezeichnen), Orte und Jahre vor; d. h., die Orte werden als eine Zufallsstichprobe aus der Grundgesamtheit Anbaugebiet und die Jahre als eine Zufallsstichprobe aus der Grundgesamtheit Klima dieses Anbaugebietes angesehen.
Die Zuordnung der Hypothese „zufällig“ ist dabei allein vom Versuchsansteller zu verantworten, der damit gleichzeitig den Aussagebereich seiner Versuchsergebnisse festlegt. Stellen die ausgewählten Versuchsorte und Versuchsjahre nun keine zufällige und repräsentative Stichprobe aus den angesprochenen Grundgesamtheiten dar, so ist der Aussagebereich nicht korrekt bestimmt. Damit geht eine im Prinzip fehlerhafte Interpretation der Versuchsergebnisse einher, sicherlich eine der wesentlichen Ursachen für manche Fehlentscheidung. Wir werden nun um so eher zufällige und repräsentative Stichproben aus den Grundgesamtheiten Anbaugebiet und Klima erhalten, je größer die Anzahl der Versuchsorte und der Versuchsjahre ist. Der Verwirklichung dieses Prinzips stehen jedoch die berechtigte Forderung nach einer Verkürzung der Prüfdauer und ökonomische Überlegungen entgegen.
Diese wiederum werden aber nur dann zu verantworten sein, wenn sichergestellt ist, daß die Versuche eine zufällige und repräsentative Stichprobe aus der Grundgesamtheit „Umweltbedingungen“ bilden, für die gezüchtet wird, d. h., für die Entscheidungen über die Zulassung oder Streichung von Sorten getroffen werden sollen.
Vor dieser Problematik stehen wir ja nur darum, weil wir es bei Sorten- und Zuchtstammprüfungen fast immer mit gesicherten Wechselwirkungen zwischen den Prüfgliedern und den Umweltbedingungen zu tun haben, und diese Wechselwirkungen, wie zahlreiche Untersuchungen gezeigt haben, auch innerhalb kleinerer Anbaugebiete deutlich ausgeprägt sind. Anders formuliert: wir müssen eine ausreichende Anzahl von Versuchsergebnissen haben, da die Einzelversuchsergebnisse nicht reproduzierbar sind. Die also stets zu erwartenden Wechselwirkungen sind es, die uns zwingen, für verallgemeinerungs-

fähige Entscheidungen dem Verhältnis zwischen Stichprobe und Grundgesamtheit so große Aufmerksamkeit zu widmen, d. h., wir müssen praktisch immer so entscheiden, daß trotz gesicherter Wechselwirkung der eine oder andere Zuchtstamm für die Grundgesamtheit Anbaugebiet als Sorte zu empfehlen ist.
Dies gilt um so mehr, als sicher angenommen werden kann, daß die Wechselwirkung zwischen Prüfgliedern und Umweltbedingungen nicht allein auf ökologisch bedingte Reaktionsunterschiede des geprüften Sortiments, sondern darüber hinaus in stärkerem Maße auch auf Fehler in den Einzelversuchen, d. h. Mängeln in der Präzision und der Treffgenauigkeit, zurückzuführen ist. Es ergibt sich damit die Notwendigkeit, neben den bisherigen zahlreichen Versuchen der Klassifikation der Umweltbedingungen (speziell des Standortes), u. a. nach der Sortenrangfolge (Vareale), die letztlich nie voll befriedigen konnten, nach neuen Wegen für eine Umweltklassifikation zu suchen.
Diese muß vor allem ein Entscheidungskriterium dafür liefern, ob die für die Grundgesamtheit wesentlichsten Umweltbedingungen durch die Einzelversuche einer Versuchsserie erfaßt sind. Wir wollen anschließend am Beispiel des Winterweizens einige Gedanken vortragen, wie eine Klassifikation der Umweltbedingungen vorgenommen und damit eine Entscheidung über die mögliche Verkürzung der Prüfdauer getroffen werden kann. Abschließend sollen unsere Überlegungen an einem Beispiel demonstriert und einige Schlußfolgerungen versucht werden.

2. Die Klassifikation der Umweltbedingungen

Für die Klassifikation der Umweltbedingungen stellt sich im wesentlichen das Problem der Klassifikation nach dem Boden einerseits und der Witterung andererseits sowie das Zusammenwirken beider Faktorenkomplexe.

2.1. Klassifikation des Bodens nach seinen wichtigsten Eigenschaften

Diese erscheint relativ einfach. Es gilt solche Gruppen zu bilden, zwischen denen im Mittel vieler Jahre nennenswerte Unterschiede in der Ertragshöhe bzw. der Ertragsrelation der Sorten auftreten. Für die Bildung von Standortgruppen gibt es für die DDR zahlreiche Überlegungen, die hier nicht näher diskutiert werden sollen. Da es uns nur darum gehen soll, methodische Probleme zu erörtern, haben wir in Absprache mit dem Institut für Bodenkunde Eberswalde und dem Institut für Getreideforschung Bernburg für die D-, Lö- und Al-Standorte unseren Beispielen folgende Klassifikationen zugrunde gelegt:

Diluviale Standorte mit einer Ackerzahl $\leqq 33$
Diluviale Standorte mit einer Ackerzahl > 33
Löß-Standorte mit einer Ackerzahl < 70
Löß-Standorte mit einer Ackerzahl $\geqq 70$
alle Al-Standorte

2.2. Klassifikation nach der Ertragshöhe als Ausdruck für die Gunst der übrigen Umweltfaktoren (vorrangig der Witterung) innerhalb der Bodengruppen

Für die Gruppierung dieser Umweltbedingungen wäre eine für Winterweizen spezifische Klassifikation nach den in den Jahren unterschiedlichen Witterungsabläufen als optimal anzusehen. Zur Zeit liegen die erforderlichen meteorologischen und phänologischen Daten nicht ausreichend und nicht in einer für die diesbezügliche Auswertung geeigneten Form vor.
Außerdem wären bessere Kenntnisse erforderlich, als sie bisher über den Zusammenhang zwischen Witterungsverlauf und Ertragsbildung des Winterweizens unter verschiedenen Standortbedingungen vorliegen. Ferner bewirken gewisse kleinräumliche Standortdifferenzierungen und Unterschiede in den agrotechnischen Anbaubedingungen Streuungen der Erträge.
Daher sind wir von der Ertragshöhe ausgegangen, die gewertet wird als ein Ausdruck für die Gunst der Umweltbedingungen, die in den Einzeljahren unter definierten Standortbedingungen primär durch den Witterungscharakter verursacht wird. Der Ertrag wird somit als Indikator des für Winterweizen komplexen Umwelteinflusses angesehen.

2.3. Die Häufigkeitsverteilung der Umweltbedingungen

Für die von uns vorgenommene Klassifikation erfolgte eine Auswertung von Winterweizen-Material des Archivs für Feldversuchsergebnisse aus den Jahren 1954 bis 1968 (Tab. 1). Es zeigt sich, daß die möglichen Kombinationen aus

Tabelle 1

Relative Häufigkeiten der Kornerträge von Winterweizen, gruppiert nach 5 Ertragsklassen und 5 Standortgruppen

Standort-gruppe	Ertragsklassen (dt/ha) < 30	30 – 39	40 – 49	50 – 59	> 60	Anzahl der Versuche
D ⩽ 33	41,5	34,0	24,5			53
D > 33	17,6	35,2	32,1	12,5	2,6	352
Lö < 70	9,1	32,3	29,9	24,8	3,9	254
Lö ⩾ 70	6,8	24,9	35,4	26,4	6,5	353
Al	13,2	36,8	35,8	12,3	1,9	106

Witterungs- und sonstigen Anbaubedingungen auf den Standortgruppen nicht mit gleicher Häufigkeit auftreten.
Die unterschiedlichen Häufigkeiten in den gleichen Ertragsklassen der verschiedenen Standortgruppen sind vor allem durch das komplexe Zusammenwirken von Boden und Witterung bestimmt. Dabei nehmen wir an, daß die

unterschiedlichen Häufigkeiten der Erträge innerhalb einer Bodengruppe primär durch die Witterung verursacht werden.
Der gleiche Witterungscharakter wirkt unter sonst gleichen Bedingungen auf den unterschiedlichen Standorten verschieden auf die Ertragsbildung des Winterweizens. Auf den leichten Böden gerät in trockenen Jahren das Wasser am ehesten ins Minimum, während sich hier ein nasses kaltes Jahr sowie ein spät einsetzendes Frühjahr nicht so nachteilig auswirken wie auf den schweren Lehm/Ton-Böden.
Auf den leichten D-Standorten (Ackerzahl $\leqq 33$) ist der Anteil der niedrigen Erträge (< 30 dt/ha) mit 41,5% am höchsten, gegenüber den besser bewerteten D-Standorten mehr als doppelt so hoch.
Auf den höher bewerteten D-Standorten (Ackerzahl > 33) ist die Verteilung der Ertragswerte nach der vorgenommenen Klasseneinteilung den Al-Standorten sehr ähnlich. In der Klasse mit niedrigsten Erträgen ist der prozentuale Anteil etwas höher und derjenige von 40 bis 49 dt/ha etwas niedriger gegenüber den entsprechenden Klassen der Al-Standorte.
Die Verteilung der Ertragswerte auf den Lö-Standorten (< 70) zeigt, daß im Vergleich zu den Al- und besseren D-Standorten die niedrigen Erträge nicht ganz so häufig auftreten und dafür hohe Erträge, besonders in der Klasse 50 bis 59 dt/ha, relativ in doppelter Anzahl ausgebildet werden.
Die guten Lößböden (Ackerzahl ≥ 70) erscheinen am besten geeignet, die für Winterweizen ungünstigen Witterungseinflüsse (auf Grund ihrer geringen Neigung zu Trockenschäden) abzuschwächen. Der relative Anteil der niedrigsten Erträge ist vergleichsweise am geringsten und derjenige mit höchsten Leistungen am stärksten vertreten. Die beiden Klassen, beginnend mit 30 und 50 dt/ha, sind nahezu gleichmäßig besetzt.

2.4. Überlegungen zur erforderlichen Besetzung der einzelnen Klassen

Wie schon erwähnt, ist (auch innerhalb kleinerer Klassen) fast immer mit Wechseleinwirkungen zwischen Prüfgliedern und Umweltbedingungen zu rechnen. Als Kriterium für die erforderliche Mindestbesetzung der wichtigsten Klassen sei daher der Variationskoeffizient der Wechseleinwirkung Prüfglieder × Umweltbedingungen vorgeschlagen. Entsprechend den von vielen Autoren angestellten Überlegungen zur Bestimmung des optimalen Stichprobenumfanges wird diejenige Anzahl von Versuchen für erforderlich erachtet, von der ab sich der Variationskoeffizient nicht mehr wesentlich verändert. Ergebnisse einer Kalkulation mit den Sorten 'Fanal', 'Qualitas', 'Basta' und 'Eros' aus den Jahren 1959 bis 1962 für die Standortgruppe Lö ≥ 70 zeigen das in der Abbildung dargestellte Ergebnis. Es wird deutlich, daß etwa 6–8 Versuche erforderlich sind, um den für die Wechselwirkung typischen Variationskoeffizienten zu bestimmen.

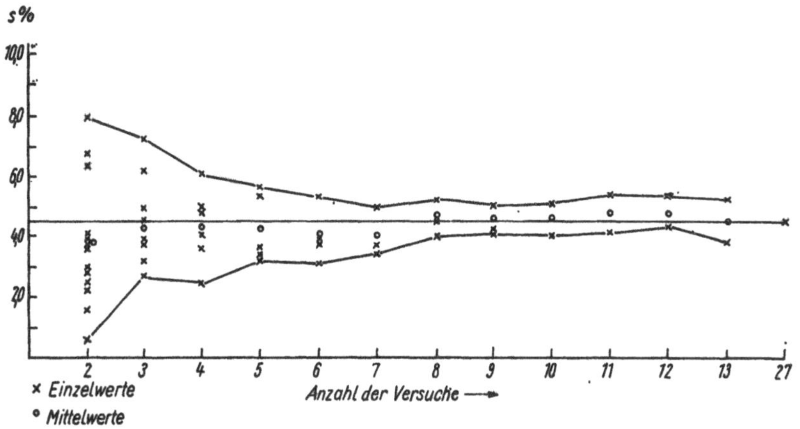

Variationskoeffizienten der Wechselwirkung Prüfglieder/Versuche in der Standortgruppe Lö $\geq$ 70 für Versuchsserien verschiedenen Umfanges (Sorten: 'Fanal', 'Qualitas', 'Basta', 'Eros'; Jahre 1959 bis 1960)

Diese Anzahl sollte daher auch für die wichtigsten Umweltklassen erreicht werden, um für sie einen „stabilen" Mittelwert für die „erweiterten" Auswertungen zu erhalten.

3. Beispiel für die mögliche Verkürzung der Prüfungsdauer

In Tabelle 2 ist der langjährige Prüfungsablauf für die 1970 zugelassene Sorte 'Delphin' dargestellt.
Es ist deutlich zu erkennen, daß erst in der Etappe der Vor- und Hauptprüfungen eine ausreichende Besetzung derjenigen „Umweltklassen" erreicht wird, die für die von uns ausgewählte Grundgesamtheit von Bedeutung ist. Dies bedeutet, daß – eine ausreichende Saatgutbereitstellung vorausgesetzt – 3–4 Prüfjahre insgesamt dann ausreichen, wenn eine für die Grundgesamtheit repräsentative Auswahl von Versuchen vorgenommen wird und nicht Jahre mit extrem einseitigem Witterungscharakter aufeinanderfolgen. Aufschlußreich und sicher mit die entscheidende Ursache für den langen Prüfungsweg ist die deutlich erkennbare Tatsache, daß in den Etappen der Selektionsprüfungen und Stammprüfungen die Umweltklassen innerhalb der Al- und D-Standorte, aber auch innerhalb der Lö < 70-Standorte (Ackerzahl < 70) zu gering besetzt sind.
Gelingt es, wie zur Zeit angestrebt, ausreichend Saatgut bereits für die Stammprüfungen bereitzustellen, so kann, sobald die wichtigsten Umweltklassen ausreichend besetzt sind, mit der Prüfung aufgehört werden, bzw. es muß solange geprüft werden, bis eine ausreichende Besetzung erreicht ist.
Die Klassifikation der Umweltbedingungen und die Festlegung der erforderlichen Mindestzahl von Versuchen in den wichtigsten Klassen bietet damit ein

Tabelle 2
Ablauf der Prüfungen für die 1970 zugelassene Sorte 'Delphin'
(Angabe der Anzahl der Versuche in den einzelnen Umweltklassen)

Standort-gruppe	Prüfungs-ort	Ertragsklassen dt/ha < 30	30–39	40–49	50–59	> 60
	SP		1			
D ⩽ 33	St, Pr			1	1	
	H. P	4	1	6		1
Summe		4	2	7	1	1
	SP					
D > 33	St, Pr	1	2	2		
	H. P	3	10	25	12	4
Summe		4	12	27	12	4
	SP					1
Lö < 70	St, Pr			1	1	2
	H. P	1	4	12	14	5
Summe		1	4	13	15	8
	SP	1	1	3	3	
Lö ⩾ 70	St, Pr			4	10	1
	H. P		3	6	10	7
Summe		1	4	13	23	8
	SP					
Al	St, Pr					
	H. P			1	5	3
Summe				1	5	3

SP = Selektionsprüfungen (1957–1961)
St, Pr = Stammprüfungen (1962–1965)
H. P = Haupt- und Kontrollprüfungen (1966–1969)

Kriterium für die Entscheidung, ob und wann ein für die angesprochene Grundgesamtheit erforderlicher Stichprobenumfang tatsächlich erreicht ist.
Das entscheidende Problem dabei ist die verantwortliche Festlegung der Klassifikation. Diese wird nach eingehender Diskussion sicher auch für den Weizen anders aussehen, als die von uns zur Erläuterung des methodischen Vorgehens hier vorgetragene.
Gleich welche Klassifikation gewählt wird, ist es wesentlich, daß die Anzahl der Klassen nicht zu groß gewählt wird, um für die „wichtigsten" Klassen eine ausreichende Besetzung sicherzustellen.

4. Verwenden der relativen Häufigkeiten der Umweltklassifikation als Wägungsfaktoren für die Auswertung von Versuchsserien

Die Klassifikation der Umweltbedingungen bietet nun weiterhin die Möglichkeit, bei der Auswertung der Versuchsserien unter der Hypothese „zufällig" für die Umweltbedingungen, die erwartete Häufigkeit des Eintretens einer bestimmten Umweltklassifikation innerhalb der Grundgesamtheit, für die Entscheidungen getroffen werden sollen, als Wägungsfaktoren zu verwenden. Diese Wägungsfaktoren berechnen sich aus dem Produkt der relativen Häufigkeit der Ertragsklassen innerhalb der Standortgruppen und deren Ackerflächen des Winterweizens in den Standortgruppen bezogen auf die Winterweizenanbaufläche der angesprochenen Grundgesamtheit (Tab. 3).

Tabelle 3

Relative Häufigkeiten, Ackerflächenanteil und Wägungsfaktoren für die Umweltklassifikation

Standort-gruppe	Ertragsklassen dt/ha < 30	30–39	40–49	50–59	> 60	Wi.-Weizen-Anbaufläche in % der Ges.-Wi.-Weizen-Anbaufläche
D $\leqslant$ 33	41,5 (0,026)	34,0 (0,02)	24,5 (0,015)			6,2
D > 33	17,6 (0,061)	35,2 (0,121)	32,1 (0,111)	15,2 (0,043)	2,6 (0,009)	34,5
Lö < 70	9,1 (0,017)	32,3 (0,061)	29,9 (0,057)	24,8 (0,047)	3,9 (0,007)	18,9
Lö $\geqslant$ 70	6,8 (0,022)	24,9 (0,079)	35,4 (0,113)	26,4 (0,084)	6,5 (0,021)	31,8
Al	13,2 (0,011)	36,8 (0,032)	35,8 (0,031)	12,3 (0,011)	1,9 (0,002)	8,6

Sie werden so ausgewiesen, daß ihre Summe gleich 1 ist. So ist z. B. für die Klasse D $\leqq$ 33, Ertrag < 30, der Wägungsfaktor

$$\frac{41{,}5 \times 6{,}2}{10000} = 0{,}026.$$

Die Wägungsfaktoren könnten nun bei der errechneten Auswertung von Versuchsserien in folgender Weise Verwendung finden:

- Zunächst sind je Klasse die Prüfgliedmittelwerte zu bestimmen.
- Multiplizieren dieser Prüfgliedmittelwerte mit den Wägungsfaktoren.

Dieses Vorgehen entspricht der Anwendung des Bayesschen Kriteriums, d. h., es werden die Wahrscheinlichkeiten (gleich den Wägungsfaktoren) für das Eintreten bestimmter Umweltkombinationen dazu benutzt, die Ergebnisse, die in den einzelnen Klassen erzielt wurden, entsprechend ihrer Bedeutung für die Grundgesamtheit zu wägen. Damit werden dann für die Versuchsserie Prüfgliedmittelwerte bestimmt, die in ihrer Relation untereinander besser der in der Grundgesamtheit zu erwartenden Relation angepaßt sind. Es wird damit vor allem vermieden, daß Versuchsergebnisse, die unter Bedingungen entstanden sind, denen eine geringe Bedeutung zukommt, die Ergebnisse der Versuchsserie einseitig beeinflussen. Dies trifft z. B. vorrangig für die Versuche mit extrem niedrigen und extrem hohen Erträgen zu, die vorwiegend durch extrem schlechte bzw. extrem günstige Witterungsverhältnisse zustande gekommen sind.

Schlußfolgerungen

1. Eine Verkürzung der Prüfungsdauer scheint als Ergebnis unserer Überlegungen prinzipiell zu verantworten zu sein, wenn folgende Voraussetzungen erfüllt sind:

- Bereitstellung von ausreichendem Saatgut, um von der Stammprüfung ab an einer größeren Anzahl von Orten prüfen zu können. Diese Orte sind auf die wichtigsten Standortgruppen zu verteilen, um in möglichst kurzer Zeit die wichtigsten Umweltbedingungen durch Versuche erfassen zu können.
- Die Besetzung der einzelnen Klassen einer Umweltklassifikation kann als Kriterium für das Erreichen einer ausreichenden Repräsentativität der Stichprobe Versuche angesehen werden.
- Einbeziehen aller Versuche in eine Auswertung. Diese wird über die Klassifikation der Umweltbedingungen möglich. Diese Auswertungen sollten unter Bewertung der Bedeutung der jeweiligen Prüfbedingungen erfolgen.

2. Zur Konkretisierung des angesprochenen Lösungsweges sollten folgende Probleme näher untersucht werden:

- In Zusammenarbeit von Experten verschiedener Disziplinen ist je Getreideart eine Klassifikation der Umweltbedingungen zu entwickeln, die in Anpassung an die Ertrags- und Sortenentwicklung periodisch zu überarbeiten wäre.
- Es ist näher zu untersuchen, wie viele Versuche benötigt werden, um innerhalb der Klassen trotz der Wechselwirkungen zu stabilen Mittelwerten zu kommen, und wie weit es erforderlich und möglich ist, die schwach besetzten Randklassen in die Auswertung mit einzubeziehen.

Zusammenfassung

Entscheidungen über die Leistungen von Sorten und Zuchtstämmen für bestimmte Anbaugebiete sind insofern erschwert, als es bisher nicht gelingt, die verschiedenen, z. T. sehr variablen Umweltbedingungen in ihrem Einfluß auf die Sortenreaktion ausreichend exakt zu erfassen. Es wird angeregt, über die Klassifikation der Umweltbedingungen Kriterien zu erhalten, von denen sich ableiten läßt, ab wann eine Grundgesamtheit (Gebiet und dessen Klima) repräsentativ erfaßt ist. Das Ziel ist, eine zu verantwortende Verkürzung der Prüfungsdauer zu ermöglichen. Die Klassifikation der Umweltbedingungen erfolgt nach (1) „Boden" und (2) „Einfluß der übrigen Umweltbedingungen = primär Witterung". Dabei ist das Produkt der relativen Häufigkeiten der Ertragshöhe aus (1), (2) und der jeweiligen Anbaufläche auch als Wägungsfaktor für die Auswertung der Versuchsserien zu verwenden.

Резюме

Принятие решений о продуктивности сортов и селекционных штаммов для определенных зон возделывания осложняется тем, что до сих пор не удается достаточно четко учесть влияние, отчасти очень разнообразных условий окружающей среды, на реакцию сортов. Предлагается собрать критерии для классификации условий окружающей среды, на основе которых можно сделать вывод о том, с какой величины совокупность (территория и ее климат) можно считать репрезентативно учтенной. Целью является получение допустимого сокращения срока испытания. Классификация условий окружающей среды проводится по «почве» (1) и по «влиянию остальных условий окружающей среды = основные погодные условия» (2). При этом произведение относительной частоты урожайности по (1), (2) и соответствующей площади посева может использоваться также как фактор взвешивания для оценки серий опытов.

Summary

Decisions on the performance of varieties and breeding strains for cultivation in certain areas are difficult to make since it is not yet possible to record with sufficient accuracy the influence of the various, partly highly variable environmental conditions on the reaction of the varieties. It is suggested to reach, by means of classification of the environmental conditions, criteria from which it is possible to derive from what point on a universe (area and its climate) is considered to be representatively recorded. It is the aim to reach a justified shortening of the test period. The environmental conditions are classified by (1) "soil" and (2) "influence of the other environmental conditions = primarily weather conditions". The product of the relative frequencies of the yield level from (1), (2), and the respective grown area is also used as a factor for interpretation of test series.

Anschrift der Verfasser:

Dr. habil. Gerd Bätz, Dipl.-Landw. Erwin Bahn,
Forschungszentrum für Bodenfruchtbarkeit Müncheberg
– Zweigstelle Bad Lauchstädt –
der Akademie der Landwirtschaftswissenschaften
der Deutschen Demokratischen Republik
4204 Bad Lauchstädt, Hallesche Straße 44–46

Saatzuchtleiter Dr. Albrecht Meinel
Saatzuchtstation des VEG Saatzucht Böhnshausen-Langenstein
3721 Böhnshausen-Langenstein über Blankenburg (Harz)

Tag.-Ber. Akad. Landwirtsch.-Wiss. DDR · Nr. 119 · 1972 · S. 105–112

Forschungszentrum für Bodenfruchtbarkeit Müncheberg
–Zweigstelle Bad Lauchstädt–
der Akademie der Landwirtschaftswissenschaften
der Deutschen Demokratischen Republik

MARTIN KÖRSCHENS

Die Ermittlung des Stichprobenumfanges für teilstückweise zu bestimmende Prüfmerkmale in der Getreidezüchtung

1. Einleitung

In der Getreidezüchtung spielt die Festlegung des Stichprobenumfanges für eine Reihe von Prüfmerkmalen, speziell im Hinblick auf die ausreichend genaue Bestimmung der Ertragskomponenten, eine wesentliche Rolle. Dabei bestimmt die geforderte Genauigkeit den notwendigen Umfang der Stichprobe, d. h. die Anzahl der Stichprobeneinheiten je Teilstück und die erforderliche Anzahl von Wiederholungen. Es kann davon ausgegangen werden, daß die auf Grund bekannter Untersuchungen für die Ertragsermittlung festgelegte Teilstückgröße und Wiederholungszahl für die ausreichend genaue Bestimmung der übrigen, für die Getreidezüchtung relevanten Prüfmerkmale ausreichend ist.

Es gilt im folgenden zwei Fragen zu beantworten:

– Wie hoch muß der Stichprobenumfang je Teilstück für einen vorgegebenen Konfidenzbereich sein?
– Welche Voraussetzungen sind erforderlich für eine varianzanalytische Auswertung dieser Prüfmerkmale mit einer festgelegten Präzision?

2. Mathematisch-statistische Grundlagen

2.1. Bestimmung des Stichprobenumfanges für einen vorgegebenen Konfidenzbereich

Bei Parzellenversuchen wird die Präzision der Schätzung von Mittelwerten für Prüfglieder von der Anzahl der Wiederholungen (n) und der Größe der als Stichprobeneinheit (e) verwendeten Teilstücke sowie ihrer Anordnung auf der Versuchsfläche bestimmt. Je größer die Stichprobeneinheit (e) ist, desto mehr wird die Variabilität der einzelnen Individuen (Körner, Pflanzen, Pflanzenbestände in der Meßstrecke) technisch bei der Beobachtung ausgeschaltet.

Die Größe der Stichprobe ist gleich dem Produkt aus der Anzahl (n) und der Größe (e) der Stichprobeneinheiten, und beide beeinflussen sowohl die Präzision der Mittelwertschätzung als auch die Kosten der Beobachtungen.

Zur Charakterisierung der Variabilität eines Merkmales sowie zur Durchführung aller weiteren Berechnungen wird im folgenden der Variationskoeffizient ($s\,\%$) verwendet.

$$(1) \qquad s\,\% = \frac{s \cdot 100}{\bar{x}}$$

Die Größe des Konfidenzbereiches für den Mittelwert der Grundgesamtheit wird entweder gemessen durch seine halbe Breite

$$(2) \qquad \mathrm{VG} = \frac{t \cdot s}{\sqrt{n}}$$

oder durch die Angabe von VG in Prozent des Stichprobenmittelwertes $\bar{x}$

$$(3) \qquad \mathrm{VG}\,\% = \frac{t \cdot s\,\%}{\sqrt{n}}$$

(t ist der zugehörige t-Wert für die Irrtumswahrscheinlichkeit α und n-1 Freiheitsgrade).

Da es sich im Feldversuchswesen praktisch stets um unendliche Grundgesamtheiten handelt, kann der Korrekturfaktor für endliche Grundgesamtheiten vernachlässigt werden. Mit Hilfe der Formel (2) oder (3) kann durch Auflösung nach n der zur Erzielung eines Konfidenzbereiches mit vorgegebener Breite erforderliche Stichprobenumfang ermittelt werden:

$$(4) \qquad n = \left(\frac{t \cdot s}{\mathrm{VG}}\right)^2 = \left(\frac{t \cdot s\,\%}{\mathrm{VG}\,\%}\right)^2$$

Zur einfachen und schnellen Bestimmung des für einen geforderten Konfidenzbereich notwendigen Stichprobenumfanges (n) ist die Verwendung einer Tabelle oder eines Nomogramms (Abb.) zu empfehlen (Körschens, 1968).

Beispiel:

Für das Merkmal „Zahl der ährentragenden Halme“ bei Sommerweizen wurde auf Lößboden 1969 ein Variationskoeffizient von $s\,\% = 26$ ermittelt. Die Meßstrecken hatten das übliche Maß von 1 lfd. Meter. Für einen Konfidenzbereich von 5% (Irrtumswahrscheinlichkeit $\alpha = 5\%$) läßt sich aus dem Nomogramm ein Stichprobenumfang (erforderliche Anzahl von Einzelwerten) von $n = 108$ ablesen. Das Merkmal „Korngewicht je Ähre“ erfordert unter gleichen Bedingungen bei einem $s\%$ von 12 nur einen Stichprobenumfang von $n = 23$. Aus dem ersten Beispiel ist zu ersehen, daß einige Prüfmerkmale als solche bzw. die angewendeten Untersuchungsmethoden ungeeignet sind als Beurteilungsmaßstab und der Aufwand für die Bestimmung eines zuverlässigen Mittelwertes so groß ist, daß sie praktisch undurchführbar oder zumindest unökonomisch wird. Die Benutzung des Nomogramms zum Aufsuchen des Konfidenzbereiches setzt die Kenntnis des „gültigen“ Variationskoeffizienten voraus. Das „gültige“ $s\%$ wird erreicht, wenn die Berechnung sukzessiv so lange fort-

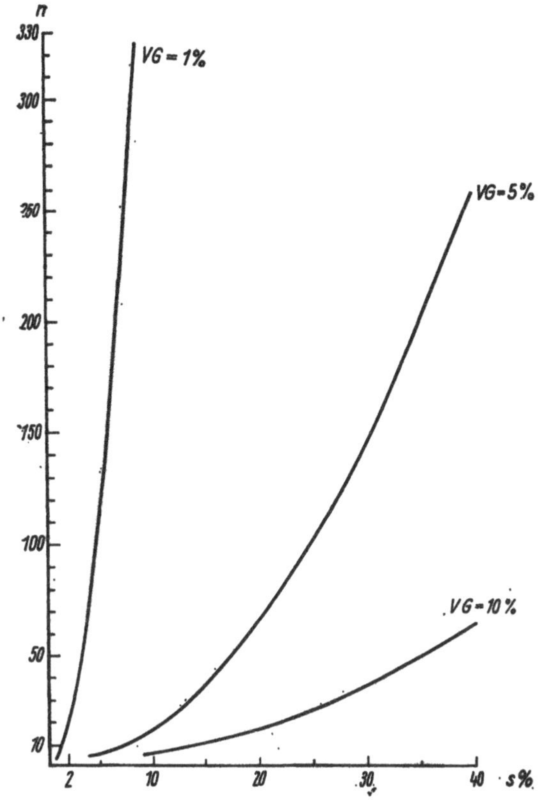

Die Abhängigkeit der Anzahl der Stichprobenelemente (n) für einen gegebenen Variationskoeffizienten ($s\%$) und festgelegte Vertrauensgrenze (VG)

gesetzt wird, bis sich keine nennenswerten Änderungen mehr ergeben und damit die Variabilität der Einzelwerte nahezu ausgeschaltet ist.

2.2. Bestimmung des Einflusses des Stichprobenumfanges je Teilstück und einer variierten Wiederholungszahl auf die Grenzdifferenz

Hierzu werden nach dem von Bätz, Franzke und Körschens (1969) angewendeten Verfahren Einzelwerte je Teilstück zusammengefaßt und damit Gruppen unterschiedlich großer Stichprobeneinheiten gebildet. Für diese wird jeweils der Variationskoeffizient berechnet, der mit Vergrößerung der Stichprobeneinheiten abnimmt. Diese Abnahme wird mit zunehmender Größe der Stichprobeneinheiten (d. h. mit zunehmendem Stichprobenumfang je Teilstück = Anzahl der Einzelwerte, die in den Mittelwert je Teilstück eingehen) geringer und ist daher nur bis zu einer gewissen Größe effektiv. Mit diesen Variationskoeffizienten (entsprechend des unter 2.1. beschriebenen „gültigen" $s\%$) werden dann die relativen Grenzdifferenzen für $r = 2, 4, 6$ und 8 Wiederholungen (Irrtumswahrscheinlichkeit $\alpha = 5\%$) berechnet. Damit werden jedoch nur Anhaltspunkte für die erzielbare Präzision gewonnen. In den exakten Versuchen treten zum Teil abweichende Werte auf, bedingt durch die Wechselwirkungen zwischen Prüfgliedern und Blocks.

Im folgenden werden die Ergebnisse dieser Berechnung den varianzanalytischen Auswertungen der praktisch realisierbaren Kombinationsmöglichkeiten zwischen Wiederholungszahl und Stichprobenumfang je Teilstück am Beispiel der Merkmale „Anzahl der ährentragenden Halme“ und „Korngewicht je Ähre“ gegenübergestellt. In die varianzanalytische Berechnung wird in jedem Falle nur ein Wert je Teilstück einbezogen. Dieser Wert ist der Mittelwert aus den je Teilstück festgestellten Einzelwerten.

Die Durchführung der Varianzanalyse mit allen gemessenen Einzelwerten erscheint nicht berechtigt, da die erforderlichen Voraussetzungen (Normalverteilung, Varianzhomogenität, Additivität der Effekte) nicht gegeben sind.

Tabelle 1 enthält für die zwei untersuchten Merkmale die Variationskoeffizienten für unterschiedlich große Stichprobeneinheiten und die auf dieser Grundlage berechneten relativen Grenzdifferenzen für 2, 4, 6 und 8 Wiederholungen.

Tabelle 1

Variationskoeffizient ($s\%$) für unterschiedlich große Stichprobeneinheiten und die daraus berechneten relativen Grenzdifferenzen für 2–8 Wiederholungen (Fruchtart Sommerweizen)

e*	$s\%$	GD($\alpha = 5\%$) für $r =$ 2	4	6	8
Prüfmerkmal: Anzahl der ährentragenden Halme je lfd. Meter					
1	26	52	37	30	26
2	17	34	24	20	17
3	11	22	16	13	11
4	9	18	13	10	9
5	8	16	11	9	8
Prüfmerkmal: Korngewicht je Ähre					
1	12	24	17	14	12
2	9	18	13	10	9
3	7	14	10	8	7
4	6	12	8	7	6
5	6	12	8	7	6

* e = Größe der Stichprobeneinheit = Anzahl der Einzelwerte
(Die Berechnung von GD % wurde mit $t = 2$ durchgeführt.)

Bei dem Merkmal „Anzahl der ährentragenden Halme“ wird bei einem relativ hohen $s\%$ von 26 durch eine Vergrößerung der Stichprobeneinheiten der Variationskoeffizient wesentlich verringert. Die größte Differenz ist, ebenso wie bei allen anderen untersuchten Merkmalen, bei der ersten Verdoppelung der Größe der Stichprobeneinheiten zu verzeichnen. Mit einer weiteren Vergrößerung nimmt die Effektivität ab. Bis zu $e = 5$ kann das $s\%$ auf 31 v. H. des Aus-

gangswertes verringert werden. Im gleichen Verhältnis nimmt die Grenzdifferenz innerhalb der einzelnen Wiederholungszahlen ab. Für eine relative GD von 10 ist innerhalb des untersuchten Bereiches mindestens ein e von 4 bei $r = 6$ notwendig. Eine Vergrößerung der Stichprobeneinheiten zeigt bei diesem Merkmal eine höhere Effektivität als die Zunahme von Wiederholungen.
Das Merkmal „Korngewicht je Ähre" hat einen vergleichsweise kleinen Variationskoeffizienten. Eine Verringerung ist nur bis zu $e = 4$ möglich und beträgt auch nur 50 v. H. Darüber hinaus kann eine Erhöhung der Präzision nur über die Anzahl der Wiederholungen erfolgen. Eine relative GD von 10 wird sowohl mit $e = 2$ bei $r = 6$ als auch mit $e = 3$ bei $r = 4$ erreicht. In beiden Fällen sind 12 Einzelwerte erforderlich. Bis zu $e = 4$ entspricht die Effektivität der Zunahme von e der Effektivität der Zunahme von r.
In Tabelle 2 sind für beide Merkmale die Ergebnisse der varianzanalytischen Auswertung von Versuchen dargestellt, die den in Tabelle 1 vorliegenden Kombinationsmöglichkeiten zwischen r und e entsprechen. Die Werte für $s\%$ entsprechen in der Größenordnung den in Tabelle 1 aufgeführten $s\%$, wobei

Tabelle 2

Der Einfluß der Wiederholungszahl und der Anzahl der Stichprobenelemente je Teilstück auf die Grenzdifferenz – Ergebnis von Varianzanalysen mit je 4 Prüfgliedern
Fruchtart: Sommerweizen

		Prüfmerkmal: Anzahl der ährentragenden Halme je lfd. Meter			Korngewicht je Ähre	
r	e	r. v. e.	$s\%_F$	GD($\alpha = 5\%$ rel.)	$s\%_F$	GD($\alpha = 5\%$ rel.)
2	1	8	19,2	60,9	10,0	31,7
	2	16	17,5	55,6	6,7	21,3
	3	24	13,2	41,9	4,8	15,2
	4	32	11,4	36,4	1,7	(5,4)
	5	40	8,7	27,8	2,3	(7,3)
4	1	16	23,1	36,8	13,7	22,0
	2	32	15,9	25,4	9,8	15,6
	3	48	10,2	16,3	10,9	17,5
	4	64	9,3	14,9	10,2	16,4
	5	80	9,2	14,8	10,0	16,0
6	1	24	23,8	29,2	12,5	15,4
	2	48	16,9	20,8	8,5	10,4
	3	72	11,0	13,6	9,5	11,7
	4	96	8,8	10,8	8,7	10,7
	5	120	9,3	11,5	8,4	10,4
8	1	32	24,0	24,9	12,3	12,8
	2	64	20,6	21,4	11,1	11,5
	3	96	12,1	12,6	10,3	10,7
	4	128	9,9	10,3	11,8	12,3
	5	160	9,9	10,3	8,6	9,0

r = Anzahl der Wiederholungen
e = Anzahl der Stichprobenelemente je Teilstück
v = Anzahl der Prüfglieder

einzelne Abweichungen aus den eingangs erwähnten Gründen auftreten. Ebenso erklären sich die geringen Werte für $s\%$ bei dem Merkmal „Korngewicht je Ähre“ im Bereich von $r = 2$ aus der kleinen Anzahl von Einzelwerten, die in die Berechnung eingehen, im günstigen Falle dicht beieinander liegen und somit zu einem kleinen Variationskoeffizienten führen. Treten extrem abweichende Beobachtungswerte auf, so wird das $s\%$ und dadurch die Präzision des Gesamtversuches ungünstig beeinflußt. Dabei kann ein einzelner, fehlerhafter Wert bereits einen sehr großen Einfluß haben. Es erscheint deshalb berechtigt, bei der Auswertung bzw. schon bei der Ermittlung Einzelwerte, die auf Grund sachlicher Beurteilung eindeutig als außerhalb der Grundgesamtheit liegend erkannt werden, auszuschalten. – Die in den praktischen Versuchen ermittelten Grenzdifferenzen (Tab. 2) sind, besonders bei geringer Wiederholungszahl, größer als die theoretisch berechneten Werte (Tab. 1). Die Ursache hierfür liegt in der Hauptsache darin, daß die Berechnungen, ohne Berücksichtigung der Anzahl der Freiheitsgrade, mit $t = 2$ durchgeführt wurden.
Für das Merkmal „Anzahl der Halme“ sind für eine relative GD von etwa 10% mindestens 6 Wiederholungen bei $e = 4$ erforderlich, für die gleiche Präzision sind bei dem Merkmal „Korngewicht je Ähre“ 6 Wiederholungen bei $e = 2$ notwendig. Hier ist eine gute Übereinstimmung zwischen den theoretisch berechneten und den am praktischen Beispiel ermittelten Werten zu verzeichnen.

3. Diskussion der Ergebnisse

Am Beispiel der zwei untersuchten Prüfmerkmale wurde eine Methode zur Ermittlung des Stichprobenumfanges für teilstückweise zu bestimmende Prüfmerkmale dargestellt. Die Unterschiede in der Variabilität und damit in der erreichbaren Präzision zwischen beiden Merkmalen machen deutlich, daß für jedes Merkmal ein anderer Stichprobenumfang je Teilstück erforderlich ist. Die Bestimmung des für eine geforderte Präzision notwendigen Stichprobenumfanges setzt die Kenntnis des gültigen Variationskoeffizienten voraus. Dabei ist jedoch zu berücksichtigen, daß dieser in Abhängigkeit von Standort, Fruchtart, Boden, Witterung und anderen Einflüssen sehr unterschiedlich sein kann. Entsprechende Untersuchungen treffen daher nur für den konkreten Fall zu und können allgemein nur als Anhaltspunkt dienen. So wurden z. B. von BÄTZ (1968) im Durchschnitt mehrerer Jahre und Getreidearten aus praktischen Versuchen folgende $s\%$ ermittelt:

Prüfmerkmal Wuchshöhe 2,5–4
Prüfmerkmal Bonitur des Aufganges 5,4–7
Prüfmerkmal Bonitur der Standfestigkeit 10–17

Für die Mehrzahl der benötigten Prüfmerkmale liegen jedoch nur wenige Untersuchungen vor. Der Stichprobenumfang für diese Merkmale wurde rein empirisch festgelegt ohne Berücksichtigung der erforderlichen oder erreichbaren Präzision. Weitere Untersuchungen werden auf notwendige Korrekturen der bisherigen Praxis hinweisen und zeigen, daß einige Prüfmerkmale, insbesondere Bonituren, auf Grund ihrer hohen Variabilität für Selektionsentscheidungen ungeeignet sind. Hierfür sind andere Merkmale bzw. Methoden ihrer Bestimmung heranzuziehen. Die dargelegten methodischen Untersuchungen sollen der Anfang für die unbedingt notwendigen Arbeiten zur Festlegung des Stichprobenumfanges für teilstückweise zu bestimmende Prüfmerkmale sein. Sie erfordern jedoch einen sehr hohen Aufwand und sind nur mit Hilfe der EDV durchzuführen. Die Lösung dieser Probleme wird mit eine Aufgabe der Datenspeicher-Versuchsergebnisse Pflanzenproduktion sein.

Zusammenfassung

Am Beispiel der Prüfmerkmale „Anzahl der ährentragenden Halme“ und „Korngewicht je Ähre“ werden methodische Hinweise zur Bestimmung des Stichprobenumfanges gegeben. Dabei handelt es sich

1. um die Bestimmung des Stichprobenumfanges für einen vorgegebenen Konfidenzbereich mit Hilfe eines Nomogramms und
2. um die Bestimmung des Einflusses von Stichproben unterschiedlicher Größe je Teilstück und variierter Wiederholungszahl auf die Grenzdifferenz.

Für die GD von 10% (bei einer Irrtumswahrscheinlichkeit von $\alpha = 5\%$) ergibt sich z. B. für das Merkmal „Anzahl der ährentragenden Halme“ ein Umfang von mindestens 4 Bestimmungen je Teilstück und 6 Wiederholungen, für das Merkmal „Korngewicht je Ähre“ ein Umfang von 2 Bestimmungen je Teilstück und ebenfalls 6 Wiederholungen. Bei der Bestimmung des Stichprobenumfanges ist zu berücksichtigen, daß der Variationskoeffizient eines Prüfmerkmals in Abhängigkeit von Standort, Witterung u. a. Einflüssen sehr unterschiedlich sein kann. Auf die Notwendigkeit weiterer Untersuchungen an zahlreichen Merkmalen und Standorten wird hingewiesen.

Резюме

На примере проверяемых признаков «число стеблей с колосьями» и «вес зерна на один колос» даются методические указания об определении объема выборки. При этом речь идет, во-первых, об определении объема выборки для заданной доверительной области с помощью номограммы и,
во-вторых, об определении влияния выборок различного объема с каждой делянки и различного числа повторностей на наименьшую существенную разницу.

Для наименьшей существенной разницы в 10% (при уровне значимости равном 5%) по признаку «число стеблей с колосом» получается, например, объем в не менее 4 определений на одну делянку и 6 повторностей; по признаку «вес зерна одного колоса» объем должен составлять 2 определения на одну делянку с 6 повторностями. При определении объема выборки необходимо учесть, что коэффициент вариации одного проверяемого признака в зависимости от места произрастания, погоды и др. воздействий может быть очень различным. Указывается на необходимость проведения дальнейших исследований на примере многих признаков и мест произрастаний.

Summary

The traits "number of ear-bearing haulms" and "grain weight per ear" are used to give methodological hints for the determination of the sample size. These include

1. the determination of the sample size for a given confidence region by means of a nomogram, and
2. the determination of the effect of samples of different sizes per plot and varied numbers of replications on the least significant difference.

For the least significant difference of 10 (at a significance level of $\alpha = 5\%$) the trait "number of ear-bearing haulms" for example requires at least four determinations per plot and six replications, while the trait "grain weight per ear" requires two determinations per plot and six replications. When determining the sample size, it has to be borne in mind that the coefficient of variation of a trait may vary greatly in dependence on site, weather conditions and other factors. The necessity of further studies with numerous traits and sites is indicated.

Literatur

Bätz, G.: Untersuchungen zur Erhöhung der Aussagekraft von Feldversuchen. Jena, Univ., Habil.-Schr. 1968

Bätz, G.; Franzke, W.; Körschens, M.: Die Bestimmung des Stichprobenumfanges für Inhaltsstoffermittlungen bei Futtermais in Feldversuchen. Thaer-Arch. 14 (1970), S. 159–167

Körschens, M.: Untersuchungen über die Eignung verschiedener Prüfmerkmale für Großversuche und Erhebungen sowie zur Bestimmung des erforderlichen Stichprobenumfanges. Teilber. zum Forschungsthema, 1968, Institut für Saatgut und Ackerbau Halle-Lauchstädt der DAL

Anschrift des Verfassers:

Dr. Martin Körschens
Forschungszentrum für Bodenfruchtbarkeit Müncheberg
– Zweigstelle Bad Lauchstädt –
der Akademie der Landwirtschaftswissenschaften
der Deutschen Demokratischen Republik
4204 Bad Lauchstädt, Hallesche Str. 44–46

Tag.-Ber. Akad. Landwirtsch.-Wiss. DDR · Nr. 119 · 1972 · S. 113–119

Forschungszentrum für Tierproduktion Dummerstorf-Rostock
– Oskar-Kellner-Institut für Tierernährung –
der Akademie der Landwirtschaftswissenschaften
der Deutschen Demokratischen Republik

HANS-DIETRICH BOCK, JOACHIM WÜNSCHE, FRED KREIENBRING
und UWE HERRMANN

Einige Aspekte zur züchterischen Verbesserung der Proteinzusammensetzung von Futtergetreide aus der Sicht der Eiweißforschung

Für etwa 80% der Erdbevölkerung stellen die Cerealien nicht nur die Hauptlieferanten für die Nahrungsenergie, sondern auch für das Nahrungseiweiß dar.

Aus Cerealien wurden in der Zeitspanne von 1960 bis 1964 jährlich mehr als 100 Millionen t Protein geliefert, wovon der größte Teil der menschlichen Ernährung zugute kam. 20 Mill. t Protein stammten aus Leguminosen und Ölsaaten und weitere 20 Mill. t/a Protein wurden in Form tierischer Produkte erzeugt (ALTSCHUL, 1965). HOWE et al. (1965) haben darauf hingewiesen, daß, sofern ausreichende Mengen an Cerealien zur Deckung des kalorischen Bedarfs der Erdbevölkerung verbraucht werden, die gleichzeitig damit aufgenommene Proteinmenge adäquat wäre, wenn die Qualität dieses Proteins dem tierischer Herkunft angenähert werden würde.

Diese Zusammenhänge und daraus für unsere Republik nutzbare Konsequenzen wurden von uns auf der vorjährigen Tagung der Getreidezüchter in Magdeburg zur Diskussion gestellt (VÖLKER, 1970; BOCK, 1970).

Der ernährungsphysiologische Wert der Proteine der Getreidearten hängt – wie bei allen anderen Nahrungs- und Futtermitteln – in erster Linie von ihrem resorbierbaren Anteil an den essentiellen Aminosäuren (AS) ab. Dieser kann besonders bei Cerealien infolge von Veränderungen der Proteinzusammensetzung und in Abhängigkeit vom Proteingehalt stärker variieren. Von besonderer Bedeutung sind dabei die Proportionen zwischen den Proteinfraktionen der Getreidearten, den Albuminen, Globulinen, Prolaminen und Glutelinen.

In den Samen, darunter auch in den Getreidekörnern, wird ein Teil ihrer Proteinverbindungen als Reserveprotein (Prolamin, Glutelin) deponiert. Da dieses Reserveprotein dem Embryo bei der Keimung lediglich als N-Quelle dient, spielt seine AS-Zusammensetzung für die Pflanzen keine wesentliche Rolle. Die Samen der meisten Getreidearten enthalten größere Anteile an Prolaminen und Glutelinen. Bei Weizen, Roggen, Gerste, Mais und den Hirsearten besteht annähernd die Hälfte des in den Samen synthetisierten Proteins aus der Prolamin-Fraktion, die bekanntlich einen geringen Gehalt an Lysin, bei einigen Arten auch an Tryptophan (Mais) oder Threonin, dagegen hohe Anteile an Prolin und Glutaminsäure aufweist (s. Tab. 1).

Tabelle 1

Durchschnittlicher Gehalt der verschiedenen Getreidearten an der Prolaminfraktion in Prozent vom Gesamt-N (nach Mossé, 1968)

Getreideart		Prolamin
Kolbenhirse	(*Sorghum vulgare*)	60
Rispenhirse	(*Panicum miliaceum*)	60
Mais	(*Zea mays*)	50
Weizen	(*Triticum vulgare*)	45
Roggen	(*Secale cereale*)	40
Gerste	(*Hordeum vulgare*)	40
Hafer	(*Avena sativa*)	12
Reis	(*Oryza sativa*)	8

Dagegen ist z. B. das Haferprotein mit seinem nur geringen Prolaminanteil durch eine hohe Qualität gekennzeichnet.

Da nach den neuen Erkenntnissen der Molekularbiologie die AS-Sequenz jedes Proteins, d. h. auch jeder Proteinfraktion, genetisch determiniert wird, ist es bei Proteinen mit Stoffwechselfunktionen, wie z. B. Albuminen und Globulinen, komplizierter und langwieriger, genetische Veränderungen ihrer AS-Zusammensetzung zu erzielen, weil dem der konservative Charakter ihrer Funktionen entgegensteht.

Bei Reserveprotein sind die Chancen für Veränderungen der AS-Sequenz größer und in kürzerer Frist erreichbar.

Aus diesem Sachverhalt lassen sich die bei Mais erzielten bedeutenden züchterischen Erfolge erklären. Bekanntlich soll die biochemische Wirkung der Mutante Opaque-2 auf einer teilweisen Blockierung der Fähigkeit des Mais-Endosperms beruhen, die alkohollösliche Prolaminfraktion Zein zu synthetisieren.

Die mutagene Wirkung von Floury-2 soll komplexer sein als die von Opaque-2. Es wird angenommen, daß Floury-2 außer einer Reduktion der Zeinsynthese eine zusätzliche Lysinanreicherung des Endosperms bewerkstelligt (Nelson, 1969).

Diese Befunde führen zu Hypothesen, nach denen auch die Proteine anderer Getreidearten, die höhere Anteile an der Prolaminfraktion aufweisen, durch Entdeckung homologer Mutationen in ihrer AS-Zusammensetzung verbessert werden können, z. B. auch durch Veränderungen im Prolamin : Glutelin-Verhältnis (Nelson, 1969). Gewisse Anzeichen dafür scheinen sich aus den Berichten über lysinreiche Sorghum- und Gersten-Varietäten (Virupaksha u. Sastry, 1968; Hagberg u. Karlsson, 1968) anzudeuten.

Welche Bedeutung eine Erhöhung des Gehalts an den limitierenden AS, z. B. im Getreideprotein auf die Verbesserung des nutritiven Wertes von Proteinen hat, zeigen die Ergebnisse neuerer Untersuchungen zur Ermittlung der AS-Resorbierbarkeit von Nahrungs- und Futtermittelproteinen (Eggum, 1970; Herrmann, 1970).

Tabelle 2

Ergebnisse von Untersuchungen an Schweinen und Ratten über die Resorbierbarkeit (wahre Verdaulichkeit) der wichtigsten Aminosäuren der Proteine verschiedener Gersten, Angaben in %
(EGGUM, 1970 (E); HERRMANN, 1970 (H))

	Schwein		Ratte	
	E	H	E	H
Rohproteingehalt in % der Trockensubstanz	10,1	11,1	11,1	11,1
Resorbierbarkeit				
Protein	82,4	82,5	80,6	81,4
Lysin	72,3	58,0	74,7	73,8
Methionin	77,5	72,0	79,2	84,7
Zystin●	89,3	86,5	89,9	96,7
Threonin	77,8	74,3	78,8	80,4

Als Beispiel sollen hier Auszüge von an Gersten erhobenen Befunden über die AS-Resorbierbarkeit wiedergegeben werden (Tab. 2).

Bei den Tierarten Schwein und Ratte wird die limitierende AS des Gerstenproteins, das Lysin, von allen AS am schlechtesten resorbiert. EGGUM (1970) kommt auf Grund seiner Untersuchungsergebnisse außerdem zu dem Schluß, daß die wahre Verdaulichkeit der AS, d. h. die AS-Resorbierbarkeit, wie wir sie bezeichnen, mit steigendem Proteingehalt der Gerste ansteigt. Damit wird die Erhöhung des Proteingehaltes der Getreidearten in ihrer großen ernährungswissenschaftlichen Bedeutung erneut herausgestellt.

Welch günstigen Einfluß ein höherer Lysingehalt im Getreideprotein auf die Protein- und Lysin-Resorbierbarkeit hat, konnte EGGUM in vergleichenden N-Bilanzversuchen an wachsenden Ratten zeigen, wobei zwei Nacktgersten mit etwa gleich hohem Protein-, jedoch unterschiedlichem Lysingehalt miteinander verglichen wurden (MUNCK, KARLSSON, HAGBERG, EGGUM, 1970). In Tabelle 3 werden die Ergebnisse wiedergegeben.

Tabelle 3

Ergebnisse vergleichender Untersuchungen über die Proteinqualität einer schwedischen Nacktgerste und einer lysinreichen (Hiproly) Sommergersten-Züchtung nach MUNCK, KARLSSON, HAGBERG, EGGUM (1970)

	Rohprotein-gehalt in %	Lysingehalt in % des Proteins	An Ratten bestimmte N- und Lysin-Resorbierbarkeit und Biologische Wertigkeit (BW) des Proteins N-Resorb.	Lys-Resorb.	BW
Nacktgerste	17,3	3,1	82,0 ± 1,5	69,5 ± 3,2	71,1 ± 2,1
Hiproly	16,8	4,1	85,2 ± 2,5	78,7 ± 2,5	76,0 ± 1,8

GRUHN (1968) sowie POPPE und HACKL (1970) kamen in N-Bilanzversuchen an Legehennen bzw. Schweinen, in denen verstärkt mit Stickstoff gedüngte und

dadurch höhere Proteingehalte aufweisende Sommergerste und Winterweizen geprüft wurden, zu ähnlich positiven Ergebnissen.
Als Negativum bei der Züchtung protein- und lysinreicher Getreidesorten wird jedoch von allen Seiten immer wieder die geringere Kornertragsleistung dieser Neuzüchtungen je Flächeneinheit herausgestellt, die im allgemeinen 85% des Ertragspotentials der bisherigen Sorten nicht überschreitet.
In vergleichenden Untersuchungen an normaler Sommergerste und an Nacktgersten wollten wir prüfen, wie sich dieser Sachverhalt auf die Nährstoff-Ertragsleistungen auswirken könnte.
Erste Ergebnisse z. Z. noch laufender Untersuchungen und daraus abgeleitete Berechnungen über die Protein- und Energieerträge sind den Tabellen 4 und 5 zu entnehmen.

Tabelle 4

Chemische Zusammensetzung und Energiekonzentration einer normalen Sommergerste und einer Nacktgerste
(Angaben in % der T. S.)

	Rohnährstoffe										
	T. S.	Roh-asche	Org. Subst.	Roh-pro-tein	Roh-fett	Roh-faser	NFE	Roh-zellu-lose	Lignin	EFs/ kg TS	Lysin g/16 gN
Normalgerste	87,0	2,6	97,4	12,1	1,7	5,1	78,5	4,5	1,8	695	3,2
Nacktgerste	86,2	2,4	97,6	14,4	1,9	2,9	78,4	2,5	1,4	770	3,4

Verdaulichkeit der Nährstoffe von Normal- und Nacktgerste (NEHRING u. a., 1970)
(Angaben in %)

	Org. Substanz	Rohprotein	Rohfett	Rohfaser	NFE	Energie
Normalgerste	84	81	61	–	90	81
Nacktgerste	93	90	60	42	96	90

Tabelle 5

Errechnete Nährstoff-Ertragsleistungen von Normal- und Nacktgerste

	Korn-ertrag		Roh-protein-ertrag		Lysin-ertrag		Ertrag an	
	dt/ha	rel.	dt/ha	rel.	kg/ha	rel.	MEFs/ha	rel.
Normalgerste	50,0	100	6,05	100	19,4	100	3,48	100
Nacktgerste	42,5	85	6,12	101,2	20,8	107,2	3,27	94,0

Daraus geht hervor, daß die Nacktgerste beim Vergleich mit der Spelzgerste wesentlich günstiger beurteilt werden muß, wenn nicht nur der Kornertrag, sondern ihre Nährstoff-Ertragsleistung als Beurteilungskriterium herangezogen

wird. Bei der hier untersuchten Nacktgerste handelt es sich jedoch nicht um eine auf hohen Protein- und Lysingehalt gezüchtete Sorte.
Infolge des wesentlich geringeren Rohfaser- bzw. Rohzellulosegehalts und der höheren Verdaulichkeit der Nährstoffe der Nacktgerste (Tab. 4) im Vergleich zur bisherigen üblichen Spelzgerste liegt die lt. Futtermitteltabellenwerk (NEHRING u. a., 1970) errechnete Energiekonzentration (EFs/kg TS) bei der Nacktgerste mit 770 um 10% höher als bei der Normalgerste. Bei Unterstellung einer nur 85%igen Kornertragsleistung der Nacktgerste im Vergleich zur Normalgerste (unter günstigen Anbaubedingungen 50 kt/ha) lassen sich die in Tabelle 5 wiedergegebenen Nährstoffertragsleistungen berechnen. Daraus geht hervor, daß sich bereits bei etwa gleichem Lysingehalt und nur etwas höherem Proteingehalt der Nacktgerste die Relationen in den Nährstoffertragsleistungen günstiger gestalten als im Kornertrag.
Dieser im Analogieschluß auf protein- und lysinreiche Getreideneuzüchtungen mit deren sicher ebenfalls höheren Nährstoffverdaulichkeit dargestellte Sachverhalt sollte nicht außer acht gelassen werden.
Mit diesem kurzen Beitrag beabsichtigen wir,

1. die Bedeutung der Proteinfraktionen der Getreidearten nicht nur im Zusammenhang mit der verstärkten N-Düngung, sondern auch für die Züchtung protein- und lysinreicher Getreidesorten herauszustellen,
2. die positiven Einflüsse eines hohen Protein- und/oder Lysingehalts des Getreides auf die AS-Resorbierbarkeit in der Ernährung von Nichtwiederkäuern darzulegen und
3. die bei Neuzüchtung von Getreidesorten mit höherer Nährstoffkonzentration trotz negativer Korrelation mit der Kornertragsleistung/ha guten und volkswirtschaftlich vertretbaren Nährstoffertragsleistungen zur Diskussion zu stellen.

Zusammenfassung

Die Auswertung neuer Forschungsergebnisse läßt die spezifische Rolle der Proteinfraktionen – vor allem der Fraktionen des Reserveproteins (Prolamin und Glutelin) – bei der Züchtung protein- und lysinreicher Getreidesorten erkennen.
Untersuchungen zur Bestimmung der Resorbierbarkeit der essentiellen Aminosäuren (AS) verschiedener Nahrungs- und Futterproteine an Schweinen und Ratten zeigen, daß die Resorbierbarkeit des Lysins, der limitierenden AS des Getreideproteins, am ungünstigsten ist. Bei Gersten mit höherem Lysingehalt (4,1% des Proteins) ist die Lysin-Resorbierbarkeit deutlich verbessert. Nacktgersten weisen eine höhere Nährstoffkonzentration – vor allem eine höhere Energiekonzentration – auf als Normalgersten (Spelzgersten). Aus einem auf der Grundlage von Nährstoff-Analysendaten durchgerechneten Beispiel geht hervor, daß selbst bei um 15% geringerer Kornertragsleistung der Nackt-

gerste im Vergleich zur Normalgerste die Nährstoffertragsleistungen je Flächeneinheit in volkswirtschaftlich vertretbaren Grenzen bleiben.

Резюме

Анализ новейших результатов исследований показывает специфическую роль протеиновых фракций — особенно фракций резервного протеина (проламина и глутелина) при выведении богатых протеином и лизином сортов зерновых. Исследования по определению резорбируемости незаменимых аминокислот (АК), различных пищевых и кормовых протеинов на свиньях и крысах показали, что резорбируемость лизина, лимитирующей аминокислоты зернового протеина, наименее благоприятная. В ячменях с высоким содержанием лизина (4,1%/протеина) резорбируемость лизина чётко улучшена. Голозерные ячмени отличаются более высокой концентрацией энергии по сравнению с обычными ячменями (чешуйчатыми ячменями). Из примера, рассчитанного на основе данных анализов вытекает, что даже если урожай голозерного ячменя был бы на 15% ниже по сравнению с обычным ячменём, сбор питательных веществ с единицы площади оставался бы в народнохозяйственно допустимых пределах.

Summary

Evaluation of recent research results indicates the specific role of the protein fractions – above all of the reserve protein fractions (prolamin and glutelin) – when breeding grain varieties that have a high protein and lysine content. Studies with pigs and rats to determine the absorbability of the essential amino acids of various food and feed proteins show that the absorbability of lysine, i. e. of the limiting amino acid of grain protein, is most unfavourable. With barleys of a higher lysine content (4.1% of total protein) lysine absorbability is significantly improved. Naked barleys have a higher nutrient concentration – above all a higher energy concentration – than normal (hulled) barleys. An example that had been calculated on the basis of nutrient analysis data shows that even at a 15% lower grain yield of the naked barleys, as compared with normal ones, the nutrient yields per unit area remain still within the limits justified from the point of view of national economy.

Literatur

Altschul, A. M.: Proteins – their chemistry and politics. New York, Basic Books, 1965

Bock, H.-D.: Probleme der Getreideneuzüchtung und ihre Tierernährungsaspekte. Unveröff. Vortrag, Magdeburg, 18. 2. 1970

EGGUM, B. O.: Über die Abhängigkeit der Proteinqualität vom Stickstoffgehalt der Gerste. Z. Tierphysiol., Tierernähr., Futtermittelkd., 26 (1970), S. 65–71

GRUHN, K.: Untersuchungen über die Qualität des Futtereiweißes bei Legehennen. 8. Mitt.: Einfluß einer L-Lysinergänzung zu einer nur aus pfl. Futtermitteln bestehenden Ration mit 70% N-spätgedüngtem Weizen. Arch. Geflügelzucht u. Kleintierkd. 17 (1968), S. 311

HAGBERG, A.; KARLSSON, K. E.: Breeding for high protein content and quality in barley. 1968, Proc. FAO/IAEA Panel on new approaches to breeding for plant protein improvement, Röstånga, Sweden, IAEA, Vienna, 1969, S. 151–160

HERRMANN, U.: Die Qualität einiger Futterproteine im Tierartenvergleich zwischen Ratte, Huhn und Schwein unter besonderer Berücksichtigung der Aminosäurenresorbierbarkeit bei Ratten, Küken und Ferkeln. Berlin, Dt. Akad. Landwirtsch.-Wiss., Diss. 1970, 139 S.

HOWE, E. E.; JANSEN, G. R.; GILFILLAN, E. W.: Am. J. Clin. Nutr. 16, 1965, S. 315–320; Zit. n. NELSON, O. E.

MOSSE, J.: Progrès en chimie agricole et alimentaire, Paris, Hermann, 1968, 47–81

MUNCK, L.; KARLSSON, K. E.; HAGBERG, A; EGGUM, B. O.: Gene for improved nutritional value in barley seed protein. Sci. 168 (1970), S. 985–987

NEHRING, K.; BEYER, M.; HOFFMANN, B.: Futtermitteltabellenwerk. 1. Aufl., Berlin, VEB Dt. Landwirtsch.-Verl., 1970

NELSON, O. E.: Genetic modification of protein quality in plants, Advances Agronomy 21 (1969), S. 171–194

POPPE, S.; HACKL, W.: Persönl. Information, 1970

VIRUPAKSHA, T. K.; SASTRY, L. V. S.: J. Agr. Food Chem. 16 (1968), S. 199; zit. n. NELSON, O. E.

VÖLKER, T.: Spezielle Untersuchungen über die Proteinqualität von Getreide unter dem Einfluß der Stickstoff-Düngung. Vortrag, Magdeburg, 18. 2. 1970 (z. Z. im Druck)

Anschrift der Verfasser:

Dr. agr. habil. HANS-DIETRICH BOCK, Dr. agr. JOACHIM WÜNSCHE,
Dr. rer. nat. FRED KREIENBRING, Dr. agr. UWE HERRMANN
Forschungszentrum für Tierproduktion Dummerstorf-Rostock
– Oskar-Kellner-Institut für Tierernährung –
der Akademie der Landwirtschaftswissenschaften
der Deutschen Demokratischen Republik
25 Rostock, Justus-v.-Liebig-Straße 1

Tag.-Ber. Akad. Landwirtsch.-Wiss. DDR · Nr. 119 · 1972 · S. 121–128

Institut für Pflanzenzüchtung Gülzow
der Akademie der Landwirtschaftswissenschaften
der Deutschen Demokratischen Republik

HANS-JOACHIM WUSTRACK und GEORG SZIGAT

Möglichkeiten der züchterischen Beeinflussung der N-Verwertung bei Futtergersten

Schon seit einigen Jahrzehnten, insbesondere seit den 20er und 30er Jahren, ist man von seiten der Pflanzenzüchtung sehr stark bemüht, zur Lösung des Eiweißproblems beizutragen. Die zahlreichen Untersuchungen während dieser etwa 40jährigen Forschungs- und Züchtungsarbeit zeigen immer wieder die großen Schwierigkeiten in der Vereinigung eines höheren Rohproteingehaltes mit einer hohen Kornertragsleistung. Trotzdem wurde die Möglichkeit einer solchen Vereinigung nicht verneint, da auch Material mit positiver Korrelation bekannt war.

SCHWANITZ und SCHWARZE (1937) waren der Ansicht, daß ein hoher Ertrag mit einem hohen Eiweißgehalt physiologisch und genetisch zu vereinbaren sei und führten den Analogieschluß, daß auch der Weizen trotz seines höheren Ertrages einen höheren Eiweißgehalt als der Roggen besitzt. Der Eiweißgehalt selbst zeigt bekanntlich eine sehr starke Abhängigkeit, sowohl vom Klima als auch von acker- und pflanzenbaulichen Faktoren. Nach SAFTA und SCHÄFER, zitiert bei SPRINGER (1967) beträgt der Anteil der Umwelt an der Gesamtvariabilität des Eiweißgehaltes etwa 75%, wodurch die züchterische Bearbeitung einer solchen umweltlabilen Eigenschaft außerordentlich erschwert wird.

Es setzte sich allgemein die Auffassung durch, daß die Vereinigung eines hohen Kornertrages und Eiweißgehaltes erst bei einer gleichmäßigen und ausreichenden Stickstoffernährung gegeben ist. Diese Ergebnisse finden heute ihre Bestätigung in der allgemeinen Steigerung der Stickstoffmengen und in der Anwendung der Methode der zusätzlich späten N-Düngung. Die züchterische Aufgabe besteht allerdings darin, diejenigen Formen zu selektieren, die das beste Transformationsvermögen besitzen. Grundsätzlich sollten beide Formen der Stickstoffversorgung auch im Zuchtbetrieb getrennt Beachtung finden, da die allgemeine Erhöhung der N-Gaben zur Selektion solcher Formen führt, die den dargebotenen Stickstoff zum Aufbau höchster Kornerträge verwenden, während die zusätzlich späte N-Gabe das Auffinden von Stämmen ermöglicht, welche ein besonders gutes Eiweißbildungsvermögen besitzen.

Die Steigerung der Stickstoffgaben zur Erzielung höherer Kornerträge ist das Ziel schon sehr vieler Futtergerstenversuche gewesen. Im Vergleich zum Stickstoffaufwand können die Ergebnisse im Durchschnitt nicht befriedigen. EBERT und OTTO (1970) berichten, daß die Erfahrungen darauf hindeuten, daß die heutigen Getreideformen nicht in der Lage sind, mehr als 100 kg/ha N in Kornertrag umzusetzen und daß demzufolge der Problemkreis Stoffproduktion einer Lösung näher gebracht werden muß. Da die Düngermengen der Steigerungsvarianten in den Versuchen oft die 100-kg-Grenze überschreiten, ist es nicht verwunderlich, wenn hier unbefriedigende Erfolge erzielt wurden. Auch der 1970 von der Zentralstelle für Sortenwesen (ZfS) in großem Umfang durchgeführte Komplexversuch bestätigt, daß keine Sorte unseres gegenwärtigen Sommer-Futtergerstensortiments im Durchschnitt der Versuchsorte durch erhöhte Stickstoffgabe einen gesicherten Mehrertrag bringt. Selbst innerhalb der einzelnen Anbaugebiete sind die Ergebnisse wechselnd positiv und negativ. Es ergibt sich daraus die Frage, inwieweit neues Zuchtmaterial, welches insbesondere in Richtung einer Standfestigkeitsverbesserung selektiert wurde und somit höhere N-Gaben ohne wesentliche Beeinträchtigung der Standfestigkeit verträgt, höhere Kornerträge zu bringen in der Lage ist (Tab. 1).

Tabelle 1

Standfestigkeitsprüfung mit Sommergerste, 1969 (Hadmersleben, Hohenthurm, Derenburg, Gülzow) Teilergebnis

Sorte/Stamm	Lager kurz vor der Ernte		Ertrag dt/ha		Vollgerste	
	N 1	N 2	N 1	N 2	N 1	N 2
'Plena'	6,25	7,28	50,40	49,87	53,53	50,60
'Hadm. St. 11834/65'	4,80	7,80	60,88	51,83	29,50	20,25
'Hadm. St. 13565/64/26'	3,28	3,83	54,62	52,73	35,76	21,74
'Gat. Mut. 4841'	3,63	5,08	47,33	46,79	42,20	23,59

Die ZG. Sommergerste führte 1969 einen als Standfestigkeitsprüfung gekennzeichneten Versuch durch, in dem im Vergleich zu 'Plena' 2 standfeste Stämme aus Hadmersleben und die standfeste Gat. Mutante 4841 unter erhöhtem Stickstoffaufwand geprüft wurden. In allen Fällen ist auch hier durch die erhöhte N-Gabe ein Rückgang in der Ertragsleistung festzustellen, obwohl insbesondere der Stamm „13565/64/26“ in seiner Standfestigkeit kaum negativ beeinflußt worden ist. Auch der Vollgerstenanteil ist bei allen Varianten durch die gesteigerte N-Gabe zurückgegangen, eine Erscheinung, die auch ZOSCHKE (1967a) in seinen Stickstoffsteigerungsversuchen mit Futtergersten feststellen konnte. Zwei grundsätzliche Erkenntnisse sollten aus diesem Versuch gezogen werden:

1. Die Standfestigkeit ist bei erhöhtem Stickstoffeinsatz nicht allein ausschlaggebend für die Erzielung von Höchsterträgen.
2. Es muß mit größerer Konsequenz als bisher insbesondere im Kurzstrohmaterial unter geeigneten Bedingungen nach Formen mit guter N-Verwertung gesucht werden.

Auch die 1968 bis 1970 in Gülzow zweijährig durchgeführten Stickstoffsteigerungsversuche mit Wintergerste, allerdings nur unter Verwendung von

'Pamina' und 'Vogelsanger Gold', ergaben gleichfalls keine befriedigenden Ergebnisse in der Ertragssteigerung. Wenn man berücksichtigt, daß die Stickstoffmenge bis zur dritten Variante verdoppelt wurde, so ist dies umso bedenklicher. Eine Verringerung der TKM kommt auch hier wie bei der Sommergerste zum Ausdruck.

Nicht weniger umfangreich ist die Anzahl der Versuche zur Erhöhung des Rohproteingehaltes bei Gerstensorten und -stämmen durch zusätzlich späte Stickstoffgaben. Kommt doch dem Gerstenprotein eine große ernährungsphysiologische Bedeutung in der Tierernährung zu. Zoschke (1967b) vertritt sogar die Auffassung, daß Gerstenkörner mit einem Rohproteingehalt von 15 bis 18% in der Trockensubstanz eine zusätzliche Eiweißfütterung in Form von Fischmehl unnötig werden lassen. Hierbei werden Gersten mit einem genetisch und somit durch die Züchtung erreichten höheren Rohproteingehalt günstiger eingeschätzt.

Für einen im Jahre 1968 in Gefäßen angelegten Stickstoffsteigerungsversuch verwendeten wir vier in ihrem Rohproteingehalt verschiedene Genotypen. Es sollte ihr unterschiedliches Stickstoffumsetzungsvermögen zur Proteinanreicherung geprüft werden. Hierfür wurden zwei Nacktgersten und zwei Spelzgersten verwendet. Die Stickstoffmengen wurden bewußt extrem hoch gewählt, um eine gewisse Grenze in der Eiweißbildung zu erkennen. Neben vielen aus diesem Versuch abzuleitenden Einzelergebnissen ist interessant, daß die beiden Nacktgersten den zusätzlich spät angebotenen Stickstoff am besten verwerteten, insbesondere die Nacktgerste Nr. 134. Bei extrem hohen Gaben kommt es jedoch zu einer Angleichung aller vier Formen. Die Sorte 'Astacus' mit dem niedrigsten Ausgangswert nimmt hier sogar mit über 25% Rohprotein die Spitzenposition ein. Hier wird bestätigt, was Zoschke (1967a) mit drei Sommergersten-Genotypen in Gefäßversuchen feststellte. Er erreichte durch erhöhte Stickstoffgaben eine Proteinanreicherung auf 18,62 bis 20,42%. Der eiweißreiche Stamm 1034/54 besaß hier das beste Transformationsvermögen von Stickstoff zu Protein. Bei weiterer Erhöhung der N-Menge nimmt der Rohproteingehalt nur noch wenig zu, so daß bei diesem Stamm die sogenannte physiologische Grenze erreicht wurde. Alle drei verwendeten Formen haben auch in diesem Versuch bei extrem hohen N-Gaben, die umgerechnet bei 950 kg/ha lagen, eine Angleichung im Rohproteingehalt erfahren.

Dieser Gefäßversuch wurde in den Jahren 1969 und 1970 mit der gleichen Zielstellung als Parzellenversuch mit gewissen Änderungen fortgesetzt (Tab. 2). Neben dem Rohproteingehalt sollte auch die Kornertragsleistung und der Rohproteinertrag ermittelt werden. Die zusätzlich späten N-Gaben zeigten in beiden Jahren keine Wirkung auf die Höhe des Kornertrages, was auch hinsichtlich des Zeitpunktes der Verabreichung nicht zu erwarten war, so daß bei der Sommergerste der Zeitpunkt des Ährenschiebens für die Verabreichung zusätzlich später N-Gaben zur Beurteilung des Transformationsvermögens als günstig angesehen werden kann. Die im Gefäßversuch erreichten Steigerungen des Rohproteingehaltes konnten im Parzellenversuch naturgemäß nicht repro-

Tabelle 2
Stickstoffdüngungsversuch mit Sommer-Futtergerste, 1969/70

Sorte/Stamm	Düngungsstufe N kg/ha	Kornertrag dt/ha		Rohprotein %		Rohprotein dt/ha	
		1969	1970	1969	1970	1969	1970
'Astacus'	70	46,3	23,1	13,4	15,1	6,20	3,49
	70 + 40	44,8	22,3	15,6	17,2	6,99	3,84
	70 + 80	46,2	21,5	15,5	16,6	7,16	3,57
	70 + 120	46,1	22,7	16,4	17,2	7,56	3,90
	70 + 160	46,2	25,0	17,2	17,7	7,95	4,42
	70 + 200	46,6	24,7	15,1	17,9	7,04	4,42
	70 + 400	44,4	24,0	15,8	18,1	7,01	4,34
	70 + 20 Harnst.		25,4		16,2		4,11
	70 + 40 gespr.		26,8		16,3		4,37
	70 + 60 „		26,2		16,1		4,22
'Ciro'	70	45,3	31,9	11,9	16,7	5,39	5,49
	70 + 40	48,3	34,0	13,1	16,0	6,33	5,44
	70 + 80	45,9	32,1	15,4	16,3	7,07	5,23
	70 + 120	41,0	31,8	11,7	16,6	4,80	5,28
	70 + 160	46,4	30,5	15,2	17,0	7,05	5,18
	70 + 200	43,5	31,8	16,0	16,4	6,96	5,21
	70 + 400	44,1	31,5	16,2	17,0	7,14	5,35
	70 + 20 Harnst.		33,3		15,5		5,16
	70 + 40 gespr.		33,2		15,0		4,98
	70 + 60 „		31,9		15,0		4,93
'Dornburger	70	37,3	22,3	12,7	16,0	4,36	3,57
St. 346/60'	70 + 40	37,8	22,8	15,8	17,5	5,97	3,99
(nackt)	70 + 80	37,0	22,2	17,4	17,2	6,44	3,82
	70 + 120	36,4	22,4	16,7	17,3	6,08	3,88
	70 + 160	36,8	23,2	19,2	19,3	7,07	4,48
	70 + 200	36,5	22,4	18,4	18,5	6,72	4,14
	70 + 400	36,2	22,8	19,2	18,8	6,95	4,29
	70 + 20 Harnst.		24,4		17,2		4,20
	70 + 40 gespr.		23,4		18,4		4,31
	70 + 60 „		23,3		16,9		3,94
‚S 489'	70	16,2	5,9	20,8	21,3	3,37	1,26
Nacktgerste	70 + 40	17,2	6,4	22,3	20,6	3,84	1,32
Sortiment	70 + 80	16,7	6,3	21,3	20,2	3,56	1,27
	70 + 120	18,5	6,5	21,6	22,3	4,00	1,32
	70 + 160	17,4	6,8	22,6	21,4	3,93	1,46
	70 + 200	17,9	7,2	21,9	21,8	3,70	1,57
	70 + 400	17,4	6,7	23,8	22,2	4,14	1,49
	70 + 20 Harnst.		7,1		21,4		1,52
	70 + 40 gespr.		6,5		21,3		1,38
	70 + 60 „		6,1		19,5		1,19

duziert werden. Im Jahre 1969 ist zwar durch die zusätzliche N-Gabe eine Zunahme des Rohproteingehaltes erreicht worden, die jedoch bei den extremen Gaben nicht befriedigen kann. 1970 sind kaum noch größere Differenzen zwischen den Düngungsstufen festzustellen. Die unterschiedliche genotypische Veranlagung für die Ausbildung eines hohen Rohproteingehaltes ist jedoch deutlich erkennbar. Mit diesen zweijährigen Werten soll gezeigt werden, wie schwierig eine Selektion auf höchste Stickstoffausnutzung zur Eiweißbildung unter Freilandbedingungen ist. In beiden Jahren ist die Witterung zur Zeit des Ährenschiebens durch mehr oder weniger lange Trockenperioden gekennzeichnet gewesen. Es müßte demzufolge vorgeschlagen werden, daß solche Selektionsvorhaben nur in Verbindung mit einer Beregnung durchzuführen sind. Schon NEHRING (1938) machte darauf aufmerksam, daß steigende Stickstoffgaben durch günstige Wasserversorgung wesentlich besser verwertet werden. Die erreichten Rohproteinerträge in den zweijährigen Versuchen sind entsprechend den Rohproteingehalten zu werten. Allerdings wird hier sehr deutlich unterstrichen, daß zu einem hohen Proteingehalt auch ein hoher Kornertrag gehört, um eine entsprechende Rohproteinleistung je Hektar zu erreichen. Auch eine Harnstoffspritzung, die 1970 in drei Varianten zur Anwendung kam, brachte nicht den gewünschten Effekt. Die höchste Gabe von 60 kg zusätzlichem Stickstoff je Hektar in Form von Harnstoff brachte sogar bei allen Formen eine Senkung des Rohproteingehaltes, ohne daß Ätzschäden auftraten. Der Versuch wird 1971 unter Beregnungsbedingungen fortgesetzt werden.

Eine Prüfung umfangreichen genotypisch unterschiedlichen Materials bezüglich der Rohproteinsteigerung durch zusätzlich späte N-Gaben konnte von uns in den Jahren 1966/67 bei Winterweizen vorgenommen werden. Auf eine Erscheinung, die sicherlich allgemeingültigen Charakter beim Getreide hat, soll hier kurz eingegangen werden. Es wurde die Frage geprüft, ob im Eiweißgehalt hoch-, mittel- und niedrigprozentige Stämme durch 40 kg zusätzlich spät verabreichten Stickstoffs den gleichen Steigerungseffekt aufzuweisen haben. Es ist die Tendenz eines deutlichen Rückganges des Steigerungswertes mit zunehmendem Rohproteingehalt zu erkennen. Je eiweißreicher das Material ist, desto schwieriger ist es, den Rohproteingehalt wesentlich zu steigern (Tab. 3).

Während bei den Stämmen mit einem Gehalt von 11 bis 12% noch eine Steigerung von durchschnittlich absolut 2,48% erreicht werden konnte, beträgt die Steigerung in der Gruppe der Stämme mit 13 bis 14% noch absolut 2,34% und

Tabelle 3

Steigerung des Rohproteingehaltes durch zusätzlich späte N-Düngung (Winterweizen, C-Stämme, 1966/67)

Stämme mit einem Rohproteingehalt von	bis	Anzahl der Stämme	$\bar{x}$ Rohproteingehalt der Gruppe in %	$\bar{x}$ Rohproteingehalt bei 40 kg N/ha zusätzl. späte N-Gabe	$\bar{x}$ Steigerung in % absolut	relativ
11,00	11,99	17	11,75	14,23	2,48	21,16
12,00	12,99	55	12,52	14,96	2,44	19,45
13,00	13,99	44	13,42	15,76	2,34	17,49
14,00	14,99	15	14,38	16,55	2,17	15,10
15,00	15,99	6	15,21	17,08	1,87	12,32

bei den Stämmen mit 15 bis 16% nur noch 1,87%. Es waren hier allerdings auch Stämme zu selektieren, die in ihren Steigerungswerten der niedrigprozentigen Gruppe entsprachen. Diese Beobachtung wurde an 137 C-Stämmen gemacht und konnte gleichfalls 1966/67 an 123 B-Stämmen bestätigt werden (Tab. 4).

Tabelle 4

Steigerung des Rohproteingehaltes durch zusätzlich späte N-Düngung (Winterweizen, B-Stämme, 1966/67)

Stämme mit einem Rohproteingehalt von	bis	Anzahl der Stämme	$\bar{x}$ Rohproteingehalt der Gruppe in %	$\bar{x}$ Rohproteingehalt bei 40 kg N/ha zusätzl. später N-Gabe	Steigerung in % absolut	relativ
10,00	10,99	1	10,60	12,93	2,33	22,0
11,00	11,99	19	11,57	13,80	2,23	19,3
12,00	12,99	26	12,52	14,56	1,96	15,7
13,00	13,99	34	13,53	15,69	2,16	16,0
14,00	14,99	24	14,49	15,73	1,24	8,6
15,00	15,99	14	15,41	16,26	0,85	5,5
16,00	16,99	2	16,17	18,04	1,69	10,4
17,00	17,99	3	17,32	16,16	1,16	6,7

Zusammenfassend und schlußfolgernd kann eingeschätzt werden, daß allgemein die Bedeutung der Züchtung von Futtergersten mit hohem Rohproteingehalt erkannt wird und beim Einsatz von höheren Stickstoffgaben die Selektionsarbeiten zur Schaffung von Formen mit höchster N-Verwertung als außerordentlich bedeutend angesehen werden. Obwohl erste Erfolge aus der Literatur bekannt sind, stehen diese Arbeiten noch in der Anfangsphase. Erschwert wird diese Selektion durch die starke Umweltbeeinflußbarkeit des Merkmals Eiweißgehalt. Dies haben insbesondere die beiden letzten Jahre vor allem bei der Sommer-Futtergerste gezeigt. Es wird vorgeschlagen, diese Arbeiten unter Beregnungsbedingungen fortzusetzen. Es ist zu erwarten, daß auf Grund zielgerichteter Kombinationen insbesondere mit Rohproteinpartnern dieses Material in den nächsten Jahren sprunghaft anwachsen wird, so daß für eine ausreichende Untersuchungskapazität schon jetzt Vorbereitungen zu treffen sind.

Zusammenfassung

Grundsätzlich sollten in der Selektion auf N-Verwertung zwei Richtungen verfolgt werden: 1. Selektion von Formen, die bei hohem N-Angebot ohne Beeinträchtigung der Standfestigkeit höchsten Kornertragszuwachs bringen, 2. Prüfung des Zuchtmaterials auf Typen mit gutem Transformationsvermögen von spät angebotenem Stickstoff zu Eiweiß. Die Untersuchungen haben gezeigt, daß durch die Umweltlabilität des Merkmals Rohproteingehalt die

Arbeiten außerordentlich erschwert werden, so daß die Selektion unter Beregnungsbedingungen durchgeführt werden sollte. Auch Harnstoffspritzungen erfüllten 1970 nicht die Erwartungen. Die erzielten Ergebnisse hinsichtlich der N-Verwertung von Winter- und Sommerfuttergerste können allgemein zur Zeit nicht befriedigen, so daß die Selektionsarbeiten konsequent fortzusetzen sind.
Versuche mit genetisch sehr differenziertem Material zeigten zwar ständig die großen Differenzen im Rohproteingehalt zwischen den Genotypen, jedoch keine befriedigenden Steigerungseffekte bei zusätzlich späten N-Gaben. An Winterweizenmaterial mit sehr stark differenziertem Rohproteingehalt konnten durch zusätzlich späte N-Gaben von 40 kg/ha unterschiedliche Rohproteinsteigerungseffekte zwischen hoch- und niedrigprozentigen Stämmen ermittelt werden. Zielgerichteter Aufbau von Zuchtmaterial wird in den nächsten Jahren den Umfang der erforderlichen Rohproteinuntersuchungen sprunghaft anwachsen lassen und entsprechende Untersuchungskapazität erfordern.

Резюме

Принципиально при отборе по признаку использования азота следует придерживаться двух направлений: 1. Отбор форм, которые при высоком поступлении азота дают наибольший прирост зерна без отрицательного влияния на устойчивость к полеганию. 2. Проверка селекционного материала на типы с хорошей способностью превращать поздние дачи азота в белок. Исследования показали, что из-за большой зависимости признака содержание сырого протеина от внешних условий чрезвычайно осложняются работы, так что работы по отбору следует проводить в условиях применения полива дождеванием. Опрыскивания мочевиной, проведенные в 1970 г. тоже на оправдали ожиданий. Полученные результаты по использованию азота озимым и яровым ячменем в целом в настоящее время еще неудовлетворительны, ввиду чего эти работы должны последовательно продолжаться.
Опыты с генетически очень диффиренцированным материалом, правда, всегда показывали большие различия в содержании сырого протеина между генотипами, однако не давали удовлетворительных эффектов роста при внесении дополнительных количеств азота. На материале озимой пшеницы с очень дифференцированным содержанием сырого протеина в результате поздних дополнительных дач 40 кг азота на га были получены различные эффекты повышения содержания сырого протеина между высоко- и низкопроцентными штаммами. Целенаправленное создание селекционного материала в ближайшие годы приведет к быстрому увеличению объема исследований на содержание сырого протеина, что потребует увеличения исследовательских мощностей.

Summary

Fundamentally, two directions should be followed when selecting for nitrogen utilization: 1. selection of forms which, at high nitrogen supply, produce maximum grain yield increment at unchanged lodging resistance, and 2. testing the breeding material with the view of finding types that are highly capable of transforming additional late-applied nitrogen into protein. The studies have shown that the environmental lability of the trait "crude protein content" renders the work much more difficult, so that selection should be performed under the conditions of sprinkler irrigation. Urea spraying, too, did not come up to the expectations in 1970. So far no satisfactory results have been obtained with regard to N-utilization of winter and spring feed barley. Therefore it is necessary to continue systematic selection work. – Experiments with highly differentiated genetic material constantly showed the great differences between the crude protein content of the genotypes, but did not produce satisfactory increment effects of additional late nitrogen top dressing. With winter wheat of a highly differentiated crude protein content additional late nitrogen top dressing (40 kg N per ha) produced different effects of crude protein increment with strains of high or low protein contents. Systematic build-up of breeding material will lead to an abrupt increase of the crude protein tests in the next few years and require an adequate testing capacity.

Literatur

EBERT, D.; OTTO R.: Agroform 1970, H. 5/6, S. 145–148
NEHRING, K.: Bodenkd. u. Pflanzenernähr. 1938, H. 9/10, S. 395–423
SCHWANITZ, F.; SCHWARZE, P.: Forschungsdienst 4 (1937), H. 1, S. 19
SPRINGER, F.: Bayer. Landwirtsch. Jahrb. 41 (1964), H. 2
ZOSCHKE, E.: Z. Acker- u. Pflanzenbau 125 (1967 a), H 1, S. 22–39
ZOSCHKE, E.: Umschau 67 (1967 b), S. 160

Anschrift der Verfasser:

DR. HANS-JOACHIM WUSTRACK, DR. GEORG SZIGAT
Institut für Pflanzenzüchtung Gülzow-Güstrow
der Akademie der Landwirtschaftswissenschaften
der Deutschen Demokratischen Republik
2601 Gülzow, Kreis Güstrow

Tag.-Ber. Akad. Landwirtsch.-Wiss. DDR · Nr. 119 · 1972 · S. 129–135

VEG Saatzucht Böhnshausen-Langenstein
Saatzuchtstation

Albrecht Meinel und Irene Noske

Ergebnisse mehrjähriger Leistungsprüfungen mit Winterweizenstämmen bei gestaffelten N-Gaben

In zunehmendem Maße prüfen die Züchter in frühen Stadien des Zuchtprozesses neben der Leistung auch die Reaktion ihres Zuchtmaterials auf ertragsfördernde agrotechnische Maßnahmen. Als Beispiele können in der Weizenzüchtung die Prüffaktoren N-Düngung, Beregnung und die Anwendung von CCC genannt werden. Aussagekräftige Ergebnisse über die Reaktion des Zuchtmaterials erleichtern die Selektionsentscheidungen und fördern eine fundierte Einschätzung des wirtschaftlichen Wertes der Neuzüchtungen.
Feldversuche zur Prüfung von Winterweizenstämmen mit gestaffelten N-Gaben beginnen in den Zuchtbetrieben in der F_5- bzw. F_6-Generation. Bedingt durch die in diesen Generationen nur begrenzt verfügbaren Saatgutmengen können zunächst jedoch nur wenige N-Stufen geprüft werden. Als Düngungsvarianten werden in den meisten Fällen die derzeitig übliche Aufwandmenge (ca. 80 kg/ha Rein-N) und unterschiedlich hoch bemessene Gaben ($>$ 100 kg/ha) verglichen, die den zukünftigen N-Aufwandmengen in der Getreideproduktion entsprechen sollen.
Mehrjährige Erfahrungen bei der Durchführung derartiger Leistungsprüfungen besagen, daß gestaffelte N-Gaben das Zuchtmaterial nicht unter allen Prüfbedingungen in gleicher Weise differenzieren. Aus diesem Grunde erschien es uns sinnvoll, zur Beurteilung der Wirkung verschiedener N-Gaben unter den konkreten Bedingungen des Zuchtgartens jährlich einen N-Steigerungsversuch mit verschiedenen Sorten durchzuführen, um aus dessen Ergebnissen jeweils für die betreffende Umwelt spezifische Maßstäbe für die Selektion auf N-Verwertung ableiten zu können.
Die nachfolgenden Ausführungen befassen sich daher mit der Interpretation der Ergebnisse von Leistungsprüfungen mit Winterweizenstämmen bei gestaffelten N-Gaben unter besonderer Berücksichtigung der Bedeutung von Ergebnissen spezieller N-Steigerungsversuche mit Testsorten für die Selektion auf günstige N-Verwertung.

1. Material und Methoden

Aus den Tabellen 1 und 2 sind die Angaben über Prüfglieder und Versuchsmethodik der N-Steigerungsversuche und Leistungsprüfungen 1969 und 1970 zu entnehmen.

Tabelle 1
Methodische Angaben zu den N-Steigerungsversuchen

Methode	Großteilstücke (Sorten)	Kleinteilstücke (N-Stufen)	Erntefläche m²	Erntedatum 1969	1970
Spaltanlage mit	'Pilot'	0 kg/ha	1969 = 10 m²		
4 Wiederholungen	1969 u. 1970	52 „			
	'Felix'	78 „		19. 8.	16. 8.
	1969 u. 1970	104 „	1970 = 20 m²		
	'Kawkas'	130 „			
	1970				

Die N-Düngung bis 78 kg/ha Rein-N wurde in einer Gabe am 28. 4. 1969 bzw. 14. 4. 1970, die darüber liegenden Mengen durch eine zweite Gabe am 21. 5. 1969 bzw. 20. 5. 1970 verabreicht.

Tabelle 2
Methodische Angaben zu den Leistungsprüfungen

Jahr	4 × 4 Zweisatz-gitter	Versuchs-glieder	Wieder-holungen	Ernte-fläche m²	N-Gaben N_1 kg/ha	Dat.	N_2 kg/ha	Dat.	Ernte-datum
1969	3	48	2	10	78	28. 4.	104	28. 4. u. 23. 5.	19. 8.
1970	4	64	2	10	78	13. 4.	104	13. 4. u. 20. 5.	14. 8.

Am 11. 6. erhielten die Leistungsprüfungen 1970 eine zusätzliche N-Spätdüngung (80 kg/ha Rein-N) in Form von Harnstoff. Vorfrüchte waren in beiden Versuchsjahren Erbsen. Der Boden wurde ausreichend mit Kali und Phosphorsäure versorgt.

Unmittelbar nach dem Mähdrusch erfolgte die Ermittlung der Kornerträge, der Tausendkornmasse (TKM) und des Trockensubstanzgehaltes. Die Bestandesdichte (Zahl der ährentragenden Halme/m²) wurde jeweils in der 2. Julidekade ermittelt. Der Rohproteingehalt des Erntegutes 1970 wurde mit Hilfe der Kjeldahl-Analyse festgestellt.

2. Ergebnisse

2.1. Ertrag und Ertragskomponenten

Die Auswertung von insgesamt 7 Einzelversuchen zur Prüfung der Ertragsleistung von Winterweizenstämmen bei normaler (N_1) und erhöhter N-Gabe (N_2) in den Jahren 1969 und 1970 ergab in keinem Fall eine signifikante Wechselwirkung zwischen Stämmen und N-Stufen (Tab. 3).

Dieses Ergebnis schließt jedoch nicht aus, daß einzelne Stämme – bezogen auf das Mittel aller Prüfglieder – auf erhöhte N-Gaben unterschiedlich rea-

Tabelle 3

F-Werte für Haupt- und Wechselwirkungen bei Leistungsprüfungen mit C-Stämmen, 1969 und 1970 (Versuchsort: Langenstein)

Streuungsursache	FG	1969 Vers.-Nr.: 023	024	025	1970 Vers.-Nr.: 001	002	003	004
N-Stufen	1	0,64	1,50	4,20	2,29	10,60**	3,66	12,38**
Stämme	15	1,41	1,93	3,58**	1,86	4,23**	0,62	1,16
WW Stämme × N-St.	15	0,66	0,65	0,86	1,56	1,24	1,05	0,71
Fehler	18							

gierten. Eine Analyse des Ertrages der einzelnen Stämme ergab, daß 1969 18% und 1970 15% eine Ertragssteigerung bei N_2 von $> 5\%$ gegenüber N_1 zeigten, wobei die maximale Steigerung 127% bzw. 116% betrug.

Die in die Versuche einbezogene Standardsorte 'Pilot' reagierte in 6 von 7 Einzelversuchen auf die erhöhte N-Gabe (N_2) – bezogen auf den Ertrag bei N_1 – mit Ertragsminderungen zwischen 2% und 35%, so daß ihre Ertragsleistungen bei N_2 nicht als Standard für die Selektion von Neuzuchtstämmen mit günstiger Verwertung hoher N-Gaben gelten können. Ein ähnliches Verhalten zeigte sie in den N-Steigerungsversuchen, die unter annähernd gleichen Umweltbedingungen wie die Leistungsprüfungen in den Jahren 1969 und 1970 durchgeführt wurden (Tab. 4).

Tabelle 4

Ergebnisse der N-Steigerungsversuche mit verschiedenen Sorten, 1969 und 1970 (Versuchsort: Langenstein)[1]

Jahr	Sorte	Rein-N (kg/ha)	0	52	78	104	130
1969	'Pilot'	dt/ha	52,31	52,77	48,94	48,24	48,36
		rel.	100	101	94	92	92
	'Felix'	dt/ha	55,14	55,88	56,84	54,47	50,53
		rel.	100	101	103	99	92
1970	'Pilot'	dt/ha	51,44	57,38	54,75	54,15	54,14
		rel.	100	112*	106	105	105
	'Felix'	dt/ha	55,92	55,11	56,07	55,09	55,39
		rel.	100	99	100	99	99
	'Kawkas'	dt/ha	45,42	51,31	57,44	62,21	62,42
		rel.	100	113*	126***	137***	137***

Signifikanzzeichen beziehen sich auf die jeweilige Differenz zur 0-Variante

Neben der ungünstigen Reaktion der Sorte 'Pilot' auf N-Gaben von mehr als 52 kg/ha Rein-N ist aus Tabelle 4 zu erkennen, daß auch die standfeste Sorte 'Felix' nicht positiv auf erhöhte Stickstoffgaben reagierte. Varianzanalytische Auswertungen der Ertragsergebnisse dieser N-Steigerungsversuche bestätigten, daß die Sorten 'Pilot' und 'Felix' unter den Zuchtgartenbedingungen in

Langenstein 1969 und 1970 nicht unterschiedlich reagierten (F-Werte für MQ Wechselwirkung Sorten × N-Stufen gegen den gültigen Fehler < 1,0).
Die 1970 in die N-Steigerungsversuche einbezogene Sorte 'Kawkas' reagierte im Gegensatz zu den vorher besprochenen Sorten auf erhöhte N-Gaben mit signifikanten Ertragssteigerungen von N-Stufe zu N-Stufe bis zu einer Aufwandmenge von 104 kg/ha Rein-N.
Die in Tabelle 4 ausgewiesenen relativ hohen Absoluterträge der Sorten auf den 0-Parzellen sollten u. E. ebenfalls in die Interpretation der Leistungsprüfungsergebnisse mit Zuchtmaterial einbezogen werden. Bei den Sorten 'Pilot' und 'Felix' reichte der ohne jegliche N-Düngung auf dem Zuchtfeld verfügbare Stickstoff in beiden Prüfjahren aus, um > 90% des Höchstertrages dieser Sorten unter den gegebenen Versuchsbedingungen zu bilden.
Die morphologische Ertragsanalyse ergab, daß die Bestandesdichte mit steigenden N-Gaben bei allen Sorten und Stämmen zunahm (von N_1 zu N_5 in den N-Steigerungsversuchen um etwa 80 ährentragende Halme/m²). Weniger standfeste Sorten und Stämme reagierten gleichzeitig mit fallendem Halmertrag bei abnehmender TKM. Die Ertragserhöhung der Sorte 'Kawkas' und einiger Neuzuchtstämme resultierte im Gegensatz dazu aus erhöhter Bestandesdichte und höherem Halmertrag bei unveränderter TKM.

2.2. Ertragssichernde Faktoren

Die Standfestigkeitsbonituren lassen bei allen geprüften Sorten und Stämmen erkennen, daß mit zunehmenden N-Gaben eine Verschlechterung der Standfestigkeit einhergeht, die bei weniger standfesten Formen besonders ausgeprägt war. – Im Datum des Ährenschiebens ergaben sich bei höheren N-Stufen Verzögerungen von 1 bis 4 Tagen gegenüber N_1.
Die Krankheitsbonituren für Mehltau, Gelbrost, Braunrost und Ährenkrankheiten lassen nur bei Mehltau einen verstärkten Befall bei hohen N-Gaben erkennen, wobei für verschiedene Genotypen eine unterschiedlich starke Reaktion beobachtet wurde. Eine Aussage über die Auswirkungen erhöhter N-Düngung auf den Gelbrostbefall ist nicht möglich, da in beiden Prüfjahren kein natürlicher Befall auftrat.

2.3. Rohproteingehalt

Die über den Rohproteingehalt vorliegenden einjährigen Ergebnisse zeigen, daß der Rohproteingehalt im Korn mit steigenden N-Gaben zunahm. Die Ergebnisse der Rohproteinuntersuchungen am Erntegut des N-Steigerungsversuches 1970 sind in Tabelle 5 zusammengestellt.
Bei den Sorten 'Pilot' und 'Felix' ist die Erhöhung des Rohproteingehaltes mit einem Sinken der TKM verbunden, was wiederum auf eine Verschlechterung

Tabelle 5

Ergebnisse der Rohprotein-Untersuchungen (N-Steigerungs-Versuch 1970)

N-Gaben kg/ha	'Pilot' Korn-ertrag dt/ha	Rohprotein- %	dt/ha	TKM 9	Stand-festigkeit 1–9	'Felix' Korn-ertrag dt/ha	Rohprotein- %	dt/ha	TKM 9	Stand-festigkeit 1–9	'Kawkas' Korn-ertrag dt/ha	Rohprotein- %	dt/ha	TKM 9	Stand-festigkeit 1–9
0	51,4	8,43	4,33	48,8	1,0	55,9	10,23	5,72	48,1	1,8	45,4	10,63	4,83	51,2	1,5
52	57,8	9,03	5,22	49,5	2,8	55,1	10,39	5,72	47,8	2,0	51,3	9,88	4,97	51,9	1,5
78	54,8	8,87	4,86	47,7	3,8	56,1	9,94	5,56	46,8	2,5	57,4	11,34	6,51	52,0	2,5
104	54,2	10,31	5,59	44,1	4,8	55,1	10,32	5,69	45,1	3,5	62,2	12,34	7,68	51,8	2,5
130	54,1	10,80	5,84	42,3	5,0	55,4	11,13	6,17	45,9	3,8	62,4	13,45	8,39	51,9	3,3

Tabelle 6

Ergebnisse der Rohprotein-Untersuchungen (Leistungsprüfungen 1970)

Sorten/Stämme	N-Gaben kg/ha	Korn-Ertrag dt/ha	Rohprotein-Gehalt %	Rohprotein-Ertrag dt/ha	TKM 9	Stand-festigkeit 1–9
Mittel der	78	54,6	11,73	6,41	45,2	3,5
4 Leist.-Prfg.	104	50,6	12,69	6,42	42,9	5,8
'Pilot'	78	56,9	10,79	6,14	46,5	3,9
(Mittel der 4 Std.)	104	43,1	12,94	5,58	40,5	6,8
0855/70	78	62,3	11,74	7,31	47,7	2,5
	104	57,9	13,47	7,80	43,5	6,5
0847/70	78	54,0	12,57	6,79	44,9	4,5
	104	48,7	12,56	6,12	44,5	5,0
0845/70	78	44,6	12,16	5,42	48,2	4,5
	104	51,6	12,27	6,33	48,9	5,5
0836/70	78	59,2	12,03	7,12	50,3	1,5
	104	49,6	12,39	6,15	45,2	6,5
0846/70	78	54,1	12,35	6,68	44,5	2,0
	104	59,0	12,70	7,49	44,2	2,0

der Standfestigkeit zurückzuführen ist. Die Sorte 'Kawkas' zeigt eine deutlich andere Reaktion auf steigendes N-Angebot: Bei nahezu unverändertem TKM steigt der Rohproteingehalt und -ertrag bedeutsam an.
Die unterschiedliche Reaktion verschiedener Genotypen aus den Leistungsprüfungen 1970 auf steigende N-Gaben ist auch in Tabelle 6 zu erkennen.

3. Diskussion und Schlußfolgerungen

Die Wirksamkeit der Selektion in den frühen Generationen eines Zuchtprozesses kann erhöht werden, wenn es gelingt, die Wirkungen der spezifischen Umweltbedingungen, denen das Zuchtmaterial während der Prüfung ausgesetzt war, unmittelbar in die Interpretation der Ergebnisse von Leistungsprüfungen einzubeziehen. Zur genaueren Erfassung der N-Wirkung unter den Prüfbedingungen des Zuchtgartens in Langenstein 1969 und 1970 führten wir einen N-Steigerungsversuch mit verschiedenen Winterweizensorten durch und unternahmen in vorliegender Arbeit den Versuch, die Interpretation der Ergebnisse routinemäßiger Leistungsprüfungen von Neuzuchtstämmen durch Einbeziehung der Ergebnisse von Testsorten zu vertiefen.
Die hohen Absoluterträge der Testsorten ohne jegliche N-Düngung sind ein deutlicher Hinweis darauf, daß der Boden des Zuchtfeldes den N-Bedarf des Weizens in hohem Maße decken konnte. Die vorgenommene Stickstoffdüngung schuf somit ein N-Angebot, das den Bedarf der zur Zeit angebauten Weizen weit überstieg. Die Angabe der Absoluterträge von 0-Varianten in den Versuchsberichten könnten im allgemeinen die Einschätzung der gefundenen N-Wirkung erleichtern.
Die Ergebnisse der N-Steigerungsversuche machen deutlich, daß die von uns verwendete Standardsorte 'Pilot' sowohl 1969 als auch 1970 bereits auf der N_1-Stufe der Leistungsprüfungen ihren Maximalertrag überschritten hatte und demzufolge als Standard für die Ertragsselektion überfordert war. – Neben dem Ertragsverhalten sind aus den Ergebnissen von N-Steigerungsversuchen auch Hinweise auf die Ausprägung weiterer Merkmale und Eigenschaften (ertragssichernde Faktoren, Qualitätseigenschaften u. a.) der Testsorten unter den Bedingungen gestaffelter N-Gaben abzuleiten und für die Selektion von Zuchtmaterial zu nutzen.
Auf Grund vorliegender Ergebnisse kann für das geprüfte Material angenommen werden, daß Zuchtstämme mit deutlicher Ertragszunahme von N_1 zu N_2 in den Leistungsprüfungen in gesicherter Weise günstiger auf hohe N-Gaben reagierten als die Standardsorte 'Pilot'.
Die Sorte 'Kawkas' bestätigte im N-Steigerungsversuch 1970 die bereits in Komplexprüfungen der Zentralstelle für Sortenwesen ermittelte positive Reaktion auf hohe N-Gaben. Der Vergleich der Reaktion der als Intensivtyp bekannten Sorte 'Felix' und der Sorte 'Kawkas' macht deutlich, daß nicht nur das Merkmal „Standfestigkeit“ allein als entscheidendes Merkmal einer Standardsorte für die Selektion unter Intensivbedingungen gelten kann, sondern

daß die Fähigkeit der N-Verwertung zur Ertragserhöhung und zur Ausbildung eines hohen Rohproteingehaltes weitere entscheidende Kriterien darstellen. Hieraus folgernd kann aus dem derzeitig verfügbaren Sortiment die Sorte 'Kawkas' als Bestandteil einer für die Ertragsselektion zu nutzenden Standardsortengruppe empfohlen werden.
Die vorliegenden Ergebnisse enthalten weiterhin deutliche Hinweise, daß bezüglich der Fähigkeit zur N-Verwertung Sorten- bzw. Stammunterschiede auftreten, die bei der Selektion beachtet werden sollten.

Zusammenfassung

An Beispielen aus der praktischen Zuchtarbeit an Winterweizen wird erläutert, daß die Einbeziehung von Informationen aus geeigneten Testsortimenten in die Interpretation der Ergebnisse von Leistungsprüfungen mit Zuchtmaterial wesentliche Hinweise für die Selektion vermitteln kann. Eine genaue Untersuchung des Verhaltens geeigneter Standardsorten unter den speziellen Umweltbedingungen des Selektionsstandortes sollte von den Züchtern in verstärktem Maße genutzt werden, um die Reaktionen des Zuchtmaterials sicherer einzuschätzen.

Резюме

На примерах практики селекционной работы поясняется, что использование информаций из подходящего исследуемого сортимента для интерпретации результатов испытания продуктивности селекционного материала может дать важные сведения для отбора. Точное изучение реакций подходящих стандартных сортов в условиях местопроизрастания проведения селекционных работ должно в большем объеме использоваться селекционерами, чтобы с большей точностью оценивать реакции селекционного материала.

Summary

Examples from practical breeding work with winter wheat are used to show that the inclusion of information from suitable test collections into the interpretation of the results of performance testing of breeding material may provide essential suggestions for selection. Thorough examination of the behaviour of suitable standard varieties under the specific environmental conditions of the selection site should be increasingly used by breeders for more reliable estimation of the reactions of the breeding material.

Anschrift der Verfasser:

Saatzuchtleiter Dr. ALBRECHT MEINEL, Diplomlandwirt IRENE NOSKE
Saatzuchtstation des VEG Saatzucht Böhnshausen-Langenstein
3721 Böhnshausen-Langenstein über Blankenburg (Harz)

Tag.-Ber. Akad. Landwirtsch.-Wiss. DDR · Nr. 119 · 1972 · S. 137–144

Institut für Getreideforschung Bernburg-Hadmersleben
der Akademie der Landwirtschaftswissenschaften
der Deutschen Demokratischen Republik

KLAUS RICHTER und HAGEN HERDAM

Erste Ergebnisse von Kreuzungen mit 'Atlas 66'

1. Einleitung

Entsprechend den berechtigten Forderungen der Tierernährung zur Erhöhung des Proteingehaltes bei Getreide wurden in Hadmersleben im Jahre 1968 entsprechende züchterische Arbeiten bei Winterweizen konsequent begonnen. Das Ziel unserer Untersuchungen besteht darin, die Möglichkeiten einer wesentlichen züchterischen Erhöhung des Proteingehaltes unter den Bedingungen der DDR bei Verwendung der nordamerikanischen eiweißreichen Sorte 'Atlas 66' aufzuzeigen. Der hohe Proteingehalt stammt nach JOHNSON et al. (1968) von der südamerikanischen Sorte 'Frondoso'. 'Atlas 66' erscheint für eine Erhöhung des Proteingehaltes bei gleichzeitiger züchterischer Verbesserung anderer wichtiger Merkmale auf Grund der Literaturangaben sehr geeignet. So geben DAVIS et al. (1961) bei Kreuzungen mit 'Atlas 66' eine Heritabilität des Proteingehaltes von 0,54 bis 0,69, HAUNOLD et al. (1962) von 0,25 bis 0,65, STUBER et al. (1962a) von 0,68 bis 0,83, SUNDERMANN et al. (1965) von 0,15 bis 0,26 und LOFGREN et al. (1969) von 0,16 bis 0,73 an. Diese Werte wurden über verschiedene Schätzverfahren ermittelt. Die Anzahl der proteinkontrollierenden Gene bei 'Atlas 66' wurde annähernd bestimmt, HAUNOLD et al. (1962) meinten, daß relativ wenig Gene beteiligt sind und LOFGREN et al. (1968) schätzten etwa 3–4 Gene. Zum Vererbungsmodus des Proteingehaltes von 'Atlas 66' liegen Hinweise für partielle Dominanz vor (JOHNSON et al., 1968).
Mehrfach wurde eine positive genotypische Korrelation zwischen Proteingehalt und Ertrag in den Nachkommenschaften von Kreuzungen mit 'Atlas 66' aufgezeigt (JOHNSON et al., 1963). Nach GOCOV (unveröff.) wurde in Mexiko der Proteingehalt um 1–2% bei Intensivweizen ohne Ertragsreduktion durch Einkreuzung mit 'Atlas 66' erhöht. Schließlich bestehen nach MATTERN et al. (1968) berechtigte Chancen, aus Kreuzungen mit 'Atlas 66' Formen mit hohem Proteingehalt und gleichbleibender biologischer Eiweißwertigkeit zu erhalten.

2. Material und Methoden

Zur Ermittlung der Selektionschancen in Kombinationen zwischen züchterisch bedeutsamen Winterweizensorten aus Europa und Nordamerika und 'Atlas 66' wurde im Herbst 1969 ein Versuch mit F_2-Populationen im Zuchtgarten von

Tabelle 1

Rohproteingehalt (RP) der verwendeten Winterweizensorten, Anbau Hadmersleben 1968–1970

Sorte	Anzahl der Untersuchungsjahre	RP %
'Atlas 66'	2	17,3
'Kavkaz'	2	14,0
'Fakir'	1	13,2
'Poros'	3	12,8
'Pilot'	3	11,9
'Gaines'	2	10,6

Hadmersleben angelegt. Die verwendeten Sorten sind in ihrer Rangfolge bezüglich Rohproteingehalt aus Analysen von Drillbeständen (Tab. 1) zu entnehmen. 'Atlas 66' wurde einmal als Mutter und viermal als Vater verwendet. Die Populationen und drei Elternsorten wurden ohne Wiederholungen und 'Atlas 66' mit Wiederholungen in einem Abstand von 10 × 40 cm angebaut. Yamazaki et al. (1969) stellten in einem Feldversuch mit vier Weizensorten an mehreren Orten zwischen Pflanzenabständen und Sorten keine Wechselwirkungen fest. Bei einem Einzelpflanzenanbau mit 16–32 Pflanzen/m² ist nach dieser Angabe ein etwa 0,5–1% höherer Proteingehalt gegenüber Drillbeständen zu erwarten.

Durch Auswinterung und andere Ursachen bedingte Fehlstellen wurden mit einer morphologisch leicht unterscheidbaren Weizensorte ausgeglichen. Die Populationen und Eltern wurden einzelpflanzenweise geerntet und verarbeitet. Von jeder Pflanze wurde der Kornertrag ermittelt und aus einer Mischprobe von je 2 g nach Kjehldal der Rohproteingehalt (N × 5,7) bestimmt[1]. Uns erscheint diese Untersuchungsmethodik berechtigt, da nach Stuber et al. (1962) die Analysenergebnisse von Pflanzenmischproben gegenüber Ährenproben nicht abweichen bzw. noch reproduzierbarer sind. Je Elternsorte wurden durchschnittlich 48 und je F_2-Population 166 Einzelpflanzen analysiert.

Das der Analyse zugrunde gelegte Modell lautet für einen Einzelwert

$$y_{ij} = \mu + \frac{1}{2} a + \frac{1}{2} g_i + (ag)_i + b_i + e^*_{ij}.$$

Hierbei ist

μ = Mittelwert der Grundgesamtheit,
a = additiver Effekt von 'Atlas 66',
g_i = additiver Effekt der i-ten Sorte,
$(ag)_i$ = Wechselwirkung 'Atlas 66' × i-te Sorte,
b_i = Effekt der Umweltunterschiede zwischen den Parzellen,
e^*_{ij} = Zufallsabweichung (Umwelt, genet.),
$i = 1, 2, \ldots, p$ (p = Anzahl der Sorten außer 'Atlas 66') und
$j = 1, 2, \ldots, n_i$ (n_i = Anzahl der untersuchten Einzelpflanzen pro Kombination).

[1] Für die Durchführung der Rohproteinbestimmungen sei hiermit Herrn Dipl.-Chemiker W. Franzke, Institut für Getreideforschung Bernburg-Hadmersleben, Bereich Grundlagenforschung, herzlich gedankt.

Für die Effekte g_i, $(ag)_i$, b_i und e^*_{ij} wird das Modell II der Varianzanalyse angenommen, d. h., sie werden als unabhängig normalverteilt mit dem Erwartungswert 0 und einer entsprechenden Varianz betrachtet.

Varianztabelle für F_2-Populationen

Ursache	FG	E (MQ)
Sorten	$p-1$	$\hat{\sigma}^2_{e^*} + k\left(\frac{1}{4}\hat{\sigma}^2_g + \hat{\sigma}^2_{(ag)} + \hat{\sigma}^2_b\right)$
Rest	$N-p$	$\hat{\sigma}^2_{e^*}$

$$N = \sum_{i=1}^{p} n_i \quad ; \quad k = \frac{1}{p-1}\left(N - \frac{1}{N}\sum_{i=1}^{p} n_i^2\right)$$

Für die Prüfung der Elternsorten wird im obengenannten Modell die Summe der Effekte $\frac{1}{2}a + \frac{1}{2}g_i + (ag)_i$ durch g_i ersetzt, wobei für $i = 1,2, \ldots, p$ (p = Anzahl aller geprüften Sorten einschließlich 'Atlas 66') gilt. Die Effekte e^*_{ij} enthalten, wenn die Sorten als homozygote Linien betrachtet werden, keine genetische Komponente und werden daher mit e_{ij} bezeichnet.

Varianztabelle für Eltern

Ursache	FG	E (MQ)	%
Sorten	$p-1$	$\hat{\sigma}^2_e + k(\hat{\sigma}^2_g + \hat{\sigma}^2_b)$	
Rest	$N-p$	$\hat{\sigma}^2_e$	

Die Varianz σ^2_b wurde aus der Varianz zwischen den 'Atlas 66'-Parzellen (s^2_A) gesondert geschätzt:

$$\hat{\sigma}^2_b = s^2_A - \frac{1}{k}\,\hat{\sigma}^2_e$$

Es war jedoch nicht möglich, den Effekt b_i aus den Populations- bzw. Sortenmittelwerten zu eliminieren. Aus den beiden angeführten Varianztabellen ergeben sich die Schätzwerte für die Varianzkomponenten. Analog wurde bei der Ermittlung der Covarianzkomponenten verfahren.

Die Schätzung der Heritabilität (i. e. S.) erfolgte nach

$$h^2 = \frac{\hat{\sigma}^2_g}{\hat{\sigma}^2_g + \hat{\sigma}^2_b + \hat{\sigma}^2_e}\,.$$

Die Koeffizienten der genetischen und zufallsbedingten Korrelation r_G, r_{e^*} bzw. r_e wurden aus den entsprechenden Varianz- und Covarianzkomponenten bestimmt.

Mit Hilfe der CASTLE-WRIGHT-Formel wurde versucht, die Zahl der an der Vererbung des Rohproteingehaltes beteiligten Gene zu schätzen, in denen sich die Elternsorten der einzelnen Populationen unterscheiden. Die Schätzwerte sind jedoch nur als Hinweis aufzufassen, da die Anwendung dieser Formel an zahlreiche Voraussetzungen geknüpft ist, welche nicht oder nur mit großem Aufwand zu überprüfen sind. Insbesondere muß die Annahme gemacht werden, daß die proteinreiche Sorte alle für die Ausprägung dieses Merkmals positiven Allele besitzt, während diese bei den proteinärmeren Sorten fehlen, und daß keine Dominanz bzw. Epistasie vorliegt.

3. Ergebnisse

Die analysierten vier Elternsorten weisen bis auf 'Kavkaz' ähnliche Relationen im Proteingehalt auf wie die untersuchten Sorten in Drillbeständen (Tab. 2). Wahrscheinlich reagiert die Sorte 'Kavkaz' abweichend auf weiten Standraum gegenüber den anderen Sorten. Möglicherweise liegen aber auch Bodeneffekte vor. Die Sorten unterscheiden sich im Rohproteingehalt außer 'Kavkaz' von 'Atlas 66' hochsignifikant voneinander. Eine annähernd gleiche Rangfolge kann zwischen den F_2-Populationen festgestellt werden (Tab. 3). Hier unterscheidet sich lediglich Population 3 nichtsignifikant von Population 4.
Bereits aus diesen Angaben wird die Erhöhung des Rohproteingehaltes in den F_2-Populationen gegenüber den proteinarmen Elternsorten recht deutlich ersichtlich. Diese allgemeine Tendenz ist außerdem der Häufigkeitsverteilung des Rohproteingehaltes in der Kombination 'Fakir' × 'Atlas' und ihren Elternsorten zu entnehmen (Abb.).
Die Auswertung (s. Tab. 4) ergab, daß bei beiden untersuchten Merkmalen die genotypische Varianz offensichtlich auf additiver Genwirkung beruht, da keine nichtadditiven Varianzkomponenten festgestellt werden konnten. Dies ist aus den sinnlosen, weil negativen Werten für $\sigma^2_{(ag)}$ ersichtlich. Das gewogene Mittel der Heritabilität aus der Prüfung der F_2 und der Sorten lag bei 0,40 und damit

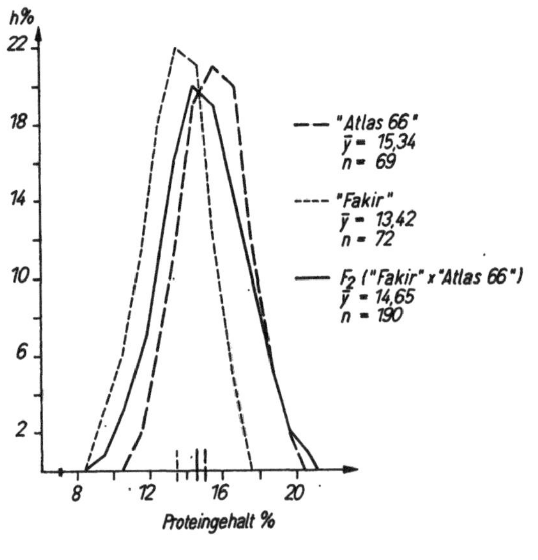

Häufigkeitsverteilung des Rohproteingehaltes der F_2 ('Fakir' × 'Atlas') und ihrer Eltern, Untersuchung 1970

Tabelle 2

Rohproteingehalt ($y_{i\cdot}$) der Elternsorten Untersuchung 1970

Sorten	n_i	$y_{i\cdot}$	Elternvergleich		
		%	2	3	4
1. 'Atlas 66'	54	17,41	–	+ + +	+ + +
2. 'Kavkaz'	54	17,26	–	+ + +	+ + +
3. 'Fakir'	72	13,42		–	+ + +
4. 'Poros'	20	10,84			–

$$y_{i\cdot} = \frac{1}{n_i} \sum_{j=1}^{n_i} y_{ij}$$

$GD_{0,1\%} = 1,06$

Signifikanzzeichen
+ + + = α 0,1%
+ + = α 1%
+ = α 5%

Tabelle 3

Rohproteingehalt (y_i) der F_2-Populationen, Untersuchung 1970

F_2-Populationen	n_i	$y_{i\cdot}$	F_2-Pop.	Vergleich		
			2	3	4	5
1. 'Atlas 66' × 'Kavkaz'	148	15,63	+ + +	+ + +	+ + +	+ + +
2. 'Fakir' × 'Atlas 66'	190	14,55	–	+ + +	+ + +	+ + +
3. 'Poros' × 'Atlas 66'	169	13,83		–	–	+ + +
4. 'Gaines' × 'Atlas 66'	133	13,44			–	+ + +
5. 'Pilot' × 'Atlas 66'	196	11,94				–

$GD_{0,1\%} = 0,66$

Signifikanzzeichen s. Tabelle 2

deutlich über der Heritabilität des Kornertrages. Auf Grund der großen Schätzfehler fiel die genetische Korrelation zwischen Rohproteingehalt und Kornertrag/Pflanze in den F_2-Populationen größer als eins aus, während in den Sorten ein genetischer Korrelationskoeffizient von – 0,57 ermittelt wurde. Der geringe Umfang des geprüften Materials reicht jedoch für eine gesicherte Aussage dieser Parameter nicht aus. Die Restkorrelationen sind, obwohl gesichert, nicht wesentlich von 0 verschieden.

Vergleicht man die Varianzen innerhalb der Ausgangssorten untereinander, so ergibt sich, daß die Varianz von 'Atlas 66' in allen untersuchten Fällen über der der anderen Sorten liegt, davon in einem Fall signifikant, da die Sorte 'Poros' eine extrem niedrige Varianz aufweist (Tab. 5).

Die Varianzen der Populationen lagen signifikant über denen ihrer eiweißärmeren Elternsorten und nichtsignifikant über 'Atlas 66'. Die geschätzten Genzahlen betrugen 0–0,7.

Tabelle 4

Varianz- bzw. Covarianzkomponenten sowie Heritabilitäts- und Korrelationskoeffizienten

geschätzte Parameter	Rohproteingehalt %	Kornertrag/ Pflanze in g	Rohproteingehalt × Kornertrag
$4\left(\frac{1}{4}\sigma_g^2 + \sigma_{(ag)}^2\right)$	1,33	6,44	11,84
σ_g^2 (Sorten)	6,06	10,38	− 4,52
$\sigma_{(ag)}^2$	− 1,18	− 0,98	4,09
σ_b^2	1,60	5,04	− 0,25
$\sigma_{e^*}^2$	3,35	105,10	1,55
σ_e^2	2,46	79,60	− 1,10
h^2 (Sorten)	0,60	0,11	
h^2 (F_2)	0,25	0,07	
r_g (Sorten)			− 0,57
r_g (F_2)			+ 4,04
r_{e^*}			+ 0,08
r_e			− 0,08

Tabelle 5

Variabilität des Rohproteingehaltes von drei F_2-Populationen und ihrer Eltern sowie Anzahl der beteiligten Gene, Untersuchung 1970

Sorten Population	$\hat{\sigma}$%	$\hat{\sigma}^2$	F-Test	Genzahlen
'Atlas 66'	10,6	3,42		
			1,20	
'Atlas 66' × 'Kavkaz'	13,0	4,11		0
			$1{,}81^{+++}$	
'Kavkaz'	8,7	2,27		
'Atlas 66'	10,8	2,71		
			1,32	
'Fakir' × 'Atlas 66'	13,0	3,57		0,5
			$1{,}49^{+}$	
'Fakir'	11,5	2,39		
'Atlas 66'	11,2	2,35		
			1,24	
'Poros' × 'Atlas 66'	12,4	2,92		0,7
'Poros'	6,7	0,54	$5{,}41^{+++}$	

4. Diskussion

Auf der Basis der bis jetzt vorliegenden Ergebnisse, die im allgemeinen mit Angaben aus der Literatur übereinstimmen, meinen wir, daß 'Atlas 66' einen wertvollen Kreuzungspartner in unserem Züchtungsprogramm zur Erhöhung des Eiweißgehaltes darstellt. Wegen der signifikant höheren Varianzen des Rohproteingehaltes in den F_2-Populationen gegenüber den proteinärmeren Elternsorten sind berechtigte Selektionschancen auf hohen Proteingehalt vorhanden. In den Populationsnachkommenschaften dürfte ein Selektionsgewinn im Proteingehalt auf Grund der geschätzten Heritabilität und des Vorhandenseins additiver genetischer Effekte zu erwarten sein. Die relativ niedrige Anzahl der proteinkontrollierenden Gene läßt mit den angeführten Einschränkungen eine Selektion auf hohen Proteingehalt in frühen Generationen aussichtsreich erscheinen. Dabei sind proteinreiche Formen mit einer annehmbaren Ertragsleistung zu erwarten. Die nicht nachgewiesenen genetischen Wechselwirkungen zwischen 'Atlas 66' und den verwendeten Elternsorten weisen darauf hin, daß epistatische und Dominanzeffekte in den Kreuzungsnachkommenschaften wahrscheinlich nicht auftreten. In der Hybridweizenzüchtung dürfte deshalb auch durch 'Atlas 66' keine Heterobeltiosis im Proteingehalt auftreten. Diese Annahme steht im Widerspruch zu den Angaben von JOHNSON et al. (1968). Zur Klärung dieser Frage sind weitere Versuche notwendig.

Zusammenfassung

Es wird über erste Ergebnisse aus Kreuzungen zwischen der proteinreichen Sorte 'Atlas 66' mit fünf züchterisch bedeutsamen Weizensorten berichtet. Die Vererbung des Rohproteingehaltes beruht in erster Linie auf additiver Genwirkung. Nichtadditive Wechselwirkungen konnten nicht festgestellt werden. Die sich daraus ergebenden züchterischen Konsequenzen werden diskutiert.

Резюме

Сообщается о первых результатах скрещивания богатого протеином сорта Атлас 66 с пятью сортами пшеницы, представляющими селекционный интерес. Наследование содержания протеина основывается в первую очередь на аддитивном действии генов. Неаддитивных взаимодействий не было установлено. Обсуждаются вытекающие из этого выводы для селекции.

Summary

A report is given of preliminary results of crosses between the high-protein variety 'Atlas 66' and five wheat varieties of high breeding value. The heredity of the crude protein content is primarily due to the additive gene effect. Non-additive correlations were not found. The resulting consequences for breeding work are discussed.

Literatur

DAVIS, W. H.; MIDDLETON, G. K.; HEBERT, T. T.: Inheritance of protein, texture and yield in wheat. Crop Sci. 1 (1961), S. 235–238

GOCOV, K.: Selekcija pšenicy v Meksike (1969), unveröff.

HAUNOLD, A.; JOHNSON, V. A.; SCHMIDT, J. W.: Genetic measurements of protein in the grain of *Triticum aestivum* L. Agron. J. 54 (1962), S. 203–206

JOHNSON, V. A.; SCHMIDT, T. W.; MATTERN, P. J.; HAUNOLD, A.: Agronomic and quality characteristics of high protein F_2- derived families from a soft-red winter- hard red winter wheat cross. Crop Sci. 3 (1963), S. 7–10

JOHNSON, V. A.; MATTERN, P. J.; WHITED, D. A.; SCHMIDT, J. W.: Breeding for high protein content and quality in wheat. New approaches to breeding for improved plant protein. Proceed. of a panel meeting (FAO, IAEA, Röstånga, Schweden, 1968), 1969, S. 29–40

LOFGREN, J. R.; FINNEY, K. F.; HEYNE, E. G.; BOLTE, L. C.; HOSENEY, R. C.; SHOGREN, M. D.: Heritability estimates of protein content and certain quality and agronomic properties in bread wheat (*Triticum aestivum* L.). Crop Sci. 8 (1968), S. 563–567

MATTERN, P. J.; SALEM, A.; JOHNSON, V. A.; SCHMIDT, J. W.: Amino acid composition of selected high protein wheats. Cereal Chem. 45 (1968), S. 437–444

STUBER, C. W.; JOHNSON, V. A.; SCHMIDT, J. W.: Intraplant and interplant variation of grain protein content in the parents and the F_1 of a cross of Triticum aestivum. Crop Sci. 2 (1962), S. 286–289

STUBER, C. W.; JOHNSON, V. A.; SCHMIDT, J. W.: Grain protein content and its relationship of other plant and seed characters in the parents and progeny of a cross of *Triticum aestivium* L. Crop Sci. 2 (1962a), S. 506–508

SUNDERMANN, D. W.; WISE, M. M.; SNEED, E. M.: Interrelationships of wheat protein content, flour sedimentation value, farinograph peaktime and dough mixing and baking characteristic in the F_2- and F_3-generations of winter wheat, *Triticum aestivum.* Crop Sci. 5 (1965), S. 537–540

YAMAZAKI, W. T.; BRIGGLE, L. W.; PETERSEN, H. D.: Effect of plant density upon soft wheat quality characteristics. Crop Sci. 9 (1969), S. 35–37

Anschrift der Verfasser:

Diplomlandwirt KLAUS RICHTER und Dr. HAGEN HERDAM
Institut für Getreideforschung Bernburg-Hadmersleben
der Akademie der Landwirtschaftswissenschaften
der Deutschen Demokratischen Republik
4351 Bernburg-Strenzfeld, Mitschurinstraße 22

Tag.-Ber. Akad. Landwirtsch.-Wiss. DDR · Nr. 119 · 1972 · S. 145–152

Sektion Pflanzenproduktion – Lehrstuhl für Pflanzenzüchtung Hohenthurm – der Martin-Luther-Universität Halle-Wittenberg

DIETER METTIN, FRITZ MÜLLER und ROLF SCHLEGEL

Untersuchungen an Valenzkreuzungen beim Roggen (*Secale cereale* L.)

3. Mitteilung: Über die Häufigkeit von 3x- und 4x-Bastarden unter verschiedenen Bestäubungsbedingungen

Eine der wichtigsten Aufgaben der Tetraroggenzüchtung besteht heute in der Verbreiterung der genetischen Variabilität, um eine bessere Ausgangsbasis für die Selektionsarbeiten zu schaffen und damit einen schnellen Zuchtfortschritt zu gewährleisten. Zur Herstellung neuer autopolyploider Formen hat sich neben dem Colchicinverfahren in neuerer Zeit in zunehmendem Umfang die Valenzkreuzungsmethodik (CARROLL u. BORRILL, 1965; SKIEBE, 1958, 1966, 1970a u. 1970b) eingeführt. In den letzten Jahren ist bereits von METTIN und MÜLLER (1970), MÜLLER und METTIN (1970) über Valenzkreuzungen beim Roggen und deren theoretische und praktische Bedeutung berichtet worden. Die bei diesen Arbeiten bisher gemachten Feststellungen lassen sowohl starke Umwelteinflüsse als auch genetisch bedingte Unterschiede in den aufgetretenen Häufigkeiten von 3x- und 4x-Bastarden vermuten, über die nachfolgend berichtet wird.

1. Material und Methoden

Während in den Jahren von 1966 bis 1969 für die wechselseitige Bestäubung die Kreuzungspartner unter Isoliervorrichtungen (vgl. METTIN u. MÜLLER, 1970; MÜLLER u. METTIN, 1970) abblühten, wurde 1970 die Methodik geändert. Eine Serie von Valenzkreuzungen wurde in langen, 1,5 m breiten Beeten in alternierender Reihenanordnung der Kreuzungspartner in Nord-Süd-Richtung, also quer zur Hauptwindrichtung, angebaut. Hierbei waren neben einer gewissen räumlichen Isolierung die einzelnen Kreuzungskombinationen durch Plastfolienwände voneinander getrennt. In einer zweiten Serie, die zur Untersuchung anderer Fragen angelegt war, wurden Einzelpflanzen geklont und die Klonteile so gepflanzt, daß jeweils ein Genotyp eines Kreuzungspartners mit einem Genotyp des anderen Partners unter den früher beschriebenen Isoliervorrichtungen abblühte. Als mütterlicher Kreuzungspartner diente immer der nach heller Samenschale und nichtrotgefärbter Koleoptile selektierte 4x-Hellkornroggen (MÜLLER u. METTIN, 1970). Die Bastardkaryopsen wurden als Xenien nach dem Drusch der Einzelähren des mütterlichen Partners ausgelesen. Bei diesem Kreuzungsverfahren scheidet eine subjektive Beeinflussung in der Häufigkeit der entstehenden Bastarde durch Kreuzungsarbeiten aus. Sowohl

1969 als auch 1970 wurden unter den gleichen Bestäubungsbedingungen Kontrollen des mütterlichen Partners angebaut, um die Frequenz im Auftreten von Rekombinationen (vgl. Müller u. Mettin, 1970) zu prüfen.
In der vorliegenden Mitteilung wird nach den zytologischen Untersuchungen nur zwischen 3x- und 4x-Bastarden unterschieden und keine Trennung zwischen eu- und aneuploiden Individuen vorgenommen, da die exakte somatische Chromosomenzahl für die vorliegende Fragestellung von untergeordneter Bedeutung ist.

2. Ergebnisse und Diskussion

Ausgehend von den aufgetretenen Unterschieden in den Häufigkeiten von entstandenen 3x- und 4x-Bastarden zwischen den verschiedenen Kombinationen (Tab. 1 und 2) wurde der Anbau der Kreuzungspartner, wie im Abschnitt

Tabelle 1

Ergebnisse der Valenzkreuzungen 1968

Kreuzung 4x · 2x		Anzahl der geernteten Karyopsen	davon Xenien	davon 3x-Keimpflanzen		davon 4x-Keimpflanzen	
				abs.	%	abs.	%
St. H 1/67	× Danae	12262	182	33	0,269	72	0,587
„	× Petkuser Kurz	8062	125	10	0,124	71	0,881
„	× mehltaures. Stamm	6938	68	17	0,245	38	0,548
„	× braunrostres. Stamm	7975	58	15	0,188	27	0,339
„	× Edelhofer	6679	80	10	0,150	29	0,434
„	× auswuchsres. Stamm	6789	36	10	0,147	15	0,221

St. H 1/67 = Hohenthurm Stamm H 1/67, tetraploider Hellkornroggen

Material und Methoden beschrieben, geändert, wodurch eine Beobachtung des Blühzeitraumes möglich wurde, was unter den Isoliervorrichtungen unmöglich war. Damit sollte festgestellt werden, ob die Unterschiede in der Bastardhäufigkeit zwischen den Kombinationen durch unterschiedliche Blühtermine verursacht werden. Nach den erhaltenen Ergebnissen der Blühzeiten 1970, die hier nicht im einzelnen dargelegt werden sollen, muß dies verneint werden. Ebenso konnte keine Beziehung zwischen den unterschiedlichen Halmlängen und der Häufigkeit entstandener Bastarde festgestellt werden.
In den einzelnen Jahren wurden über alle Kombinationen hinweg folgende durchschnittliche Bastardhäufigkeiten und folgendes Auftreten von Rekombinationen in der mütterlichen Partnerlinie (Müller u. Mettin, 1970) ermittelt:

Tabelle 2

Ergebnisse der Valenzkreuzungen 1969 und 1970

Kreuzung 4x · 2x	Anzahl der geernteten Karyopsen		davon Xenien		davon 3x-Keimpflanzen				davon 4x-Keimpflanzen			
					1969		1970		1969		1970	
	1969	1970	1969	1970	abs.	%	abs.	%	abs.	%	abs.	%
St. H 1/67 × Danae	1826	5415	16	19	4	0,219	7	0,129	1	0,055	4	0,074
„ × Petk. Kurz	4882	6997	10	32	1	0,020	5	0,071	2	0,041	4	0,057
„ × Mehltaures.	3225	5290	15	14	7	0,217	4	0,076	1	0,031	3	0,057
„ × Rostres.	3189	7372	16	10	13	0,408	1	0,014	0	0	5	0,068
„ × Edelhofer	4416	4047	16	16	8	0,181	4	0,099	0	0	1	0,025
„ × Auswuchsres.	4589	5023	9	24	2	0,044	2	0,040	0	0	0	0
„ × Oberkärntner	3990	5499	24	23	9	0,226	6	0,109	4	0,100	1	0,018
„ × Harrach 15/63	4708	6029	66	38	15	0,319	3	0,050	13	0,276	1	0,016
„ × A/S	3824	6781	13	9	7	0,183	2	0,029	2	0,052	1	0,015
„ × Otterbacher	3588	5185	44	31	23	0,641	11	0,212	14	0,390	0	0
„ × Dominant	4233	6492	26	37	13	0,307	10	0,154	3	0,071	1	0,015
„ × Karsten Kurz	6470	6173	10	31	4	0,062	0	0	0	0	0	0
„ × Kungs II	5305	8236	8	23	2	0,038	2	0,024	1	0,019	6	0,073
„ × Värne	5397	7324	29	21	7	0,130	3	0,041	12	0,222	1	0,014
„ × Tellö	5181	—	5	—	1	0,019	—	—	0	0	—	—
„ × M 3 A/67	—	6046	—	33	—	—	4	0,066	—	—	1	0,016
„ × Dankowski	—	5148	—	42	—	—	7	0,136	—	—	0	0
„ × Gawczyna	—	6051	—	59	—	—	7	0,116	—	—	12	0,198

St. H 1/67 = Hohenthurm Stamm H 1/67, tetraploider Hellkornroggen

X^2-Testes für die übrigen Ergebnisse ist nicht möglich oder problematisch, da zahlreiche Häufigkeiten einen Wert unter 5 bzw. den Wert 0 besitzen. Deshalb wurden drei- und zweijährige Vergleiche mit Hilfe von Rangkorrelationen

Tabelle 5

Zweijähriger Vergleich mit Rangkorrelationen der entstandenen Häufigkeiten von 3x- und 4x-Bastarden

Kreuzung 4x · 2x		1969 3x %	Rang	4x %	Rang	1970 3x %	Rang	4x %	Rang
St. H 1/67	× Danae	0,219	6	0,055	6	0,129	3	0,074	1
„	× Petkuser Kurz	0,020	14	0,041	8	0,071	7	0,057	4,5
„	× Mehltauresistenter	0,217	7	0,031	9	0,076	6	0,057	4,5
„	× Rostresistenter	0,408	2	0	12,5	0,014	13	0,068	3
„	× Edelhofer	0,181	9	0	12,5	0,099	5	0,025	6
„	× Auswuchsresistenter	0,044	12	0	12,5	0,040	10	0	13
„	× Oberkärntner	0,226	5	0,100	4	0,109	4	0,018	7
„	× Harrach 15/63	0,319	3	0,276	2	0,050	8	0,016	8
„	× A/S	0,183	8	0,052	7	0,029	11	0,015	9,5
„	× Otterbacher	0,641	1	0,350	1	0,212	1	0	13
„	× Dominant	0,307	4	0,071	5	0,154	2	0,015	9,5
„	× Karsten Kurz	0,062	11	0	12,5	0	14	0	13
„	× Kungs II	0,038	13	0,019	10	0,024	12	0,073	2
„	× Värne	0,130	10	0,222	3	0,041	9	0,014	11

Rangkorrelationskoeffizienten

zwischen den 3x- und 4x-Nachkommenschaften 1969	1970	zwischen den 3x-Nachkommenschaften 1969/70	zwischen den 4x-Nachkommenschaften 1969/70
0,56	0,09	0,45	– 0,17

(Tab. 4 u. 5) vorgenommen, die auch auf genetische Unterschiede hindeuten (s. Tab. 4, vor allem 1968/69). Daß keine oder nur eine geringe Beziehung zwischen den Werten von 1969 und 1970 bestehen, dürfte einmal in den modifizierenden Verhältnissen der unterschiedlichen Verfahren und zum anderen durch die bei einigen Kombinationen sehr geringen Häufigkeiten der entstandenen Bastarde und dem absoluten Ausfall von einigen weiteren Kombinationen begründet sein.

Beziehungen zwischen dem Auftreten von 3x- und 4x-Bastarden innerhalb der Kombinationen sind offenbar nicht vorhanden (Tab. 4 u. 5). Sie können eigentlich auch nicht erwartet werden, da das Auftreten von 3x-Formen im wesentlichen auf die Arbortionsrate der 3x-Embryonen und die Entstehung von 4x-Bastarden auf die Häufigkeit der Entstehung von unreduzierten Gameten in den Pollenmutterzellen zurückzuführen ist. Jedoch kann nach den bisherigen Untersuchungen nichts über Arbortionsraten noch über die Entstehungsfrequenz von unreduzierten Gameten ausgesagt werden, da bei den vorliegenden Untersuchungen nur die Manifestation von 3x- bzw. 4x-Bastarden ermittelt wird.

Zusammenfassung

Nach den bisher vorliegenden Ergebnissen mit Valenzkreuzungen bei Roggen müssen für die Entstehung der unterschiedlichen Häufigkeiten im Auftreten von 3x- bzw. 4x-Bastarden sowohl erhebliche Jahresunterschiede, vermutlich durch Witterungsverhältnisse bedingt, als auch gewisse genetische Unterschiede zwischen verschiedenen Kombinationen als Ursachen angenommen werden. Beeinflussungen durch unterschiedliche Blühzeiten oder durch unterschiedliche Halmlängen der Kreuzungspartner können weitgehend vernachlässigt werden. Zur Erzeugung von 4x-Bastarden für praktisch züchterische Arbeiten scheint das Abblühen von geklonten Einzelpflanzen unter Isoliervorrichtungen am effektivsten zu sein.

Резюме

Судя по полученным до сих пор результатам валентных скрещиваний ржи, различная частота появления гибридов 3 x и 4 x объясняется как значительными годовыми различиям, вызванными вероятно погодными условиями, так и определенными генетическими причинами между различными комбинациями. Влиянием, которое оказывают различное время цветения или различная длина соломины партнеров скрещивания можно в значительной мере принебречь. Для получения 4 x гибридов для практических селекционных работ наиболее эффективным кажется оцветание клонированных растений в изолированных условиях.

Summary

The results so far obtained from valence crosses in rye suggest that the differences in the frequency of 3x or 4x hybrids are due both to the considerably different weather conditions between the years investigated and to certain genetic differences between the various crossing combinations. The influence of different dates of flowering or of different culm lengths of the crossing parents may be largely neglected. Flowering of single cloned plants of the diploid and autotetraploid parents kept under isolation seems to be the most effective way for producing 4x hybrids that can be used for practical breeding work.

Literatur

CARROLL, C. P.; BORRILL, M: Tetraploid hybrids from crosses between diploid and tetraploid *Dactylis* and their significance. Genetica 36 (1965), 65–82

METTIN, D.; MÜLLER, F.: Untersuchungen an Valenzkreuzungen beim Roggen (*Secale cereale* L.). I. Ein einfaches Bastardierungsverfahren sowie einige Bemerkungen über das Verhalten der Triploiden. Tag.-Ber. Dt. Akad. Landwirtsch.-Wiss. Berlin Nr. 101, 1970, S. 205–216

MÜLLER, F.; METTIN, D.: Untersuchungen an Valenzkreuzungen beim Roggen (*Secale cereale* L.). II. Einige praktische und theoretische Aspekte zur Nutzung der Kreuzungsprodukte. Ber. f. Pflanzenzüchter III, 1970, S. 97–102

SKIEBE, K.: Die Bedeutung von unreduzierten Gameten für die Polyploidiezüchtung bei der Fliederprimel (*Primula malacoides* Franchet). Züchter 28 (1958), S. 353–359

SKIEBE, K.: Polyploidie und Fertilität. Z. Pflanzenzücht. 56 (1966), S. 301–342

SKIEBE, K.: Die Bedeutung der Polyploidie für die Evolution und die Pflanzenzüchtung. Tag.-Ber. Dt. Akad. Landwirtsch.-Wiss. Berlin Nr. 101, 1970, S. 27–50

SKIEBE, K.: Polyploidie bei *Begonia semper florens culturum* Krauss. Tag.-Ber. Dt. Akad.-Landwirtsch.-Wiss. Berlin, Nr. 101, 1970, S. 109–119

Anschrift der Verfasser:

Dr. DIETER METTIN, Dr. FRITZ MÜLLER, ROLF SCHLEGEL
Sektion Pflanzenproduktion – Lehrstuhl für Pflanzenzüchtung Hohenthurm – der Martin-Luther-Universität Halle-Wittenberg
4104 Hohenthurm über Halle/Saale, Berliner Straße 2

Tag.-Ber. Akad. Landwirtsch.-Wiss. DDR · Nr. 119 · 1972 · S. 153–161

Sektion Pflanzenproduktion – Lehrstuhl für Pflanzenzüchtung Hohenthurm – der Martin-Luther-Universität Halle-Wittenberg

DIETER METTIN, JULIANA BALKANDSCHIEWA und FRITZ MÜLLER

Untersuchungen an trisomen Formen des Roggens (*Secale cereale* L.)

Die besondere Eignung von Trisomen zur Lokalisation von Erbanlagen auf spezifischen Chromosomen durch trisomenanalytische Untersuchungen sowie die Möglichkeit der Zuordnung phänotypischer Effekte zu kompletten Koppelungsgruppen haben dazu geführt, daß heute von den weltwirtschaftlich wichtigsten diploiden Kulturpflanzen und darüber hinaus auch bei anderen Arten vollständige Serien primärer Trisome vorliegen oder an ihrer Herstellung gearbeitet wird, so bei *Antirrhinum* (STUBBE, 1934; RUDORF-LAURITZEN, 1958), *Arabidopsis* (SEARS u. LEE-CHEN, 1970), *Beta* (BUTTERFASS, 1964; KALTSIKES u. EVANS, 1967), *Capsicum* (POCHARD, 1968), *Corchorus* (IYER, 1968), *Clarkia* (VASEK, 1956), *Datura* (BLAKESLEE u. AVERY, 1938), *Hordeum* (TSUCHIYA, 1958, 1967), *Lotus* (CHEN u. GRANT, 1968), *Lycopersicon* (RICK u. BARTON, 1954), *Medicago* (KASHA u. MCLENNAN, 1967), *Nicotiana* (GOODSPEED u. AVERY, 1939), *Oryca* (HU, 1968), *Pennisetum* (GILL et al., 1970), *Secale* (KAMANOI u. JENKINS, 1962, 1963), *Solanum* (VOGT u. ROWE, 1968), *Sorghum* (LIU u. ROSS, 1969), *Spinacia* (JANICK et al., 1959), *Verbena* (ARORA u. KOSHOO, 1969) und *Zea* (EINSET, 1943).
Neben Befunden an einzelnen spontanen Trisomen (TAKAGI, 1935; SYBENGA, 1965a, 1965b) wurde beim Roggen ein kompletter Satz derartiger Aberrationen erstmalig von KAMANOI und JENKINS (1962, 1963) beschrieben. Diese bei der Sorte „Petkus“ hergestellte Trisomenserie soll jedoch nach Angaben des einen Autors (KAMANOI, 1968) in Japan verloren gegangen sein.
Die große Bedeutung, die dem Roggenanbau in der DDR zukommt, sowie das im Vergleich zu anderen Gramineen unbefriedigende Wissen über das genetische Verhalten wichtiger Merkmale (JAIN, 1960; SYBENGA u. PRAKKEN, 1962; WATKINS u. WHITE, 1963; MIKOLAJCZYK, 1964; FEDOROV et al., 1967, 1970) waren Veranlassung, die Arbeiten zur Herstellung eines Trisomensatzes aufzunehmen.

1. Material und Methodik

Primäre Trisome mit 2n = 15 Chromosomen wurden neben anderen Aberrationen aus der Rückkreuzung von triploiden Bastarden mit der diploiden Sorte ‘Danae’ gewonnen, wobei die Triploiden in relativ hoher Frequenz als

Tabelle 1

Somatisches Chromosomenzahlen-Spektrum in den Nachkommen der Kreuzung 3x · 2x von *S. cereale* aus den Jahren 1967 und 1968

Jahr	Anzahl der 3x-Mütter	Anzahl der untersuchten Individuen	davon Nachkommen mit der Chromosomenzahl 2 n = 14	15	16	17	18	19	23	25	27	14 + B
1967	4	154	27	65	44	9	2	2	1	1	2	1
1968	7	422	90	201	91	26	7	3	–	–	2	2
	11	576	117	266	135	35	9	5	1	1	4	3
in %			20,3	46,2	23,5	6,1	1,7	0,9	0,2	0,2	0,7	0,5

Farbxenien aus der Kombination 4x 'Heines Hellkorn'. 2x 'Danae' selektiert werden konnten (Mettin u. Müller, 1970; Müller u. Mettin, 1970). Unter den Nachkommen derartiger Rückkreuzungen befanden sich etwa 46% trisome Individuen (Tab. 1). Alle meiotisch geprüften 16chromosomigen Pflanzen erwiesen sich erwartungsgemäß als di-trisom. Sie können somit als Quelle für die erneute Selektion von primären Trisomen dienen.

Sämtliches Versuchsmaterial wurde in den Jahren 1968 bis 1970 in Töpfen kultiviert und, wenn nicht anders vermerkt, während der Blütezeit zur freien Bestäubung ohne Kastration in einen Freilandbestand der Sorte 'Danae' eingestellt. Dadurch wurde in den meisten Fällen ein guter Kornansatz bei den Trisomen erreicht und gleichzeitig die Verdrängung der 'Heines-Hellkorn'-Komponente aus den Bastarden eingeleitet.

Die Chromosomenuntersuchungen erfolgten an mit α-Bromnaphthalin vorbehandelten, in Eisessig fixierten und nach der Feulgentechnik gefärbten Wurzelspitzen-Quetschpräparaten. Die verschiedenen Trisomentypen reagierten dabei offensichtlich unterschiedlich auf diese Behandlung. Die Analyse der Meiosestadien wurde an jungen, in 3 : 1 (Alkohol : Eisessig) fixierten und ebenfalls nach der Feulgentechnik gefärbten Antheren, die zu Dauerpräparaten verarbeitet wurden, vorgenommen.

2. Morphologische Befunde

Da alle trisomen Pflanzen herkunftsgemäß als ± heterozygot anzusehen waren (s. o.), wurde das gesamte Material zunächst nicht nur den zu erwartenden sieben morphologischen Gruppen zugeordnet, sondern darüber hinaus auch einigen

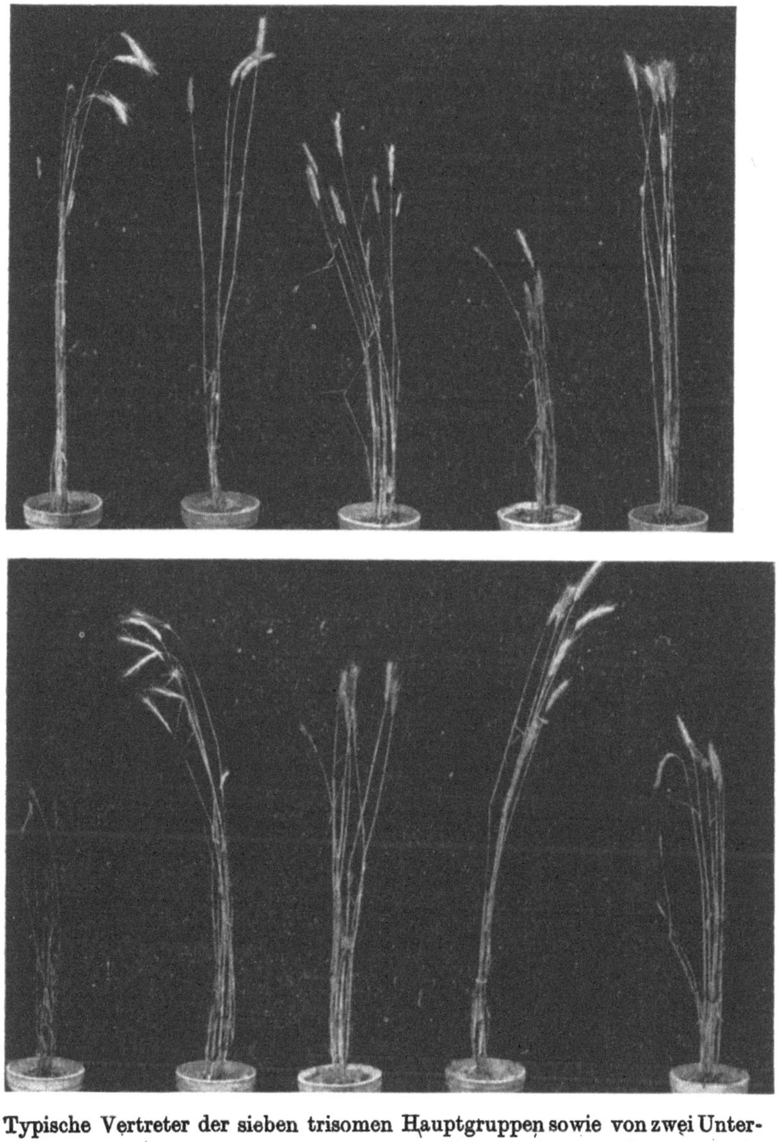

Typische Vertreter der sieben trisomen Hauptgruppen sowie von zwei Untergruppen. Von links nach rechts, oben: Disome Kontrolle 'Danae', Gruppe 1, 2, 3, 5, unten: 6, 7, 8, Untergruppe 1 A und 4

weiteren Untergruppen (in den Tabellen Gruppen 1 A und 4). Die den morphologisch distinkten Gruppen zugeordneten Individuen variierten in den Jahren 1969 und 1970 geringfügig bis mäßig, der Rahmen der jeweiligen Gruppe wurde jedoch kaum überschritten. Dieser Befund sowie die Tatsache, daß die aus den Trisomennachkommenschaften herausspaltenden 14chromosomigen Pflanzen aus allen morphologischen Gruppen stets in etwa den Typus der Sorte 'Danae' repräsentierten, berechtigen zu der Annahme, daß die beobachteten morphologischen Unterschiede zwischen den Gruppen weniger dem variierenden Heterozygotiegrad der Einzelpflanzen als vielmehr der Wirkung oder den Interaktionsbeziehungen des jeweiligen Extrachromosoms zuzuordnen sind.

Die in beiden Jahren festgestellten Unterschiede zwischen den Trisomengruppen betreffen eine Reihe von Einzelmerkmalen, die, mit Ausnahme von Gruppe 1, eine eindeutige Identifizierung der Trisome sowohl gegenüber diploiden Kontrollpflanzen als auch zwischen den Gruppen ermöglichen (Abb.). In Tabelle 2 sind eine Reihe von charakteristischen Merkmalsveränderungen der Trisomengruppen gegenüber dem disomen Standard 'Danae' zusammengestellt.

Die von Kamanoi und Jenkins (1962, 1963) mitgeteilten morphologischen Veränderungen bei den aus der Sorte 'Petkus' isolierten Trisomen treffen in ihrer Gesamtheit nur für einige der hier beschriebenen Aberrationen zu, so z. B. für unsere Gruppen 2 und 3 (bzw. 4), die etwa dem Trisom VII (SAT-Chromosom) 'bush' und dem Trisom III 'stout' entsprechen. Somit ist ein Vergleich der Befunde dieser Autoren mit unseren nur in einigen Fällen möglich. Wenngleich

Tabelle 2

Auffallende morphologische und physiologische Abweichungen der Trisomengruppen gegenüber der diploiden Kontrolle 'Danae'

Merkmal/Eigenschaft	verändert bei Gruppe								
	1	2	3	5	6	7	8	1 A	4
Bestockung		+	+		−				
Halmstärke		−	+			−	+		+
Ährenschubtermin[1]		−				−			
Pflanzenlänge		−			−				−
hairy neck[2]	−					−	−		+
Begrannung[3]				+		+	+		+
Ährenform		−				−			
Ährenlänge			−		−				
Spindelstufenzahl	+	+			−			+	
Spindelstufenabstand[4]	−	−						−	
Blühtermin[5]		−		−		−			
Reaktion auf Mehltau[6]			+						+
Blattlänge				+			−	−	
Blattbreite	+	−				−		+	
Kornform[7]			−	+	−	−	+		−
Korngröße		−				−			+

[1] + = früher, − = später [2] + = stärker, − = schwächer [3] + = länger, − = kürzer
[4] + = weiter, − = enger [5] + = früher, − = später [6] + = stark befallen
[7] + = runder, − = schmaler

auch die karyomorphologischen Untersuchungen über die Art des jeweiligen Extrachromosoms noch nicht abgeschlossen sind (s. u.), so besteht doch auf Grund der Anzahl der morphologisch eindeutig unterschiedenen Gruppen eine große Wahrscheinlichkeit, daß in dem vorliegenden Material alle primären Trisome vorhanden sind.

3. Cytologische Befunde

Das geprüfte Material hat sich in den Jahren als chromosomal außerordentlich konstant erwiesen. In den Rückkreuzungs- und Selbstungsnachkommenschaften aller Trisomengruppen wurden bei mehr als 5800 untersuchten Pflanzen lediglich 0,2% nicht erwartete Abweichungen beobachtet. Hierbei handelte es sich entweder um Veränderungen der Ploidiestufe, um Fragmente oder um telocentrische Aberrationen des in MI univalent vorliegenden Extrachromosoms.
Die Karyotypanalysen der verschiedenen Extrachromosomen sind noch nicht abgeschlossen, da die Identifizierung des trisomen Status in der Mitose Schwierigkeiten bereitet. Die Ursache hierfür ist in dem Herstellungsverfahren der Triploiden (s. o.) und der möglicherweise daraus resultierenden Strukturheterozygotie der trisomen Rückkreuzungsprodukte zu sehen.
Aus den zweijährig durchgeführten Untersuchungen über das meiotische Paarungsverhalten der morphologisch gruppierten Trisome kann jedoch gefolgert werden, daß für eine Reihe derartiger Merkmale ähnliche Differenzen bestehen wie für den Habitus der Gruppen. So konnten wir zwischen den Trisomentypen Unterschiede hinsichtlich der Univalentfrequenz (Gruppen 1 und 3), der Häufigkeit von Stabbivalenten (Gruppe 2) sowie bezüglich der Art und Häufigkeit der Trivalentkonfigurationen (Gruppen 6 und 8) ermitteln. Die chromosomalen Bindungsverhältnisse entsprechen im wesentlichen den von KAMANOI und JENKINS (1962, 1963) mitgeteilten Befunden. Im Mittel aller Trisomengruppen liegen in MI zu etwa gleichen Teilen die Konfigurationen 1^{III} 6^{II} oder 7^{II} 1^{I} vor, aus denen bei zufälliger Verteilung des Extrachromosoms im wesentlichen Gameten mit entweder 7 oder 8 Chromosomen resultieren.

4. Transmission des Extrachromosoms

Die Art und Häufigkeit der Weitergabe der einzelnen Extrachromosomen sowohl durch Pollen als auch durch Eizellen ist ein entscheidendes Kriterium dafür, ob bei einer gegebenen Art Trisomenanalysen überhaupt durchführbar sind. Wie aus den in Tabelle 3 zusammengestellten Werten ersichtlich ist, wurden die Extrachromosomen bei allen von uns untersuchten Trisomengruppen in der Kreuzungsrichtung (2n + 1) · 2n im Mittel der Jahre 1969 und 1970 zu etwa 15% über die Eizellen weitergegeben. Die Einzelpflanzen- und die Jahresvariabilität kann dabei beträchtlich sein. Der von uns ermittelte Durchschnittswert liegt bedeutend unter dem von Kamanoi und Jenkins (1962) angegebenen, bewegt sich aber durchaus noch in den für andere Arten geltenden Bereichen (Hermsen, 1970). Eine derartige Variabilität ist für den allogamen Roggen bei der von uns praktizierten Bestäubungstechnik, bei gewissen Blühzeitunterschieden und den sich daraus ergebenden Kornansatzdifferenzen verständlich. Kreuzungen der Art 2n · (2n + 1) wurden bisher noch nicht durchgeführt. Aus den in Tabelle 3 ausgewiesenen und weiteren Trisomenselbstungen

Tabelle 3

Transmissionsfrequenz der Extrachromosomen in den Jahren 1969 und 1970 bei Rückkreuzung mit 'Danae' und/oder Selbstung

Gruppe	Jahr	Anzahl der untersuchten Individuen bei		relative Frequenz der Trisome in den Nachkommen bei	
		(2n + 1) × 2n	(2n + 1) × (2n + 1)	(2n + 1) × 2n	(2n + 1) × (2n + 1)
1	1969	102	–	20,6	–
	1970	164	19	24,4	21,0
2	1969	100	–	12,0	–
	1970	216	19	8,3	0
3	1969	96	–	19,8	–
	1970	84	107	10,7	16,8
5	1969	100	–	10,0	–
	1970	98	87	12,2	3,4
6	1969	21	–	9,5	–
	1970	21	–	28,6	–
7	1969	47	–	17,0	–
	1970	114	79	7,0	3,8
8	1969	22	–	22,7	–
	1970	77	57	26,0	19,3
1 A	1969	29	–	34,5	–
	1970	81	–	24,7	–
4	1969	102	–	7,8	–
	1970	177	32	14,1	12,5
		1651	400	Ø 15,3%	Ø 10,2%

(Geschwisterkreuzungen) sind bisher nur ganz selten tetrasome Pflanzen (2n = 16) hervorgegangen, so daß eine Transmission der Extrachromosomen über die Pollen nahezu ausgeschlossen werden kann. Diese Tatsache sowie die etwas reduzierte, aber noch befriedigende Weitergabe des trisomen Status bei (2n + 1) · (2n + 1) bei Geschwisterkreuzungen gestatten prinzipiell die Durchführung von Trisomenanalysen beim Roggen, geben aber gleichzeitig den Verfahrensweg vor.

Zusammenfassung

In zunehmendem Maße werden von wichtigen diploiden Kulturpflanzenarten Trisomenserien in der genetisch-züchterischen Forschung eingesetzt. Beim Roggen (*S. cereale* L.) wurde bisher ein derartiges Material erstmalig von

Kamanoi und Jenkins hergestellt. In der vorliegenden Untersuchung wird eine Reihe von Ergebnissen beim Aufbau einer analogen Serie bei der Winterroggensorte 'Danae' dargestellt. Trisome wurden mit einer Häufigkeit von ca. 46% aus der Kreuzung 3x · 2x erhalten (Tab. 1). Nach morphologischen Kriterien konnten die Trisome sieben distinkten Gruppen sowie zwei Untergruppen zugeordnet werden. Die Hauptgruppen unterscheiden sich, mit einer Ausnahme, deutlich sowohl von Disomen als auch untereinander (Tab. 2). Die Karyotypanalysen sind noch nicht abgeschlossen, Meioseuntersuchungen bestätigen jedoch das Vorliegen von verschiedenen Extrachromosomen. Die Transmission des trisomen Status über die Eizellen beträgt im Mittel etwa 15%, männliche Transmission ist nahezu Null. Die Befunde werden mit denen anderer Autoren diskutiert. Nach Abschluß dieser vorliegenden Arbeiten sollte die Durchführung von Trisomenanalysen beim Roggen möglich sein.

Резюме

В увеличивающемся объеме в генетико-селекционные исследования вводятся серии трисомиков важных диплоидных видов культурных растений. По ржи такой материал был впервые получен Камади и Енкинс (1962, 1963). В предлагаемой работе сообщается об исследованиях по созданию аналогичной серии по сорту озимой ржи Данаэ. В результате скрещивания 3x · 2x были получены трисомики в количестве 46%. По морфологическим критериям трисомики были отнесены к семи дистинктным основным группам и двум подгруппам. Основные группы четко отличались, за исключением одной, как от дисомиков, так и между собой. Анализы кариотипов еще не закончены. Они оказались осложненными так как исходные партнеры скрещивания для триплоидов вероятно имели структурные различия. Исследования мейоза подтверждают наличие различных экстрахромосом. Трансмиссия трисомного статуса составляет по яйцеклетке около 15%, по пыльце она почти равна нулю. По окончании этих работ вероятно будет возможно проводить анализы трисомиков у ржи.

Summary

Trisomic series of major diploid cultivated plants are increasingly used in genetics and breeding research. Rye trisomics had been produced for the first time by Kamanoi and Jenkins (1962, 1963). The present paper reports on studies to establish an analogous series with the 'Danae' winter rye variety. About 46% of trisomics were obtained after crossing 3x · 2x. According to morphological criteria, the trisomics were classified in seven main groups and two sub-groups. With but one exception, the main groups obviously differ from disomics and from each other. Karyotype analysis has not yet been completed.

This analysis proved to be difficult, since obviously the initial crossing parents for the triploids differed by their chromosome morphology. Investigation of meiosis confirmed the presence of different extra chromosomes. The trisomic state is transmitted by about 15% through the egg cells and almost 0% through the pollen. After the completion of the present work it will be possible to carry out trisomic analysis in rye.

Literatur

Arora, O. P.; Khoshoo, T. N.: Primary trisomics in moss *Verbena*. Euphytica 18 (1969), S. 237–248

Blakeslee, A. F.; Avery, A. G.: Fifteen-year breeding records of 2 *n* + 1 types in *Datura stramonium*. Cooperation in Research, Carnegie Inst. Wash. Publ. 501 (1938), S. 315 bis 351

Butterfass, Th.: Die Chloroplastenzahlen in verschiedenartigen Zellen trisomer Zuckerrüben. Z. Bot. 52 (1964), S. 46–77

Chen, Chi-Chang; Grant, W. F.: Trisomic transmission in *Lotus pedunculatus*. Can. J. Genet. Cytol. 10 (1968), S. 648–654

Einset, J.: Chromosome length in relation to transmission frequency of maize trisomics. Genetics 28 (1943), S. 349–364

Fedorov, V. S.; Smirnov, V. G.; Sosnichina, J. N.: (Genetics of rye (*S. cereale* L.) V. On the inheritance of self fertility in diploid rye). Genetika (Moskva) 3 (1967), S. 23–28 (russ.)

Fedorov, V. S.; Smirnov, V. G.; Sosnichina, J. N.: (Genetics of rye (*S. cereale* L.) X. On the inheritance of dwarfness). Genetika (Moskva) 6 (1970), S. 5–17 (russ.)

Gill, B. S.; Virmani, S. S.; Minocha, J. L.: Primary simple trisomics in pearl millet. Can. J. Genet. Cytol. 12 (1970), S. 474–483

Goodspeed, T. H.; Avery, P.: Trisomic and other types in *Nicotiana sylvestris*. J. Genet. 38 (1939), S. 381–458

Hermsen, J. G. Th.: Basis information for the use of primary trisomics in genetic and breeding research. Euphytica 19 (1970), S. 125–140

Hu, Chao-Hwa: Establishment of a complete set of trisomics in rice. Proceed. 12th Int. Congr. Genet. Tokyo 1 (1968), S. 177

Iyer, R. D.: Towards evolving a trisomic series in jute. Curr. Sci. 37 (1968), S. 181–183

Jain, S. K.: Cytogenetics of rye (*Secale spp.*). Bibliogr. Genetica XIX (1960), S. 1–86

Janick, J.; Mahoney, D. L.; Pfahler, P. L.: The trisomics of *Spinacia oleracea*. J. Hered. 50 (1959), S. 46–50

Kaltsikes, P. J.; Evans, L. E.: Production and identification of trisomic types in *Beta vulgaris*. Can. J. Genet. Cytol. 9 (1967), S. 691–699

Kamanoi, M.; Jenkins, B. C.: Trisomics in common rye, *Secale cereale* L. Seiken Ziho 13 (1962), S. 118–123

Kamanoi, M.; Jenkins, B. C.: Trisomics in common rye, *Secale cereale* L. WIS, Kyoto 15/16 (1963), S. 40–42

Kamanoi, M.: Persönl. Mitt. 1968

Kasha, K. J.; McLennan, H. A.: Trisomics in diploid alfafa. I. Production, fertility and transmission. Chromosoma 21 (1967), S. 232–242

LIN, P. S.; ROSS, J. G.: Morphology and cytological behaviour of aneuploids of *Sorghum bicolor*. Can. J. Genet. Cytol. 11 (1969), S. 908–918

METTIN, D.; MÜLLER, F.: Untersuchungen an Valenzkreuzungen beim Roggen (*S. cereale* L.) I. Ein einfaches Bastardierungsverfahren sowie einige Bemerkungen über das Verhalten der Triploiden. Tag.-Ber. Dt. Akad. Landwirtsch.-Wiss. Berlin 101 (1970), S. 205–216

MIKOLAJCZYK, J.: Some remarks on genetics of rye. Genetika Polonika 5 (1964), S. 120–121

MÜLLER, F.; METTIN, D.: Untersuchungen an Valenzkreuzungen beim Roggen (*S. cereale* L.). II. Einige praktische und theoretische Aspekte zur Nutzung der Kreuzungsprodukte. Ber. Pflanzenz. III (1970), S. 97–101

POCHARD, R.: Isolation of ten primary trisomics in the progeny of a haploid pepper (*Capsicum annuum* L.). Proceed. 12th Int. Congr. Genet. Tokyo 1 (1968), S. 266

RICK, C. M.; BARTON, D. W.: Cytological and genetical identification of the primary trisomics of the tomato. Genetics 39 (1954), S. 640–666

RUDORF-LAURITZEN, M.: The trisomics of *Antirrhinum majus* L. Proceed. 10th Int. Congr. Genet. Montreal 2 (1958), S. 243–244

SEARS, L. M. S.; LEE-CHEN, S.: Cytogenetic studies in *Arabidopsis thaliana*. Can. J. Genet. Cytol. 12 (1970), S. 217–233

STUBBE, H.: Studien über heteroploide Formen von *Antirrhinum majus* L. I. Mitteilung: Zur Morphologie und Genetik der Trisomen *Anaemica*, *Fusca*, *Purpurea*, *Rotunda*. Planta 22 (1934), S. 49–57

SYBENGA, J.: The quantitative analysis of chromosome pairing and chiasma formation based on the relative frequencies of MI configurations. II. Primary trisomics. Genetica 36 (1965a), S. 339–350

SYBENGA, J.: The quantitative analysis of chromosome pairing and chiasma formation based on the relative frequencies of MI configurations. III. Telocentric trisomics. Genetica 36 (1965b), S. 351–361

SYBENGA, J.; PRAKKEN, R.: Gene analysis in rye. Genetica 33 (1963), S. 95–105

TAKAGI, F.: Karyogenetical studies on rye. I. A. trisomic plant. Cytologia 6 (1935), S. 496 bis 501

TSUCHIYA, T.: Studies on the trisomics in barley. I. Origin and the characteristics of primary simple trisomics in *Hordeum spontaneum* C. Koch. Seiken Ziho 9 (1958), S. 69–86

TSUCHIYA, T.: The establishment of a trisomic series in a two-rowed cultivated variety of barley. Can. J. Genet. Cytol. *9* (1967), S. 667–682

VASEK, F. C.: Induced aneuploidy in *Clarkia ungiuculata* (*Onagraceae*). Am. J. Bot. 43 (1956), S. 366–371

VOGT, G. E.; ROWE, P. R.: Aneuploids from triploid-diploid crosses in the series *Tuberosa* of the genus *Solanum*. Can. J. Genet. Cytol. 10 (1968), S. 479–486

WATKINS, R.; WHITE, W. J.: The inheritance of anthocyanins in rye (*Secale cereale* L.). Can. J. Genet. Cytol. 6 (1964), S. 403–410

Anschrift der Verfasser:

Dr. DIETER METTIN, JULIANA BALKANDSCHIEWA, Dr. FRITZ MÜLLER
Sektion Pflanzenproduktion – Lehrstuhl für Pflanzenzüchtung Hohenthurm – der Martin-Luther-Universität Halle-Wittenberg
4104 Hohenthurm über Halle/Saale, Berliner Straße 2

Tag.-Ber. Akad. Landwirtsch.-Wiss. DDR · Nr. 119 · 1972 · S. 163–166

Sektion Biologie der Humboldt-Universität zu Berlin

Gerhard Deutschmann

Genetische Differenzen des Paarungsverhaltens von Roggenchromosomen

Neben dem vielfach bearbeiteten Problem der phylogenetischen Zusammenhänge innerhalb der Gattung *Secale* haben Kreuzungen zwischen Wild- und Kulturformen nach wie vor züchterisch-praktische Bedeutung. Vor allem macht es die zunehmende Technisierung der Landwirtschaft erforderlich, Pflanzen zu erstellen, die eine maximale ökonomische Behandlung vom Zeitpunkt der Aussaat über die Pflege- und Erntemaßnahmen bis zur Nutzung des Endproduktes gewährleisten. Merkmale, die diese Forderung erfüllen, sind vielfach neben anderen unerwünschten in den Wildarten zu finden.

Das Zuchtziel besteht also darin, günstige Wildeigenschaften mit denen unserer Kulturformen durch entsprechende Kreuzungsschritte optimal zu kombinieren. Es ist in dieser Hinsicht wichtig und interessant zu untersuchen, welche zytogenetischen Unterschiede zwischen Wild- und Kulturformen bestehen und welche Konsequenzen sich im Meioseverhalten der Artbastarde ergeben.

Auf Grund des vorwiegenden Auftretens von Hexavalenten und 4 Bivalenten in Diakinesen und Metaphasen I der Pollenmutterzellen von Artbastarden konnte auf das Vorliegen zweier reziproker Translokationen zwischen den Wild- und Kulturarten geschlossen werden. Ob diese Translokationen immer dieselben drei Chromosomen betreffen, oder ob alle 7 Inhomologe beteiligt sein können, soll in diesem Zusammenhang nicht erörtert werden. In diesen Ausführungen soll nur kurz auf einige genetische Differenzierungen des Paarungsverhaltens der Chromosomen Translokationsheterozygoter und deren Nachkommen eingegangen werden.

Für die genetische Kontrolle der Chromosomenpaarung sprechen überzeugende Argumente, unter anderem von Sybenga (1958) und Ahloowalia (1963). Ihre Untersuchungen an Roggeninzuchtlinien bezogen sich zwar nicht auf die Valentbildung direkt, um die es hier ausschließlich gehen soll, sondern auf die Häufigkeit und Terminalisierung der Chiasmata sowie auf den Charakter der anaphasischen Chromosomensegregation. Es liegen wohl aber keine Gründe vor, für die Valentbildung andere Ursachen als genetische anzunehmen.

Neben Pollenmutterzellen mit einem Hexavalent und 4 Bivalenten ließen sich gar nicht so selten Zellen mit einem Quadrivalent und 5 Bivalenten oder sogar mit ausschließlich 7 Bivalenten finden. Es erhebt sich nun die Frage nach den Ursachen dieses abweichenden Meioseverhaltens. Es wäre einmal denkbar, daß es durch Interaktion paarungsdeterminierender Gene der beiden unterschiedlichen Genome in der prämeiotischen Phase zu einem strukturellen Umbau in der Weise kommt, daß die Ursprünglichkeit bzw. Identität der drei betrachteten Chromosomenpaare wiederhergestellt wird. Zum anderen besteht die Möglichkeit des Zusammenwirkens von Genen, wodurch die Bildung interstitieller Chiasmata gefördert wird und es durch deren Terminalisierung zu inhomologen Endbindungen kommt. Aus der Häufigkeit des Auftretens von Pollenmutterzellen mit ausschließlich 7 Bivalenten ist eventuell auf die Länge der translozierten Chromosomensegmente zu schließen; mit anderen Worten: je mehr Zellen mit 7 Bivalenten gefunden werden, desto kürzer sind die translozierten Stücke.

Eine Zunahme der Zellen mit 7 Bivalenten über zwei Generationen konnte an eigenen Untersuchungen der Kreuzung *Secale segetale* × *Secale montanum* festgestellt werden. Der Anteil betrug in F_1 7,6% gegenüber 18,1% in der F_2. Diese Ergebnisse decken sich mit denen von KRANZ (1961), der bei der Kreuzung *Secale cereale* × *Secale vavilovii* eine fast 60%ige Zunahme der Zellen mit 7 Bivalenten von der F_1 bis zur F_3 nachweisen konnte. Es muß also eine selektive Förderung bivalentbildender Faktoren wirksam sein. Die kausalen Zusammenhänge dieses Phänomens werden wohl nur sehr schwer aufzuklären sein.

Aus der Kombination der 4 Meioseprodukte der F_1-Pflanzen ist in der F_2 ein 50%iger Anteil von ausschließlich bivalentbildenden Pflanzen und ein 50%iger von translokationsheterozygoten zu erwarten.

Entgegen dieser Erwartung wurde aber ein signifikant höherer Anteil Hexavalentbildender gefunden. Das trifft sowohl für eigene Untersuchungen an *Secale segetale* × *Secale montanum* zu wie auch für frühere unter einer etwas anderen Problemstellung durchgeführte Untersuchungen an *Secale ancestrale* × *Secale montanum* und *Secale cereale* × *Secale vavilovii*. Dieses Ergebnis steht in einem scheinbaren Widerspruch zu der vorher gemachten Aussage des Selektionsvorteils bivalentfördernder Faktoren. Es ist aber zu berücksichtigen, daß auch unter den translokationsheterozygoten Pflanzen in verhältnismäßig großer Häufigkeit Zellen mit 7 Bivalenten gefunden werden; zum anderen überwiegen die translokationsheterozygoten Pflanzen nur, wenn man die Gesamtnachkommenschaft betrachtet. Bei Einzelkreuzungsanalysen ließen sich einige Linien finden, die dem 1 : 1-Verhältnis entsprachen, und auch solche, die mehr bivalentbildende Pflanzen hervorbrachten. In einem Falle konnte eine F_1-Pflanze identifiziert werden, deren Genom offensichtlich die Ausbildung von Bivalenten in der F_2 verhinderte. Plasmaeinfluß war auszuschließen, da sie als mütterlicher und väterlicher Elter dasselbe Resultat erbrachte.

Es kann also zusammenfassend geschlußfolgert werden, daß entsprechend des sowieso heterozygoten Charakters des Roggens ein breites Spektrum genetischer Systeme wirkt, die einmal zur Fertilitätserhaltung Bivalentbildung fördern, zum anderen zur Fixierung eines Heterosiseffektes Einfluß auf die Multivalentbildung nehmen. Welcher Zustand stärker verifiziert wird, ist sicherlich von vielen schwer überschaubaren Umweltfaktoren abhängig.

Zusammenfassung

In einem kurzen Überblick wird das Meioseverhalten der Nachkommen von Kultur- bzw. Unkrautroggen- und Wildroggenarten dargelegt. Die Hexavalentbildung in den Pollenmutterzellen der Artbastarde wird als Folge zweier reziproker Translokationen angesehen, durch die die Ausgangsformen unterschieden sind. Das Auftreten von Zellen mit niedrigeren Paarungskonfigurationen (im Extremfall 7 Bivalente) in der F_1 wird einmal als Folge eines prämeiotischen, strukturellen Umbaus der an der Translokationsfigur beteiligten Chromosomen angesehen und/oder durch die Terminalisierung interstitieller Chiasmata erklärt. Aus der Häufigkeit der Pollenmutterzellen mit 7 Bivalenten kann auf die Länge der translozierten Chromosomensegmente geschlossen werden. Eine Zunahme der Zellen mit 7 Bivalenten von der F_1 zur F_2 von 7,6% bis 18,1% wird festgestellt. Diese Zahlen beziehen sich auf die Kreuzung *Sec. segetale* × *Sec. montanum*. Das theoretische Verhältnis von 50% bivalentbildenden Pflanzen und 50% translokationsheterozygoten in der gesamten F_2 konnte nicht beobachtet werden. Translokationsheterozygote traten überwiegend auf. Aus Einzelkreuzungsanalysen konnte auf das Vorliegen zweier umweltabhängiger genetischer Systeme geschlossen werden, die einmal bivalentbildende zum anderen translokationsheterozygote Pflanzen fördern.

Резюме

В кратком обзоре излагается стадия мейоза потомства культурных, сорняковых, а также диких видов ржи.
Образование гексавалентности в материнских клетках пыльцы межвидовых гибридов рассматривается как следствие двух реципрокных транслокаций, по которым различаются исходные формы. Появление клеток с низким числом конфигураций спаривания (в крайнем случае 7 бивалентов) в F_1 рассматривается, с одной стороны, как последействие премейозной, структурной перестройки хромосом, участвующих в транслокационной фигуре, а с другой стороны, как результат терминализации интерстициальных хиазм или как результат обоих явлений. На основании количества материнских клеток пыльцы с 7 бивалентами можно делать вывод о длине транслоцированных сегментов хромосом. Отмечается увеличение количества клеток с 7 бивалентами от F_1 к F_2 с 7,6 до 18,1%. Эти данные относятся к гибриду *Sec, segetale* x *Sec, montanum.* 4. Теоретическое соотношение порядка 50% растений, образующих бивалентные клетки и 50% транслокационных гетерозиготных во всем поколении F_2 не наблюдалось. Преимущественно встречались гетерозиготные растения. На основании анализа гибридов можно было сделать вывод о наличии двух генетических систем, зависящих от внешней среды, которые способствуют, с одной стороны,

появлению бивалентообразующих растений, с другой стороны, транслокационных, гетерозиготных.

Summary

A brief survey is given of the meiosis behaviour of the progenies of cultivated, weed and wild rye species.
The formation of hexavalents in the pollen mother cells of species hybrids is considered to be the result of two reciprocal translocations differentiating the intitial forms. The occurrence of cells with lower pairing configurations (in the extreme case 7 bivalents) in the F_1 generation is considered to be the result of a premeiotic structural transformation of the chromosomes participating in the translocation figure, and/or ascribed to the terminalization of interstitial chiasmas. The frequency of pollen mother cells with 7 bivalents permits conclusions as to the length of the translocated chromosome segments. The number of cells with 7 bivalents increased from 7.6% in F_1 to 18.1% in F_2. These figures refer to the cross *Sec. segetale* x *Sec. montanum*. The theoretical ratio of 50% bivalent-forming plants and 50% translocation-heterozygotes in the entire F_2 generation could not be proved. Translocation-heterozygotes were predominant. Analysis of single crosses suggests the presence of two environment-dependent genetic systems which promote either bivalent-forming plants or translocation-heterozygotic ones.

Literatur

Jüttersonke, B.: Das Verhalten polygen bedingter Merkmale zur Chromosomenstruktur in den Nachkommenschaften translokationsheterozygoter Artbastarde bei *Secale*. Berlin, Humboldt-Univ., Diss. 1970

Kranz, A. R.: Die Abstammung und Entwicklung des Roggens. Umschau in Wissenschaft u. Technik 16 (1963), S. 499–503

Kranz, A. R.: Beiträge zur cytologischen und genetischen Evolutionsforschung an dem Roggen. Z. f. Pflanzenzücht. 50 (1963), S. 44–58

Nürnberg-Krüger, U.: Cytogenetische Untersuchungen an der Gattung *Secale* L. Z. f. Pflanzenzücht. 44 (1960), S. 63–72

Sybenga, J.: Die Beeinflussung des Paarungsverhaltens der Chromosomen und ihre Anwendungsmöglichkeiten in der Polyploidiezüchtung. Referat, Gaterslebener Kolloquium, 2. 11. 1970

Anschrift des Verfassers:

Diplom-Biologe Gerhard Deutschmann
Sektion Biologie der Humboldt-Universität zu Berlin
104 Berlin, Invalidenstraße 42

Tag.-Ber. Akad. Landwirtsch.-Wiss. DDR · Nr. 119 · 1972 · S. 167–174

Sektion Biologie der Humboldt-Universität zu Berlin

ANNEMARIE FRIEDRICH

Die Kreuzungsbarriere des *Secale-silvestre*-Genoms gegen andere *Secale*-Genome

Im folgenden soll ein Überblick gegeben werden über die bisher vorliegenden Untersuchungsergebnisse an Kreuzungen mit *Secale silvestre* HOST. Die Art zeichnet sich durch extreme Kurzstrohigkeit aus und ist daher interessant. Sie ist weit verbreitet, von Ungarn über Jugoslawien, Rumänien und Südrußland bis zum Kaukasus und Ural, man trifft sie in Transkaukasien, Nordafghanistan und Zentralasien. Sie gehört zu den winterannuellen Wildroggenarten, wächst gut auf Sandböden und zeichnet sich durch starke Brüchigkeit der Ährenspindel aus. Diese Art zeigt als einzige in der Gattung lang begrannte Hüllspelzen, die Ähren sind meist 3blütig, die Körner lang und schmal. Außerdem ist *silvestre* in hohem Maße selbstfertil[1] und z. T. kleistogam, d. h., er blüht bereits bei geschlossener Blüte ab. Die Kastration muß daher bei Kreuzungen zeitig genug erfolgen.
Die systematische Stellung von *silvestre* in der Gattung *Secale* ist noch nicht endgültig geklärt. Er wird von SCHIEMANN in die Sektion Agrestes eingeordnet, während ROSHEVITZ ihn in eine eigene Sektion Silvestria stellt. Offenbar hat er sich sehr früh herausdifferenziert und eine isolierte Entwicklung durchlaufen. Auf diese Weise ist eine sehr spezialisierte Form entstanden. Die eigenständige Entwicklung zeigt sich auch im Blühtermin: *silvestre* ist bereits abgeblüht, wenn die anderen Arten zu blühen beginnen. Vermutlich liegt hierin die primäre Barriere für den Genfluß, unter deren Wirkung eine Sterilitätsbarriere gegenüber dem Kulturroggen *Secale cereale* und anderen Wildroggen entstand. Diese Sterilitätsbarriere ist zwischen *S. cereale* und *S. silvestre* wesentlich stärker ausgeprägt als zwischen *S. cereale* und anderen Wildroggenarten. So gelangen viel früher Kreuzungen von *S. cereale* mit *S. montanum*, *africanum* und *vavilovii*, für die alle Autoren in der Meiose der Bastarde eine Translokationsfigur aus 6 Chromosomen angeben. KHUSH (1961) errechnete einen Samenansatz für Kreuzungen zwischen *S. cereale* und *montanum* von 38%, zwischen *cereale* und *vavilovii* von 30% und zwischen *cereale* und *africanum* von 20%. Demgegenüber ist die Kreuzbarkeit von *cereale* mit *silvestre* extrem verringert. Hierfür gibt KHUSH einen Ansatz von nur 0,2% an.
Nach Angleichung der Blütezeit von *S. cereale* und *S. silvestre* ist es mehreren Autoren gelungen, Bastarde zu erhalten, so auch NÜRNBERG-KRÜGER (1958); die Kreuzung gelang aber nur mit *cereale* als Mutter. Cytologisch zeigte der

[1] Fertil wird im folgenden im Sinne von compatibel gebraucht.

F_1-Bastard das gleiche Ergebnis wie *cereale* × *montanum*: in der Diakinese der Pollenmeiose 4 Bivalente und eine Ring- bzw. Kettenkonfiguration aus 6 Chromosomen. Folglich kann für *silvestre* der gleiche Typ zweier reziproker Translokationen angenommen werden, wie er auch *S. montanum* und die anderen Wildroggen vom Kulturroggen unterscheidet. Der Bastard zeigte in vielen morphologischen Merkmalen intermediäres Verhalten, wie leichte Brüchigkeit in der oberen Ährenhälfte und 3-Blütigkeit. Heterosis trat auf in Bestockung und Halmlänge. Die Fertilität war in beiden Geschlechtern stark herabgesetzt.

KHUSH erhielt 1961 den Bastard mit *cereale* als Mutter. In der Meiose der F_1 beschreibt er neben Translokationsfiguren aus 6 Chromosomen eine hohe Anzahl von Univalenten, die auf geringere Chiasmafrequenz zurückzuführen sind. Außerdem fand er in einigen Zellen Verbände aus 8 Chromosomen und schließt daraus auf eine zusätzliche kleine Translokation zwischen beiden Arten.

In unserer Arbeitsgruppe wurden für Kreuzungen mit *silvestre* als Mutter 1965 insgesamt 1848 Blüten bestäubt, und sie brachten 395 Kümmerkörner und 2 normal ausgebildete, von denen eins keimte, sich aber als Selbstung erwies. Da *silvestre* in hohem Grade selbstfertil ist, ist gute Kastration sehr schwierig. Dafür sprechen auch die Ergebnisse von 1966 (362 bestäubte Blüten, kein Ansatz) und 1969 (136 bestäubte Blüten, kein Ansatz). KHUSH erhielt 1961 in dieser Kreuzungsrichtung von 617 bestäubten Blüten ebenfalls keinen Ansatz. Ebenso liegen die Verhältnisse bei Kreuzungen zwischen *silvestre* und anderen großkörnigen *Secale*-Formen. Bei der Kreuzung *silvestre* × *segetale* wurden 1967 47 Kümmerkörner von 147 bestäubten Blüten erhalten. Da in den beiden darauffolgenden Jahren kein Ansatz zu verzeichnen war, handelte es sich wahrscheinlich wieder um Selbstungen nach ungenügender Kastration. In der reziproken Kreuzung konnten nur 1965 3 Kümmerkörner, die nicht keimfähig waren, erhalten werden, bei einer Blütenanzahl von 72. Auch 1967 und 1969 bei weitaus größerer Anzahl bestäubter Blüten (220 bzw. 164) konnte kein Ansatz erzielt werden.

In der Kreuzung 2n *silvestre* × 2n *montanum* wurde 1965 zwar ein Ansatz von 12 Kümmerkörnern aus 68 Blüten erzielt, aber kein Korn war keimfähig. In den Jahren 1968–70 entwickelte sich aus 66, 172 bzw. 70 bestäubten Blüten kein Korn. Reziproke Kreuzungen *montanum* × *silvestre* wurden 1965, 1966 und 1969 hergestellt. 1969 wurde dabei von 52 bestäubten Blüten kein Ansatz erzielt. 1965 entwickelte sich aus 54 Blüten ein keimfähiges Korn, und 1966 gingen aus 336 Blüten 2 Körner hervor, die keimten. Die Bastarde standen in beiden Jahren, also 1966 bzw. 1967, zum Vergleich neben beiden Elternarten. Die F_1 ähnelte mehr *montanum* mit größerer Halmlänge und stärkerer Wüchsigkeit als *silvestre*, Halm- bzw. Blattbehaarung waren dagegen geringer. Der Rost- bzw. Mehltaubefall lag unter dem beider Eltern. Im nächsten Jahr zeigte der Bastard Heterosis in Halmlänge (145,5 gegenüber 105,6 bzw. 61,2 cm) und Halmzahl (23,5 gegenüber 2,7 bzw. 5,1). Die Meioseuntersuchungen ergaben im ersten Fall fast regelmäßig 7 Bivalente, von denen oft 1–3 als Stabbivalente vorlagen, im folgenden Jahr konnten nur 4 Zellen mit geschlossenen und offenen Bivalen-

Tabelle 1

Ansatz und Keimfähigkeit von *S.-silvestre*-Kreuzungen 2 n × 2 n – 1965–1970

Kreuzungsrichtung		1965			1966			1967			1968			1969			1970		
2 n × 2 n		BZ	KZ	gekeimt	BZ	KZ	gekeimt	BZ	KZ	gekeimt	BZ	KZ	gekeimt	BZ	KZ	gekeimt	BZ	KZ	gekeimt
silv. × *cer.*		1848	395 Kü +2	1	362	0	—	268	40	0	814	31	0	136	0	—			
	*	617	0	—															
↖↗		50	1 Kü	0	98	1 Kü	0	378	0	—	374	1	0	34	0	—			
	*	2626	6	4															
silv. × *seget.*								147	47 Kü	0	70	0	—	116	0	—			
↖↗		72	3 Kü	0				220	0	—				164	0	—			
silv. × *mont.*		68	12 Kü	0							66	0	—	172	0	—	70	0	—
↖↗		54	1	1	336	2	2							52	0	—			
	*	58	4	4															
silv. × *vav.*														56	5	2	76	0	—
↖↗					34	2	2							104	6	4	154	1	0
	*				66	16	14												
silv. × *Kuprij.*		136	78 Kü +1	1							48	0	—	102	0	—			
silv. × *Hayn.*																	144	2	2

* Ergebnisse von KHUSH, 1961 BZ = Blütenzahl; KZ = Körnerzahl; Kü = Kümmerkörner

ten gefunden werden. Neben einigen Zellen mit Univalenten traten vereinzelt Ketten aus 4 und auch aus 6 Chromosomen auf. Im 2. Jahr wurden auch die Anaphasen untersucht, von denen etwa 12% infolge der Multivalentbildung und des häufigen Auftretens von Univalenten gestört waren. Alle Befunde deuten auf tatsächliche Bastardierung.

Auch KHUSH war 1961 eine Kreuzung zwischen *montanum* und *silvestre* gelungen. Er stellte übereinstimmend mit unseren Ergebnissen in der Mehrzahl 7 Bivalente fest, die oft als Stabbivalente vorlagen. Ebenfalls viele offene Bivalente fand er bei im selben Jahr erhaltenen Bastarden zwischen *vavilovii* und *silvestre* bzw. *africanum* und *silvestre*. Da er in Kreuzungen zwischen *montanum* und *vavilovii* bzw. *montanum* und *africanum* bedeutend weniger Bindungsausfall beobachtete, schließt er auf geringere Homologie des *silvestre*-Genoms mit den anderen Artgenomen. Neben Bivalenten fand er ebenfalls häufig Univalente und in einigen Zellen (7%) 4er-Ketten.

2n *silvestre* mit 2n *vavilovii* wurde nur 1969 und 1970 gekreuzt. Die 70er Kreuzung ergab von 76 bestäubten Blüten keinen Ansatz. Im Jahre zuvor wurde von 56 Blüten ein Ansatz von 5 Körnern erzielt, 2 davon keimten. Die F_1 lag in Halmlänge, Halm- und Knotenanzahl, Anthozyanbildung, Laubfarbe und Blattbreite im Streuungsbereich beider Eltern. Die Mehltauresistenz entsprach der von *silvestre*.

In der Kombination *vavilovii* × *silvestre* wurden 1966 von 34 bestäubten Blüten 2 keimfähige Körner erzielt. Diese Bastarde zeigten Heterosis in der Halmlänge (106 gegenüber 68 und 61 cm), ebenso in der Halmanzahl (9 gegenüber 4 und 5). Die Ausbildung von Anthozyan ist stark, obwohl *vavilovii* kein und *silvestre* kaum Anthozyan bildet.

In der Diakinese der Pollenmutterzelle lagen 7 Bivalente vor, 8 Zellen zeigten 2 Bivalente in loser Verbindung, 8 Zellen wurden gefunden mit einem stark auseinandergezogenen Bivalent und 24 Zellen von etwa 500 mit einem Bindungsausfall. Anaphasen waren kaum gestört.

KHUSH hatte in dieser Kreuzung einen hohen Ansatz von 24,2% bei 87,5% Keimfähigkeit (66/16/14). Neben offenen und geschlossenen Bivalenten beobachtete er in 26% der Zellen auch 1 Tri- und 1 Univalent sowie einige 4er-Verbindungen. Translokationsfiguren aus 6 Chromosomen, wie sie JAIN (1960) beobachtete, konnte auch KHUSH nicht feststellen.

Kreuzungsversuche mit *kuprijanovii* gaben in mehreren Jahren keinen Ansatz. 1965 wurden zwar aus insgesamt 136 Blüten 79 geschrumpfte Körner gewonnen, von denen aber nur eines keimte, das sich als Selbstung erwies. *Kuprijanovii* selbst hatte in dem betreffenden Jahr nur 11% Ansatz gehabt.

Eine erstmalig 1970 zwischen *silvestre* und *Haynaldia* durchgeführte Kreuzung brachte aus 144 Blüten einen Ansatz von 2 Körnern, beide keimten. SABONSKI in Szczecin hat diesen Bastard 1969 erhalten.

Neben Kreuzungen zwischen diploiden Arten wurde auch versucht, Kreuzungen herzustellen zwischen tetraploidem *silvestre* und tetraploiden Formen von *cereale*, Tetraroggen, *segetale*, *vavilovii* und *dighoricum* bzw. zwischen 4n-*silvestre* und

Tabelle 2

Ansatz und Keimfähigkeit von *silvestre*-Kreuzungen 4 n × 4 n/2 n × 4 n – 1965–1970

Kreuzungsrichtung	1965			1966			1967			1968			1969			1970		
4 n × 4 n	BZ	KZ	gekeimt	BZ	KZ	gekeimt	BZ	KZ	gekeimt	BZ	KZ	gekeimt	BZ	KZ	gekeimt	BZ	KZ	gekeimt
silv. × *cer.*							156	0	×									
silv. × *Tetrar.*				94	0	–												
				56	0	–												
silv. × *seget.*				84	0	–	126	13 Kü	0				42	0	–			
				76	0	–	64	0	–				24	0	–			
silv. × *vav.*				14	0	–							64	0	–			
silv. × *digh.*				18	0	–	38	0	–				56	0	–			
2 n × 4 n																		
silv. × *seget.*							158	3 Kü	0	116	0	–						
							60	0	–							240	3	2
silv. × *cer.*							180	0	–									
vav. × *silv.*																222	2	2
seget. × *silv.*																		
cer. × *silv.*																198	1	1
4 n × 2 n																		
digh. × *silv.*							70	0	–									
silv. × *cer.*																70	0	–

BZ = Blütenzahl; KZ = Körnerzahl; Kü = Kümmerkörner

diploiden Formen von *cereale, segetale* und *vavilovii* und zwischen 2n-*silvestre* und tetraploidem *segetale, cereale* und *dighoricum.*
Eine Übersicht über die Ergebnisse gibt Tabelle 2.
In den Kreuzungen 4n × 4n wurde kein Kornansatz erzielt, außer in der Kreuzungsrichtung *silvestre* × *segetale* 1967, aus 126 bestäubten Blüten entwickelten sich 13 nicht keimfähige Kümmerkörner.
Nicht anders sieht es bei den Kreuzungen zwischen unterschiedlichen Valenzstufen aus. Nur 2n-*silvestre* × 4n-*segetale* erbrachte aus 158 Blüten 3 Kümmerkörner, die aber nicht keimten.
1970 konnte zwischen tetraploidem *silvestre* und diploiden Formen ein Ansatz erzielt werden, und zwar ergab 2n-*vavilovii* × 4n-*silvestre* von 222 bestäubten Blüten 2 keimfähige Körner. In der Kreuzungsrichtung 2n-*segetale* × 4n-*silvestre* entwickelten sich aus 240 Blüten 3 Körner, von denen 2 keimten. Und 2n-*cereale* × 4n-*silvestre* erbrachte 1 keimfähiges Korn aus 198 Blüten.
In diesem Jahr wurden alle nicht gekeimten Körner fixiert, um näher zu untersuchen, worauf die Keimunfähigkeit zurückzuführen ist.
Von den gekeimten Körnern wurden Wurzelspitzen fixiert und die Pflanzen dann in Tonschalen pikiert. Der Bastard 2n-*vavilovii* × 4n-*silvestre* war diploid, wie die meisten derartigen Valenzkreuzungen. 2n-*segetale* × 4n-*silvestre* wies ebenfalls in der Metaphase 14 Chromosomen auf, jedoch wurden 3 wahrscheinlich triploide Zellen gefunden. Das gleiche Ergebnis wurde in den Wurzelspitzen der Kreuzung 2n-*cereale* × 4n-*silvestre* gefunden. Neben 14-chromosomigen Zellen trat eine auf, die 21 Chromosomen enthielt.
Die Ausbildung der Blattbehaarung bei den Bastarden 2n-*vavilovii* × 4n-*silvestre* (= 2n) ist intermediär, die Dichte der Behaarung entspricht etwa der von *silvestre.* In bezug auf die Haarlänge sind sowohl Haare vom Typ von *silvestre* als auch solche vom Typ von *vavilovii* vorhanden. Das spricht für den echten Bastardcharakter der Pflanzen.
Es ist erforderlich, um den Charakter der Artbarrieren zu bestimmen, zu untersuchen, ob es sich um eine gametophytische oder zygotische Sterilitätsbarriere handelt. Zu diesem Zwecke beginnen Untersuchungen an Fruchtknoten, die zu unterschiedlichen Zeiten nach der Bestäubung fixiert wurden.

Zusammenfassung

Es wird ein Überblick gegeben über Kreuzungsergebnisse von Kultur- und Wildroggenarten mit *Secale silvestre* HOST, einer selbstfertilen Wildform. Auf Grund einer eigenständigen isolierten Entwicklung von *S. silvestre* hat sich eine Sterilitätsbarriere zwischen dem silvestre-Genom und den Genomen anderer *Secale*-Arten ausgebildet. Diese Kreuzungsbarriere ist zwischen *S. silvestre* und *S. cereale* bedeutend stärker ausgeprägt als zwischen *S. silvestre* und den anderen Wildarten. Erfolgreiche Kreuzungen mit *S. silvestre* als Mutter sind bisher nicht gelungen. Der Bastard *cereale* × *silvestre* zeigt in der Meiose eine Translokationsfigur aus 6 Chromosomen, so daß für *S. silvestre* der gleiche Typ zweier reziproker Translokationen angenommen werden kann, wie er die übrigen Wildroggen vom Kulturroggen unterscheidet. Um einen Einblick in die Art der Kreuzungsbarriere zu erhalten, wird an Hand von Fruchtknotenschnitten das Pollenschlauchwachstum untersucht. Ergebnisse darüber liegen noch nicht vor.

Резюме

Дается обзор результатов скрещивания культурных и диких видов ржи с *Secale silveste* HOST, самофертильной дикой формой. В результате самостоятельного изолированного развития *S. silvestre* образовался барьер стерильности между геномом silvestre и геномами других видов *Secale*. Этот барьер скрещиваемости значительно сильнее выражен между *S. silvestre* и *S. cereale*, чем между *S. silvestre* и другими дикими видами. До сих пор не удалось получить успешного скрещивания с *S. silvestre* (материнское растение). Гибрид *cereale* x *silvestre* на стадии мейоза имеет транслокационную фигуру из 6 хромосом, так что для *S. silvestre* можно предположить наличие двух реципрокных транслокаций такого же типа, по которому остальные дикие виды ржи отличаются от культурных видов. Чтобы получить представления о виде барьера скрещиваемости, на примере разрезов завязи изучается прорастание пыльцевой трубки. Результаты этих работ еще не получены.

Summary

A survey is given of results of crossing cultivated and wild rye species with *Secale silvestre* HOST, a self-fertile wild form. Because of an independent isolated development of *S. silvestre*, a sterility barrier emerged between the *silvestre* genome and the genomes of other species of *Secale*. This crossing barrier is much more pronounced between *S. silvestre* and *S. cereale* than between *S. silvestre* and the other wild species. Successful crosses with *S. silvestre* as mother have not yet been obtained. In the meiosis the hybrid shows a translocation figure of 6 chromosomes, so that for *S. silvestre* the same type of two reciprocal translocations can be assumed as distinguishes the other wild ryes from cultivated rye. In order to get an idea of the kind of the crossing barrier, ovary sections are used for studying the growth of the pollen tube. However, the results are not yet available.

Literatur

Khush; Stebbins: Amer. J. Bot. 48 (1961), S. 723–730
Khush: Evolution 16 (1962), S. 484–496
Nürnberg-Krüger, U.: Cytogenetische Untersuchungen an *Secale silvestre* Host. I. Der Bastard mit *Secale cereale* L. Züchter 30 (1960), S. 147–150
Nürnberg-Krüger, U.: Cytogenetische Untersuchungen an *Secale silvestre* Host. II. Die F_2 aus Kreuzung mit *Secale cereale* L. Züchter 31 (1961), S. 197–202

Anschrift des Verfassers:
Diplom-Biologin Annemarie Friedrich
Sektion Biologie der Humboldt-Universität zu Berlin
104 Berlin, Invalidenstraße 42

Tag.-Ber. Akad. Landwirtsch.-Wiss. DDR · Nr. 119 · 1972 · S. 175–180

Sektion Biologie der Humboldt-Universität zu Berlin

GABRIELE HEMPEL

Secale vavilovii als Partner in Valenzkreuzungen

Um die Möglichkeit der Einführung einiger Wildroggenmerkmale, wie z. B. der Kurzstrohigkeit und der Selbstfertilität, in das Genom des Kulturroggens zu überprüfen, wurden Kreuzungen zwischen *Secale vavilovii* und den großkörnigen Arten *Secale cereale* und *Secale segetale* untersucht. Da unterschiedliche Genquantitäten von entscheidender Bedeutung für die Merkmalsausprägung sein können, wurden für die Untersuchungen Kreuzungen auf verschiedenen Valenzstufen verwendet (Tab. 1).

Tabelle 1

Valenzstufe	Elternarten	Chromosomensatz der F_1	Ansatz %	Keimung %
2 x × 2 x	*Sec. cer.* × *Sec. vav.*	2 x	31,3	98,3
4 x × 4 x	*Sec. cer.*^{c} × *Sec. vav.*	3 x	27,3	5,5
	reziprok	—	19,4	0,0
	Sec. seg. × *Sec. vav.*	4 x	4,7	83,4
	reziprok	—	33,3	0,0
2 x × 4 x	*Sec. cer.* × *Sec. vav.*	2 x	27,2	92,3
	reziprok	—	7,2	0,0

Sec. cer.^{c} = colchiziniertes Material = 2x infolge Mosaikwirkung

Analysiert wurde die Auswirkung von Artkreuzungen in F_1 und F_2 in phänologischer Hinsicht und parallel dazu das zytologische Verhalten dieser Formen. Untersuchungen hinsichtlich der Kreuzbarkeit dieser Arten miteinander ergaben für die Kreuzung auf diploider Stufe hohen Kornansatz von weitgehend keimfähigen Körnern. Auf tetraploider Valenzstufe war der Kreuzungsansatz erheblich reduziert, eine Folge der auf Grund des Vorhandenseins jeweils mehrerer homologer Chromosomen im Verlauf der Meiose häufiger auftretenden Multivalente. Der Kreuzungsansatz einer Valenzkreuzung zwischen diploidem *Secale cereale* und tetraploidem *Secale vavilovii* entsprach dem der diploiden Kreuzungen, bei äußerst geringer Keimfähigkeit der Körner. Eine theoretische Betrachtung des Verhältnisses der im Endosperm der Barstardkörner enthaltenen Genome in Beziehung zur Keimfähigkeit der Körner führte zu der Vermutung, daß möglicherweise das quantitative Verhältnis der im Endosperm

Tabelle 2

Valenzstufe	Elternarten	Valenzstufe der F_1	Valenzstufe d. Endosperms d. F_1	Genomanteile im Endosperm *vav.*	*cer./seg.*	% Keimung
2 x × 2 x	*Sec. cer.* × *Sec. vav.*	2 x	3 x	1	2	98,3
4 x × 4 x	*Sec. cer.*^{c} × *Sec. vav.*	3 x	4 x	2	2	5,5
	reziprok	—	4 x	2	2	0,0
	Sec. seg. × *Sec. vav.*	4 x	6 x	2	4	83,4
	reziprok	—	6 x	4	2	0,0
2 x × 4 x	*Sec. cer.* × *Sec. vav.*	2 x	3 x	1	2	92,3
	reziprok		3 x	2	1	0,0

enthaltenen Genome zueinander Einfluß auf die Keimfähigkeit der Körner hat (Tab. 2).

Hohe Keimungswerte wurden lediglich bei Körnern erhalten, deren Endosperm einen größeren Genomanteil der großkörnigen Arten enthielt. Kreuzungen mit *vavilovii* als Mutterpflanze haben in nur wenigen Fällen geringen Kornansatz ergeben.

Im Hinblick auf das zytologische Verhalten waren auf Grund zweier die Arten unterscheidender reziproker Translokationen in der Diakinese der Pollenmeiose bei den diploiden F_1-Pflanzen Hexavalente zu erwarten, bei den tretraploiden Translokationsfiguren bis zu 12 Chromosomen. Zu geringe Häufigkeit von Hexavalenten bei den diploiden F_1-Pflanzen wurde auf vorzeitiges Terminalisieren und Abstreifen der Chiasmata zurückgeführt. In Zellen ohne 6er-Verbindungen traten Quadrivalente auf. Da es sich dabei meistens um 4er-Ketten handelte und nebenbei vielfach offene Bivalente beobachtet wurden, kann man sich diese Quadrivalente aus dem Zerfall von Hexavalenten entstanden denken.

Bei den tetraploiden Translokationsheterozygoten wurde ebenfalls zu geringe Multivalentfrequenz festgestellt. Der Vergleich mit den Elternarten ergab geringeren Anteil der Multivalente, dagegen aber erhöhte Neigung zu Bivalentbildung. Da es sich überwiegend um geschlossene Bivalente handelte, wurde diese Erscheinung nicht nur auf die bei den diploiden Bastarden angenommene Chiasmenreduktion, sondern auch auf bevorzugte Paarung der normalen und der translozierten Chromosomen untereinander zurückgeführt.

Phänotypische Vergleiche waren nur in bezug auf Strohlänge, Brüchigkeit der Ährenspindel, Fertilität und teilweise auch auf Selbstfertilität möglich. In anderen Merkmalen hatten die Ausgangsarten kein eindeutig alternatives Verhalten gezeigt.

Bei der diploiden Kreuzung beobachtete deutliche Heterosis hinsichtlich der Strohlänge trat bei der tetraploiden Kreuzung *segetale* × *vavilovii* nicht in dem Maße auf. Möglicherweise ist dies auf die durch die Zunahme der Chromosomenzahl ohnehin vergrößerten Zellen zurückzuführen (Abb. 1–3).

Die Untersuchung der Ähren auf die von *vavilovii* in einem monogen dominanten Erbgang an die Nachkommen weitergegebene Brüchigkeit ergab unerwartet bei

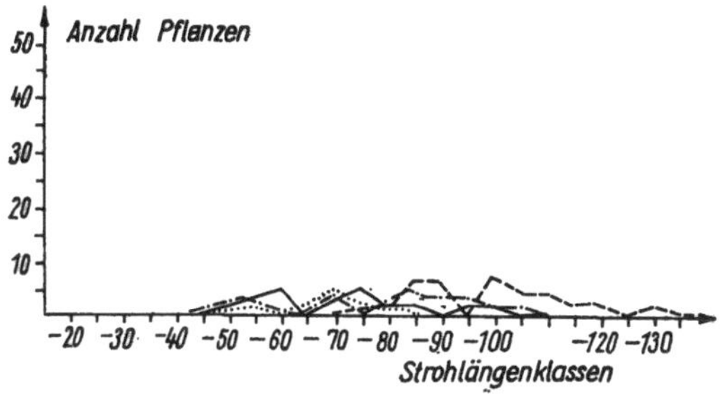

Abb. 1: Strohlängenverteilung der Kreuzung *Sec. cer.* × *Sec. vav.* (2x × 2x)

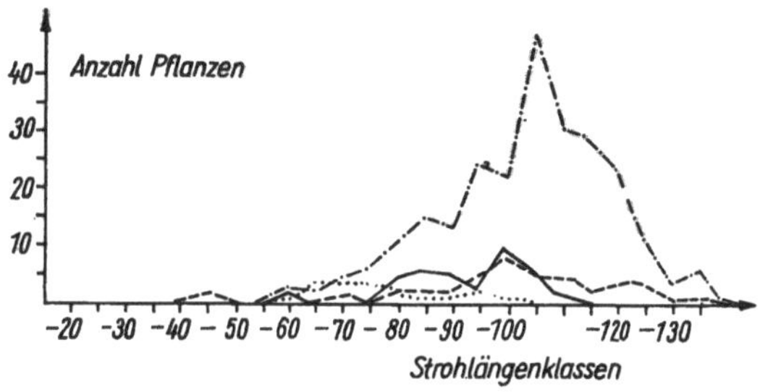

Abb. 2: Strohlängenverteilung der Kreuzung *Sec. cer.* × *Sec. vav.* (2x × 2x doppelt reduziert)

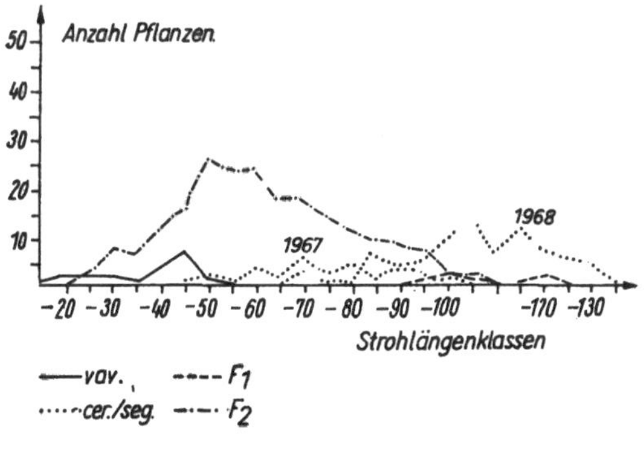

Abb. 3: Strohlängenverteilung der Kreuzung *Sec. seg.* × *Sec. vav.* (4x × 4x)

allen F_1-Generationen einige Pflanzen mit nichtbrüchiger Ährenspindel. Für die F_2 der diploiden Kreuzung konnte ein 3 : 1-Verhältnis von brüchigen zu nichtbrüchigen Pflanzen statistisch gesichert werden. In der F_2 der tetraploiden Kreuzung *segetale* × *vavilovii* waren wegen der Spitzenbrüchigkeit von *segetale* nur brüchige Pflanzen zu erwarten gewesen, bei den Auszählungen wurden jedoch nichtbrüchige Pflanzen festgestellt. Ein Verrechnungsvergleich zeigte, daß zwischen den Abweichungen vom Erwartungswert keine signifikanten Unterschiede bestanden, diese somit auf gleiche Ursachen zurückgeführt werdenkönnen. Da die Ausbildung des Merkmals Brüchigkeit stark umweltabhängig ist, können diese Ergebnisse zum Teil durch die Witterungsverhältnisse erklärt werden. Eine weitere Ursache ist wahrscheinlich die starke Heterozygotie der beiden fremdbestäubenden Mutterarten, durch die bereits in der F_1 Spaltungen auftreten können. Die F_1 der tetraploiden Kreuzung war vollständig selbstfertil, in der F_2

trat eine Spaltung von 1,61 : 1 von selbstfertilen zu selbststerilen Pflanzen ein. Hinsichtlich der Fertilität war bei der F_1 der diploiden Kreuzung ein Rückgang zu verzeichnen gewesen im Vergleich zur Fertilität der Elternarten, der sich in der F_2 aber ausglich. Bei der tetraploiden Kreuzung war kein derartiger Rückgang der Fertilität zu beobachten, wohl als Folge der Neigung zu Bivalentbildung während der Meiose. Für die Kreuzung 2x × 4x mit der triploiden F_1 konnten keine näheren Phänotypenvergleiche vorgenommen werden, da sowohl in F_1 als auch in F_2 jeweils nur 1 Pflanze gekeimt war.
Eine Kreuzung zwischen diploidem *Secale cereale* und tetraploid 1966 aus Svalöf erhaltenem *Secale vavilovii* ergab bei den zytologischen Untersuchungen unerwartet diploiden Chromosomensatz und ausschließliche Bivalentbildung. Da diese Pflanzen in F_1 und F_2 überwiegend das eindeutig von *vavilovii* vererbte Merkmal Brüchigkeit der Ährenspindel zeigten, konnten Kastrationsfehler und eventuell stattgefundene Parthenogenese weitgehend ausgeschlossen werden. Weitergehende Untersuchungen, u. a. an Wurzelspitzenmitosen, führten zu dem Schluß, daß eine Reduzierung der Genomzahl bei der für die Kreuzung verwendeten Vaterpflanze *vavilovii* vor sich gegangen sein muß, deren Folge haploide Pollen gewesen sind. Die phänologischen Untersuchungen ergaben hinsichtlich der Strohlänge, der Brüchigkeit und der Fertilität eindeutige Transgression. Die F_1 dieser Kreuzung war vollständig selbststeril, in der F_2 überwog der Anteil der selbststerilen Pflanzen bei weitem. Folglich kann die Reduzierung der Genomzahl nicht zu einem diploiden *vavilovii*-Genom geführt haben, welches dem der diploiden Sortimentstypen gleich ist. Es ist demnach wahrscheinlich, daß bei der Herunterregulierung der Genomzahl Strukturveränderungen vor sich gegangen sind. Das würde auch die ausschließliche Bivalentbildung erklären.
Die vorliegenden Untersuchungen haben gezeigt, daß weder durch Bastardierungen noch durch Polyploidisierung Merkmalsveränderungen in vorher bestimmbarer Richtung erreicht werden können, sondern daß lediglich die Variationsbreite der Merkmale mit Sicherheit erweitert wird. Diese Erweiterung der Variationsbreite kann eine vergrößerte Basis für die Selektion bestimmter Merkmale und somit von Nutzen für die Pflanzenzüchtung im allgemeinen und die Roggenzüchtung im besonderen sein.

Zusammenfassung

Untersucht wurde die Möglichkeit der Einführung einiger Wildroggenmerkmale des *Sec. vavilovii* (z. B. Kurzstrohigkeit, Selbstfertilität) in das Genom des Kulturroggens und die Auswirkung unterschiedlicher Genquantitäten auf die Merkmalsausprägung. Der Vergleich der phänologischen Merkmale der 2x- und 4x-F_1-Pflanzen führte zu dem Schluß, daß weder durch Bastardierungen noch durch Polyploidie Merkmalsverschiebungen in bestimmter Richtung erreicht werden, sondern vielmehr eine Erweiterung der Variationsbreite der

Merkmale und somit eine vergrößerte Basis für die Selektion. Das quantitative Verhältnis der im Endosperm enthaltenen Genome zueinander ist offensichtlich auch bei *Secale* bestimmend für die Keimfähigkeit der Körner nach Kreuzung. Gute Keimfähigkeit wurde bei Körnern gefunden, deren Endosperm einen größeren Genomanteil der großkörnigen Arten enthielt. Zwischen 2x- und 4x-Stufe bestand dabei keine wesentliche Differenz. Das Material wurde zytologisch untersucht auf das Paarungsverhalten verschiedengradig homologer Chromosomen. Die Kreuzung 4x × 4x zeigt im Vergleich zur diploiden Kreuzung verstärkte Neigung zu Bivalentbildung. Da die Bivalente überwiegend geschlossen sind, wird ihr unerwartet häufiges Auftreten nicht nur auf Chiasmareduktion, sondern möglicherweise auch auf „preferential pairing" zurückgeführt.

Резюме

1. Была изучена возможность введения некоторых признаков дикой ржи *Sec. vavilovii* (например, короткостебельность, самофертильность) в геном культурной ржи и действие различных качеств геномов на выраженность признаков. 2. Сопоставление фенологических признаков 2 x и 4 x растений F_1 привело к выводу, что ни путем скрещивания, ни за счет полиплоидии не достигаются сдвиги признаков в определенном направлении, а скорее увеличение изменчивости признаков, и тем самым расширение основы для отбора. 3. Количественное соотношение геномов, содержащихся в эндосперме, между собой очевидно и у *Secale* является определяющим для всхожести семян после скрещивания. Хорошая всхожесть отмечалась у семян, эндосперм которых содержал большее количество геномов крупнозернистых видов. При этом между 2x и 4x не было значительной разницы. 4. Материал подвергался цитологическому исследованию на реакцию при конъюгации хромосом разной степени гомологичности. 5. Гибрид 4x × 4x проявляет по сравнению с диплоидным скрещиванием увеличенную склонность к образованию бивалентности. Так как биваленты преимущественно закрыты, то их неожиданно частое появление объясняется не только редукцией хиазм, но вероятно и «preferential pairing».

Summary

1. The author investigated the possibility to introduce several traits of wild rye *Sec. vavilovii* (e. g. short straw, self-fertility) into the genome of cultivated rye and the effect of different gene quantities on the development of traits. 2. The comparison of the phenological traits of the 2x and 4x F_1-plants revealed that trait translocation in certain directions cannot be achieved through hybridization or polyploidy. However, these steps result in an enlargement of the range

of variation of the traits and thus in a larger basis for selection. 3. Obviously also with *Secale* the quantitative ratio of the genomes contained in the endosperm is decisive for the germination capacity of the grains after crossing. Good germination capacity was found with grains whose endosperm contained a larger proportion of genomes of the large-grained species. No significant difference was found between the 2x and 4x levels. 4. The material was subjected to cytological investigation for the pairing behaviour of chromosomes differing in their degree of homology. 5. As compared with the diploid cross, the cross 4x × 4x was more liable to form bivalents. Since the bivalents are predominantly closed, their unexpectedly high frequency is ascribed not only to chiasma reduction, but possibly also to „preferential pairing".

Literatur

JÜTTERSONKE, B.: Das Verhalten polygen bedingter Merkmale in Beziehung zur Chromosomenstruktur in den Nachkommenschaften translokationsheterozygoter Artbastarde bei *Secale*. Berlin, Univ., Diss. 1970

KRANZ, A. R.: Cytologische Untersuchungen und genetische Beobachtungen an den Bastarden zwischen *Sec. cereale* L. und *Sec. vavilovii* Grossh. Züchter 31 (1961), S. 219–225

KUCKUCK, H.; PETERS, R.: Weitere genetisch-züchterische Untersuchungen an *Secale vavilovii*. Z. Pflanzenzücht. 64 (1970), S. 182–200

NÜRNBERG-KRÜGER, U.: Cytogenetische Untersuchungen an der Gattung *Secale* L. Z. Pflanzenzücht. 44 (1960), S. 63–72

Anschrift des Verfassers:
Diplom-Biologin GABRIELE HEMPEL
Sektion Biologie der Humboldt-Universität zu Berlin
104 Berlin, Invalidenstr. 42

Tag.-Ber. Akad. Landwirtsch.-Wiss. DDR · Nr. 119 · 1972 · S. 181–186

Zentralinstitut für Genetik und Kulturpflanzenforschung
der Akademie der Wissenschaften der DDR

GOTTFRIED KÜNZEL

Über Möglichkeiten der Nutzung von Translokationen in der Züchtung

Wenn spontan oder durch Einwirkung von mutagenen Agenzien ein Austausch von Segmenten zwischen inhomologen (oder homologen) Chromosomen erfolgt, liegt eine reziproke Translokation vor. In diploiden Organismen können Translokationen im Gegensatz zu den meisten anderen Aberrationstypen die mitotischen und meiotischen Zellteilungen passieren, d. h., sie werden ohne Schwierigkeiten auf die Folgegenerationen übertragen. Die besonderen cytologischen und genetischen Konsequenzen, die sich als Folge der Meiose ergeben, wenn Translokationen zwischen inhomologen Chromosomen heterozygot vorliegen, waren Gegenstand vieler detaillierter Studien (Übersichtsarbeiten bei MARQUARDT, 1941; GELIN, 1956; RAMAGE et al., 1961; NILAN, 1964; KASHA, 1962; BURNHAM, 1966). Weitere Untersuchungen haben gezeigt, daß sich Individuen mit homozygoten Translokationen sowohl phänotypisch (HAGBERG und HAGBERG, 1969) als auch in ihrem Leistungsvermögen (GUSTAFSSON et al., 1966) in der Regel nicht von ihren normalchromosomigen Ausgangsformen unterscheiden. Im heterozygoten Zustand verursachen sie dagegen eine im Einzelfalle in gewissen Grenzen variierende partielle Sterilität (BURNHAM et al., 1953). Diese Eigenschaften charakterisieren Translokationen als wertvolle Hilfsmittel für die Lösung spezieller, oftmals artspezifischer Probleme. Die zunächst an cytologisch einfach zu handhabenden Objekten – z. B. bei Mais – gesammelten Erfahrungen haben gezeigt, daß viele der diffizilen cytogenetischen Techniken mit Translokationen auch bei solchen Arten erfolgversprechend sind, deren meiotische Prophase-Chromosomen cytologischen Analysen bisher unzugänglich sind – z. B. bei Gerste (BURNHAM, 1966).

Die vielfältigen Anwendungsmöglichkeiten der Translokationstechniken lassen sich entsprechend ihrer Zielstellung unterteilen. Verfahren, die der genetischen Merkmalsanalyse dienen, können von anderen Techniken unterschieden werden, bei denen definierte Translokationen unmittelbar in bestimmte Züchtungsverfahren einbezogen werden.

1. Translokationen und ihre Nutzung für die genetische Merkmalsanalyse

Bei Rückkreuzungen ergeben Translokationen die gleichen Spaltungsergebnisse wie dominante Markierungsgene für partielle Sterilität, die auf der Position eines der beiden Translokationsbruchpunkte lokalisiert sind (Ramage, 1964; Burnham, 1966). Damit können Translokationsbruchpunkte durch Koppelungsstudien in die genetischen Chromosomenkarten eingeordnet werden (siehe u. a. Kramer und Blander, 1961; Kasha und Burnham, 1965; Persson, 1969a, 1969b). Da die cytologische Lage der Translokationsbruchpunkte durch Analyse der Pachytän-Chromosomen recht genau und – wo das nicht möglich ist (z. B. bei Gerste) – durch vergleichende Längenmessungen der Mitose-Chromosomen in vielen Fällen annähernd bestimmt werden kann, können Chromosomenkarten aufgestellt werden, die cytologische Markierungen und auf rekombinativer Basis ermittelte genetische Daten kombiniert enthalten. Translokationen tragen damit ganz wesentlich dazu bei, die für Zwecke des „chromosome engineering" sehr wichtige Ergänzung der genetischen durch cytologische Chromosomenkarten zu ermöglichen.
Mit Hilfe von Translokationen wurden darüber hinaus genetische Analysen solcher Merkmale möglich, die relativ starken modifikativen Beeinflussungen unterliegen und deshalb am Einzelindividuum nicht mit Sicherheit klassifizierbar sind. Dazu gehört eine Reihe züchterisch besonders wichtiger Qualitätsmerkmale, wie z. B. Amylasegehalt, Eiweißgehalt, Eiweißqualität usw. Johnson (1964) gelang mit derartigen Methoden z. B. der Nachweis, daß der kurze Arm von Chromosom 6 der Gerste ein Gen oder Gene für α-Amylaseaktivität trägt.
Neben den hier genannten allgemeineren Gesichtspunkten besteht eine Vielzahl weiterer Nutzungsmöglichkeiten, die unter Berücksichtigung objektspezifischer Besonderheiten in einer ausführlichen Arbeit von Burnham (1966) zusammengestellt wurden.

2. Translokationen und Möglichkeiten ihrer direkten züchterischen Nutzung

Obwohl die meisten der bisher bekannten Methoden noch relativ theoretischen Charakter tragen, werden cytogenetische Techniken zunehmend für die Lösung spezieller Teilprobleme direkt in die Züchtung einbezogen (Ramage, 1964; Hagberg, 1959, 1966, 1967; Hagberg u. Hagberg, 1968, 1969). Für die breite züchterische Nutzung einer Vielzahl bisher durch Einzelbeispiele belegter Anwendungsmöglichkeiten fehlt meist noch die eine oder andere Voraussetzung. Entscheidende praktische Erfolge sind dann zu erwarten, wenn cytogenetisch definiertes Ausgangsmaterial in jeweils genügender Breite zur Verfügung steht.

Bei Gerste wurden die größten praktischen Erfolge bisher bei der Entwicklung von Methoden zur Erzeugung von Hybridsaatgut erzielt (RAMAGE, 1964, 1965; RAMAGE u. TULEEN, 1964; RAMAGE u. WIEBE, 1969). Hier steht ein geeignetes System cytoplasmatisch bedingter männlicher Sterilität bisher nicht zur Verfügung. Dagegen sind aber etwa 20 rezessive Gene für männliche Sterilität (*ms*) bekannt. Über sogenannte BTT-Systeme (balancierte tertiäre Trisomie) können die für die Hybridsaatgut-Erzeugung erforderlichen einheitlich männlich-sterilen Bestände mit Hilfe der *ms*-Gene hergestellt werden. Trisome Organismen führen neben ihrem normalen Chromosomenbestand ein Chromosom zusätzlich. Wenn dieses Zusatzchromosom transloziert ist, d. h. aus Teilen zweier inhomologer Chromosomen besteht, liegt tertiäre Trisomie vor. Balanciert nennt man ein solches System dann, wenn das dominante Allel eines rezessiven Letalgens – in unserem Falle des *ms*-Gens – mit dem Translokationsbruchpunkt des Zusatzchromosoms eng gekoppelt vorliegt und die beiden normalen Chromosomen die rezessiven Allele tragen. Da das Zusatzchromosom gewöhnlich nicht über den Pollen übertragen wird, besteht die Nachkommenschaft der BTT-Formen aus etwa 70% Diploiden, die doppelt rezessiv für das *ms*-Gen und damit männlich-steril sind, und etwa 30% wiederum tertiär trisomen Formen, die fertil sind, weil sie neben den beiden rezessiven *ms*-Allelen auf den normalen Chromosomen das dominante Allel *Ms* auf dem Zusatzchromosom führen. Da Karyopsen mit trisomem Embryo eine in der Regel gestörte Endospermausbildung zeigen, können sie im Prinzip durch einfache Sieb- oder Windsortierung abgetrennt werden. Mit diesem Verfahren wurde in den USA die Sommergersten-Hybridsorte „Hembar“ entwickelt.

Cytogenetische Analysen haben gezeigt, daß insbesondere bei den Getreidearten die durch crossing-over bedingten Rekombinationsprozesse vorwiegend auf die distalen Chromosomenabschnitte begrenzt sind. Das bedeutet, daß in den mittleren Chromosomenabschnitten große Genblöcke bestehen, die normalerweise weitgehend unverändert auf die Folgegenerationen übertragen werden. Eine Rekombination in diesen Genblöcken könnte aber durch die Induktion von Translokationen herbeigeführt werden. Diese Frage wird gegenwärtig intensiv in Schweden geprüft (HAGBERG u. HAGBERG, 1969). Diese interessanten Arbeiten sind jedoch noch nicht abgeschlossen.

Wenn eine Kreuzung zwischen Partnern durchgeführt wird, die jeweils in den gleichen Chromosomen transloziert sind, bei denen die Translokationsbruchpunkte aber an verschiedenen Stellen der Chromosomen liegen, so treten in der F_2-Generation u. a. Nachkommen auf, die für bestimmte Chromosomenabschnitte dupliziert sind, ohne gleichzeitig für andere Segmente Defizienzen aufzuweisen. Wie in Schweden bei Gerste gezeigt wurde, sind solche Duplikationsformen lebensfähig und zeigen eine hohe Fertilität (HAGBERG, 1962). Das jeweils duplizierte Segment wird ausschließlich durch die Lage der Bruchpunkte in den Chromosomen der für die Kreuzung benutzten Translokationen bestimmt; es kann also sehr gezielt gearbeitet werden, sofern cytogenetisch definiertes Translokationsmaterial in genügender Breite zur Verfügung steht.

In Schweden richten sich die auf eine praktische Nutzung abzielenden Bemühungen bei Gerste vor allem auf zwei Chromosomenabschnitte: Zunächst ist es jener Abschnitt des Chromosoms 6, der das Gen oder die Gene für α-Amylaseaktivität trägt; eine Verdoppelung des Dosiseffektes dieses Gens könnte u. U. von großem Wert für die Braugerstenzüchtung sein. Weiterhin ist der isophäne Abschnitt des Chromosoms 5 von besonderem Interesse, der fast alle Mehltauresistenzgene trägt. Hier sollte eine Duplikation so beschaffen sein, daß sie heterozygot für die Resistenzgene in dem duplizierten Segment ist. Damit würde eine stabile Kombination eng gekoppelter oder alleler rassenspezifischer Resistenzgene möglich sein, die mit konventionellen Methoden nicht hergestellt werden kann (HAGBERG, 1965, 1966, 1967).
Auf eine ganze Reihe weiterer Nutzungsmöglichkeiten reziproker Translokationen in der Züchtung, die sich nicht nur auf Gerste beziehen, wird in den ausführlichen Arbeiten von RAMAGE (1964) und BURNHAM (1966) eingegangen. Insgesamt kann festgestellt werden, daß die intensive Nutzung von Translokationen vielfältige Möglichkeiten von mittel- oder unmittelbarem Wert für die Züchtung eröffnet. Die Bedeutung dieser Verfahren wird unterstrichen, wenn bedacht wird, daß molekulargenetische Methoden zur gezielten Veränderung von Erbanlagen, insbesondere bei höheren Organismen, vorerst noch außerhalb unserer Reichweite liegen.

Zusammenfassung

Die vor allem bei Gerste erzielten Ergebnisse zur Nutzung reziproker Translokationen zeigen, daß die cytogenetischen Techniken des „chromosome engineering“ von hohem potentiellem Wert für die Züchtung und Züchtungsforschung sind. Der Einsatz dieser Techniken ermöglicht relativ gezielte Eingriffe in Karyotypen. Praktische Erfolge können dann erwartet werden, wenn cytogenetisch definiertes Ausgangsmaterial in genügender Breite zur Verfügung steht. Die Bedeutung dieser Verfahren wird unterstrichen, wenn bedacht wird, daß molekulargenetische Methoden zur gezielten Veränderung von Erbanlagen, insbesondere bei höheren Organismen, vorerst noch außerhalb unserer Reichweite liegen.

Резюме

Результаты, полученные прежде всего на ячмене по использованию реципрокных транслокаций показывают, что цитогенетические приемы «chromosome engineering» имеют высокую потенциальную ценность для селекции и селекционной науки. Применение этих приемов позволяет осуществлять относительно целенаправленные манипуляции кариотипов. Практических успехов можно ожидать в том случае, если в достаточном объёме имеется цитогенетически определённый исходный материал. Значение этих способов особенно важно если учесть, что молекулярногенетических методов для направленного изменения наследственных задатков, особенно у высших организмов, пока ещё нет в нашем распоряжении.

Summary

The results that were achieved above all with barley in utilizing reciprocal translocations show that the cytogenetic techniques of chromosome engineering have a high potential value for practical breeding and breeding research. The use of these techniques permits rather controlled manipulation of the karyotype. Practical success may be expected if cytogenetically defined basic material is available in sufficient quantity. The importance of these methods is emphasized when considering that methods of molecular genetics for directed changes of hereditary units, particularly in higher organisms, are so far still beyond our reach.

Literatur

Burnham, C. R.: Cytogenetics in plant improvement. In: Plant Breeding (Edit.: K. J. Frey), Symp. Iowa State University, University Press, Ames, Iowa, 1966, S. 139–187

Burnham, C. R.; White, F. H.; Livers, R.: Chromosomal interchanges in barley. Cytologia, Tokyo, 19 (1953), S. 191–202

Gelin, O. E. V.: The meiotic response to the mitotic disturbances in X-rayed barley. Agri Hort. Genetica 14 (1956), S. 127–136

Gustafsson, Å.; Lundqvist, U.; Ekberg, I.: The viability reaction of gene mutations and chromosome translocations in comparison. In: Mutations in Plant Breeding, Proc. Panel Vienna, IAEA, Vienna, 1966, S. 103–107

Hagberg, A.: Barley mutations used as a model for the application of cytogenetics and other sciences in plant breeding. 2nd Congr. Eucarpia, Cologne, 1959, S. 235–247

Hagberg, A.: Production of duplications in barley breeding. Hereditas 48 (1962), 243–246

Hagberg, A.: Use of induced translocations in directed production of duplications. In: The Use of Induced Mutations in Plant Breeding, Pergamon Press, Oxford, 1965, S. 741–752

Hagberg, A.: The use of induced mutations in practical barley breeding at Svalöf. Abh. Dt. Akad. Wiss. Berlin, Kl. Med. Induzierte Mutationen und ihre Nutzung. Erwin-Baur-Gedächtnisvorlesungen IV, Berlin, 1967, S. 147–154

Hagberg, A.: Induced structural mutations in barley, especially translocation, and their use in further directed production of variation. In: Mutations in Plant Breeding. Proc. Panel Vienna, IAEA, Vienna, 1966, S. 109–116

Hagberg, A.; Hagberg, G.: Induced translocations in barley. In: Mutations in Plant Breeding II. Proc. Panel Vienna, IAEA, Vienna, 1968, S. 129–137

Hagberg, A.; Hagberg, G.: Use of induced structural rearrangements in plant breeding. In: Induced Mutations in Plants, Proc. Symp. Pullman, USA, IAEA, Vienna, 1969, S. 647–653

JOHNSON, F.: The use of chromosomal interchanges to locate genes for certain quality and agronomic characters in barley. Ph. D. Thesis, Univ. of Minnesota, USA, 1964

KASHA, K. J.: Intercrosses among stocks of chromosomal interchanges involving the same two chromosomes in barley. Ph. D. Thesis, University of Minnesota, USA, 1962

KASHA, K. J.; BURNHAM, C. R.: The location of interchange breakpoints in barley. I, Linkage studies and map orientation. Can. J. Genet. Cytol. 7 (1965), S. 62–77, 620–632

KRAMER, H. H.; BLANDER, B. A. S.: Orienting linkage maps on the chromosomes of barley. Crop Sci. 1 (1961), S. 339–342

MARQUARDT, H.: Über Bau, Häufigkeit und Auswirkungen der spontanen Translokationen. Flora 135 (1941), S. 239–302

NILAN, R. A.: The Cytology and Genetics of Barley 1951–1962. Monographic Supplement No. 3, Research Studies, Washington State University, Pullman, 1964, 278 S.

PERSSON, G.: An attempt to find suitable genetic markers for dense ear loci in barley. I. – Hereditas 62 (1969a), S. 25–96

PERSSON, G.: An attempt to find suitable genetic markers for dense ear loci in barley. II. – Hereditas 63 (1969b), S. 1–28

RAMAGE, R. T.: Chromosome aberrations and their use in genetics and breeding – translocations. In: Barley Genetics I. Proc. 1st Int. Barley Gen. Symp., Wageningen, 1964, S. 99–115

RAMAGE, R. T.: Balanced tertiary trisomics for use in hybrid seed production. Crop Sci. 5 (1965), 177–178

RAMAGE, R. T.; TULEEN, N. A.: Balanced tertiary trisomics in barley serve as a pollen source homogeneous for a recessive lethal gene. Crop Sci. 4 (1964), S. 81–82

RAMAGE, R. T.; WIEBE, G. A.: Use of chromosome aberrations in producing female parents of hybrids. In: Induced Mutations in Plants, Proc. Symp. Pullman, USA, IAEA, Vienna, 1969, S. 655–659

RAMAGE, R. T.; BURNHAM, C. R.; HAGBERG, A.: A summary of translocation studies in barley. Crop Sci. 1 (1961), S. 277–279

Anschrift des Verfassers:

Dr. GOTTFRIED KÜNZEL
Zentralinstitut für Genetik und Kulturpflanzenforschung
der Akademie der Wissenschaften der DDR
4325 Gatersleben, Correnstr. 3

Tag.-Ber. Akad. Landwirtsch.-Wiss. DDR · Nr. 119 · 1972 · S. 187–192

Institut für Getreideforschung Bernburg-Hadmersleben
der Akademie der Landwirtschaftswissenschaften
der Deutschen Demokratischen Republik

MANFRED THIELE und WOLFGANG PORSCHE

Ergebnisse eines Versuches mit einer Modellpopulation bei Sommerweizen – Verhalten von unterschiedlichen Genotypen in Rein- und Mischsaat

Über Versuche mit Modellpopulationen wurde bereits von verschiedenen Autoren berichtet. Die Problemstellung dieser Versuche war recht unterschiedlich. Vor- und Nachteile der möglichen Arbeitsmethoden mit derartigen Populationen hat SCHMALZ (1966) ausführlich dargelegt. Mit seinen Versuchen zeigte er, in welchem Ausmaß die idiotypische Merkmalsausprägung durch agrotechnische Maßnahmen beeinflußt wird. Es ist auch aus älteren Arbeiten bekannt, daß diejenigen Sorten, die im Reinanbau die leistungsstärksten sind, in einer Population nicht die konkurrenzfähigsten Typen sein müssen (SUNESON und WIEBE, 1942).
In den letzten Jahren haben GEIDEL und HAUFE (1968) mathematische Modelle für die Konkurrenzverhältnisse in Mischbeständen entwickelt. Sie haben eine umfassende Auswertung der Literatur vorgenommen, in der recht widersprüchliche Ergebnisse über die Ertragsfähigkeit von Mischungen vorliegen, die sich auf ein unterschiedliches Konkurrenzverhalten der Mischungspartner zurückführen lassen.
In neuerer Zeit werden bei Weizen kurzstrohige Sorten angestrebt. Dabei entstehen sehr oft Populationen mit Formen von sehr unterschiedlicher Halmlänge. Bei der Bearbeitung eines umfangreichen Zuchtmaterials müssen derartige Populationen auch in Drillsaat bei enger Pflanzendichte angebaut und daraus Selektionen vorgenommen werden. Es ist dabei anzunehmen, daß in solchen Populationen die kurzen Typen von den langen Nachbarpflanzen unterdrückt und bei einer Selektion nach Ertragsmerkmalen benachteiligt werden. Der von uns in den Jahren 1968 und 1969 durchgeführte Versuch mit So.-Weizen sollte daher Hinweise zu der Frage geben, in welchem Ausmaß die Selektionschancen kurzstrohiger Formen, die im Gemisch mit langen stehen, beeinträchtigt werden.

1. Material und Methoden

Für diesen Versuch wurden 6 Sorten bzw. Stämme ausgewählt, die sich anhand morphologischer Merkmale leicht unterscheiden lassen und eine unterschiedliche Halmlänge besitzen. Dies waren die langstrohigen Sorten 'Carola',

'Hdm. 21681/57', 'Jufy I', 'Orca', der mittellange Stamm 'Hdm. 38161/66' und die kurzstrohige Sorte 'Sonora 64'. Die wichtigsten Merkmale der Sorten sind in Tabelle 1 zusammengestellt. Diese Sorten wurden als Reinsaat und

Tabelle 1

Sortenmerkmale (Mittel 1968/69)

Sorte bzw. Stamm	Halmlänge cm	Ährenschieben Tage	Ährenzahl/ Pflanze	Kornzahl/ Ähre	TKM g
1. 'Carola'	113	64	3,57	36,4	43,1
2. 'Hadm. 21681/57'	111	63	3,59	38,6	41,5
3. 'Jufy I'	116	62	3,43	38,2	40,0
4. 'Orca'	113	68	3,80	32,0	46,1
5. 'Hadm. 38161/66'	91	64	3,65	32,3	42,6
6. 'Sonora 64'	79	51	3,75	25,1	40,2

als Modellpopulation zu gleichen Teilen gemischt und mit zwei Standweiten (2,5 × 20 cm und 5 × 20 cm) als Spaltanlage mit 4 Wiederholungen angelegt. Nach der Ernte wurden an 25 Pflanzen je Sorte und Wiederholung folgende ertragsbestimmende Merkmale ermittelt: Kornzahl je Ähre, TKM, Korngewicht je Ähre, Ährenzahl je Pflanze und Korngewicht je Pflanze.

2. Ergebnisse

Die unterschiedliche Witterung in beiden Jahren wirkte sich auf die Ausbildung der Ertragskomponenten aus. Mit Ausnahme der Kornzahl je Ähre bestanden signifikante Differenzen zwischen den Jahren (Tab. 2). Die Sorten

Tabelle 2

Einfluß des Jahres und der Standweite auf die Merkmalsausbildung

	Jahre			Standweite		
	1968	1969	Diff.	2,5 × 20	5 × 20	Diff.
Kornzahl/Ähre	32,7	33,9		31,3	35,3	+ +
TKM	45,8	38,2	○ ○	41,7	42,4	+
Korngewicht/Ähre	1,51	1,31	○	1,31	1,50	+ + +
Ährenzahl/Pflanze	2,86	3,97	+ + +	3,10	3,73	+ + +
Korngewicht/Pflanze	4,36	5,26	+ +	4,06	5,56	+ + +

reagierten zum Teil unterschiedlich auf die Witterung, wie es signifikante Interaktionen zwischen den Jahren und Sorten bei den einzelnen Merkmalen ausweisen.

Zwischen den Standweiten bestanden ebenfalls deutliche Differenzen. Eine gesicherte Wechselwirkung zwischen Standweiten und Sorten konnte nicht festgestellt werden. Alle Sorten haben offenbar auf den Standraumeinfluß in der gleichen Weise reagiert.

Tabelle 3

Vergleich zwischen Reinsaat und Mischanbau

Jahr	Sorte	Kornzahl/Ähre		TKM		Korngewicht/Ähre	
		Reinsaat	Mischanbau	Reinsaat	Mischanbau	Reinsaat	Mischanbau
		= 100	rel.	= 100	rel.	= 100	rel.
1968	1	38,0	102,1	48,2	101,7	1,81	105,0
	2	38,0	107,6	44,3	103,8 +	1,68	111,9 +
	3	36,5	103,8	44,4	100,7	1,62	104,3
	4	31,8	99,7	48,9	103,3	1,56	102,6
	5	30,8	85,7 ⊙	46,3	96,3 ○	1,43	83,2 ○○○
	6	25,2	65,1 ○○○	45,1	84,3 ○○○	1,14	55,3 ○○○
1969	1	34,8	108,0	38,1	100,0	1,33	107,5
	2	39,3	98,0	38,6	101,3	1,53	98,0
	3	39,8	106,8	36,0	104,2 +	1,44	111,1 +
	4	32,2	104,0	43,3	99,1	1,39	103,6
	5	33,8	98,5	38,9	96,1 ○	1,32	94,7
	6	25,0	65,2 ○○○	35,3	95,2 ○	0,88	62,5 ○○○

Ein Vergleich der Population mit dem Sortenmittel ergibt, daß zwar in beiden Jahren die Werte für die Population etwas niedriger liegen, daß aber die Differenzen mit einer Ausnahme die Fehlergrenze nicht überschreiten.

Eine Gegenüberstellung der Merkmalsausprägung der Sorten in der Mischung und dem sortenreinen Anbau enthalten die Tabellen 3 und 4. In beiden Jahren bestanden bei den vier langstrohigen Sorten zwischen Reinanbau und Population bei der Kornzahl je Ähre keine gesicherten Differenzen. Bei der mittellangen Form wurde 1968 in der Population eine verminderte Kornzahl ausgebildet. Bei der kurzen Sorte 'Sonora 64' war die Beeinträchtigung der Kornzahl je Ähre noch stärker ausgeprägt.

In der Population wurden die kürzeren Formen auch in der Kornausbildung gehemmt, wie es die geringere TKM zeigt. Die Abnahme bei der Kornzahl je Ähre und der TKM schlägt sich entsprechend im Korngewicht je Ähre nieder.

Eine veränderte Merkmalsausbildung ist aber nicht nur bei den kurzen Sorten, sondern auch bei einigen langen zu verzeichnen. So haben 1968 der St. '21681/57' und 1969 die Sorte 'Jufy I' bei den Merkmalen TKM und Korngewicht je Ähre eine signifikant stärkere Ausbildung erfahren.

Für die Merkmale Ährenzahl je Pflanze und Korngewicht je Pflanze (Tab. 4) sind die Ergebnisse ähnlich. Die Sorte 'Sonora 64' wurde in der Mischung auch bei der Entwicklung ährentragender Halme stark unterdrückt, so daß schließlich das Korngewicht je Pflanze in der Mischung nicht einmal 50% erreichte. Bei dem St. '21681/57' wurde die erhöhte Kornzahl je Ähre durch eine geringere Ährenzahl je Pflanze wieder ausgeglichen. Dagegen zeigte 1969 'Jufy I' eine deutliche Überlegenheit gegenüber den anderen Sorten in der Population. Der Zuwachs bei den langen Formen war allerdings geringer als die Minderung bei den kurzen.

Da angenommen werden kann, daß die kürzeren Formen in der Mischung bei weitem Standraum nicht so stark unterdrückt werden wie bei der engen Stand-

Tabelle 4

Vergleich zwischen Reinsaat und Mischanbau

Jahr	Sorte	Ährenzahl/Pflanze Reinsaat = 100	Mischanbau rel.		Korngewicht/Pflanze Reinsaat = 100	Mischanbau rel.	
1968	1	2,93	90,1		5,35	94,2	
	2	3,05	79,7	○○○	5,13	89,7	
	3	3,20	99,7		5,26	102,7	
	4	3,14	86,6	○	4,88	90,2	
	5	2,73	96,0		3,93	79,6	○
	6	3,22	77,0	○○○	3,65	43,3	○○○
1969	1	4,21	100,7		5,61	108,9	
	2	4,14	93,2		6,36	91,5	
	3	3,67	112,5	+	5,29	124,9	++
	4	4,47	94,2		6,25	97,4	
	5	4,56	59,7	○○○	5,90	58,6	○○○
	6	4,28	73,8	○○○	3,80	46,6	○○○

raumzumessung, sind in Tabelle 5 die Standweiten gegenübergestellt. Die vier langen Sorten reagierten in beiden Jahren auf eine Erweiterung des Standraumes in gleicher Weise. Deshalb ist nur das Mittel der Sorten angegeben. Bei dem mittellangen St. '38161/66' ist bei weitem Standraum eine Verbesserung der Merkmalsausprägung bei allen Ertragskomponenten zu erkennen.

Tabelle 5

Vergleich zwischen Reinsaat und Mischanbau bei verschiedenen Standweiten

	Sorte	2,5 × 20 cm Reinsaat = 100	Mischanbau rel.	5 × 20 cm Reinsaat = 100	Mischanbau rel.	Diff. zw. Standweiten rel.	
Kornzahl/Ähre	1–4	33,7	105,9	38,9	101,9		
	5	32,3	87,3	32,3	97,4	10,1	
	6	22,7	62,1	27,5	67,6	5,5	
TKM	1–4	42,3	102,5	43,2	101,1		
	5	42,6	94,9	42,6	97,8	2,9	
	6	39,9	87,6	40,5	90,4	2,8	
Ährenzahl/Pflanze	1–4	3,37	88,6	3,83	101,1		
	5	3,41	66,9	3,89	78,7	11,8	
	6	3,53	73,5	3,97	76,7	3,2	
Korngewicht/Pflanze	1–4	4,74	95,5	6,30	103,2		
	5	4,66	55,1	5,17	77,7	22,6	+++
	6	3,15	41;3	4,29	47,6	6,3	

Die Sorte 'Sonora 64' reagierte auf den größeren Standraum nicht so deutlich. Offenbar sind für derartig kurze Formen noch größere Pflanzenabstände notwendig, um die unterdrückende Wirkung der langen Nachbarformen aufzuheben. Breitere Standräume wurden allerdings nicht geprüft, da wir in der Regel unsere Populationen unter den Bedingungen eines engen Pflanzenabstandes selektieren.

3. Diskussion

Der Versuch mit dieser Modellpopulation aus langen und kurzen Genotypen zeigt, daß die kurzen Formen in beträchtlichem Ausmaß durch die langen in der Ausbildung der ertragsbestimmenden Merkmale unterdrückt werden. Dies erfolgt in weit stärkerem Maße als in Populationen, die aus etwa gleich langen Genotypen bestehen. Besonders nachteilig wirkt sich dieser Unterdrückungseffekt bei der Selektion aus, insbesondere wenn die Auslese auf der Grundlage von Einzelähren erfolgt. Auch bei der Selektion auf hohe TKM muß diesem Umstand Rechnung getragen werden. Um kurzen Pflanzen die gleichen Selektionschancen zu geben, sind Standräume von mehr als 5×20 cm erforderlich. Auch bei der Analyse von in der Halmlänge stark variierenden Populationen auf ertragsbestimmende Komponenten muß die außerordentlich differenzierte Konkurrenzfähigkeit der verschieden langen Genotypen beachtet werden. Andernfalls erfolgt eine Fehleinschätzung der kurzen Genotypen in Form einer Unterbewertung. Darüber hinaus bestätigt der Versuch frühere Ergebnisse, die aussagen, daß auch in Populationen mit wenig variabler Halmlänge nicht alle Genotypen die gleiche Konkurrenzfähigkeit aufweisen (Geidel u. Haufe, 1968).

Zusammenfassung

Es wurde eine Modellpopulation, bestehend aus 4 lang- und 2 kurzstrohigen Sommerweizensorten, sowie die entsprechenden Reinsaaten in den Jahren 1968 und 1969 bei zwei Standweiten geprüft. Bei den kurzstrohigen Genotypen wurde die Ausbildung der Merkmale Kornzahl/Ähre, TKM, Korngewicht/Ähre, Ährenzahl/Pflanze und Korngewicht/Pflanze stark beeinträchtigt. Bei der Selektion auf Kurzstrohigkeit muß die geringere Konkurrenzfähigkeit dieser Formen berücksichtigt werden.

Резюме

В 1968 и 1969 гг. испытывалась модельная популяция из 4 длинносоломистых и 2 короткосоломистых сортов яровой пшеницы, а также соответствующие чистые посевы с двумя различными междурядьями. У короткосоломистых генотипов значительное отрицательное влияние проявлялось при формировании таких признаков, как число зерен в колосе, сухое вещество, вес зерен одного колоса, число колосьев на одно растение и вес зерен одного растения. При отборе по признаку короткосоломистости следует учитывать низкую конкурентоспособность этих форм.

Summary

A model population, consisting of four long-strawed and two short-strawed spring wheat varieties, and the corresponding pure stands were tested at two different stand densities in 1968 and 1969. In case of the short-strawed genotypes the formation of the characters number of grains per ear, thousand-grain weight, grain weight per ear, number of ears per plant, and grain weight per plant were strongly affected. The lower competitiveness of these forms must be taken into consideration when selecting for short straw.

Literatur

GEIDEL, H.; HAUFE, W.: Konkurrenzverhältnisse in Mischbeständen. I. Beschreibung eines Modells mit zwei Komponenten. Z. Acker- u. Pflanzenbau 127 (1968), S. 269–286

SCHMALZ, H.: Der Einfluß ökologischer Faktoren auf den Selektionserfolg bei Weizen. Ber. Arbeitstagung 1966 d. Arbeitsgemeinsch. d. Saatzuchtleiter, Vereinigung österr. Pflanzenzüchter, vom 23.–25. 11. 1966, Gumpenstein

SUNESON, C. A.; WIEBE, G. A.: Survival of barley and wheat varieties in mixtures. J. Amer. Soc. Agron. 34 (1942), S. 1052–1056

Anschrift der Verfasser:

Dr. MANFRED THIELE, Dr. WOLFGANG PORSCHE
Institut für Getreideforschung Bernburg-Hadmersleben
der Akademie der Landwirtschaftswissenschaften
der Deutschen Demokratischen Republik
4351 Bernburg-Strenzfeld, Mitschurinstraße 22

Tag.-Ber. Akad. Landwirtsch.-Wiss. DDR · Nr. 119 · 1972 · S. 193–201

Institut für Phytopathologie Aschersleben
der Akademie der Landwirtschaftswissenschaften
der Deutschen Demokratischen Republik

DIETER SPAAR und KLAUS SCHMELZER

Die derzeitige Situation des Auftretens von Getreidevirosen in der DDR und mögliche Entwicklungstendenzen

Die ersten für Europa verbürgten Gramineenvirosen entdeckte man in den dreißiger Jahren. Es waren das Russische Weizenmosaik und die in Italien beschriebene Rotstreifigkeit des *Sorgum*. Nach KLINKOWSKI (1954) waren bis Ende 1953 im Weltmaßstab etwa 26 Gramineenvirosen bekannt. Nur 8 davon betrafen die einheimischen Hauptgetreidearten Weizen, Gerste und Hafer. Der Roggen erwies sich höchstens gelegentlich von einigen dieser Virosen befallen.

Nicht früher als 1958 erfolgten die ersten verbürgten Meldungen über Gramineenvirosen in der DDR. In der 2. Auflage der „Pflanzlichen Virologie“, die die Literatur bis etwa Mitte 1966 berücksichtigt (KLINKOWSKI, 1968), wurden folgende Virosen als in der DDR vorkommend genannt: 1. die Gelbverzwergung (barley yellow dwarf), 2. das Streifenmosaik der Gerste (barley stripe mosaic), 3. das Queckenmosaik (*Agropyron* mosaic), 4. das Trespenmosaik (brome mosaic) und 5. die Strichelkrankheit des Knaulgrases (cocksfoot streak). Hinzu kommen noch 6. das streifige Mosaik des Weizens (wheat striate mosaic), 7. das Maismosaik (maize mosaic) sowie 8. die Blauverzwergung der Futtergräser. Die beiden letztgenannten sind offensichtlich seit längerer Zeit bei uns vorhanden. Im Vergleich zu den 18 Virosen, die bis Mitte 1966 in Europa bekannt waren, sind die in der DDR festgestellten nur ein Ausschnitt der möglichen Palette. Noch deutlicher wird das, wenn man sie den bis Herbst 1967 im Weltmaßstab ermittelten Gramineenviren gegenüberstellt. Nach MARTYN (1968) betrug deren Zahl 50. Aus allen diesen Angaben läßt sich ableiten, daß man mit weiteren Neuentdeckungen von Viren und Virosen auch bei uns zu rechnen hat. SCHUMANN (1970) wies neuerdings eine Reihe noch nicht identifizierter Gramineenvirosen an verschiedenen Gräsern in der DDR nach.

Zu einer sachgerechten Einschätzung der tatsächlichen Schädigung und möglichen Bedrohung unserer Getreidekulturen durch Viruskrankheiten gehören jedoch nicht nur Angaben über die Zahl der Virosen, sondern auch über deren Häufigkeit, Schädlichkeit und Übertragbarkeit bzw. Epidemiologie. Die Praxis klagte bisher noch nicht darüber, daß viröse oder möglicherweise virusbedingte Erkrankungen in der DDR zu Schäden am Getreide führten. Auch alle bisherigen Einschätzungen der Situation von virologischer Seite ergaben ein beruhigendes Bild. Es muß aber gesagt werden, daß unsere Kenntnisse über die Häufigkeit und Schädlichkeit der Gramineenvirosen in der DDR nur fragmentarisch sind. Bei anderen Kulturpflanzen gibt es zahlreiche Beispiele dafür, daß weder die Praxis noch die betreffenden Spezialisten für Anbau oder Züchtung das wahre Ausmaß der Schadenssituation erkannten. Erst eingehende virologische Untersuchungen ergaben hier eine richtige Beurteilung. Wenn wir versuchen, eine Übersicht zu geben, so tun wir es mit dem Bewußtsein, daß weder eine Dramatisierung noch eine Verniedlichung der Situation am Platze ist. Die meisten der folgenden Angaben können nur mit Vorbehalt gemacht werden. In einer Reihe von Fällen lassen sich aus in anderen Ländern erhaltenen Ergebnissen mit der gebotenen Vorsicht Analogieschlüsse ziehen. Das betrifft vor allem die Epidemiologie.

1. Die Gelbverzwergung der Gerste, die sich in Form einer Rotblättrigkeit auch am Hafer bemerkbar machen kann, dürfte an vielen Stellen in der DDR vorhanden sein. Sie ist schwer von nichtparasitären Schäden zu unterscheiden, die durch Stickstoffmangel, Trockenheit, zu hohe Bodenfeuchtigkeit oder Kälte bewirkt werden. Frühzeitiger Befall mindert den Kornertrag bei Gerste und Hafer um etwa 50%. Das für die Schäden verantwortliche Virus ist nicht übertragbar durch Preßsaft, Samen oder Boden. Als Vektoren sind bisher 10, vor allem an Gramineen auftretende Blattlausarten beschrieben worden, in denen das Virus bis zu 15 Tage infektiös bleiben kann, von denen zumindest 2 unter unseren Bedingungen von größerer Bedeutung sein dürften. Zahlreiche der 84 bisher als Wirtspflanzen erkannten Gräserarten, von denen eine größere Anzahl perennierende Bestandteile der einheimischen Wiesen-, Weiden- und Unlandflora sind, kommen als Winterwirte und Virusreservoire in Frage.

2. Das Streifenmosaik der Gerste wurde 1957 im Sortiment des damaligen Instituts für Kulturpflanzenforschung Gatersleben an 13 meist aus dem Ausland stammenden Gerstenherkünften festgestellt, die daraufhin vom Anbau ausgeschlossen wurden. Insgesamt wurden mehr als 2500 Herkünfte bonitiert. Außerdem lag ein Befall in einem Versuchsanbau vor. Weitere Fundorte in der DDR wurden bisher nicht bekannt. Der Wirtspflanzenkreis des Virus umfaßt außer mehr als 80 Gräsern alle einheimischen Getreidearten einschließlich den Mais. In stark verseuchten Beständen kann der Kornertragsverlust in Abhängigkeit vom Zeitpunkt der Infektion sowie von der Anfälligkeit der einzelnen Arten 30–75% betragen. Tierische Überträger sind nicht bekannt. Dagegen geht das Virus zu einem recht hohen Prozentsatz auf die Samennachkommenschaft über. Auch eine Pollenübertragung wurde nachgewiesen. Im Bestand neben kranken stehende gesunde Pflanzen können durch Blattkontakt infiziert werden.

3. Das Queckenmosaik wurde an zahlreichen Stellen in den südlichen Bezirken der DDR gefunden. Wir beobachteten es auch im Raum von Aschersleben. Es kann deswegen bedeutungsvoll werden, weil es neben einer größeren Anzahl von Gräsern auch Roggen und Weizen zu infizieren vermag. Der Ertragsverlust ist von der Sorte, dem Infektionszeitpunkt, den klimatischen Verhältnissen

sowie vom jeweiligen Virusstamm abhängig, kann sich aber beim Weizen auf 25–88% belaufen. Das Virus ist mechanisch übertragbar. SLYKHUIS (1969) stellte als Vektor in Ontario die Gallmilbe *Abacurus hystrix* fest, die auch bei uns in Gräserbeständen allgemein vorkommt, in Getreideschlägen jedoch noch nicht ermittelt wurde.

4. Das Trespenmosaik ist bei uns allgemein verbreitet und tritt relativ häufig in Futtergrasbeständen der DDR auf. Als Wirte erwiesen sich mehrere Dutzend Gramineen, unter ihnen auch alle einheimischen Getreidearten. Eine mechanische Übertragung ist möglich. Als Vektoren wurden freilebende Nematoden der Gattungen *Xiphinema* und *Longidorus* angegeben. Die mögliche Bedeutung des Virus für den Getreidebau ist noch nicht untersucht.

5. Die Strichelkrankheit des Knaulgrases ist in der DDR weit verbreitet. Ihr Wirtskreis umfaßt relativ viele Gramineenarten, unter anderem alle geprüften Hafer- und mehrere Weizensorten. Die Krankheit verursacht je nach Grasart Verluste von 10 bis 60% und wird als die wichtigste Gräservirose der DDR eingeschätzt. Welche Bedeutung sie für den Getreidebau hat, ist noch unbekannt. Die Übertragung erfolgt auf nichtpersistente Weise durch einige Blattlausarten, auch durch *Myzus persicae*. Die mechanische Übertragung ist nur mit Schwierigkeiten möglich und hat daher keinen Einfluß auf die natürliche Ausbreitung.

6. Beim streifigen Mosaik des Weizens unterscheidet man drei Formen, die für die Erdteile Amerika, Australien und Europa spezifisch zu sein scheinen. Das Vorkommen des europäischen streifigen Mosaiks des Weizens in der DDR wurde durch SCHUMANN (1967) auf Grund von Symptombeobachtungen an Weizen und Hafer wahrscheinlich gemacht. Ähnliche Befunde wurden auch im Institut für Phytopathologie Aschersleben erhalten. SLYKHUIS (1958) hatte die Virose in der BRD anhand von Krankheitserscheinungen an Weizen festgestellt. Die Erkrankung befällt mehrere Arten von *Triticum*, *Hordeum* und *Avena*, außerdem Roggen, Mais und verschiedene Gräser, von denen neben dem Winterweizen vermutlich Vertreter der Gattungen *Lolium* und *Bromus* als Überhälter bedeutungsvoll sind. Das nicht von Pflanze zu Pflanze mechanisch übertragbare Virus hat Zwergzikaden der Gattung *Javesella* als Vektoren. *Javesella pellucida* F., für deren Massenvermehrung in der DDR durchaus Voraussetzungen bestehen, gibt das Virus über das Ei auf die Nachkommenschaft weiter. Ob der Erkrankung tatsächlich keine besondere wirtschaftliche Bedeutung zukommt, wie SLYKHUIS (1958) meinte, muß näher untersucht werden.

7. Nach eigenen Beobachtungen tritt das Maismosaik gelegentlich in der DDR an Mais auf. Über seine mögliche Bedeutung bei uns besteht ebensowenig Klarheit wie über seine Überhälterpflanzen. Es sei bemerkt, daß das Virus in den Tropen als Ursache des Zuckerrohrmosaiks entscheidenden Einfluß auf die Zuckerrohrproduktion besaß, bis durch die Züchtung resistenter bzw. hochtoleranter Sorten die von ihm ausgehende Gefahr gebannt werden konnte.

8. Die Blauverzwergung der Futtergräser tritt in der DDR auf mehreren perennierenden Arten der Gattungen *Arrhenatherum*, *Avena*, *Lolium* und *Phleum*

nodarer Gebiet sowie in der Ukraine verbreitet. Außerhalb der SU wurde es noch nicht festgestellt.

16. Das bodenübertragbare Weizenmosaik (soil-borne wheat mosaic) ruft je nach Wirtspflanze, Sorte und Virusstamm sehr verschiedene Symptome hervor. Befallen werden Weizenarten, Gerste, Roggen und zahlreiche Gräser. Die Saftübertragbarkeit des Virus ist gering, eine Infektion über den Samen wurde nicht festgestellt. Im Boden bleibt es dagegen bis zu 12 Jahre infektiös, wobei der Pilz *Polymyxa graminis* Led. nach Untersuchungen in Italien eine Rolle als Vektor spielt. Das Virus oder mehrere Viren mit ähnlichen Eigenschaften sind in den USA, Kanada, Japan und Italien nachgewiesen. Das von AGARKOW (1956) vermutete Auftreten dieses Virus in der Ukraine konnte experimentell nicht bestätigt werden, so daß wir sein Vorhandensein in der SU in Frage stellen müssen. Schon ein schwacher Befall kann 10–20% Verluste bewirken. In den USA wurden auch Ernteminderungen auf die Hälfte bekannt.

17. AGARKOW (1964) beschrieb bei Winterweizen die zikadenübertragbare Graugrünverzwergung, die u. a. auf der Krim und in der Moldauischen SSR festgestellt wurde. Sie befällt Weizen, Gerste und Hafer. In welchem Verhältnis diese Erkrankung zur Weizenverzwergung und zur sterilen Verzwergung des Hafers steht, müssen weitere vergleichende experimentelle Untersuchungen ergeben.

Zum Abschluß unserer Darstellung möchten wir folgende Probleme behandeln: Auf dem gesamten Erdball gewinnen die Viruskrankheiten der Pflanzen immer größere Bedeutung. Das liegt keineswegs allein daran, daß man sie mehr als früher beachtet. Wie auch KLINKOWSKI (1967) betonte, sind sie offensichtlich im Stadium einer echten Zunahme. Das könnte sich auch bei den Getreidevirosen in der DDR zeigen. Eine Einfuhr von Saatgetreide aus Gebieten, in denen gefährliche, bei uns noch nicht vorhandene Virosen vorkommen, ist nicht unbedenklich. Die Tatsache, daß von den in der DDR bisher noch nicht aufgefundenen Virosen keine Samenübertragbarkeit festgestellt wurde, ist erfreulich. Dennoch erscheint eine Einschleppung mit Transporten nicht völlig ausgeschlossen, da das Verbleiben von geringen virushaltigen Erdresten sowie von überwinternden virustragenden Stadien der Überträger an Saatgut und Verpackung durchaus möglich erscheint. Es kann weder das Anliegen des Pflanzenbaus noch des Pflanzenschutzes sein, daraufhin die Einfuhr hochleistungsfähiger Sorten generell verbieten zu lassen. Pflanzenbau, Pflanzenschutz und schließlich auch Pflanzenzüchtung müssen jedoch alles daransetzen, eine Ausbreitung bereits vorhandener und die Einbürgerung bisher fehlender Virosen zu verhindern. Nach wie vor ist die Therapie von Pflanzenvirosen unter Praxisbedingungen ein im Weltmaßstab ungelöstes Problem. Deshalb stellen wir hier eine Reihe von Maßnahmen zur Diskussion, die geeignet erscheinen, der möglichen Gefährdung unserer Getreidekulturen zu begegnen. Die Reihenfolge stellt kein Werturteil über die Wirksamkeit der Methoden dar. Sie müssen sich vielfach ergänzen.

1. Die Getreidekulturen sollten mehr als bisher vom Pflanzenschutzdienst hinsichtlich des Auftretens von Virosen überwacht werden. Eine Voraus-

setzung dafür wäre eine eingehende Schulung des zur Überwachung vorgesehenen Personenkreises über Symptomatologie, Diagnose, Epidemiologie und Bekämpfung der Getreide- und Gramineenvirosen sowie über Verwechslungsmöglichkeiten mit nichtvirösen Erscheinungen. Durch die Überwachung könnte auch ein umfassendes realistisches Bild der Virusgefährdung der Getreidekulturen in der DDR gewonnen werden. Der Schwerpunkt der Überwachung sollte bei den zur Saatgutproduktion vorgesehenen und bei den mit importiertem Getreide bestellten Flächen liegen.

2. Experten sollten zu geeigneten Zeitpunkten auch die in der SU heranwachsenden Getreidebestände begutachten, die das für einen Import als Saatgut vorgesehene Getreide produzieren. Notwendigenfalls sind Bestände vom Import auszuschließen.

3. Wo es erforderlich erscheint, ist eine Vektorbekämpfung in inländischen Getreidebeständen durchzuführen. Das betrifft insbesondere das Auftreten der Gelbverzwergung der Gerste. Bei großen Schlägen wird meist eine Randbehandlung genügen.

4. Jedes Vorkommen des Streifenmosaiks der Gerste muß dazu veranlassen, den betroffenen Bestand bzw. die entsprechende Saatgutpartie von der weiteren Vermehrung auszuschließen.

5. Entbehrliche Randstreifen, bestehend aus Gräsern und Ungräsern, sollten nicht in der Nähe von Getreidekulturen geduldet werden, da perennierende Gramineen vielfach Reservoire sowohl der Virosen als auch der Vektoren darstellen.

6. Eine Reihe von Möglichkeiten der prophylaktischen und indirekten Virusbekämpfung basiert auf pflanzenbaulichen Maßnahmen. Dazu gehören frühzeitiges Schälen, baldige Winterfurche und dichte Saat. Auch sollte die Fruchtfolge nach dem Auftreten viröser oder virusverdächtiger Symptome so gestaltet werden, daß ein etwaiger Virusbefall nicht begünstigt wird.

7. Einen wichtigen Beitrag zum Problem der Getreidevirosenbekämpfung kann die Pflanzenzüchtung leisten. Gegenüber einem großen Teil der erwähnten Viren wurden bereits Resistenz- bzw. Toleranzgene nachgewiesen, die bei der Schaffung neuer Sorten genutzt werden sollten.

Zusammenfassung

Die Getreidekulturen der DDR werden z. Z. wahrscheinlich nicht merklich durch Virosen oder Mykoplasmosen geschädigt, obgleich mindestens 8 bekannt wurden, die eine potentielle Gefahr darstellen. Mit dem Auftreten von 5 weiteren Krankheitserregern ist zu rechnen, da sie in Nachbarländern vorkommen. Die gegenwärtigen und zukünftigen Importe von Getreidesaatgut aus der SU lenken das Augenmerk auf die dort nachgewiesenen Virosen und Mykoplasmosen des Getreides. Für alle aufgezählten Erkrankungen werden Angaben über Auftreten, Verbreitungsmöglichkeiten und Schadwirkung gemacht. Eine

Reihe von Maßnahmen zur Begegnung einer Gefährdung unserer Getreidebestände wird zur Diskussion gestellt.

Резюме

Зерновые культуры в настоящее время, очевидно, не так сильно повреждаются вирозами или микоплазмозами, хотя стали известны по крайней мере 8 заболеваний, представляющих потенциальную опасность. Необходимо считаться с возможностью появления еще 5 других возбудителей, обнаруженных в соседних странах. В связи с ввозом посевного материала зерновых из СССР следует обратить внимание на имеющиеся там вирозы и микоплазмозы зерновых. По всем перечисленным в работе болезням приводятся данные об их появлении, возможности распространения и формах вызываемых повреждений. Ставится на обсуждение ряд мер по предупреждению заболевания наших зерновых культур.

Summary

At present the GDR's grain crops seem to be not noticeably affected by virus diseases or mycoplasmoses, although at least eight of them are known to occur in this country, thus representing a potential danger. The occurrence of another five pathogens is to be expected, since they are found in neighbouring countries. Present and future seed grain imports from the Soviet Union direct the attention towards the grain viroses and mycoplasmoses established there. For all the mentioned diseases the authors submit data on occurrence, possible spread, and damage. A number of measures to protect our grain crops are placed for discussion.

Literatur

Die nachfolgenden Angaben stellen nur eine Auswahl dar. Eine vollständige Literaturliste wird durch die Autoren auf Anforderung geliefert.

AGARKOW, V. A.: Virusnyje bolesni pschenizy v winnizkoi oblasti. Trudy wsjesojusnovo n. i. Instituta Saschtschity rastenij 3 (1956), S. 31–34

AGARKOW, V. A.: Bledno-seljonaja karlikowost osimoi pschenizy. Saschtschita rastenij ot wreditelei i bolesnei 17, 1964

KLINKOWSKI, M.: In: KÖHLER, E. und KLINKOWSKI, M.: Handbuch der Pflanzenkrankheiten. Bd. 2, 1. Liefer., 6. Aufl., Berlin und Hamburg, 1954

KLINKOWSKI, M.: Wirtschaftliche Bedeutung. In: KLINKOWSKI, M. und Mitarbeiter: Pflanzliche Virologie. Bd. 1, 2. Aufl., Berlin, 1967

KLINKOWSKI, M.: Getreidearten und Gräser. In: KLINKOWSKI, M. und Mitarbeiter: Pflanzliche Virologie. Bd. 2, Teil 2, 2. Aufl., Berlin, 1968

MARTYN, E. B.: Plant virus names. Kew, 1968

SCHUMANN, K.: Untersuchungen über das Vorkommen der in Mitteleuropa bekannt gewordenen Gramineenvirosen auf dem Gebiet der Deutschen Demokratischen Republik unter besonderer Beachtung mechanisch übertragbarer Viren an Futtergräsern. Leipzig, Univ., Habil.-Schr. 1967

SCHUMANN, K.: Untersuchungen zum Vorkommen von Gramineenvirosen in der Deutschen Demokratischen Republik. Arch. Pflanzensch. 6 (1970), S. 41–55

SLYKHUIS, J. T.: A survey of virus diseases of grasses in Northern Europe. FAO Plant Prot. Bull. 6 (1958), S. 129–134

SLYKHUIS, J. T.: Transmission of *Agropyron* mosaic virus by the Eriophyid mite, *Abacarus hystrix*. Phytopathol., 59 (1969), S. 29–32

Anschrift der Verfasser:

Prof. Dr. DIETER SPAAR
Bereich Pflanzenproduktionsforschung
der Akademie der Landwirtschaftswissenschaften
der Deutschen Demokratischen Republik
108 Berlin, Krausenstraße 38/39

Dr. KLAUS SCHMELZER
Institut für Phytopathologie Aschersleben
der Akademie der Landwirtschaftswissenschaften
der Deutschen Demokratischen Republik
432 Aschersleben, Theodor-Roemer-Weg 4

Tag.-Ber. Akad. Landwirtsch.-Wiss. DDR · Nr. 119 · 1972 S. · 203–210

Institut für Getreideforschung Bernburg-Hadmersleben
der Akademie der Landwirtschaftswissenschaften
der Deutschen Demokratischen Republik

KARL-OTTO OLDACH

Grundsätze bei der Intensivierung der Getreideproduktion aus volkswirtschaftlicher Sicht

Der Begriff Intensivierung ist sehr verschiedenartig interpretiert worden.
Wir verstehen heute darunter die Steigerung der Produktion je Flächeneinheit durch zusätzlichen Aufwand an gesellschaftlicher Arbeit mit dem Ziel, die Bevölkerung und alle Bürger unserer Republik immer besser mit den nötigen Nahrungsmitteln zu versorgen. Dieses Ziel der sozialistischen Intensivierung ist im Grundgesetz des Sozialismus enthalten und bestimmt jegliche Intensivierungsmaßnahme.
Die Intensivierungsmaßnahmen müssen zur Erhöhung des gesellschaftlichen Reineinkommens führen. Bereits getätigte Aufwendungen in der Produktionssphäre müssen bei der weiteren Intensivierung genutzt und eingegliedert werden.
Die Effektivität der Intensivierungsmaßnahmen hängt weitgehend von der planmäßigen proportionalen Entwicklung der einzelnen Zweige zueinander ab.
Bei der Intensivierung als Hauptform der erweiterten sozialistischen Reproduktion in der landwirtschaftlichen Produktion sind die gesellschaftlichen Beziehungen und die Weiterentwicklung der Kooperation ein Erfordernis.
Die Intensivierung beinhaltet nicht nur die mehraufgewandte gesellschaftliche Arbeit, sondern gleichzeitig die Rationalisierung des gesamten Reproduktionsprozesses, um dadurch höhere Erträge zu erzielen.
Diese Aufgabe hat unter den Bedingungen unserer Republik besondere Bedeutung, da wir die landwirtschaftliche Nutzfläche nicht ausdehnen können, sondern im Gegenteil auf einer ständig geringfügig sinkenden landwirtschaftlichen Nutzfläche produzieren müssen.
Zur Intensivierung der Getreideproduktion gehört die bessere Organisation des gesamten Produktionsprozesses. Die Möglichkeiten der kooperativen Beziehungen zur Schaffung von großen Produktionseinheiten sind entsprechend dem Entwicklungsstand der Produktivkräfte voll auszunutzen. Dies ist ein wesentlicher Grundsatz der Intensivierung. Voraussetzung dazu ist, die Erfahrungen der Besten zu nutzen, die Qualifikation aller an der Produktion Beteiligten zu erhöhen und die wissenschaftlichen Erkenntnisse in der Produktion anzuwenden. Die Wissenschaft muß immer umfassender Produktivkraft werden.
Für wissenschaftliche Erkenntnisse und die Ausbildung aller Produzenten sind gesellschaftliche Mittel eingesetzt worden, die zur Intensivierung und Steigerung der Produktion beitragen müssen.

Bei den Fragen der sozialistischen Intensivierung geht es in erster Linie darum, mit den neu für die erweiterte Produktion aufgewandten Mitteln eine höhere Effektivität der vorhandenen Fonds und eine bessere Ausnutzung der materiellen Ressourcen zur Erhöhung der Erträge und der Bruttoproduktion zu erreichen. Es müssen daher vorrangig die Intensivierungsmaßnahmen durchgeführt werden, die keine hohen materiellen und finanziellen Aufwendungen erfordern.

Intensivierungsmaßnahmen im Zweig der Getreideproduktion

Die richtige Territorialstruktur der Getreideproduktion ist ein wichtiger Teil der Organisation der Produktion, die ohne erhöhten Aufwand nur durch Anwendung der Erkenntnisse der Proportionalität der Entwicklung der Zweige in der Landwirtschaft und Nahrungsgüterwirtschaft eine Erhöhung der Produktion möglich macht.
Aus der Sicht des Zweiges der Getreideproduktion erscheint es daher zweckmäßig, den Getreidebau in den dafür prädestinierten Gebieten zu fördern. Diese Gebiete lassen sich nach NIELEBOCK u. OLDACH (1969) in Eignungsgebiete abgrenzen, die eine unterschiedliche spezifische Ertragsfähigkeit besitzen und standörtlich unterschiedliche Aufwendungen erfordern.
Die Konzentration des Getreides in den für die Getreideproduktion spezifisch geeigneten Gebieten muß soweit erfolgen, wie es aus anderen volkswirtschaftlichen Gründen, die der Ausdehnung der Getreideproduktion Grenzen setzen, hier möglich ist.
Innerhalb solcher großräumigen Gebiete ist zur Intensivierung der Produktion in den Kooperationsgemeinschaften und sozialistischen Landwirtschaftsbetrieben das Getreideartenverhältnis günstig zu gestalten. Die ertragsreichsten Getreidearten sollen in ihren Anbauflächen so weit wie möglich ausgedehnt werden. Der Anbau von Weizen, Gerste und Körnermais muß weiter forciert werden. Diese Getreidearten lassen die höchsten Getreideerträge erwarten.
In diesem Zusammenhang und bei allen folgenden Problemen geht es nicht nur um den höchsten Massenertrag, sondern ebenso wichtig und in Zukunft an Bedeutung gewinnend ist die Frage der Qualität des produzierten Getreides.
In dem Falle der Bevorzugung des Anbaues der ertragreichen Getreidearten Weizen, Gerste und Körnermais stimmt dies mit der Forderung nach Qualität und dem Gebrauchswert dieser Arten in der Zielstellung überein.
Die Stärke der Intensivierung spiegelt sich zu einem großen Teil in der Höhe der Kosten je ha Anbaufläche wider. Hierin drückt sich der Anteil der gesellschaftlichen Arbeit aus, der unmittelbar zur Produktion benötigt wird. Nach dem Vorhergesagten muß die Frage gestellt werden, wie sich die Kosten der Getreidearten zueinander verhalten, um das Ziel der sozialistischen Intensivierung, die Erhöhung des Gewinns und davon abhängig einen hohen Zuwachs am Nationaleinkommen zu erreichen. Die Kosten sind für die einzelnen Getreidearten recht unterschiedlich.

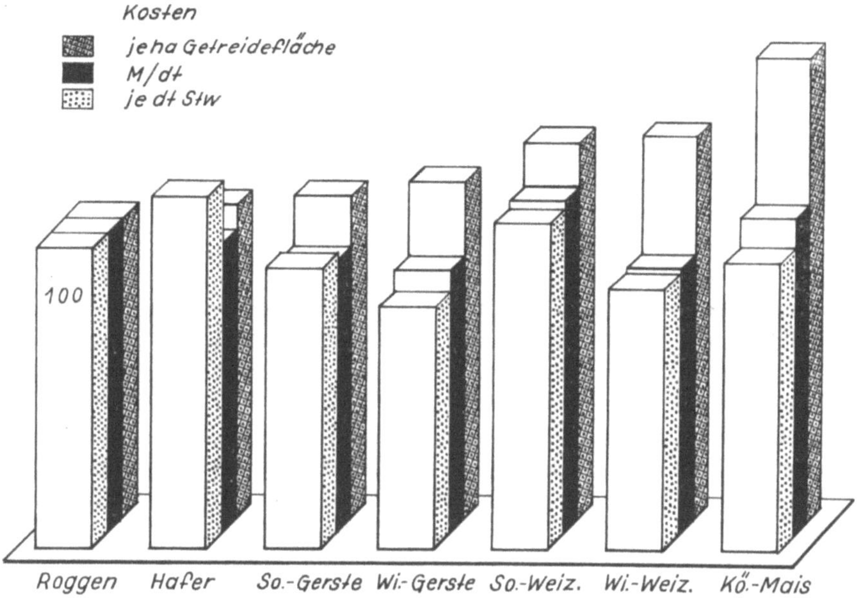

Abb. 1: Kosten nach Getreidearten (Roggen = 100)

Aus den dargestellten Relationen ist ersichtlich, daß der Roggen die geringsten Kosten je Flächeneinheit verursacht und die ertragreichen Getreidearten höhere Kosten und einen höheren Intensivierungsaufwand erfordern. Diese Relationen ändern sich sofort, wenn die Erträge mit in Betracht gezogen und die Kosten je dt Produkt errechnet werden.

Bei der Bezugsbasis Stärkewert ist in den Relationen weiter eine Verbesserung zugunsten der Getreidearten Weizen, Gerste und Körnermais zu verzeichnen.

Die Intensivierung der Getreideproduktion wird zweifellos zu höheren Materialkosten führen, die vor allem aus höherem Aufwand an Mineraldünger und anderen chemischen Mitteln bestehen.

Damit wird aber auch ein anderer Gebrauchswert erzeugt, der in der nächsten Verarbeitungsstufe volkswirtschaftliche Vorteile bringt. Dieser volkswirtschaftlich äußerst wichtige Aspekt darf bei der Betrachtung der Intensivierung der Getreideproduktion keinesfalls außer acht gelassen werden.

Im Kraftfuttereinsatz bringen Getreidearten mit höherer Energiekonzentration eine bessere Effektivität der Tierproduktion, da hiermit höhere tierische Leistungen erreicht werden und das Grundfutter besser ausgenutzt werden kann. Durch das Schaffen eines Gebrauchswertes in Form von Backgetreide mit einer höheren Qualität können wertvolle Devisen, die für Backgetreide aufgewandt werden müssen, eingespart werden.

Die Stickstoffspätdüngung ist eine Intensivierungsmaßnahme, die die vorhandenen natürlichen Ressourcen, den Boden, und die anderen eingesetzten materiellen Fonds besser ausnutzen läßt.

Durch die Stickstoffspätdüngung während des Schossens des Getreides werden sowohl Mehrerträge als auch ein höherer Eiweißgehalt des Getreides erreicht. Es wird somit ein höherer Energieertrag und ein höherer Proteingehalt und damit eine bessere Qualität des erzeugten Getreides erzielt.
Die Aufwendungen für eine N-Spätdüngung beziehen sich lediglich auf die Verfahrenskosten für einen zusätzlichen Arbeitsgang des Düngerstreuens und die Materialkosten für den Stickstoff.
Die agrotechnische Zeitspanne liegt in einer Zeit, in der keine Arbeitsspitze in den landwirtschaftlichen Betrieben ist.
Volkswirtschaftlich gesehen ist die Stickstoffspätdüngung eine Intensivierungsmaßnahme, die insgesamt in starkem Umfang durchgeführt die Importbilanz der Eiweißfuttermittel günstiger gestalten und das Nationaleinkommen erhöhen wird. Da die Eiweißfuttermittel zum großen Teil aus dem kapitalistischen Ausland bezogen werden müssen, werden wir durch die Produktion von eiweißreichem Getreide unabhängiger vom kapitalistischen Ausland. Durch die Schließung der Eiweißfutterlücke kann die gesamte Tierproduktion durch die damit erzielbaren höheren Leistungen effektiver gestaltet werden.
Bei der zukünftigen Produktion von Getreide werden sich die Verfahrenskosten nicht wesentlich ändern. Die Verfahrenskosten enthalten die Kosten für die Vergütung – also die lebendige Arbeit – und die Kosten für Maschinen und Geräte. Es tritt allerdings eine Verschiebung dieser beiden Kostenarten zueinander ein. Durch den Einsatz leistungsfähigerer Aggregate und Maschinen wird die Produktivität der lebendigen Arbeit erheblich ansteigen.
Bei der Betrachtung der Intensivierung der Produktion ist aber neben der Entwicklung der Verfahrenskosten ein anderes volkswirtschaftlich äußerst wichtiges Problem unbedingt zu beachten. Es ist immer wieder auf die Ausnutzung der Grundmittel hingewiesen worden. Besonders in den Materialien der letzten Plenartagungen der Sozialistischen Einheitspartei Deutschlands wird auf die Ausnutzung der Grundmittel im engen Zusammenhang mit einer effektiven Produktion hingewiesen. Das ist umso notwendiger, je schneller es uns gelingt, die Ergebnisse von Wissenschaft und Technik in die Produktion zu überführen. Dieser Prozeß wird im Zeitalter der wissenschaftlich-technischen Revolution immer rascher vor sich gehen. Wenn aber immer mit den neuesten Maschinen produziert werden soll, um eine möglichst hohe Arbeitsproduktivität zu erreichen, dann müssen die vorhandenen Grundmittel gut ausgelastet sein! Investitionen für die Grundmittel entspringen dem Nationaleinkommen und jede Investition, die nicht oder nicht genügend produktionswirksam wird, schmälert den Reichtum unseres Volkes.
Von rund 700,– M Grundmittel je ha Getreideanbaufläche entfallen rund 450,– M oder 65% auf die Erntemaschinen.
Das bedeutet, daß es äußerst wichtig ist, die Ernte so zu gestalten, daß die Grundmittel gut ausgenutzt werden. Das wird vor allem durch kooperative Beziehungen erreicht und durch die richtige Gestaltung des Anbaues der Mähdruschfrüchte, insbesondere der Getreidearten.

Durch die richtige Arten- und Sortenwahl können die Mähdruschzeit verlängert und damit die wertvollen Erntemaschinen gut ausgenutzt werden. Bei der Intensivierung der Produktion spielt die Konzentration der Produktionsmittel eine wesentliche Rolle, wie es in den Kooperationsgemeinschaften praktiziert wird. Der Komplexeinsatz der gesamten Technik gestattet den schnellen Abschluß einzelner Arbeitsarten auf bestimmten Schlägen und damit das Einhalten der agrotechnischen Zeitspannen.
Auch in der Perspektive werden die Intensivierungsmaßnahmen, durch die verschiedenen natürlichen Voraussetzungen begründet, zu unterschiedlichen Ergebnissen in der Produktion führen.

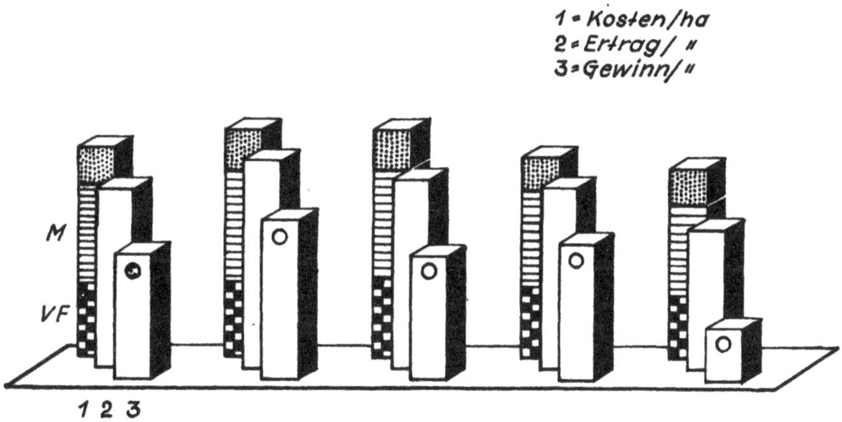

Abb. 2: Kosten, Ertrag und Gewinn ja ha Getreideanbaufläche DDR gesamt und nach Eignungsgebieten

In der Abbildung 2 sind die Beziehungen zwischen Kosten, Ertrag und Gewinn der Getreideproduktion für die DDR gesamt und einige Eignungsgebiete dargestellt. Die Kosten sind nochmals unterteilt in Verfahrenskosten, Materialkosten und sonstige Kosten. Die erste Säulengruppe stellt das zusammengefaßte Ergebnis für die DDR dar, die zweite Säulengruppe das für gute Lößböden und die dritte das für schwere Alluvial- und schwere Diluvialböden. In der vierten und fünften Säulengruppe sind die Ergebnisse für die mittleren und geringen Diluvialböden ausgewiesen. Bei nur geringfügigen Abweichungen in den Kosten je ha ist jedoch deutlich ein unterschiedlicher Ertrag und damit auch ein unterschiedlicher Gewinn zu verzeichnen. Auf allen Standorten sind in dieser Berechnung die möglichen Intensivierungsmaßnahmen genutzt worden.
Aus der Darstellung ist auch die Notwendigkeit der Durchführung der Maßnahmen, Anordnungen und Richtlinien zur Anwendung des ökonomischen Systems des Sozialismus in der Landwirtschaft und Nahrungsgüterwirtschaft in den Jahren 1971/72 ersichtlich. Die ökonomisch begründete Abgabe der LPG gibt die Möglichkeit, allen Produzenten einen gleichen Gewinn bei gleichen

Anstrengungen zu garantieren. Das gesellschaftlich zentralisierte Reineinkommen wird hauptsächlich von den Betrieben, die unter besten natürlichen Bedingungen arbeiten, gebildet. Wie sich aus den Ergebnissen unserer Arbeit gezeigt hat, führt die Ausnutzung der möglichen Intensivierungsmaßnahmen zu den höchsten Ergebnissen. Dies ist sowohl in bezug auf die höchsten Erträge als auch auf den höchsten Gewinn bezogen. Des weiteren wird erreicht, daß gegenüber anderen Varianten mit der erfolgreichen Intensivierung der höchste Anteil am Nationaleinkommen erarbeitet wird. Jeder in der Getreideproduktion Beschäftigte erarbeitet die höchste Bruttoproduktion, und es wird die beste Qualität des Getreides erzeugt. Des weiteren wird bei der Anwendung der aufgezeigten Intensivierungsmaßnahmen der Bodenfonds am besten genutzt. Damit führt die Intensivierung zu den höchsten betrieblichen und volkswirtschaftlichen Ergebnissen.
Die angeführten Beispiele der Intensivierung wurden aus der Sicht des Zweiges der Getreideproduktion betrachtet, aber der Umfang und die Struktur des Getreidebaues sind nicht allein vom Zweig des Getreides festzulegen. Der Umfang wird vom volkswirtschaftlichen Bedarf und den Außenwirtschaftsbeziehungen bestimmt und ist sowohl vom Verhältnis zu anderen Ackerkulturen und deren Relationen im Ertrag und den Aufwendungen als auch an seinem Anteil zur Grünlandfläche zu betrachten. Bei einem hohen Grünlandanteil und damit verbunden einer hohen Rauh- und Saftfutterproduktion wird die Getreidefläche einen hohen Anteil an der Ackerfläche auch weiterhin beibehalten.
Somit muß sich der Getreidebau als Teilsystem in das System der Pflanzenproduktion eingliedern, und seine Ergebnisse müssen im Rahmen des Gesamtplanes der Volkswirtschaft stehen. Daraus ableitend besteht für alle Getreidebausysteme das Ziel, die Erträge zu steigern, die Produktion zu rationalisieren, die vorhandenen Grundmittel besser auszunutzen und damit die Produktion zu intensivieren und letzten Endes effektiver zu wirtschaften.
Die Grundsätze ergänzen einander und führen in ihrer Einheit zum höheren Nutzen.
Die Getreideproduktion hat neben den anderen Zweigen der Pflanzenproduktion (als horizontale Verflechtung) eine enge Bindung zu weiteren Zweigen der Getreidewirtschaft, besonders der Aufbereitung und Lagerung (als vertikale Verflechtung). In Verbindung mit der Auslastung der Grundmittel und der Inanspruchnahme von Investitionen gibt es enge Berührungspunkte und Probleme, die zu beachten sind.

Zusammenfassung

In der Pflanzenproduktion sind vorrangig solche Intensivierungsmaßnahmen durchzuführen, mit denen eine hohe Effektivität bei sparsamem Einsatz materieller und finanzieller Mittel erreicht wird. Die richtige Territorialstruktur der Getreideproduktion auf der Grundlage von Eignungsgebieten führt zur besseren Ausnutzung der natürlichen und ökonomischen Voraussetzungen. Bei der Getreideproduktion ist der unterschiedliche Gebrauchswert mehr zu beachten. Durch Stickstoffspätdüngung wird eine höhere Qualität erzeugt und die Möglichkeit gegeben, die Einfuhr von Eiweißfuttermitteln zu senken. Des weiteren muß der größeren Ausnutzung der Grundmittel, besonders der Erntetechnik, noch mehr Beachtung geschenkt werden. Durch die richtige Art- und Sortenwahl können die Mähdruschzeit verlängert und damit die Großmaschinen besser ausgelastet werden. Die Erzielung eines hohen Gewinns ist sowohl von den Intensivierungsmaßnahmen als auch von den natürlichen Bedingungen abhängig. Alle Intensivierungsmaßnahmen müssen in Abstimmung kooperativer Beziehungen der horizontalen und vertikalen Verflechtungen der Produktion durchgeführt werden.

Резюме

В растениеводстве в первую очередь следует осуществлять такие меры по интенсификации, с помощью которых достигается высокая эффективность при экономном расходовании материальных и финансовых средств. Правильное размещение зернового производства на основе использования наиболее пригодных местностей приводит к лучшему использованию природных и экономических предпосылок. В зерновом производстве следует большее внимание уделять различной потребительской ценности. За счет поздних подкормок азотом получают зерно более высокого качества, что позволяет снизить ввоз белковых кормов. Большее внимание следует также уделить лучшему использованию основных средств, особенно уборочной техники. За счет правильного подбора видов и сортов можно удлиннить срок убоки и обеспечить тем самым лучшее использование машин. Получение высокой прибыли зависит как от мер по интенсификации, так и от природных условий. Все меры по интенсификации должны согласовываться как при горизонтальном, так и при вертикальном кооперировании производства.

Summary

In crop production preference is to be given to such measures of intensification that guarantee a high effectivity at most economical input of both material and money. The proper territorial structure of grain production on areas that are suitable for that purpose leads to more efficient utilization of the natural and financial resources. In grain production greater attention must be paid to the different value in use. Late additional nitrogen top dressing raises the quality of the crop and permits to reduce the import of protein feedstuffs. In addition, still greater attention must be paid to the better utilization of the fixed funds and of the harvesting machinery in particular. Proper choice of species and varieties will extend the combine-harvesting period and thus contribute to a better utilization of the big machines. High gains depend on both the measures of intensification and the natural conditions. All the measures of intensification must be performed by coordinating cooperative relations of horizontal and vertical lacing of production.

Literatur

Nieleboock, W.; Oldach, K.-O.: Vorläufige Ergebnisse der analytisch-prognostischen Untersuchungen zur Standortverteilung der Getreideproduktion. Forschungszwischenber., Inst. Getreideforsch. Bernburg-Hadmersleben der DAL, 1969

Anschrift des Verfassers:
Dr. Karl-Otto Oldach
Institut für Getreideforschung Bernburg-Hadmersleben
der Akademie der Landwirtschaftswissenschaften
der Deutschen Demokratischen Republik
4351 Bernburg-Strenzfeld, Mitschurinstr. 22

Tag.-Ber. Akad. Landwirtsch.-Wiss. DDR · Nr. 119 · 1972 · S. 211–216

Institut für Pflanzenzüchtung Gülzow-Güstrow
der Akademie der Landwirtschaftswissenschaften
der Deutschen Demokratischen Republik

HANS JOACHIM MICHEL

Zur zweckmäßigen Gestaltung von Umfang und Struktur der Getreideproduktion in Gebieten mit großräumigen Meliorationsvorhaben

Die zunehmende Spezialisierung und Konzentration der landwirtschaftlichen Produktion ist ein Prozeß, der für die sozialistische Landwirtschaft der Deutschen Demokratischen Republik charakteristisch ist. Auch für den Produktionszweig Getreide ergeben sich hieraus neue Probleme, und die mögliche Konzentration der Getreideproduktion gehört zu den wichtigsten Problemen bei der Durchführung des Konzentrationsprozesses.
Unter den bisherigen Produktionsbedingungen war im Produktionszweig Getreide eine relativ gleichmäßige Verteilung der Produktion auf die verschiedenen Standorte und Betriebe vorhanden, und eine größere Differenzierung im Umfang des Getreideanbaues zwischen verschiedenen Standorten und Betrieben erscheint auch gegenwärtig, insbesondere unter Berücksichtigung der steigenden Getreideanbaufläche, nur richtig, wenn sie durch besondere Bestimmungsgründe gerechtfertigt ist.
Mit der Durchführung großflächiger komplexer Meliorationsvorhaben werden derartige besondere Bestimmungsgründe wirksam.
Die zweckmäßige, optimale Einordnung der Getreideproduktion in das Gesamtsystem der Pflanzenproduktion und die Gestaltung der Struktur der Getreideproduktion ist eine der entscheidendsten Fragen der rationellen Organisation der landwirtschaftlichen Produktion unter den Bedingungen komplexer Meliorationsvorhaben in einem größeren Gebiet. Da die Getreidearten zu den Fruchtarten mit der geringsten Beregnungsdankbarkeit gehören (KLATT, 1969), erscheint zunächst die allgemeine Aussage, daß der Getreideanbau auf Beregnungsflächen auf ein Mindestmaß eingeschränkt werden sollte, richtig.
Die Feststellung, daß auf Beregnungsflächen nur ein Minimum an Getreide zum Anbau kommen sollte, ist jedoch nur qualitativer Art. Diese Aussage ist zu quantifizieren. Dabei ist nicht zu erwarten, daß die Frage, in welchem Umfang der Getreideanbau auf beregneten Flächen einzuschränken ist, allgemeingültig beantwortet werden kann. Die Frage der Einschränkung des Getreideanbaues auf Beregnungsflächen in einem größeren Gebiet kann nicht losgelöst von der gleichzeitig notwendigen Ausdehnung des Getreideanbaues auf nichtberegneten Flächen und ihren Auswirkungen gesehen werden, sondern beide Fragen sind als ein zusammenhängendes Problem komplex zu betrachten und zu untersuchen.

Bei der Aussage, daß keine allgemeingültige Antwort auf die Frage nach dem zweckmäßigen Anbauumfang von Getreide auf beregneten und unberegneten Flächen zu erwarten ist, wurde davon ausgegangen, daß die Beantwortung dieser Frage von einer Reihe zusätzlicher Bedingungen abhängt.
Derartige Bedingungen sind das Verhältnis von beregneten zu unberegneten Flächen in einem bestimmten Gebiet sowie das Verhältnis von Getreideproduktion zur Produktion der anderen Feldwirtschaftszweige bzw. der daraus resultierende mittlere Getreideanteil in einem bestimmten Gebiet.

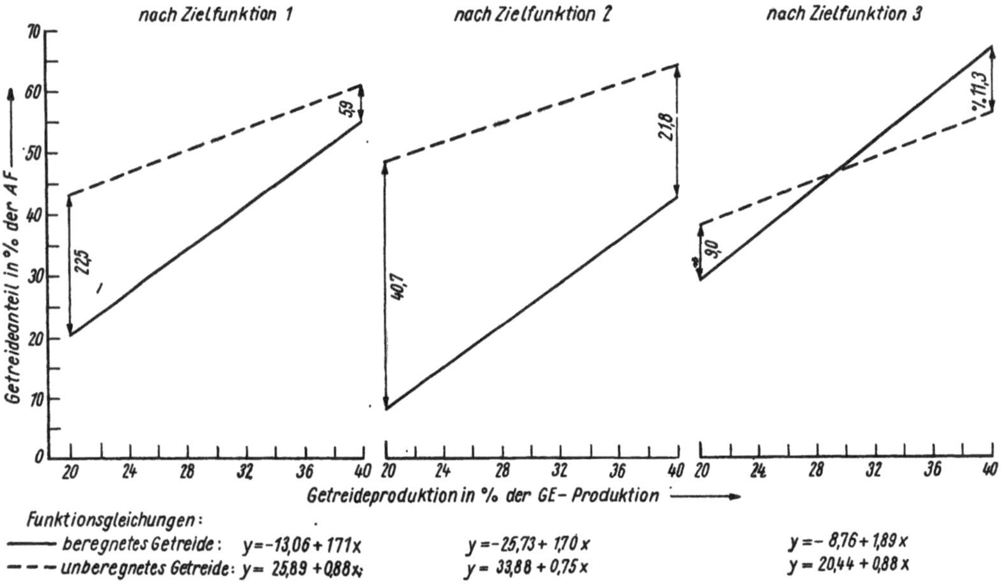

Beziehung zwischen dem Anteil der Getreideproduktion an der GE-Produktion und dem Anteil des Getreideanbaues an der beregneten bzw. unberegneten Ackerfläche des Untersuchungsgebietes (abgeleitet aus der Optimierung)

Der Einfluß der Bedingungen „Verhältnis von beregneten zu unberegneten Flächen“ und „Verhältnis von Getreideproduktion zur Produktion der anderen Feldwirtschaftszweige“ auf den zweckmäßigen Anbauumfang von Getreide auf beregneten und auf unberegneten Flächen steht in engem Zusammenhang mit den biologischen Grenzen des Getreideanteils in der Fruchtfolge und den Beziehungen zwischen Getreideertrag und Getreideanteil in der Fruchtfolge. Von großer Bedeutung sind dabei die Abhängigkeit des möglichen Getreideanteils von der gesamten Struktur des Anbaues in der Fruchtfolge sowie die Beziehungen zwischen dem Gesamtgetreideanteil und dem Getreideartenverhältnis (Ebert, 1968).
Bei der Aufgabenstellung eines bearbeiteten Forschungsauftrages wurde daher ausgegangen von der Notwendigkeit, wissenschaftlich begründete Vorstellungen zum Umfang und zur Struktur des Getreideanbaues auf beregneten und un-

beregneten Flächen in einem Meliorationsgebiet zu erarbeiten. In dem Maße, wie die Durchführung großräumiger Meliorationsarbeiten in der DDR an Umfang zunimmt, wird die Problematik an Bedeutung gewinnen und wird die Notwendigkeit der Beantwortung der aufgeworfenen Fragen steigen.

Im Mittelpunkt der Arbeit stand die Aufgabe, Umfang und Struktur der Getreideproduktion auf den verschiedenen beregneten und unberegneten Standorten so zu gestalten, daß für die Standorte in ihrer Gesamtheit, also für das gesamte Untersuchungsgebiet, ein Höchstmaß an Nutzen, gemessen an der Zielstellung, entsteht. Diese Aufgabe wurde mit der Methode der mathematischen Optimierung gelöst. Bei der Wahl der Zielfunktionen innerhalb der mathematischen Optimierung wurde davon ausgegangen, daß in unserer Volkswirtschaft noch erhebliche Getreideimporte notwendig sind, während der Bedarf an Nichtgetreideerzeugnissen im wesentlichen gedeckt werden kann. Alle Zielfunktionen sind daher auf eine maximale Bruttoproduktion von Getreide ausgerichtet, die unter der Voraussetzung zu erreichen ist, daß die Anforderungen an die Produktion aller anderen Feldwirtschaftszweige sowie weitere Bedingungen erfüllt werden. Durch die Bildung verschiedener Varianten und die Formulierung verschiedener Zielfunktionen war es möglich, den Einfluß wichtiger Bedingungen zu erfassen und dadurch Aussagen zu treffen, die über den Bereich des Untersuchungsgebietes hinaus Gültigkeit besitzen. Die Ergebnisse der Untersuchungen ermöglichen daher einerseits konkrete Vorschläge für die Gestaltung der Getreideproduktion im Untersuchungsgebiet und können andererseits als Grundlage für Entscheidungen bei der Durchführung vergleichbarer Vorhaben dienen. Die wesentlichsten Ergebnisse werden im folgenden zusammengefaßt dargelegt:

1. Der aus volkswirtschaftlichen Gründen notwendige Gesamtumfang der Getreideproduktion in einem Meliorationsgebiet ist mitbestimmend für die zweckmäßige Differenzierung zwischen beregneten und unberegneten Flächen hinsichtlich ihres Getreideanteils. Sowohl auf beregneten als auch auf unberegneten Flächen steigt der zweckmäßige Anbauanteil von Getreide mit steigendem Getreideanteil an der Bruttoproduktion bzw. an der Ackerfläche des gesamten Meliorationsgebietes. Gleichzeitig wird die Differenzierung des Getreideanteils zwischen beregneten und unberegneten Flächen geringer. Die richtige Bemessung des Gesamtumfanges der Getreideproduktion in einem Meliorationsgebiet ist daher von entscheidender Bedeutung für die Wirtschaftlichkeit der Beregnung.

2. Einen wesentlichen Einfluß auf den zweckmäßigen Anbauumfang von Getreide und die zweckmäßige Struktur der Getreideproduktion auf beregneten und unberegneten Flächen übt der Anteil der Beregnungsflächen an der Gesamtfläche eines Meliorationsgebietes aus. Der zweckmäßige Anbauumfang des Getreides steigt sowohl auf beregneten als auch auf unberegneten Flächen mit steigendem Beregnungsflächenanteil. Die Differenzierung zwischen beregneten und unberegneten Flächen hinsichtlich ihres Getreideanteiles vermindert sich mit steigendem Beregnungsflächenanteil ebenfalls. Die richtige Abstimmung

von Beregnungsflächenanteil und Getreideanteil im Mittel eines Meliorationsgebietes erscheint daher als eine wichtige Maßnahme zum wirtschaftlichen Einsatz der Beregnung.

3. Die Beziehungen zwischen Getreideertrag und Getreideanteil an der Ackerfläche beeinflussen die zweckmäßige Gestaltung der Getreideproduktion auf beregneten und unberegneten Standorten eines Meliorationsgebietes entscheidend. Wird diese Abhängigkeit nicht berücksichtigt, kann die Verteilung der Produktion nicht zu einem Optimum, gemessen an der in der Zielfunktion formulierten Zielstellung, geführt werden. Die Differenzierung des Anbauumfangs von Getreide zwischen beregneten und unberegneten Flächen ist bei Berücksichtigung der Abhängigkeit des Getreideertrages vom Getreideanteil geringer als bei Außerachtlassung dieser Abhängigkeit. Alle Maßnahmen, welche die Getreideerträge unabhängiger vom Getreideanteil machen, erhöhen damit gleichzeitig mittelbar die Wirtschaftlichkeit des Beregnungseinsatzes.

4. Durch eine Verbesserung der Beregnungsdankbarkeit von Getreide könnte nicht nur unmittelbar die Wirtschaftlichkeit der Getreideberegnung verbessert werden, sondern würde gleichzeitig ein wesentlicher Einfluß auf die zweckmäßige Verteilung der Getreideproduktion auf beregnete bzw. auf unberegnete Standorte ausgeübt. Je mehr sich die Ertragsrelationen zwischen beregnetem und unberegnetem Getreide durch stärkere Ertragssteigerung bei Beregnung verändern, umso geringer wird die Differenzierung zwischen beregneten und unberegneten Flächen hinsichtlich ihres zweckmäßigen Getreideanteils. Für die künftige Entwicklung, die mit einem ansteigenden Umfang des Beregnungseinsatzes verbunden sein wird, ist die Erhöhung der Beregnungswürdigkeit des Getreides von zunehmender Bedeutung, da in immer geringerem Maße die Möglichkeit besteht, die Wirtschaftlichkeit der Beregnung durch Konzentration der gegenwärtig beregnungsdankbarsten Fruchtarten auf der Beregnungsfläche zu sichern.

5. Die Tendenz der Verteilung der Getreideproduktion auf die einzelnen Standorte mit unterschiedlicher Bodengüte ist auf beregneten und unberegneten Standorten unterschiedlich. Die Untersuchungsergebnisse besagen, daß auf unberegneten Standorten die spezifische Ertragsfähigkeit für die Getreideproduktion mit zunehmender Bodengüte im allgemeinen steigt, während diese spezifische Ertragsfähigkeit auf beregneten Standorten im allgemeinen mit steigender Bodengüte geringer wird.

Zusammenfassung

Die zweckmäßige Gestaltung von Umfang und Struktur der Getreideproduktion ist eine der entscheidendsten Fragen der Einrichtung der Pflanzenproduktion in einem Meliorationsgebiet. Diese Problematik wurde in einer Forschungsarbeit unter Anwendung der mathematischen Optimierung untersucht. Die Ergebnisse der Arbeit zeigen, daß die zweckmäßige Einordnung der Getreideproduktion von einer Reihe wichtiger Bedingungen abhängt. Hierzu gehören in erster Linie das Verhältnis von beregneten und unberegneten Flächen sowie der mittlere Getreideanteil an der Ackerfläche in einem bestimmten Gebiet. Wesentlichen Einfluß auf die zweckmäßige Gestaltung der Getreideproduktion haben die Beziehungen zwischen Getreideertrag und Getreideanteil an der Ackerfläche. Die Erhöhung der Beregnungsdankbarkeit des Getreides durch züchterische Maßnahmen erscheint wichtig.

Резюме

Целесообразный выбор объема и структуры производства зерна является одним из решающих вопросов организации растениеводческих отраслей на мелиорированной территории. Эта проблематика изучалась с применением математических методов программирования. Результаты этой работы показывают, что целесообразное размещение зернового производства зависит от ряда важных условий. К этому относятся в первую очередь соотношение орошаемых и неорошаемых земель, а также средний процент зерновых от пахотной площади в данной местности. Существенное влияние на целесообразную организацию производства зерна имеют связи между урожаем зерновых и долей в общей пахотной площади. Важным является увеличение отзывчивости зерновых на орошение в результате проведения селекционных работ.

Summary

The appropriate arrangement of the size and structure of grain production is one of the most decisive problems of the establishment of crop production in ameliorated areas. These problems were investigated in the frame of a research project using mathematical optimation. The results of these investigations indicate that the appropriate integration of grain production depends on a number of major conditions. These include first of all the ratio of irrigated and non-irrigated land as well as the average grain crop percentage of the arable land of a given area. The relations between the grain yield and the grain crop percentage of the arable land are essential for the appropriate arrangement of grain production. The suitability of grain crops for sprinkler irrigation must be improved through systematic breeding efforts.

Literatur

EBERT, D.: Nah- und Fernziele der Getreideproduktion in der DDR. Feldwirtsch. 9 (1968), S: 248–250

KLATT, F.: Ergebnisse 18jähriger Beregnungsversuche. Feldwirtsch. 10 (1969), S. 230–233

MICHEL, H. J.; KROSCHEWSKI, A.: Untersuchungen zur Entwicklung standortgerechter Getreidebausysteme im Norden der DDR unter besonderer Berücksichtigung des Einflusses großräumiger Meliorationsvorhaben. Forschungsabschlußber., Inst. Pflanzenzücht. Gülzow der DAL zu Berlin, 1969

Anschrift des Verfassers:

Dr. HANS JOACHIM MICHEL
Institut für Pflanzenzüchtung Gülzow-Güstrow
der Akademie der Landwirtschaftswissenschaften
der Deutschen Demokratischen Republik
2601 Gülzow, Kreis Güstrow

Tag.-Ber. Akad. Landwirtsch.-Wiss. DDR · Nr. 119 · 1972 · S. 217–222

Institut für Getreideforschung Bernburg-Hadmersleben
der Akademie der Landwirtschaftswissenschaften
der Deutschen Demokratischen Republik

Horst Bernhardt

Die Bedeutung der Technologie bei der Intensivierung der Getreideproduktion

Die Wissenschaft Technologie ist in der Landwirtschaft noch eine sehr junge Disziplin. Sie hat sich seit dem Übergang zur genossenschaftlichen Produktion verstärkt entwickelt. Ihre Bedeutung wächst auch heute noch ständig.
Das Ziel der Technologie besteht vor allem darin, Verfahren zu entwickeln, die der Herstellung von Produkten am besten entsprechen. Dabei geht es neben der Entwicklung völlig neuer Prozesse besonders um die Rationalisierung bereits vorhandener technologischer Lösungen. Moderne technologische Verfahren stellen die konkrete produktionstechnische Nutzung neuester Erkenntnisse von Naturwissenschaften und Technik dar und tragen somit entscheidend zur Steigerung der Arbeitsproduktivität bei.
Die Aufgaben bestehen jetzt vor allem darin, das Tempo der Entwicklung neuer und die Rationalisierung bereits bestehender Verfahren zu beschleunigen. Dies gilt nicht nur für die Landwirtschaft allgemein, sondern auch für die Getreideproduktion, obwohl das Getreide zu den Produkten gehört, die bereits mit hoher Effektivität erzeugt werden.
Neben der Erhöhung der Arbeitsproduktivität sind besonders die Steigerung der Erträge unter Beachtung der Senkung der Kosten und der Erhöhung der Bodenfruchtbarkeit weitere Aufgaben und Ziele bei der Entwicklung der Verfahren.
Eine wichtige Frage ist hierbei die Senkung des Bedienungsaufwandes bei Traktoren und Landmaschinen.
Die objektive Notwendigkeit zur Senkung des Bedienungsaufwandes liegt vor allem im ständigen Rückgang der Zahl der Arbeitskräfte in der Landwirtschaft und der dringend notwendigen Steigerung der Arbeitsproduktivität begründet. Daraus erwächst für die Konstruktion der Maschinen die Forderung, sie so auszulegen, daß zur Bedienung jeder selbstfahrenden Arbeitsmaschine bzw. jedes Traktors einschließlich der Arbeitsmaschine nur eine AK erforderlich ist. Wir haben das Beispiel am Mähdrescher E 512, der voll für die Einmannbedienung konstruiert wurde. Ein entgegengesetztes Beispiel haben wir noch bei der Aussaat. Hier ist neben dem Traktoristen noch eine Arbeitskraft zur Bedienung und Kontrolle der Arbeitsmaschine notwendig. Darüber hinaus erfolgt auch noch die Saatgutübergabe manuell, die mit schwerer körperlicher Arbeit verbunden ist. Deshalb muß hier die Forderung nach baldiger

Änderung erhoben werden. Zur weiteren Verminderung des Bedienungsaufwandes gehört auch der Einsatz der Meß-, Steuer- und Regeltechnik für Traktoren und Landmaschinen. Mit zunehmender Leistung der Maschinen ist die automatische Überwachung der Funktion einzelner Baugruppen unerläßlich. Sie dient vor allem zur vollen Auslastung der Maschinen bei Einhaltung der Arbeitsqualität und entlastet die Bedienungsperson. In der Getreideproduktion wird zuerst mit der Schlüsselmaschine, dem Mähdrescher, begonnen, die Meß-, Steuer- und Regeltechnik in verstärktem Maße einzusetzen.

Als wichtigste Elemente sind hier in den nächsten Jahren zu erwarten:

1. Bodenführung des Schneidwerkes
2. Führung der Maschine am Bestand
3. Durchsatzregelung in Abhängigkeit vom Bestand und den Dreschwerks- und Reinigungsverlusten

Die Bodenführung des Schneidwerkes am Mähdrescher dient vor allem dazu, den Mähdrescherfahrer von der intensiven Beobachtung der Bodenoberfläche zur Einhaltung der Schnitthöhe und damit verbundenen ständigen Wiederkehr der Schneidwerksteuerung zu entlasten. Gleichzeitig sind die Voraussetzungen für eine gleichmäßige Stoppellänge gegeben. Ihre Funktionsfähigkeit wird so ausgelegt sein, daß auch die Ernte stark geneigter Getreidebestände möglich ist. Eine Übersteuerung der Automatik von Hand muß zu jeder Zeit erfolgen können. Im gleichen Zusammenhang muß auch die automatische Führung der Maschine am Getreidebestand betrachtet werden. Sie garantiert eine gleichmäßige Schnittbreite. Der Fahrer braucht den Mähdrescher während des Drusches nicht mehr zu lenken, so daß er sich voll auf die Kontrolle des Druschvorganges konzentrieren kann.

Eine automatische Durchsatzregelung in Abhängigkeit vom Bestand und der Dreschwerks- und Reinigungsverluste ist besonders zur vollen Auslastung des Mähdreschers während des Drusches bei Einhaltung einer vorgegebenen Verlustgrenze notwendig.

Die erste Stufe wird nur die automatische Verlustkontrolle sein, so daß der Fahrer den zum Zeitpunkt des Ablesens vorhandenen Verlustbereich erkennt und danach durch Ändern der Fahrgeschwindigkeit den Durchsatz regelt.

In der zweiten Stufe der Entwicklung wird auch die Fahrgeschwindigkeit an Hand der auftretenden Verluste automatisch geregelt werden, so daß ständig der unter den gegebenen Verhältnissen und der Getreideart mögliche optimale Durchsatz und damit die optimale Leistung erreicht werden. Die aufgezeigten Vorhaben der Meß-, Steuer- und Regeltechnik am Mähdrescher werden schrittweise bereits am E 512 verwirklicht. Der wesentlich leistungsfähigere Mähdrescher der folgenden Generation wird voll damit ausgerüstet sein. Eine wesentliche Maßnahme zur weiteren Rationalisierung der Verfahren ist die Zusammenfassung von mehreren Arbeitsgängen. Bereits heute werden viele Arbeiten kombiniert durchgeführt.

Als Beispiel seien hier nur die verschiedensten Varianten der Gerätekombination zur Bodenbearbeitung genannt, aber auch der Mähdrusch ist letzten Endes eine

Zusammenführung der Arbeitsgänge Mähen, Sammeln und Dreschen, die in einer Maschine vereinigt sind.
In den nächsten Jahren ist auf dem Gebiet der Getreideproduktion besonders mit der Kombination von Arbeitsgängen der Abschnitte Bodenbearbeitung und Bestellung durch die Entwicklung einer Bodenbearbeitungs- und Bestellmaschine zu rechnen.
Auch im Produktionsabschnitt Düngung und Pflege werden in Zukunft größere Veränderungen zu erwarten sein. Besonders die Chemisierung in der Getreideproduktion wird an Bedeutung zunehmen. Hier kann vor allem die Kombination verschiedener chemo-technischer Maßnahmen wesentlich zur Steigerung der Produktivität bei der Ausbringung beitragen.
Die ökonomischen und technologischen Vorteile der leistungsfähigen Maschinen können im modernen Produktionsverfahren nur im Komplex voll genutzt werden.
Der Komplexeinsatz erfordert jedoch große Schläge. Deshalb ist die Schlaggröße auch bedeutungsvoll für die Produktivität des Verfahrens. Es muß vermieden werden, daß größere Umsetzungen eines Komplexes am gleichen Tage stattfinden und die Umsetzungszeit auf ein Minimum beschränkt bleibt. Die besten Voraussetzungen sind gegeben, wenn die Flächengröße der Tagesleistung eines Komplexes entspricht oder ein Vielfaches der Tagesleistung beträgt.
Im engen Zusammenhang mit der Schlaggröße steht die Schlaglänge und damit auch die Arbeitslänge für die Maschinen. Sie hat einen wesentlichen Einfluß auf den Anteil der unproduktiven Wendezeit.
Die volle Nutzung der Vorteile und der Möglichkeiten, die uns der komplexe Einsatz der Traktoren und Landmaschinen bietet, sind jedoch nur durch wirksame Kooperationsbeziehungen der Betriebe untereinander möglich. Denn große Produktionseinheiten und weitgehend spezialisierte Produktion sind Voraussetzungen für moderne technologische Lösungen.
Die Bedeutung der Technologie bei der Intensivierung der Getreideproduktion kommt auch in der engen Verbindung zur Getreidezüchtung zum Ausdruck. Die in Zukunft zu erwartenden standfesten und relativ kurzen Intensivgetreidesorten bringen nicht nur höhere Erträge, sondern haben auch technologische Vorteile. Neben dem zu erwartenden ständigen Rückgang des Anteils an Lagergetreide, das geerntet werden muß, ändert sich vor allem das Korn : Stroh-Verhältnis zugunsten eines höheren Kornanteils, wodurch bei gleichem Durchsatz eine höhere Kornmenge in der Zeiteinheit erreicht wird.
Die in unserer Abteilung durchgeführten Versuche ergaben, daß bei gleichen Erträgen zwischen der langstrohigen Getreidesorte 'Poros' (120 cm) und der kürzeren mit CCC behandelten Getreidesorte 'Hadmerslebener VII' (70 ... 80 cm) eine Leistungssteigerung beim Mähdrusch um durchschnittlich 20% erreicht wurde. Die erreichte Leistungssteigerung war vor allem auf den geringen Strohanteil am Durchsatz zurückzuführen, wodurch bei gleicher Verlustgrenze von durchschnittlich 1,0% am Schüttler eine wesentlich höhere Geschwindigkeit gefahren werden konnte. Dies zeigt, wie durch Veränderung

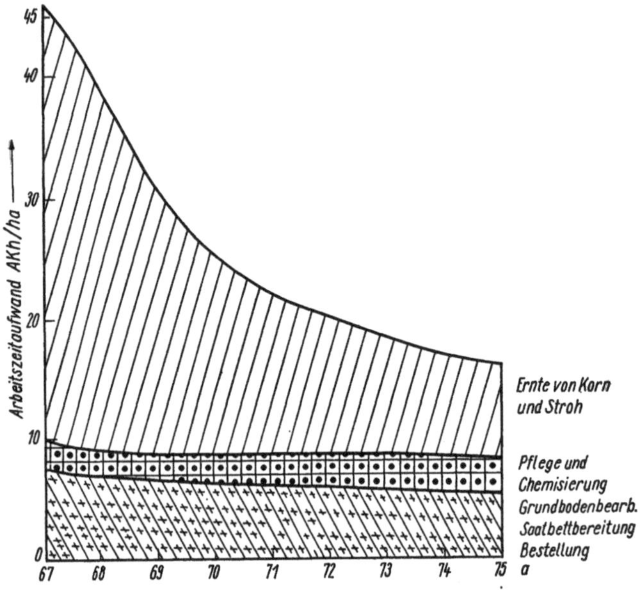

Entwicklung des AKh-Aufwandes für die Produktion von Getreide 1967–1975 (Akh in T_{07})

der Getreidepflanze, unter Verwendung der gleichen Erntemaschine, auch die Produktivität des Verfahrens gesteigert werden kann.

Besonders in den letzten Jahren ist in der Getreideproduktion eine überdurchschnittliche Steigerung der Produktivität eingetreten (Abb.).

Das liegt vor allem an der Einführung neuer leistungsfähiger Mechanisierungsmittel, aber auch daran, daß es beim Getreide zuerst möglich wurde, im wesentlichen nur ein Verfahren, nämlich das produktive Mähdruschverfahren, auf allen Getreideflächen der DDR anzuwenden. Auch in den nächsten Jahren ist durch die weitere Erhöhung der Anzahl Mähdrescher E 512, die Einführung leistungsfähiger Bodenbearbeitungs- und Stroherntemaschinen sowie die schrittweise Einführung der Strohdüngung mit einer weiteren Zunahme der Produktivität in der Getreideproduktion zu rechnen (Abb.).

In einem Beispiel wird in der nachfolgenden Tabelle die Entwicklung des Produktionsverfahrens beim Winterweizen dargestellt, das auf der Grundlage jeweils neuer Mechanisierungsmittel erarbeitet wurde.

Daraus ist ersichtlich, daß in den nächsten Jahren besonders im Abschnitt Strohbergung eine Erhöhung der Produktivität eintritt. Ein erster Schritt wurde mit der Einführung des selbstfahrenden Feldhäckslers E 280 getan.

Für das Gesamtverfahren ergibt sich somit, bei gleichzeitiger Steigerung der ha-Erträge entsprechend dem Perspektivplan, ein Bedarf von ca. 0,6 AKh/dt Getreide. Bis zum Jahre 1975 ist eine Senkung auf etwa 0,3 AKh/dt möglich. Bezieht man diese Aussage auf den Durchschnitt der DDR, wie er in der Ab-

Entwicklung des AKh-Bedarfs und der Verfahrenskosten im Produktionsverfahren Getreidebau von 1970 bis 1975 (Winterweizen, *sL–L*)

Arbeitsabschnitte	AKh/ha mit neuen Mechanisierungsmitteln	AKh/ha mit perspektivischen Mechanisierungsmitteln	relativ	Verfahrenskosten M/ha mit neuen Mechanisierungsmitteln	Verfahrenskosten M/ha mit perspektivischen Mechanisierungsmitteln	relativ
Bodenbearbeitung						
Grunddüngung						
Bestellung	4,5	3,0	67	112	100	89
Pflegearbeiten						
Kopfdüngung	2,5	2,0	80	60	50	83
Mähdruschernte						
Korntransport	2,4	2,2	91	115	115	100
Var. Strohbergung Preßgutlinie	7,6	4,0	53	170	120	71
Var. Strohbergung Häckselgutlinie	6,6	4,0	61	155	110	71
Var. Strohteppichverfahren mit Feldhäcksler	1,2	0,6	50	49	40	82
bezogen auf T_{06}						
Preßgutlinie	17,0	11,2	66	457	385	84
Häckselgutlinie	16,0	11,2	70	442	375	85
Strohteppichverfahren	10,6	7,8	74	336	305	91
bezogen auf T_{07}						
Preßgutlinie	20,4	13,4		548	462	
Häckselgutlinie	19,2	13,4		530	450	
Strohteppichverfahren	12,7	9,3		403	366	

bildung dargestellt ist, dann ist eine Senkung von gegenwärtig etwa 1,0 auf 0,5 . . . 0,6 AKh/dt Getreide zu erwarten.

Dies zeigt, welche Bedeutung die Steigerung der Produktivität in der Getreideproduktion hat und daß neben der Erhöhung der Effektivität der lebendigen Arbeit je Flächeneinheit besonders der Steigerung der Erträge größte Beachtung geschenkt werden muß, denn nur so können wir die im Perspektivplan gestellten Aufgaben voll erfüllen.

Zusammenfassung

Es wurden einige wichtige Gesichtspunkte für die weitere Erhöhung der Produktivität in der Getreideproduktion dargelegt und eine Einschätzung der Entwicklung im Perspektivplanzeitraum vorgenommen. Dabei wurde herausgearbeitet, daß zur Erzeugung einer Dezitonne Getreide heute noch etwa 1,0 AKh notwendig sind; um 1975 werden jedoch nur noch 0,5 . . . 0,6 AKh im Durchschnitt der DDR erforderlich sein.

Резюме

Излагаются некоторые важные аспекты для дальнейшего повышения продуктивности производства зерновых культур и даётся оценка развития в перспективный период. При этом было установлено, что в настоящее время для производства 1 ц зерна пока ещё необходим 1 человекодень, в то время как в 1975 г. в среднем в ГДР будет необходимо лишь 0,5–0,6 человекодней.

Summary

The author outlines several major aspects of the further productivity increase in grain production and gives an estimate of the development in the long-range planning period. It was established that today we still need about one man-hour to produce one dt of grain, while by 1975 the average man-hour input will decline to a level between 0.5 and 0.6.

Anschrift des Verfassers:
Dr. Horst Bernhardt
Institut für Getreideforschung Bernburg-Hadmersleben
der Akademie der Landwirtschaftswissenschaften
der Deutschen Demokratischen Republik
4351 Bernburg, Mitschurinstraße 22

Tag.-Ber. Akad. Landwirtsch.-Wiss. DDR · Nr. 119 · 1972 · S. 223–229

Institut für Pflanzenzüchtung Gülzow-Güstrow
der Akademie der Landwirtschaftswissenschaften
der Deutschen Demokratischen Republik

ALOIS KROSCHEWSKI

Zu Fragen der möglichen Mähdrescherausnutzung in der Kampagne

Voraussetzung für die Berechnung des notwendigen Mähdrescherbesatzes ist die Kenntnis der möglichen Ausnutzung des Mähdreschers in der Kampagne unter den verschiedenen Standortbedingungen der Landwirtschaft.
Im Gegensatz zu der gegebenen, statistisch ermittelten Ausnutzung wird unter der möglichen Mähdrescherausnutzung die Ausnutzung in Hektar, Dezitonnen oder Tagen verstanden, die bei vorgegebenen Grenzwerten für höchstzulässige Ernteverluste und für Mindestforderungen an die Qualität des Erntegutes, welche die Kornfeuchtigkeit mit beinhalten, unter den jeweiligen Standortbedingungen in der Erntekampagne realisiert werden kann.
Die Höhe dieser Ausnutzung ist von vielen Faktoren abhängig, die im wesentlichen aus früheren Untersuchungen bekannt sind. Diese Untersuchungen erstreckten sich überwiegend nur auf Einzelfaktoren und entbehrten einer Methode, die unter Berücksichtigung aller Einflußfaktoren die Kalkulation der Mähdrescherausnutzung ermöglicht.
Deshalb bestand die Zielstellung, eine Methode zur Kalkulation der möglichen Mähdrescherausnutzung zu erarbeiten, alle Faktoren mit Einfluß auf die Ausnutzung des Mähdreschers E 512 für die unterschiedlichen Gebiete der DDR zu quantifizieren und unter Verwendung dieser Werte und Anwendung der Kalkulationsmethode den Umfang der möglichen Mähdrescherausnutzung für alle Standortbedingungen der DDR im Höhenbereich bis 300 m NN für den Getreidemähdrusch zu ermitteln.
Alle Faktoren mit Einfluß auf die Mähdrescherausnutzung konnten über die Hauptfaktoren Erntebeginn und -zeitspannen, verfügbare tägliche Mähdreschereinsatzstunden, Arbeitsnorm und Druschfruchtartenverhältnis erfaßt werden.
Zur Feststellung des Einflusses der unterschiedlichen Bedingungen einzelner Jahre auf den Umfang der möglichen Ausnutzung des Mähdreschers wurde das Ausmaß der Schwankungen für die genannten Hauptfaktoren an Beispielen untersucht. Hierbei zeigte sich, daß bei den Erntebeginnterminen und demzufolge den Gesamtzeitspannen für die Druschfruchternte bei den verfügbaren Mähdreschereinsatzstunden und den Erträgen mit ihrem Einfluß auf die durchsatzabhängige Arbeitsnorm erhebliche Jahresschwankungen zu verzeichnen sind.

Vereinfachtes Formular zur Ermittlung der möglichen Mähdrescherausnutzung und Errechnung dieser Ausnutzung für den Mähdrescher E 512 in der Getreideernte in einem Einzugsgebiet von 2160 ha Getreide auf dem Standort D 3 im phänologischen Gebiet 14 (nördl. Teil des Kreises Hagenow) für den Stand von 1970 und für eine Erntesicherheit von 75%

	Drusch-frucht-art	Anbau-umfang ha	Erntezeitspanne von bis	Tage	Arbeitsnorm ha/h T_{04} (K_{04} = 0,8)	Witterungs-bedingt verfügb. MDh/Tag	$\bar{x}$ Tages-leistung ha (Sp.5 × Sp.6)	Aufwands-koeffiz. (Wi.R. = 1)	Aufwands-vergleichb. Fläche ha (Sp.2 × Sp.8)	Erforderl. Aufwands-vergleichb. Fläche ger. ha/Tag (Sp.9 : Sp.4)
Spalte	1	2	3	4	5	6	7	8	9	10
1	Wi.-G.	173,–	19. 7.–26. 7.	8	0,91	8,1	7,37	1,17	202,41	25,3
2	Wi.-R.	1145,–	2. 8.–20. 8.	19	1,07	8,1	8,67	1,–	1145,00	60,3
3	So.-G.	108,–	9. 8.–21. 8.	13	1,58	8,1	12,80	0,68	73,44	5,7
4	Ha.	562,–	13. 8.–22. 8.	10	1,40	8,1	11,34	0,76	427,12	42,7
5	Wi.-W.	108,–	19. 8.– 2. 9.	15	1,27	8,1	10,29	0,84	90,72	6,1
6	So.-W.	64,–	24. 8.– 7. 9.	15	1,44	8,1	11,66	0,74	47,36	3,2
7	Ges.	2160,–	19. 7.–26. 7. 2. 8.– 7. 9.	45					1986,05	

Druschfruchtartengruppe Spalte 11	Tage Spalte 12*		(Sp.9 : Sp.12)
Wi.-R. u. So.-G.	19	1218,44	64,1
Wi.-R. u. Ha.	19	1572,12	82,7
So.-G. u. Ha.	13	500,56	38,5
So.-G. u. Wi.-W.	23	164,16	7,1
Ha. u. Wi.-W.	19	517,84	27,3
Wi.-R., u. So.-G. u. Ha.	19	1645,56	86,7
So.-G., Ha. u. Wi.-W.	23	591,28	25,7
Wi.-R., So.-G., Ha. u. Wi.-W.	30	1736,28	57,9

Erläuterung:

* Von den Zeitspannen der Getreideartengruppen wurden zur Gewährleistung einer höheren Sicherheit bis zu 2 Tage abgezogen.

Die Belastungsspitze ist die Ernte der Getreideart bzw. -artengruppe, für die in Spalte 10 der höchste Wert errechnet wurde (in diesem Beispiel die Gruppe Wi.-R., So.-G. u. Ha.).

Die mögliche Mähdrescherausnutzung wird nach der Formel (2) wie folgt errechnet

$$\frac{19 \cdot 8{,}67 \cdot 2160}{1645{,}56} = 216 \text{ ha}$$

Zur Gewährleistung einer hohen Erntesicherheit müssen diese Schwankungen bei der Kalkulation berücksichtigt werden.
Die erarbeitete Kalkulationsmethode zur Ermittlung der möglichen Mähdrescherausnutzung sieht vor, daß zunächst die Angaben für die Hauptfaktoren in ein Formular eingetragen bzw. in diesem errechnet werden (s. Tab.). Aus den Werten für die Arbeitsnormen in Hektar je Stunde der Durchführungszeit und verfügbaren täglichen Einsatzstunden wird die durchschnittlich mögliche Tagesleistung für den Mähdrusch der einzelnen Druschfruchtarten errechnet (Sp. 7).
Im nächsten Rechenschritt wird auf der Grundlage einer zu wählenden Basisdruschfruchtart aus den Angaben für die Tagesleistungen ein Aufwandskoeffizient für alle Druschfruchtarten ermittelt (Sp. 8). Durch Multiplikation der Werte für die Druschfruchtartenanteile in Prozent bzw. der für die absoluten Flächen (Sp. 2) mit dem entsprechenden Koeffizienten werden diese aufwandsvergleichbar (Sp. 9). Die zu bildenden Quotienten aus diesen Angaben und den Angaben für die Zeitspannen in Tagen für die einzelnen Druschfruchtarten bzw. -gruppen geben Aufschluß über die kapazitätsbestimmende Belastungsspitze (Sp. 10).
Zur Kalkulation der möglichen Mähdrescherausnutzung wurden zwei Formeln entwickelt. Während die erste Formel anzuwenden ist, wenn die Angaben für das Druschfruchtartenverhältnis als Relativzahlen vorliegen, ermöglicht die zweite Formel die Kalkulation unter Verwendung von Absolutwerten.

Formeln zur Berechnung der möglichen Mähdrescherausnutzung in der Kampagne

Formel 1 $$\mathrm{MDA} = \frac{Z \cdot L_B \cdot 100}{\sum_{i=1}^{n} \frac{A_i \cdot L_B}{L_i}}$$

Formel 2 $$\mathrm{MDA} = \frac{Z \cdot L_B \cdot F}{\sum_{i=1}^{n} \frac{F_i \cdot L_B}{L_i}}$$

Dabei bedeuten:

MDA = Mähdrescherausnutzung in Hektar je Kampagne
Z = Zeitspanne in Tagen der Druschfruchtart bzw. -artengruppe, welche die Belastungsspitze darstellt
L_B = Durchschnittliche Tagesleistung in Hektar bei der Ernte der zur Ermittlung des Aufwandskoeffizienten gewählten Basisdruschfruchtart
100 = Notwendiger Faktor, da A_i im Nenner der Formel 1 aus Zweckmäßigkeitsgründen in Prozent angegeben
F = Umfang der Gesamtdruschfruchtfläche in Hektar
A_i = Prozentualer Anbauanteil der einzelnen zur Belastungsspitze gehörenden Druschfruchtart

F_i = Flächenumfang der einzelnen zur Belastungsspitze gehörenden Druschfruchtart in Hektar

L_i = Durchschnittliche Tagesleistung in Hektar bei der Ernte der einzelnen zur Belastungsspitze gehörenden Druschfruchtart.

Der Umfang der möglichen Ausnutzung des Mähdreschers E 512 unter den verschiedenen Standortbedingungen der DDR wurde für den Getreidemähdrusch und für eine Erntesicherheit von 75% ermittelt. Das erforderte, für die Erträge, Zeitspannen und witterungsbedingt verfügbaren täglichen Einsatzstunden solche Werte zu verwenden, die mit 75%iger Sicherheit ermöglichen, die kalkulierte Ausnutzung bei Einhaltung der vorgegebenen Grenzwerte für Verluste und Qualität des Erntegutes zu erreichen.
Die Angaben für das Getreideartenverhältnis wurden der wissenschaftlich-technischen Konzeption für die Getreideproduktion in der DDR (Gülzow, 1965) entnommen und entsprechen der Einschätzung für den Stand von 1970. Dieser Vorschlag zur Standortverteilung der Getreideproduktion hat die Einteilung in Standorteinheiten zur Grundlage.
Die Termine für den Erntebeginn der Getreidearten sind aus den Gebietsmittelwerten phänologischer Beobachtungen des Zeitraumes 1957 bis 1966 mit Hilfe der Regressionsanalyse für 51 phänologische Gebiete der DDR für den Stand von 1966 ermittelt worden. Alle Regressionskoeffizienten konnten statistisch gesichert werden.
Als Erntezeitspannen wurden unter Berücksichtigung des bei den Sortenprüfungen auf Mähdruscheignung festgestellten Verlaufes der Ernteverluste sowie von Zuschlägen für Sortenstaffelung und für das phänologische Gefälle bei Wintergerste 8, Winterroggen 19, Sommergerste 13, Hafer 10 und Weizen 15 Tage ermittelt. Dabei wurde ein Körnerverlustanstieg bis 60 kg/ha über die Verluste des günstigsten Druschtages hinaus als zulässig unterstellt.
Die Arbeitsnormen wurden in Hektar je Stunde der Durchführungszeit ermittelt. Die Höhe dieser Normen ist abhängig vom Ernteertrag, Durchsatz sowie von der möglichen Ausnutzung der Durchführungszeit. Bei der Kalkulation der Ernteerträge wurde von der Wissenschaftlich-technischen Konzeption für die Getreideproduktion (Gülzow, 1965) mit Einschätzung der Kornerträge für die verschiedenen Standortbedingungen und den Stand von 1970 ausgegangen.
Auf Grund der durchsatzabhängigen Leistung des Mähdreschers E 512 war es notwendig, jeweils mit dem Gesamtertrag zu kalkulieren, das heißt, jedem Kornertrag mußte ein entsprechender Strohertrag zugeschlagen werden. Zur Berechnung der Stroherträge wurden unter Verwendung der Ergebnisse aus den Haupt- und Kontrollprüfungen der Zentralstelle für Sortenwesen (1962 bis 1965) die Beziehungen zwischen Korn- und Strohertrag aller Getreidearten für verschiedene Gebiete der DDR ermittelt.
Für die Berechnung der Arbeitsnormen unter Praxisbedingungen wurde mit 80% des in der Werkerprobung und staatlichen Prüfung der Mähdrescher

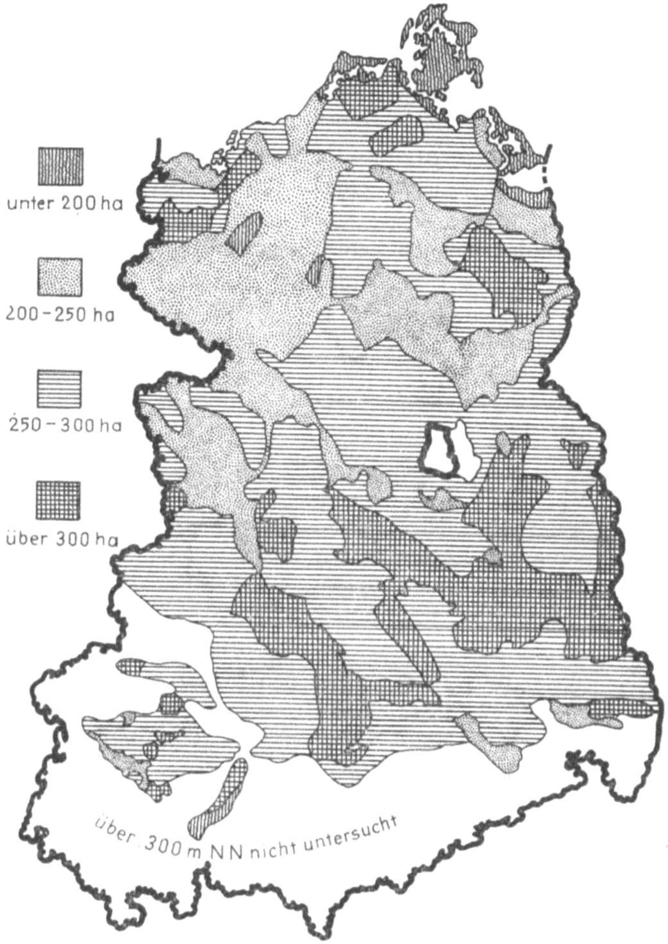

Karte der möglichen Jahresausnutzung des Mähdreschers E 512 im Getreidemähdrusch für das Gebiet der DDR auf der Basis des Produktionsniveaus von 1970 und einer Erntesicherheit von 75 Prozent

ermittelten Durchsatzes in Kilogramm je Sekunde der Grundzeit gerechnet und die Ausnutzung der Durchführungszeit (K_{04}) mit 0,8 unterstellt.
Als täglich verfügbare Einsatzstunden sind die witterungsbedingt möglichen Tagesstunden für zweischichtigen Mähdreschereinsatz ermittelt worden, während denen das Getreide frei von Haftwasser ist, eine Kornfeuchtigkeit bis zu 18% enthält und der Zustand des Bodens den Mähdreschereinsatz zuläßt.
Die mögliche Ausnutzung des Mähdreschers E 512 wurde für 228 Gebiete unterschiedlicher Standortbedingungen der DDR im Höhenbereich bis 300 m NN kalkuliert. Diese Gebiete konnten unter Verwendung von Arbeitskarten mit

Einteilung der DDR nach Standortgruppen, Klimagebieten, phänologischen Gebieten sowie Großgebieten für Feldarbeitszeiten bestimmt werden. Die Angaben der möglichen Mähdrescherausnutzung in Hektar wurden zu Gruppen der Ausnutzungsbereiche unter 200, 200 bis 250, 250 bis 300 und über 300 Hektar zusammengefaßt und kartenmäßig dargestellt (Abb.).

Durch anteiligen Mähdrusch nichtgetreideartiger Druschfrüchte kann die Ausnutzung noch etwas erhöht werden, jedoch im Durchschnitt der DDR günstigstenfalls um 10 Prozent.

Aus ökonomischen Gründen muß bei achtjähriger Nutzungsdauer eine Mindestausnutzung des Mähdreschers E 512 von 280 Hektar je Kampagne gefordert werden.

Als Maßnahme zur Erhöhung der möglichen Mähdrescherausnutzung ist der übergebietliche kooperative Mähdreschereinsatz am vorteilhaftesten und wird allen sozialistischen Landwirtschaftsbetrieben empfohlen.

Zusammenfassung

Es wird eine Methode zur Kalkulation der möglichen Mähdrescherausnutzung in der Kampagne aufgezeigt. Die Faktoren mit Einfluß auf die Mähdrescherausnutzung werden über die Hauptfaktoren Erntebeginn und -zeitspannen, verfügbare tägliche Einsatzstunden, Arbeitsnorm und Druschfruchtartenverhältnis erfaßt. Diese Hauptfaktoren wurden für die verschiedenen Gebiete der DDR quantifiziert. Auf dieser Grundlage konnten im Höhenbereich bis 300 m NN 228 Gebiete unterschiedlicher Bedingungen ermittelt werden, für die der Umfang der möglichen Ausnutzung des Mähdreschers E 512 im Getreidemähdrusch je Kampagne für eine 75%ige Erntesicherheit kalkuliert wurde. Zur Erhöhung der Mähdrescherausnutzung wird der übergebietliche kooperative Mähdreschereinsatz empfohlen.

Резюме

Описывается метод калькуляции возможного использования комбайна во время уборочной кампании. Учитываются такие факторы, оказывающие влияние на использование комбайна, как начало уборки, продолжительность уборки, возможное количество рабочих часов за сутки, рабочая норма и соотношение культур для комбайновой уборки. Эти основные факторы получили количественное выражение для различных районов ГДР. На этой основе в районах, расположенных на высоте до 300 м над у. м. удалось выявить 228 местностей с различающимися условиями, для которых был закалькулирован объем возможного использования комбайна Е 512 на уборке зерновых за одну кампанию при 75-процентной гарантии на урожайность. Для использования комбайна рекомендуется его кооперативное использование и за пределами одной области.

Summary

The paper presents a method for calculating the possible utilization of combine harvesters during the harvesting campaign. The factors that influence the utilization of combine harvesters are recorded via the main factors (beginning and duration of the harvesting campaign, number of available working hours per day, working quota, and ratio of threshable crop species) which are quantified for the various regions of the GDR. On this basis 228 areas with different conditions were determined up to an altitude of 300 m above sea level. For these areas the scope of the possible utilization of the combine harvester E 512 in grain crop harvesting per campaign was calculated for a yield reliability of 75%. Inter-area cooperative use of combine harvesters is recommended in order to make full use of these machines.

Literatur

KROSCHEWSKI, A.: Zum Problem der möglichen Mähdrescherausnutzung in der Kampagne (Erarbeitung einer Kalkulationsmethode und Ermittlung der möglichen Ausnutzung des Mähdreschers E 512 im Getreidemähdrusch für Gebiete mit unterschiedlichen Standortbedingungen in der DDR). Dt. Akad. Landwirtsch.-Wiss., Berlin, Diss. 1970, 133 S., 22 Abb., 39 Tab.

Anschrift des Verfassers:

Dr. ALOIS KROSCHEWSKI
Institut für Pflanzenzüchtung Gülzow-Güstrow
der Akademie der Landwirtschaftswissenschaften
der Deutschen Demokratischen Republik
2601 Gülzow, Kreis Güstrow

Tag.-Ber. Akad. Landwirtsch.-Wiss. DDR · Nr. 119 · 1972 · S. 231–237

Forschungszentrum für Bodenfruchtbarkeit Müncheberg
– Zweigstelle Bad Lauchstädt –
der Akademie der Landwirtschaftswissenschaften
der Deutschen Demokratischen Republik

WALTER ZEHLER

Verlustmessungen am Mähdrescher

Eine der effektivsten Methoden zur Steigerung der Erträge ist die Senkung der Verluste. Diese allgemein bekannte Tatsache wird in der Praxis zum Teil noch ungenügend beachtet. Mit dem Erreichen eines Mechanisierungsgrades in der Getreideernte von 98% durch die Einführung des Mähdreschers Typ E 512 erhält die Senkung der Mähdrescherverluste besondere Bedeutung. Beim Einsatz dieser leistungsfähigen Maschinen im Komplex ist es daher dringend erforderlich, das Ziel, mit weniger als 1,5% Verlusten zu arbeiten, durch Ausnutzen der gegebenen technischen Möglichkeiten in der Praxis auch überall zu erreichen. Nur 1% Ernteverluste in der DDR entsprechen mit etwa 75000 t schon einem Wert von 30 Mill. M und sind ungefähr der Ertrag von 25000 ha. In Abteilungen der kooperativen Pflanzenproduktion in Kooperationsgemeinschaften (KOG) mit 2000 ha Getreidefläche stellen z. B. 2 dt/ha vermeidbare Verluste, wie sie in der Praxis bei ungenügender Orientierung auf geringste Ernteverluste vorkommen können, bereits 4000 dt Getreide bzw. einen Wert von 160000 M dar. Voraussetzung für die Senkung der Verluste sind genaue Kenntnis der Ursachen und der Bedeutung sowie eine einfache Methode zur Ermittlung der Verluste. In den vergangenen Jahren wurden besonders von FEIFFER (1964, 1968) und in letzter Zeit auch von HERRMANN (1968) Meßmethoden entwickelt.

Andererseits ist festzustellen, daß sowohl vom Mähdrescherwerk und dem Kundendienst der VVB Landmaschinenbau, aber auch von den LPG, VEG und ihren KOG, den VEB Getreidewirtschaft und den RLN die Verluste noch zu wenig beachtet wurden. Messen, Wiegen und Rechnen, schon eine Forderung des VIII. Deutschen Bauernkongresses 1964, ist bei der Messung der Verluste am Mähdrescher nur ungenügend verwirklicht.

1968 wurden von der Arbeitsgruppe Ökonomie und Technologie des ehemaligen Instituts für Saatgut und Ackerbau Halle-Lauchstädt in der KOG Schafstädt Untersuchungen und Verlustmessungen am E 512–Mähdrescher-Komplex bei Wintergerste, Sommergerste, Hafer und Winterweizen durchgeführt. Als Ergebnis kann eine vereinfachte Methode zur Messung der Verluste vorgeschlagen werden. Für die Messung wurden nach FEIFFER die Prüfschalen mit 0,25 m² (1,00 m × 0,25 m) und 0,33 m² Größe (1,30m × 0,25 m) verwendet. Parallele Messungen ergaben, daß die 1,30 m breite Schale besser geeignet ist. Während das Flächenverhältnis der Schale 100 : 132 betrug, lag das Körnerverhältnis nur bei 100 : 112. Bei Getreide mit einem schmalen Strohschwad kann die 1,00 m breite Prüfschale verwendet werden. Die Verwendung eines größeren Prüfrahmens, wie er von Herrmann mit 0,50 m² benutzt wird, erscheint u. E. nicht notwendig. Es ist erforderlich, der Praxis einen handlichen Klapp- oder Teleskoprahmen zur Verfügung zu stellen. Zur Mähdrescherausrüstung sollten mehrere Prüfschalen gehören, wie es bei anderen Kontrollinstrumenten selbstverständlich ist. Bei der Durchführung der Prüfungen wurde das auf der Schale liegende Stroh ausgeschüttelt; größere Stroh- und Spreubeimengungen wurden aus der Schale entfernt sowie die restlichen Anteile und Schmachtkörner mit einem Handsieb sofort abgesiebt mit 1,8 mm Langloch bei Wintergerste, Sommergerste und Hafer und mit 1,5 mm bei Winterweizen. Die Körner wurden dann im Labor von Hand bzw. elektronisch ausgezählt. Knick- und Schnittähren wurden je m² ausgezählt, Ausdruschverlust aus 50 ausgedroschenen Ähren bestimmt. Strohgewicht, Geschwindigkeiten, Arbeitsbreiten, Bestandesdichten, Feuchtigkeit der Körner, des Strohes und der Luft wurden festgestellt.

Zur Beurteilung der Verluste wurde die nachstehende Tabelle 1 entwickelt. Im Gegensatz zu den Einstellscheiben nach Feiffer (1964, 1968) wurden

1. die Tausendkornmasse (TKM),
2. der Ertrag in dt/ha in 6 Stufen (35 . . . 60 dt/ha) und
3. die Verluste als 1% Orientierungswerte

angegeben.

Die TKM wird von Feiffer einheitlich nach Getreidearten angegeben, aber doch als sortenspezifischer Wert differenziert, zumal diese Werte zu der tatsächlichen TKM nicht in der Größe streuen, um als Kennzahlen ungeeignet zu sein.

Die Verluste sind u. E. mit dem Ertrag in dt/ha in Beziehung zu setzen. So sind z. B. die gleichen 60 kg/ha Schüttlerverluste bei einem Ertrag von 60 dt/ha gerade noch vertretbare 1%, bei 30 dt/ha Ertrag aber bereits nicht zulässige 2% Verluste. Der Hektarertrag muß ohnehin vorher eingeschätzt werden. In den Spalten 3, 4 und 5 der Verlusttabelle sind für den Grenzwert „1% Verluste“ die Körnerzahlen angegeben. Der 1%-Wert erscheint uns deshalb geeignet, weil

1. in der staatlichen Mähdrescher-Prüfung 1% Verluste und weniger als erreichbar nachgewiesen wurden,
2. die zulässigen Verluste für Mähdrescher vom RGW mit höchstens 1,5% angegeben sind,
3. mit der Schale die Schüttler- und Spreuverluste ermittelt werden, die den Hauptanteil der maschinenbedingten Verluste ausmachen und 1% nicht übersteigen sollen, und
4. bei der Arbeit im praktischen Einsatz die benötigte einzige Vergleichszahl für „1% Verluste = . . . Körner in der Schale“ sich ohne Schwierigkeiten einprägt und mit der tatsächlich festgestellten Anzahl Körner verglichen werden kann.

Die übrigen Verluste, Knick- und Schnittähren, Ausfallkörner, Ausdrusch-(Trommel-)verluste müssen gesondert ermittelt werden. Die von Feiffer an-

Tabelle 1

Tabelle zur Schnellbestimmung von Verlusten beim Mähdrusch (E 512 und E 175)

TKM g	Art, Sorte	Ertrag dt/ha = 1% Verlust kg/ha	1% Verluste = ... Körner je m² (Ausfall)	i. d. Schale (Schüttler) 5,0 m AB	5,5 m AB
	Sp. 1	Sp. 2	Sp. 3	Sp. 4	Sp. 5
30	WR 'Danae'	35	117	145	160
	WR 'Moorroggen'	40	133	165	182
	Ha 'Hdm. A. G.'	45	150	185	204
	Ha 'Civena'	50	167	210	231
	Ha 'Astor'	55	183	230	253
		60	200	250	275
32	Ha 'Flämingsweiß'	35	109	135	149
	Ha 'Algol'	40	125	155	171
		45	141	175	193
		50	156	195	215
		55	172	215	237
		60	187	235	259
34	WR 'Petka'	35	103	130	143
	SR 'Petka'	40	118	150	165
	WW 'Qualitas'	45	132	170	182
	Ha 'Romulus'	50	147	185	204
		55	162	200	220
		60	176	220	242
36		35	97	120	132
		40	111	140	154
	WG 'Merkater'	45	125	160	171
	WG 'Xenia'	50	139	175	193
	WG 'Pamina'	55	152	190	209
		60	167	210	231
38	WG 'Undine'	35	92	115	127
	SG 'Certina'	40	105	130	143
	WW 'Hochland'	45	118	145	160
	SG 'Elgina'	50	132	160	182
	WG 'Astacus'	55	145	175	198
		60	158	190	215
40	SG 'Ciro'	35	87	110	121
	SG 'Alsa'	40	100	125	138
	SG 'Plena'	45	112	140	154
	WG 'Neuga'	50	125	155	171
	WW 'Delphin'	55	138	170	193
	WW 'Fakir'	60	150	190	209

Fortsetzung Tab. 1

TKM g	Art, Sorte	Ertrag dt/ha = 1% Verlust kg/ha	1% Verluste = ... Körner je m² (Ausfall)	i. d. Schale (Schüttler) 5,0 m AB	5,5m AB
	Sp. 1	Sp. 2	Sp. 3	Sp. 4	Sp. 5
42	WW 'Fanal'	35	83	105	116
	WW 'Eros'	40	95	120	132
	WW 'Orlando'	45	107	135	149
	SW 'Carola'	50	119	150	165
	SW 'Ramses'	55	131	165	182
	SW 'Derwisch'	60	143	180	198
44	WW 'Poros'	35	80	100	110
	WW 'Pilot'	40	91	114	127
		45	102	130	143
		50	114	145	160
		55	125	160	171
		60	136	170	187

gegebenen Beziehungen zwischen Schüttlerwerk- und Trommelverlusten sind nach unseren Feststellungen kaum vorhanden.

Für den sich noch im Einsatz befindenden Mähdrescher E 175 kann die Tabelle ebenfalls verwendet werden, indem die Hälfte der angegebenen Körnerverluste (Spalte 5) entsprechend der halben (2,75 m) Arbeitsbreite zugrunde gelegt wird.

Die genutzte Arbeitsbreite lag nach unserer Feststellung bei dem verwendeten 5,70 m breiten Schneidwerk im Durchschnitt von 10 Schwad bei 5,00 m bei Wintergerste, 5,30 m bei Sommergerste, 5,50 m bei Hafer und 5,20 m bei Winterweizen. In der Tabelle wurden deshalb in Spalte 4 die Werte für 5,00 m Arbeitsbreite aufgenommen.

In Betrieben der KOG Schafstädt wurden zur Ermittlung der Schüttlerverluste in der Kampagne 1968 167 Proben bei Wintergerste, Sommergerste, Hafer und Winterweizen genommen.

Tabelle 2

Ernteverluste in der KOG Schafstädt 1968 in %

	Schüttler	Knick- u. Schnittähren/m²	Ausdrusch insgesamt	
Wintergerste	0,4 ··· 16,8	30 ··· 40	0,1 ··· 3,9	10,8
Sommergerste	0,1 ··· 13,4	1 ··· 5	0,1 ··· 0,5	1,2
Hafer	0,1 ··· 17,3	0 ··· 1	0,0 ··· 0,1	5,1
Winterweizen	0,2 ··· 5,6	52 ··· 100	0,9 ··· 20,8	13,8

Die Ursachen der Verluste sind ein sehr hoher und ungleichmäßiger Durchsatz von über 5,6 kg im Durchschnitt bei zu hohen Fahrgeschwindigkeiten von 4,2 km/h mit dem 5,7 m breiten Mähwerk. So wurden z. B. bei 8 km/h 9 ... 18 kg/s Durchsatz 12,9% Schüttlerverluste festgestellt. In einigen Fällen führte falsche Maschineneinstellung zu hohen Verlusten, z. B. in Sommergerste 13% und nach der richtigen Einstellung durch den Kundendienst 0,9%.

Bei Winterweizen war die schlechte Druschfähigkeit der Sorte 'Fanal' in Verbindung mit nichtangepaßter Einstellung und Fahrweise die Ursache der hohen Trommelverluste von 7,3%.

Ungleichmäßigkeiten im Bestand führen zu stoßweisen Belastungen. Hieraus sind 2 Schlußfolgerungen zu ziehen. Erstens ist nie mit vollen 5 kg/s Durchsatz zu fahren, sondern nur mit 80% des Nenndurchsatzes, zweitens ist diese Tatsache bei der Probenahme zu berücksichtigen. Hierzu wurden bei Hafer auf einer Fahrstrecke von 300 m 10 Proben kurz hintereinander in 3facher Wiederholung an einem Mähdrescher genommen. Die Werte lagen zwischen 1,9 und 6,1% bei 4,5 kg/s Durchsatz. Bei der Bildung des Mittelwertes aus 3 Proben ergaben sich 3–5%. Daraus ergibt sich die Forderung, die Prüfung an jedem Mähdrescher mindestens 3mal zu wiederholen.

1970 wurde die Verlustmessung nach der beschriebenen Methode in der LPG Braunsbedra und der KOG Geiseltal, Kreis Merseburg, durchgeführt und zur Grundlage für den Erntewettbewerb genommen. Die maschinenabhängigen Verluste lagen hier in keinem Fall über 1%; bei einem hohen Anteil Wintergerste traten aber 0,3 bis 3,6% Verluste durch Knickähren auf.

Die Bestimmung der Dreschwerksverluste nach der Methode HERRMANN (1968) stieß auf Schwierigkeiten, weil Spreu- und Strohteile sowie Grannen die Ermittlung des Volumens nicht zuließen. In einigen Fällen entstanden verfälschte Ergebnisse, weil Mähdrescherfahrer bei der Probenahme langsamer fuhren. Das bedeutet, daß die Fahrer durch Erklärungen und entsprechende Festlegungen im Wettbewerb vom Nutzen der Verlustmessung für sich und den Betrieb überzeugt werden müssen. Als Kriterien für die Arbeitsleistung müssen Hektar, dt und beeinflußbare Verluste bewertet werden.

Wenn die Frage der Notwendigkeit der Verlustmessung geklärt ist, entscheidet die Organisation über den Erfolg. Die Erfahrungen zeigen, daß es zweckmäßig ist, eine geeignete, verantwortliche Person mit der Kontrolle in der gesamten Kampagne zu betrauen. Die 1. Verlustprüfung zu Beginn des Drusches nach den ersten 50 bis 100 m dient der Kontrolle der Grobeinstellung nach den Tabellenwerten. Eine 2. Messung ist erforderlich, um die Feineinstellung zu überprüfen. In einer 3. Kontrollmessung überzeugt man sich von der optimalen Einstellung und Fahrweise. Bei veränderten Arbeitsbedingungen sind die Verlustmessungen zu wiederholen. Der Zeitaufwand für eine Messung beträgt etwa insgesamt 5 min, für einen Meßgang mit 3 Messungen in 3facher Wiederholung 45 min. Es ist deshalb zweckmäßig, an einem Mähdrescher des Komplexes den vollständigen Meßgang durchzuführen, die als günstig ermittelte Einstellung und Fahrweise auf die anderen Maschinen zu übertragen und sich bei diesen auf Kontrollmessungen zu beschränken. Weitere Kontrollen des Ausdrusches, der Ausfallkörner bzw. Knick- und Schnittähren sind ebenfalls durchzuführen. Hieraus ergibt sich, daß eine Arbeitskraft ausgelastet werden kann.

Zusammenfassung

Aus den unter Praxisbedingungen in landwirtschaftlichen Produktionsgenossenschaften des Kreises Merseburg 1968 und 1970 gewonnenen Erfahrungen über die Verlustmessung am Mähdrescher lassen sich folgende Maßnahmen zur Verbesserung der Verlustmessung ableiten:
1. Die Methode zur Verlustmessung muß so einfach wie möglich sein. 2. Die benutzte Tabelle hat sich bewährt. Sie soll 1971 Grundlage für die Auswertung des Mähdrescherwettbewerbes im Kreis Merseburg werden. 3. Der Einsatz einer Arbeitskraft als Prüfer ist erforderlich und macht sich bezahlt. 4. Bei sorgfältiger Einstellung und richtiger Fahrweise lassen sich die Verluste beim Mähdrescher E 512 im Normalfall unter 1,5% senken. 5. Das Herstellerwerk ist verantwortlich für die Lieferung von Unterlagen zur Kontrolle der Arbeitsweise und der Verluste am Mähdrescher. 6. Im Erntewettbewerb ist die Senkung der Verluste in jedem Fall zu berücksichtigen.

Резюме

На основании опыта, накопленного за 1968 и 1970 гг. в производственных условиях СХПК Мерзебургского района по учету потерь при комбайновой уборке можно предложить следующие меры по улучшению: 1. Метод учета потерь должен быть как можно более простым. 2. Использованная таблица оправдала себя. В 1971 г. она должна быть положена в основу оценки соревнования комбайнеров в Мерзебугском районе. 3. Привлечение одного работника в качестве контролера необходимо и оправдано. 4. При тщательной регулировке и правильной езде потери можно снизить при работе на комбайне Е 512 в обычных случаях до 1,5% и менее. 5. Завод-поставщик несет ответственность за предоставление данных для контроля за работой комбайна и возникающими на нем потерями. 6. В соревновании во время уборочной кампании снижение потерь должно учитываться в любом случае.

Summary

The following measures of improvement can be derived from the experience of loss measurement at the combine harvester that was gained under field conditions in cooperative farms of the Merseburg district in 1968 and 1970:

1. The method of loss measurement must be as simple as possible. 2. The applied table proved useful. In 1971 it is to become the basis of the evaluation of the combine harvesting contest in the Merseburg district. 3. The employment of one worker as a checker is necessary and will pay. 4. In case of careful adjustment and proper driving the losses at the combine harvester E 512 can normally be reduced to below 1.5 per cent. 5. The manufacturing plant is responsible for the supply of documents on the check-up of the operation as well as of the losses at the combine harvester. 7. In the harvesting contest the reduction of losses must be taken into consideration in any case.

Literatur

FEIFFER, P.: Minderung der Verluste in der Mähdruschgerste durch Schnellbestimmung der Ernteverluste und optimale Maschineneinstellung. Dt. Landwirtsch. 1964, H. 7

FEIFFER, P.: Optimale Mähdreschereinstellung, Verlustkontrolle und Verfahrenstechnik für alle Mähdruschfrüchte. Schlieben, 1968

HERRMANN, K.: In der Schule der Kooperation. Markkleeberg, 1968

HERRMANN, K.: Verlusttabellen, 1968

HERRMANN, K.: Industriemäßige Getreideproduktion. Markkleeberg, 1968

HERRMANN, K.: Technische Information, Mähdrescher E 512. Neustadt/Sachsen, 1968

Anschrift des Verfassers:

Dipl.-Landwirt WALTER ZEHLER
Forschungszentrum für Bodenfruchtbarkeit Müncheberg
– Zweigstelle Bad Lauchstädt –
der Akademie der Landwirtschaftswissenschaften
der Deutschen Demokratischen Republik
4204 Bad Lauchstädt, Hallesche Straße 44–46

Tag.-Ber. Akad. Landwirtsch.-Wiss. DDR · Nr. 119 · 1972 · S. 239–246

Institut für Düngungsforschung Leipzig–Potsdam
der Akademie der Landwirtschaftswissenschaften
der Deutschen Demokratischen Republik

HANS GÖRLITZ, HERMANN ANSORGE, OTTO HAGEMANN,
RUDOLF JAUERT und GERHARD SPECHT

Produktionsfunktionen der Stickstoffdüngung auf verschiedenen Standorten

Die Beziehungen zwischen der Höhe der Stickstoffdüngung und dem Ertrag weisen für verschiedene Standortbedingungen einen charakteristischen Verlauf auf, der in Verbindung mit einigen komplexen Faktoren der Bodeneigenschaften steht und sich mit diesen regelmäßig ändert. Hierfür sind neben anderen Faktoren vor allem das aus dem Boden zur Verfügung stehende Stickstoffangebot und der Wasserhaushalt des Bodens maßgeblich. Hinzu kommt als Besonderheit des Getreides der Einfluß der Standfestigkeit und des Zeitpunktes der zweiten Stickstoffgabe.

Der Einfluß des „Bodenstickstoffes" ergibt sich daraus, daß die Gesamternährung der Pflanze aus den im Boden bereits in aufnehmbarer Form vorliegenden und den mit der Düngung zugeführten Nährstoffen resultiert. Die Böden weisen vor allem auf Grund ihres Gehaltes an organischer Masse einen unterschiedlichen N-Gehalt auf, der in der Regel mit steigender Bodengüte zunimmt. Die durchschnittliche Mineralisierungsrate, die für den Gehalt an pflanzenverfügbarem Stickstoff maßgeblich ist, geht mit dem N-Gehalt der Böden im Mittel der Jahre parallel. Darüber hinaus führt steigender Kolloidgehalt und die dadurch bedingte größere Wasserkapazität zu geringeren Auswaschungsverlusten und damit wiederum zu einem höheren Gehalt an verfügbarem Stickstoff. Nimmt man an, daß der Ertrag ohne Stickstoffdüngung im wesentlichen aus dem Stickstoffangebot des Bodens resultiert und einen Maßstab hierfür darstellt, so ordnen sich die Ertragskurven verschiedener Standorte in eine Gesamtkurve aus Boden- und Düngerstickstoff ein (GÖRLITZ, 1966; ZIEGLER, 1969), die sich mit $y = a\mathrm{N}_B + b(\mathrm{N}_B + \mathrm{N}_D) - c(\mathrm{N}_B + \mathrm{N}_D)^2$ beschreiben läßt (N_B = pflanzenverfügbarer Stickstoff des Bodens, N_D = mit der Mineraldüngung zugeführter Stickstoff). Diese Beziehungen lassen sich auch an der Stickstoffaufnahme durch die Pflanzen nachweisen und kommen hier noch mehr zum Ausdruck, zumal sich der Wasserhaushalt (vor allem mangelnde Wasserversorgung im Sommer) weniger auf die Stickstoffaufnahme auswirkt als auf den Ertrag. Der Wasserhaushalt des Bodens kommt insofern in den unterschiedlichen Beziehungen zwischen Stickstoffdüngung und Ertrag zur Geltung, als unzureichende Wasserversorgung die Produktivität der Pflanzen einschränkt. Dabei bestehen Beziehungen zum Kolloidgehalt des Bodens, denn auf sandigen Böden tritt Trockenheit eher und häufiger ein als auf Böden mit höherem Kolloidgehalt. Da bei hoher N-Düngung infolge der stärkeren vegetativen Entwicklung der Wasserbedarf (bei günstigeren Transpirationskoeffizienten) absolut höher ist, ist der Einfluß des Wasserhaushaltes bei hohen N-Gaben mehr ausgeprägt, und zwar besonders auf den sandigen Böden.

Der Einfluß der N-Düngung und der komplexen Bodeneigenschaften (N-Angebot und Wasserhaushalt) auf den Ertrag läßt sich erfassen, wenn der Ertrag als Funktion des Bodens und der Stickstoffdüngung dargestellt wird (Abb. 1). Im

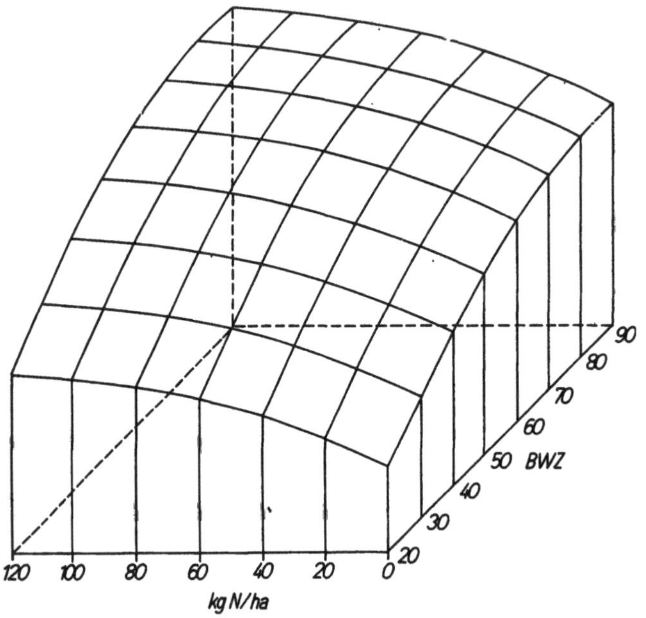

$$\hat{y} = -0{,}99147 + 0{,}2202\,x_1 - 0{,}000354\,x_1^2 + 0{,}82027\,x_2 - 0{,}004859\,x_2^2 - 0{,}009757\,x_1 x_2$$

Abb. 1: N-Wirkung zu Winterroggen in Abhängigkeit von der Höhe, Düngung und Bodenwertzahl

vorliegenden Beispiel wird als quantitativer Maßstab für den Boden die Bodenwertzahl benutzt, auf deren Problematik in diesem Zusammenhang nicht näher eingegangen werden soll. Sie hat sich in anderen (HOFFMANN) und diesen Untersuchungen hierfür als durchaus brauchbarer Maßstab erwiesen. Neben der absoluten Ertragshöhe ergibt sich aus dieser Wirkungsfläche sowie aus den in den Abbildungen 2 und 3 für hohe N-Gaben aufgeführten Werten und aus den vorhergehenden Ausführungen zusammenfassend für den Verlauf der Ertragskurven in Abhängigkeit von der Stickstoffdüngung: Bei niedrigem Ertrag steigen sie auf den sandigen Böden steiler an. Die Wirkung der letzten Aufwandeinheit (Erzeugungswert des letzten kg N) ist im Bereich niedriger bis mittlerer Stickstoffgaben auf den sandigen Böden mit niedriger N-Mobilisierung im Boden größer als auf Böden mit höherem Stickstoffangebot.

Bei hohen Stickstoffgaben kann sich dagegen das Verhältnis in der Wirkung der letzten Aufwandeinheit umkehren, weil auf den Böden mit höherem Kolloidgehalt und höherer Wasserkapazität der größere Wasserbedarf der hoch mit Stickstoff gedüngten Pflanzen besser gedeckt werden kann und damit eine bessere Verwertung des aufgenommenen Stickstoffs durch die Pflanzen möglich ist. Auf allen mittleren Böden liegt in der Regel das Maximum der N-Düngung am höchsten. Die Stickstoffdüngung bringt hier die höchsten Mehrerträge. Gegenüber den mittleren Böden ist das Maximum der Stickstoffdüngung sowohl auf den sandigen Böden wegen der geringeren Ertragssicherheit als auch auf den Böden mit hohem Stickstoffangebot eher erreicht. Die Ertragskurven sind daher infolge der geringeren Erzeugungswerte der hohen Stickstoffgaben stärker gekrümmt. Die Ertragskurve gliedert sich auf sandigen Böden im Bereich hoher Stickstoffgaben weniger in die Beziehungen zwischen Ertrag und „Gesamternährung" ein, weil der aufgenommene Stickstoff schlechter verwertet wird (Abb. 2). Die mittlere Bodengruppe in Abbildung 2 ist durch gute Wasserversorgung gekennzeichnet, so daß hier hohe Erzeugungswerte erreicht werden.

Gegenüber Hackfrüchten tritt bei Getreide die Ertragsminderung durch Lagern vor allem in den Produktionsfunktionen auf Böden mit hohem Stickstoffangebot aus dem Boden in Erscheinung und überlagert die Beziehungen zu

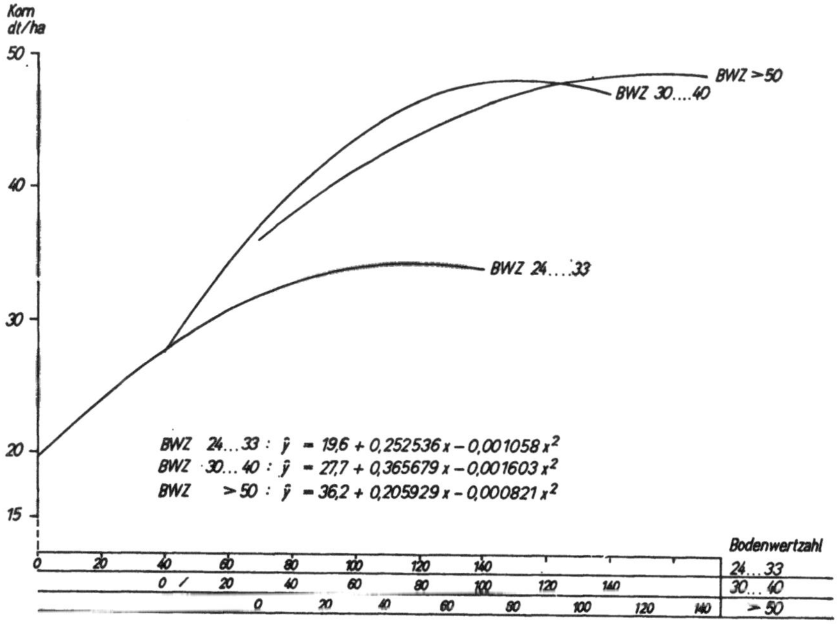

Abb. 2: Produktionsfunktionen der N-Düngung zu Winterroggen in Abhängigkeit vom Ertrag ohne N-Düngung als Maßstab für die N-Nachlieferung des Bodens

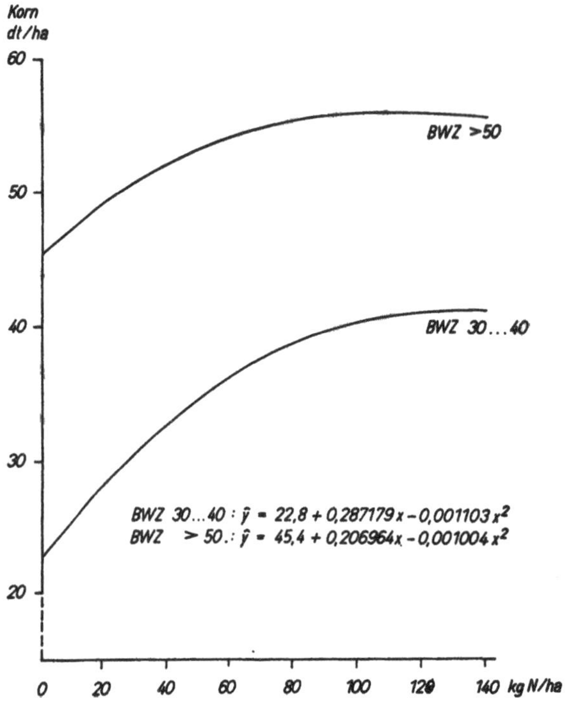

Abb. 3: Produktionsfunktionen der N-Düngung zu Winterweizen. 17 Versuche, 1966 ... 1969

den genannten Faktoren. Die Ertragskurven verlaufen daher vor allem im Bereich hoher N-Gaben vergleichsweise flacher. Bei standfesten Sorten oder bei Einsatz von Halmstabilisatoren (wie z. B. CCC), das das die Ertragsbildung negativ beeinflussende Lagern ausgeschaltet, kann das Getreide höhere Stickstoffgaben produktiver verwerten (Abb. 4). Dies trifft dann besonders für die Standorte mit besserem Wasserangebot, also für die guten Böden zu. Der Vergleich mit den N-Entzugskurven läßt in diesem Fall, in dem das Lagern früh eintrat, neben der besseren Verwertung des aufgenommenen Stickstoffes auch eine größere Stickstoffaufnahme erkennen.

Auf den Verlauf der Ertragskurven hat auch die Unterteilung und der Zeitpunkt der zweiten Stickstoffgabe Einfluß. Die Unterteilung wirkt sich ähnlich wie die Standfestigkeit aus, wobei auf den sandigen Böden die Minderung durch Trockenheitsauswirkungen hinzukommt. Da mit späterem Düngungszeitpunkt die Ertragswirksamkeit der zweiten Gabe geringer wird, sind die Ertragskurven stärker gekrümmt als bei einem früheren Düngungszeitpunkt, zu dem ebenfalls ein Lagern bereits in ausreichendem Maße vermieden wurde.

Nach den hier dargestellten Grundsätzen über den Ertrag als Funktion der Stickstoffdüngung sind im Modell für Düngungssysteme zur Berechnung schlagbezogener Düngungsempfehlungen (Kundler u. a., 1969) Produktionsfunktionen für die Getreidearten und die aus 5 Bodengruppen und 3 Klimagebieten resultierenden Standortgruppen aufgestellt worden. Die Klimagebiete

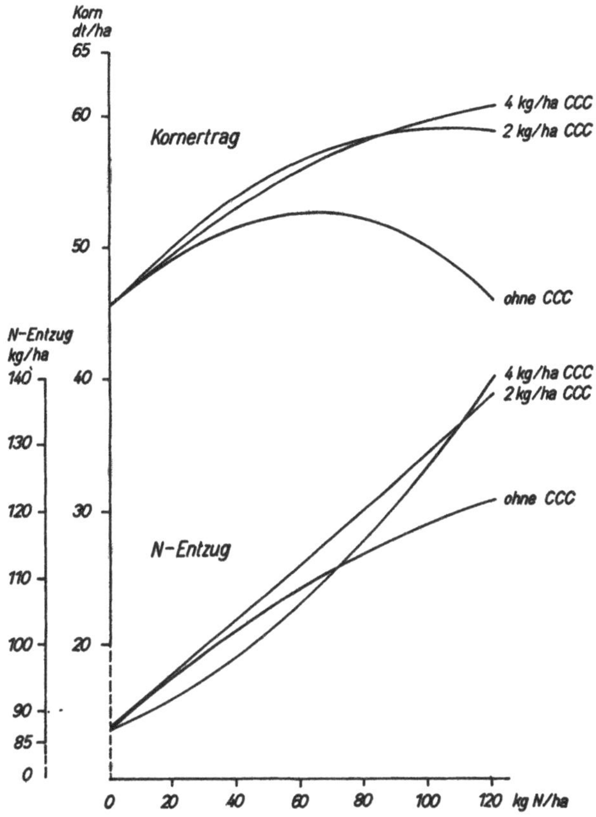

Abb. 4: Produktionsfunktionen der N-Düngung zu Winterweizen in Abhängigkeit von der Standfestigkeit. 3 Versuche zu Winterweizen mit CCC, 1966 ... 1968

werden dabei überwiegend über die Niederschlagsversorgung berücksichtigt.

Diese Funktionen werden der Optimierung der jeweils einzusetzenden Stickstoffdüngung zugrunde gelegt. Aus ihnen wird darüber hinaus die Höhe der Stickstoffdüngung zu den einzelnen Fruchtarten bei begrenzt zur Verfügung stehenden Düngermengen abgeleitet. Hierfür sind in der Wirkungsfläche bzw. in den Funktionen für die Bodenarten die Punkte von Bedeutung, bei denen jeweils mit den letzten kg N der gleiche Mehrertrag erzielt wird. Dann ergibt die Summe der Mehrerträge ein Maximum.

Nach den Ausführungen über den Erzeugungswert des letzten kg N treten größere Differenzierungen zwischen den N-Gaben unter verschiedenen Standortbedingungen vor allem bei niedrigem und bei hohem Niveau der Stickstoffdüngung auf. Der Stickstoffaufwand kann aber nicht allein aus den Beziehungen bei einer Getreideart ermittelt werden. Vielmehr sind die Unterschiede zwischen

den Getreidearten und die Relationen in der Stickstoffwirkung bei den anderen Kulturpflanzen sowie auch die Ertragssicherheit zu berücksichtigen. Unter diesen Aspekten ergibt sich bei einem durchschnittlichen Stickstoffaufwand von 80 kg N/ha LN ein Stickstoffeinsatz von 70 kg/ha zu Winter- und 60 kg N/ha zu Sommergetreide bzw. bei einem Niveau von 100 kg N/ha LN eine N-Gabe von 80 bzw. 70 kg N/ha. Die Differenzierung zwischen Winter- und Sommergetreide spiegelt die unterschiedliche Ertragssicherheit insbesondere auf den sandigen Böden wider.
Der Ertrag als Funktion der Stickstoffdüngung unterliegt zahlreichen Einflußfaktoren. Diese erlangen für die Bemessung der Stickstoffdüngung des Getreides besondere Bedeutung, da es wesentlich mehr auf Unterschiede im Stickstoffangebot reagiert als z. B. die Hackfrüchte, die einerseits durch die organische Düngung einen gewissen Puffer gegenüber einem geringeren Stickstoffangebot und andererseits einen breiten Höchstertragsbereich haben. Eine über das Ertragsmaximum hinausgehende Stickstoffernährung bewirkt zwar keinen Mehrertrag, wirkt sich aber erst bei weiter Überschreitung des Maximums in Ertragsdepressionen aus.
Das Getreide reagiert dagegen mit einem engen Höchstertragsbereich viel stärker auf ein übermäßiges Stickstoffangebot, wie es durch unterschiedliche Mineralisierungsraten eintreten kann. Die Produktionsfunktionen wurden daher zunächst für „Normalbedingungen" aufgestellt, die im wesentlichen durch die Vorfrucht Getreide in einer Fruchtfolge mit üblicher organischer Düngung, durch normalen Witterungsverlauf und die gegenwärtigen Sorten sowie eine geteilte Stickstoffdüngung der über 40–60 kg N/ha hinausgehenden Mengen gekennzeichnet sind. Abweichungen von diesen Bedingungen müssen in der Stickstoffdüngung im einzelnen beachtet werden. Die Bezugsbasis der gegenwärtigen Sorten weist darauf hin, daß bei neuen Sorten auch in den nächsten Jahren neue Produktionsfunktionen zu erstellen sind, die sowohl die bessere Standfestigkeit als auch die produktive Verwertung höherer Stickstoffgaben beinhalten müssen. Dabei können besondere Typen der Sorten durch spezielle Produktionsfunktionen dargestellt werden, soweit dies für die praktische Düngung von Bedeutung erscheint.

Zusammenfassung

Die Produktionsfunktionen der Stickstoffdüngung zu Getreide weisen eine Abhängigkeit von den Standortbedingungen (insbesondere dem pflanzenverfügbaren N-Gehalt und dem Wasserhaushalt des Bodens), der Standfestigkeit des Getreides sowie dem Zeitpunkt der zweiten N-Gabe auf.
Auf Sand- und anlehmigen Sandböden wird die Wirkung hoher N-Gaben vielfach durch unzureichende Wasserversorgung beeinträchtigt. Auf den lehmigen Sanden und sandigen Lehmen können die höchsten N-Gaben produktiv eingesetzt werden. Auf Lehm- und Tonböden sowie auf Schwarzerde mit hohem

Ertragsniveau ist trotz besserer Wasserversorgung infolge des höheren N-Angebotes aus dem Boden und der geringeren Standfestigkeit des Getreides der Erzeugungswert der mineralischen N-Düngung geringer, und das Maximum der N-Düngung wird eher erreicht. Bei Erhöhung der Standfestigkeit sind die Voraussetzungen für eine bessere Verwertung hoher N-Gaben gegeben. Bei der Höhe der N-Düngung ist bei unter dem Optimum liegenden Düngeraufwand die Ertragssicherheit des Standortes zu berücksichtigen.

Резюме

Производственные функции азотного удобрения под зерновые проявляют зависимость от условий места произрастания (особенно от доступного для растений содержания азота и водного режима почвы), устойчивости зерновых к полеганию, а также от момента внесения второй дозы удобрения. На песчаных и супесчаных почвах часто на действие высоких доз азота отрицательно сказывается недостаток влаги. На суглинистых и лёгких суглинистых почвах продуктивно могут использоваться самые высокие дозы азотных удобрений. На суглинистых и глинистых почвах, а также на чернозёмах с высоким уровнем урожайности, несмотря на лучшую обеспеченность влагой, отдача азотных минеральных удобрений ниже и максимум азотного удобрения достигается быстрее, так как поступление азота из почвы выше, а зерновые малоустойчивы к полеганию. При увеличении устойчивости зерновых к полеганию имеются все предпосылки для лучшего использования азотного удобрения. В дозе азотного удобрения при затратах, лежащих ниже оптимума, следует учитывать устойчивость урожайности, которую обеспечивает данное место произрастания.

Summary

The production functions of nitrogen fertilization of grain crops show a dependence on the site conditions (particularly on the content of plant-available nitrogen and on the water balance of the soil), on the lodging resistance of the grain crops, and on the date of the second nitrogen application. On sandy and loamy-sandy soils the effect of heavy nitrogen dressing is largely impaired by insufficient water supply. On the loamy sands and sandy loams the highest nitrogen doses can be used effectively. In spite of better water supply, on loamy and clayey soils as well as on black earth with a high yield level the productivo value of mineral nitrogen fertilization is smaller and the maximum of nitrogen fertilization reached sooner because of the increased nitrogen supply from the soil and the lower lodging resistance of the grain crops. Raising of the lodging resistance provides the conditions for better utilization of high nitrogen doses. When calculating the level of nitrogen fertilization, the yield stability of the site must be taken into consideration, if the fertilizer input is below the optimum.

Literatur

Kundler, P.; Ansorge, H.; Görlitz, H.; Jauert, R.; Krüsmann, H.; Specht, G.; Wienrich, B.: Düngungsempfehlungen durch elektronische Datenverarbeitung. Feldwirtsch. 10 (1969), S. 499–501

Ziegler, G.: Die Substitution der Ertrags- und Qualitätswirksamkeit von Luzernevorfrucht und Stallmist durch Mineraldünger-N in Kartoffelversuchen – ein Beitrag zur Quantifizierung qualitativ bestimmbarer Einflußgrößen. Thaer-Arch. 13 (1969), S. 721–737

Görlitz, H.; Ansorge, H.; Specht, G.; Jauert, R.; Ebert, K.: Einsatz hoher Stickstoffgaben zu Winterweizen und Winterroggen unter verschiedenen Standortbedingungen. Thaer-Arch. 14 (1970), S. 321–330

Görlitz, H.: Wirkung der Stickstoffdüngung bei Getreide. Thaer-Arch. 10 (1966), S. 107 bis 125

Hoffmann, E.: Die Eignung der Bodenschätzung für standortgerechte Planung. Thaer-Arch. 7 (1963), S. 107–153

Anschriften der Verfasser:

Dr. habil. Hans Görlitz, Dr. sc. Gerhard Specht
Institut für Düngungsforschung Leipzig–Potsdam,
Bereich Potsdam,
der Akademie der Landwirtschaftswissenschaften
der Deutschen Demokratischen Republik
15 Potsdam, Templiner Straße 21

Dr. agr. habil. Hermann Ansorge, Dr. Rudolf Jauert,
Dr. Otto Hagemann
Institut für Düngungsforschung Leipzig–Potsdam
der Akademie der Landwirtschaftswissenschaften
der Deutschen Demokratischen Republik
7022 Leipzig, Gustav-Kühn-Straße 8

Tag.-Ber. Akad. Landwirtsch.-Wiss. DDR · Nr. 119 · 1972 · S. 247–252

Institut für Düngungsforschung Leipzig–Potsdam, Bereich Potsdam,
der Akademie der Landwirtschaftswissenschaften
der Deutschen Demokratischen Republik

KLAUS EBERT und GÜNTER RINNO

Ökonomischer Einsatz hoher N-Gaben in der Getreideproduktion durch preisliche Bewertung des Rohproteingehaltes

Im Modell für das Düngungssystem erfolgt die Optimierung der Stickstoffdüngung zu Getreide auf der Grundlage von Produktionsfunktionen und mit konstantem Grundpreis. Dabei liegt die ökonomisch vorteilhafteste N-Gabe unterhalb der für den Maximalertrag erforderlichen, und sowohl das Ertragspotential als auch das Rohproteinbildungsvermögen der Getreidearten wird nicht voll ausgeschöpft. Während der Ertrag im Bereich der mit dem Grundpreis ermittelten optimalen N-Gabe sich mit steigendem N-Einsatz nur noch geringfügig ändert, steigt der Rohproteingehalt des Getreides in diesem Bereich fast noch geradlinig an.
Durch eine preisliche Bewertung des Rohproteingehaltes, dessen Zunahme insbesondere als Qualitätsverbesserung zu werten ist, können N-Gaben zur vollen Ausschöpfung des Ertragspotentials und des Rohproteinbildungsvermögens eingesetzt werden, die bei alleiniger Bewertung des Ertrages unrentabel sind. Allerdings ist zu beachten, daß der Getreideertrag gegenwärtig im Vordergrund steht. Die Staffelung der Preise nach dem Rohproteingehalt darf also nicht dazu führen, daß durch zu hohe N-Gaben Ertragsdepressionen (> 0,5 dt/ha) auftreten. Der Entwurf der Grundsatzregelungen über die Anwendung des ökonomischen Systems des Sozialismus in der Landwirtschaft und Nahrungsgüterwirtschaft für den Perspektivplanzeitraum 1971–1975 sieht u. a. auch bei Getreide einen schrittweisen Übergang zur preislichen Bewertung des Rohproteingehaltes vor. Wir haben deshalb auf der Grundlage der im Modell für das Düngungssystem und im Zusatzmodell zur Berücksichtigung der Qualität der Ernteprodukte enthaltenen Parameter für Ertrag und Qualität sowohl Berechnungen über die Kosten der Proteinerzeugung mittels Getreide als auch über den Einfluß unterstellter qualitätsabhängiger Preisstaffelungen auf die Höhe der optimalen N-Gabe durchgeführt.
Zur Zeit gibt es noch keine nach dem Rohproteingehalt gestaffelten Preise. Anhaltspunkte für die Bemessung der qualitätsabhängigen Preiszu- bzw. -abschläge ergeben der Vergleich mit einem preislich bewerteten Produkt sowie die Berechnung der Aufwendungen, die für das Erreichen einer bestimmten Qualitätsstufe erforderlich sind.
Für den ersten Weg bietet sich der Vergleich mit Sojaprotein an, weil die in der Tierernährung bestehende Lücke in der Proteinversorgung hauptsächlich

durch Importe von Sojaextraktionsschroten ausgeglichen wird. 1 kg Eiweiß in Form von Sojaextraktionsschrot kostet etwa 1,– M (bei 0,50 M/1 kg Stw.). Sojaprotein hat eine biologische Wertigkeit von 70, Getreide jedoch nur im Mittel von 60. Der Lysingehalt des Rohproteins als weiterer Bewertungsmaßstab beträgt in Sojaextraktionsschrot etwa 6,0%, im Getreide etwa 2,5%. Daraus würden sich Preise von 0,80 M bzw. 0,45 M je kg Getreideprotein ergeben. Im Hinblick auf die mögliche Einsparung von Sojaextraktionsschrot erscheint die Bewertung eines Kilogramm Getreideproteins mit 1,00 M angemessen. Eine Kalkulation über die Kosten ergibt Tabelle 1.

Tabelle 1

Preise für Getreideprotein bei unterschiedlichen N-Düngungsstufen (für Wintergetreide insgesamt sowie aufgegliedert nach Getreidearten unter Berücksichtigung des Ausbringungsverfahrens für die 2. N-Gabe)

Getreideart	N-Stufen	M/kg Rohprotein 1. u. 2. Teilgabe mit Bodengerät	1. Teilgabe m. Bodengerät 2. „ m. Flugzeug
Getreide insges.	55– 95	0,04	0,08
	95–135	1,30	1,51
	135–175	10,46	12,00
Wi.-Weizen	55– 95	0	0,02
	95–135 (125)*	0,56	0,71
	135–175 (145)	2,44	2,97
Wi.-Roggen	55– 95	0,12	0,18
	95–135 (125)	1,43	1,70
	135–175 (160)	20,14	22,70
Wi.-Gerste	55– 95	0,02	0,05
	95–135	0,43	0,55
	135–175 (145)	4,16	4,98
So.-Gerste	55– 95 (75)	0,05	0,13
	95–135 (115)	2,96	3,26
	135–175	–	–
Hafer	55– 95	0	0
	95–135 (130)	1,10	1,34
	135–175	–	–

* In einigen Fällen mußten abweichende Stufen gewählt werden, um nicht in den Bereich zu starker Ertragsdepressionen zu kommen.

Während insbesondere bei Ausbringung der zweiten N-Gabe mit Bodengeräten im Bereich von 55 bis 95 kg/ha die Aufwendungen für Düngung und Mehrernte (einschließlich eines Gewinnaufschlages in Höhe von 20% auf die Kosten) durch den Erlös aus dem Mehrertrag gedeckt werden, verbleiben nach Abzug des Erlöses für den Mehrertrag in der nächsten N-Spanne von 95 bis 135 kg in Abhängigkeit von der Getreideart Kosten von 0,43 M bis 2,96 M je kg Rohprotein. Es zeigt sich, daß in diesem Bereich das über Winterweizen und -gerste erzeugte Rohprotein billiger als Sojaprotein ist. Im Bereich über 125 bzw. 135 kg/ha N steigen dann insbesondere bei Winterroggen infolge

Tabelle 2
Preise für Getreideprotein bei unterschiedlichen N-Düngungsstufen (aufgegliedert nach Bodengruppen unter Berücksichtigung des Ausbringungsverfahrens für die 2. N-Stufe)

Bodengruppe	N-Stufen	M/kg Rohprotein 1. u. 2. Teilgabe mit Bodengerät	1. Teilgabe m. Bodengerät 2. Teilgabe m. Flugzeug
S, Sl	55– 95	0	0,04
	95–135	1,04	1,69
	135–175	6,11	6,97
lS, sL	55– 95	0	0
	95–135	0,92	1,09
	135–175	2,36	3,07
L, T	55– 95	0	0
	95–135	1,07	1,27
	135–175	9,02	10,64
Schwarzerde	55– 95	0,16	0,27
	95–135	1,75	1,98
	135–175	11,00	12,13

der geringen Zunahme des Rohproteingehaltes die Kosten sehr stark an. Bei Weizen hingegen sind die Kosten für 1 kg Rohprotein in diesem Bereich fast um eine Zehnerpotenz geringer.

Eine Aufgliederung nach Bodenarten zeigt, daß das Rohprotein am kostengünstigsten auf lehmigen Sand- bis sandigen Lehmböden, also auf den besseren leichten bis mittleren Böden produziert wird (Tab. 2).

Nach diesen Ergebnissen erscheint es zweckmäßig, wenn die preisliche Bewertung der Qualität erst von einem bestimmten Rohproteingehalt ab einsetzt, der etwa bei 80–90 kg N erreicht wird. Dieser Gehalt würde für Winterroggen und -weizen 11%, für Wintergerste 11,5% betragen. Auf eine Differenzierung nach Bodenart und Klima wird bei diesen Angaben verzichtet. Die sich aus den Boden- und Klimaverhältnissen für die Betriebe ergebenden Vor- und Nachteile sind gegenüber den sich aus den gleichen Gründen ergebenden Ertragsdifferenzen gering.

Den in Tabelle 1 genannten Kosten für 1 kg Rohprotein im Bereich 95–135 kg N stehen Zunahmen des Rohproteingehaltes in Höhe von 1,3 bei Winterweizen, 0,9 bei Winterroggen und 1,6% (abs.) bei Wintergerste gegenüber. Bei einem Preiszuschlag von 0,10 M/dt für eine Zunahme des Rohproteingehaltes von 0,1% sind bei Winterweizen und Wintergerste die Kosten gedeckt.

Bei der Berechnung der optimalen N-Gabe mit einem vom Rohproteingehalt abhängigen Preiszuschlag wurden die Mehrerntekosten sowie die erhöhten Kosten für die Unterteilung der N-Gabe oberhalb 55 kg/ha N berücksichtigt (Tab. 3).

Zuschläge in Höhe von 0,05, 0,10 und 0,20 M je dt für 0,1% Rohproteinzunahme bewirken einen Anstieg der N-Optimalgabe um 10 bis 20 kg/ha N (Tab. 4.). Eine Ausnahme bildet lediglich der Roggen auf Schwarzerde. Die in Abhängigkeit von der Rohproteingehaltszunahme allmählich einsetzende

Tabelle 3

Berechnung der optimalen N-Gabe zu Getreide unter Berücksichtigung des Rohproteingehaltes – Winterweizen (lS, sL)

N-Stufe	Ertrag dt/ha	Preisvorschlag M/dt [1])	RP %	Erlös minus Kosten für Düngung und Mehrernte M/ha
85	43,20	35,20	11,2	1191
95	44,24	35,60	11,6	1222
105	45,11	36,00	12,0	1250
115	45,79	36,30	12,3	1268
125	46,29	36,60	12,6	1281
135	46,61	36,90	12,9	1289
145	46,75	37,20	13,2	1292
155	46,71	37,40	13,4	1286
165	46,49	37,60	13,6	1274
175	46,08	37,80	13,8	1256

N-Optimalgabe mit konstantem Preis 117,5 kg/ha

[1]) 0,10 M/0,1% Rohproteinzunahme oberhalb eines Basisgehaltes von 11%.

Tabelle 4

N-Optimalgaben zu Winterroggen, Winterweizen und Wintergerste bei verschiedenen Preisen in Abhängigkeit von Klima und Boden (kg/ha N)

Preis M/dt		W-Roggen lS, sL	W-Roggen Schwarzerde	W-Weizen lS, sL	W-Weizen Schwarzerde	W-Gerste lS, sL	W-Gerste Schwarzerde
Grundpreis (40; 35; 33)		120	70	120	80	130	75
+ 0,05 M	Zuschlag je	125	65	135	105	145	115
+ 0,10 M	dt für 0,1%	135	65	145	115	165	125
+ 0,20 M	Rohprotein-zunahme*	145	65	155	135 –	175	145 –

* bei W-Roggen u. W-Weizen ab 11%; bei W-Gerste ab 11,5%

\+ = Maximalertrag wurde nicht erreicht

– = Ertragsdepression ≧ 0,5 dt/ha

Preiserhöhung vermag den raschen Anstieg der Kosten nicht zu kompensieren. Es wird in allen Fällen praktisch die gleiche N-Optimalgabe. gefunden wie bei Optimierung mit einem nicht qualitätsgestaffelten Grundpreis.

Eine kontinuierliche Preisstaffelung führt auf den leichten Böden zu einer weitgehenden Ausschöpfung des Ertragspotentials. Auf Schwarzerde sind beim höchsten Zuschlag von 0,20 M/dt je 0,1% Rohproteinzunahme bei Weizen und Gerste sogar N-Optimalgaben, die zu Ertragsdepressionen über 0,5 dt/ha führen, zu verzeichnen. Wie am Beispiel des Winterweizens gezeigt wird, beeinflußt eine Anhebung des Grundpreises für Betriebe mit der Hauptproduktionsrichtung Getreide die Höhe der optimalen N-Gabe nicht.

Aus den Berechnungen lassen sich folgende Schlußfolgerungen ziehen: Für die Ausschöpfung der möglichen Proteinerzeugung über Getreide ist eine preisliche

Bewertung des Rohproteingehaltes erforderlich. Mit Hilfe von Preiszuschlägen in Abhängigkeit vom Rohproteingehalt läßt sich die Höhe der optimalen N-Gabe variieren und dem möglichen Stickstoffeinsatz anpassen.
Es ist deshalb erforderlich, in Zusammenarbeit mit dem Staatlichen Komitee für Erfassung und Verarbeitung sowie dem Institut für Agrarökonomik beim Ministerium für LFN und dem Institut für Getreideforschung Bernburg die aufgezeigten Möglichkeiten und Kalkulationen als Vorschläge zur Bewertung des Rohproteins und für die Entwicklung qualitätsabhängiger Preise zu nutzen. Qualitätsabhängige Preise werden auch die Optimierung der N-Gaben im fruchtartenspezifischen Teilmodell zur Berücksichtigung der Qualität im Modell für das Düngungssystem ermöglichen. Die hier ausschließlich aus der Sicht des Getreideproduzenten geführten Kostenberechnungen für die Produktion von Eiweiß über Getreide sowie die Preisvergleiche mit Sojaprotein sind durch Kalkulationen mit nichtsubventionierten Preisen aus volkswirtschaftlicher Sicht zu ergänzen.
Im Bereich der Getreidewirtschaft sind Schnellmethoden zur Bestimmung des Rohproteins einzuführen und die Voraussetzungen für die Lagerung des Getreides nach Qualitätsklassen zu schaffen.

Zusammenfassung

Aus einem Preisvergleich mit Sojaprotein unter Berücksichtigung der biologischen Wertigkeit sowie aus den Kosten für die Erzeugung von 1 kg Rohprotein über Winterroggen, -weizen und -gerste werden Kalkulationen zur preislichen Bewertung des Rohproteingehaltes bei Getreide durchgeführt. Anhand von Optimierungsrechnungen mit unterschiedlichen Zuschlägen für einen höheren Rohproteingehalt wird die Auswirkung von Preiszuschlägen auf die Höhe der optimalen N-Gabe gezeigt. Für die Optimierung der Stickstoffgaben mittels EDV im Teilmodell zur Berücksichtigung der Qualität der Ernteprodukte im Modell für das Düngungssystem werden Preiszuschläge in Abhängigkeit vom Rohproteingehalt empfohlen.

Резюме

На основе сопоставления протеина зерна с ценами на протеин сои, при учёте его биологической ценности, а также на основе затрат на производство 1 кг сырого протеина озимой ржи и пшеницы, а также озимого ячменя проводятся калькуляции для денежной оценки содержания сырого протеина в зерне. С помощью расчётов оптимирования с различными доплатами за более высокое содержание сырого протеина, показывается влияние денежных надбавок на размер оптимальной дозы азота. Для оптимизации доз азота с помощью ЭВМ в подмодели, которая необходима для учёта качества урожая в модели системы применения удобрений, рекомендуются денежные надбавки, в зависимости от содержания сырого протеина.

Summary

Calculations to price grains according to their crude protein content are based on a price comparison with soybean protein, with due consideration of the biological valence, and on the costs for the production of 1 kg crude protein via winter rye, winter wheat, and winter barley. Optimization calculations with different additional charges for a higher crude protein content demonstrate the effect of additional charges on the level of the optimal nitrogen dose. Additional charges depending on the crude protein content are recommended for the optimization of nitrogen doses by means of electronic data processing in the partial model in order to consider the quality of the harvested crop in the model for the system of fertilization.

Anschrift der Verfasser:
Dr. sc. KLAUS EBERT, Dr. habil. GÜNTER RINNO
Institut für Düngungsforschung Leipzig–Potsdam,
Bereich Potsdam,
der Akademie der Landwirtschaftswissenschaften
der Deutschen Demokratischen Republik
15 Potsdam, Templiner Straße 21

Tag.-Ber. Akad. Landwirtsch.-Wiss. DDR · Nr. 119 · 1972 · S. 253–255

Aus der Sektion Pflanzenproduktion der Martin-Luther-Universität Halle-Wittenberg

Arnulf Banneick, Hermann Stumpe und Hans-Joachim Wicke

Wirkung der N-Spätdüngung auf Ertrag und Rohproteingehalt des Getreides in Abhängigkeit von anderen Intensivierungsmaßnahmen

Während über die grundsätzliche Wirkung einer späten N-Düngung bereits viele Ergebnisse vorliegen, gibt es noch wenig Befunde über Wechselbeziehungen zu anderen Intensivierungsmaßnahmen. In Abstimmung mit der Arbeitsgemeinschaft „N-Spätdüngung des Getreides" der AdL wurden deshalb entsprechende Feldversuche von der Sektion Pflanzenproduktion der Martin-Luther-Universität auf den Forschungsstützpunkten Seehausen (Kreis Leipzig), Noitzsch (Kreis Eilenburg), Versuchsfeld Halle und in landwirtschaftlichen Produktionsgenossenschaften des Kreises Köthen durchgeführt. Im folgenden wird über Ergebnisse des Erntejahres 1970 berichtet.

1. Vorfrucht

Der Eiweißgehalt von Winterweizen nahm unabhängig von der Vorfrucht (Luzerne, Kartoffeln, Mais, Getreide) bis zur höchsten geprüften Stickstoffmenge von 180 kg/ha zu. Diese Anreicherung war so stark, daß der Eiweißertrag in der Regel auch dann anstieg, wenn der Kornertrag zurückging. Eine Teilung der Stickstoffgabe förderte unabhängig von der Vorfrucht den Eiweißgehalt und in den meisten Fällen auch den Eiweißertrag. Als besonders erfolgreich erwies sich die späte Stickstoffdüngung, wenn das Getreide nach ungünstigen Vorfrüchten stand.

2. Bewässerung

Wechselbeziehungen zwischen der Wirkung einer späten Stickstoffdüngung und der Beregnung traten im Jahre 1970 nicht auf. Der Erfolg der zusätzlichen Stickstoffgabe wurde also durch Bewässerung weder erhöht noch eingeschränkt. Die in einigen Fällen beobachtete Minderung des Rohproteingehaltes um etwa 1% auf beregneten Parzellen läßt sich mit einem Verdünnungseffekt erklären, denn die Bewässerung führte insbesondere auf leichten Böden zu einer Steigerung der Korn- und vor allem der Stroherträge.

3. Krumentiefe

Eine im Verlauf von neun Versuchsjahren auf 35 cm vertiefte Krume bewirkte eine Zunahme des Kornertrages und eine Verminderung des Rohproteingehaltes von Winterweizen. Auch hier lag demnach ein Verdünnungseffekt vor.

4. Höhe der N-Düngung

Je höher die Stickstoffgrunddüngung zu Vegetationsbeginn bemessen wurde oder je größere Mengen organischer Stoffe (Stalldung, Gülle, Hühnerkot) zur Vorfrucht verabreicht worden waren, um so weniger förderte die späte Stickstoffdüngung Ertrag und Rohproteingehalt. In extremen Fällen blieb ihre Wirkung gänzlich aus.

4.1. Teilung der späten Stickstoffgabe

Eine Teilung der späten Stickstoffdüngung (80 kg/ha) in zwei bis vier Einzelgaben, die im Zeitraum zwischen 40 cm Wuchshöhe und Blühende verabreicht wurden, erhöhte den Effekt gegenüber der einmaligen Gabe nicht.

5. CCC-Einsatz

Die Applikation von CCC hatte keinen Einfluß auf Richtung und Ausmaß der Spätstickstoffdüngungswirkung.

6. Sorten

Aus den Sortenprüfungen konnten bislang nur andeutungsweise sortentypische Reaktionen auf die N-Spätdüngung abgeleitet werden.

Zusammenfassung

Es wird über die Ergebnisse von Feldversuchen mit Winter- und Sommergetreide auf verschiedenen Standorten im Raum Halle-Leipzig (schwere und leichte Böden) berichtet. Bei folgenden Anbaufaktoren ist im Erntejahr 1970 die Kombinationswirkung mit Stickstoff-Spätdüngungsgaben geprüft worden: Vorfrucht, Beregnung, Krumentiefe, Höhe der Stickstoff-Grunddüngung sowie

Verabreichung organischer Düngung zur Vorfrucht, Teilung der späten Stickstoffgaben, CCC-Einsatz, Sorteneinfluß.

Резюме

Сообщается о результатах полевых опытов с озимыми и яровыми зерновыми, проведенных на различных местах произрастания в районе городов Галле и Лейпциг (тяжелые и легкие почвы). С учетом следующих факторов в 1970 г. проверялось комбинационное действие с поздним внесением доз азота: предшественник, полив дождеванием, глубина пахотного слоя, уровень основного азотного удобрения, а также внесение органического удобрения под предшественник, дробление поздних доз азотных удобрений, применение ССС, влияние сортов.

Summary

A report is given of the results of field experiments with winter and spring grains on various sites of the Halle-Leipzig area (heavy and light soils). With the following factors the combining effect with late additional nitrogen top dressing was tested in the 1970 crop: preceding crop, sprinkler irrigation, depth of topsoil, level of nitrogen basic fertilization and application of organic manures to the preceding crop, splitting up of the late nitrogen doses, use of CCC, and varietal effect.

Anschriften der Verfasser:

Dr. Arnulf Banneick, Dozent Dr. habil. Hans-Joachim Wicke
Sektion Pflanzenproduktion – Lehrkollektiv Getreideproduktion – der Martin-Luther-Universität Halle-Wittenberg
402 Halle/Saale, Ludwig-Wucherer-Straße 79

Dr. Hermann Stumpe
Sektion Pflanzenproduktion – Lehrstuhl Ackerbau (Düngung) – der Martin-Luther-Universität Halle-Wittenberg
402 Halle/Saale, Julius-Kühn-Straße 24–32

Tag.-Ber. Akad. Landwirtsch.-Wiss. DDR · Nr. 119 · 1972 · S. 257–265

Institut für Düngungsforschung Leipzig–Potsdam, Bereich Potsdam,
der Akademie der Landwirtschaftswissenschaften
der Deutschen Demokratischen Republik

GÜNTER RINNO und KLAUS EBERT

Einfluß der N-Düngung auf den Gehalt an Lysin, Tryptophan, Methionin und Cystin im Rohprotein verschiedener Winterweizensorten

Um den Futter- bzw. Nahrungswert eines Getreides zu steigern, ist neben der Erhöhung des Rohproteingehaltes die Zusammensetzung des Proteins von großer Bedeutung. Insbesondere die Aminosäuren Lysin und Methionin sind im Getreideprotein in wesentlich geringerem Anteil vorhanden, als es zur Synthese des tierischen Proteins notwendig wäre. Bei den Bemühungen der Züchtung sowie des Acker- und Pflanzenbaues um die Verbesserung des Futterwertes von Getreide ließen die bisherigen Ergebnisse vermuten, daß der Rohproteingehalt durch Züchtungsmaßnahmen wenig, durch Düngungsmaßnahmen sowie Einflüsse von Boden und Klima dagegen stark beeinflußt wird (PLEŠKOV et al., 1965). Die Zusammensetzung des Aminosäuremusters im Protein ist dagegen eher züchterisch modifizierbar, während sie durch Düngungs- und Anbaumaßnahmen nur insofern beeinflußt werden kann, als das Verhältnis zwischen Konstitutions- und Speichereiweißen verändert wird (EWALD et al., 1967; VÖLKER, 1969). Eine derartige Veränderung eines Aminosäuremusters des Speichereiweißes würde vor allem bei hoher bzw. später N-Düngung erkennbar werden (JANICKI et al., 1967; KLUPCZYNSKI, 1967). Ob mittels Züchtungsmaßnahmen die Ausnutzung hoher N-Gaben durch Getreide modifiziert werden kann, ist bisher wenig untersucht worden. Es wurden deshalb mit Unterstützung des Instituts für Getreideforschung Bernburg-Hadmersleben der AdL Untersuchungen zu dieser Problematik angelegt, über deren Ergebnisse berichtet werden soll.

1. Versuchsmaterial

22 Winterweizensorten wurden 1970 auf zwei Standorten angebaut und mit Stickstoffgaben von 80 bzw. 180 kg N/ha – ohne Anwendung von CCC – gedüngt. Es wurden 80 kg N/ha vor Vegetationsbeginn und in den Varianten mit N-Spätdüngung 100 kg N bei etwa 40 cm Wuchshöhe gegeben.

Standort A:

SL 4 D; Bodenwertzahl 49, Niederschlag 460 mm, Jahrestemperatur 8 °C.

Standort B:

LT 5 V; Bodenwertzahl 44, Niederschlag 645 mm, Jahrestemperatur 7,5 °C.

Die Gefäßversuche wurden mit einem Sandboden in der Vegetationsstation Potsdam durchgeführt.
Es wurden 12 Winterweizensorten bzw. -stämme mit folgenden N-Düngungsvarianten geprüft:
N-Grunddüngung: Alle Gefäße 1 g N
N-Spätdüngung: 1. 0
2. 1 g N beim Schossen
3. 1 g N beim Ährenschieben
4. 1 g N beim Schossen
1 g N beim Ährenschieben

2. Ergebnisse und Diskussion

Durch Erhöhung der N-Düngung von 80 auf 180 kg/ha wird der Rohproteingehalt bei allen Sorten auf dem Standort B erheblich gesteigert, während der Ertrag nur wenig zunimmt, auf dem Standort A sinkt dagegen bei 15 von 22 Sorten der Rohproteingehalt, während der Ertrag stark steigt (Tab. 1). Daraus ist zu schließen, daß 1970 am Standort B günstige Bedingungen für die Ertragsbildung geherrscht haben, so daß bereits mit 80 kg N/ha ein Ertragsniveau von 50 dt/ha erreicht wurde. Das entspricht bei einem durchschnittlichen Rohproteingehalt von 11% einer N-Aufnahme von etwa 96 kg/ha. Durch eine Erhöhung der N-Düngung um 100 kg/ha werden das Ertragsniveau um etwa 7 dt/ha und der Rohproteingehalt der Körner um 2,5% gesteigert und damit etwa 38 kg N/ha mehr aufgenommen.
Im Standort A wird mit 80 kg N/ha ein Ertragsniveau von etwa 37 dt/ha, jedoch mit einem wesentlich höheren Rohproteingehalt (etwa 15%) erreicht, so daß annähernd 97 kg N/ha entzogen werden. Die Erhöhung der N-Düngung ergibt einen Mehrertrag von etwa 15 dt/ha bei einer Abnahme des Rohproteingehaltes um im Mittel 0,6%. Daraus ergibt sich, daß von der Variante mit 100 kg N-Spätdüngung ebenfalls etwa 38 kg/ha mehr aufgenommen wurden.
Trotz insgesamt annähernd gleicher N-Aufnahme an beiden Standorten ist auf Standort A mit 80 kg N zu Vegetationsbeginn die N-Versorgung während der Hauptbedarfszeit für die Ertragsbildung ungenügend gewesen.
Die N-Spätdüngung zu Beginn des Schossens konnte daher den Ertrag erheblich erhöhen, später erfolgte dann vermutlich eine starke N-Mobilisation im Boden, die sich zwar nicht mehr ertraglich auswirken konnte, jedoch sogar auf der nicht spät gedüngten Variante den Rohproteingehalt stark ansteigen ließ. Infolge des starken Ertragsanstieges wird mehr Konstitutionseiweiß gebildet, das gegenüber der nicht spät gedüngten Variante überwiegend lysin-, methionin- und cystinreicher ist (Tab. 1, 2 und 3).
Im Standort B wird durch die hohe N-Spätdüngung beim Schossen der Ertrag weniger, der Rohproteingehalt stark erhöht. Es bildet sich Reserveeiweiß, das überwiegend lysinärmer ist (Tab. 1). Der Tryptophangehalt wird durch die

Tabelle 1

Einfluß der N-Düngung auf den Rohproteingehalt und den Anteil einiger Aminosäuren am Rohprotein bei einigen Winterweizensorten beim Anbau auf 2 Standorten (A und B)

Sorte	kg N/ha	% Rohprotein A	% Rohprotein B	g in 16 g N** Tryptophan A	Tryptophan B	Lysin* A	Lysin* B	Cystin A	Cystin B	Methionin A	Methionin B
'Fanal'	80	14,9	10,3	0,97	1,12	1,50	1,76	1,81	2,42	1,41	1,03
	180	14,6	12,0	0,97	1,03 –	1,65 +	2,50	1,27	2,14 ×	0,59	0,95 –
'Pilot'	80	15,3	9,9	0,92	1,20	1,37	2,24	1,99	2,60	0,91	2,27
	180	16,8 +	12,7	0,83 –	1,03 –	0,98	1,78 –	2,48 +	2,54	1,33 +	1,99 –
Stamm 33	80	14,7	10,8	0,98	1,07	1,03	2,33	2,72	2,41	1,23	1,38
	180	14,5	12,6	0,95	1,02	1,24 +	1,32 –	2,97 +	2,26 –	2,45 +	1,27 –
'Besostaja I' UdSSR	80	14,9	10,9	0,92	1,12	1,05	1,90	2,66	2,22	1,78	2,19
	180	14,5	13,6	0,86 –	0,95 –	1,12 +	1,79 –	3,07 +	1,82 –	2,73 +	1,98 –
'Carest'	80	15,1	10,8	0,98	1,14	2,03	1,91	2,28	3,25	1,93	2,14
	180	15,5 +	14,1	0,94	1,03 –	1,73 –	1,60 –	2,40 +	2,74 –	2,03 +	1,76 –

* verwertbares Lysin nach mod. Karpenter

** alle Werte sind auf einen Trockensubstanzgehalt von 93% bezogen

Tabelle 2

Einfluß der N-Düngung auf die Aminosäurezusammensetzung im Korn einiger Winterweizensorten (Standort A)

Sorte	kg N/ha	Rohprotein %	g in 16 g N* Tryptophan	Lysin	Cystin	Methionin
'Poros'	80	16,0	0,97	1,24	3,11	0,93
	180	14,6 –	1,04	1,57 +	2,83 –	1,89 +
'Delphin'	80	14,7	0,86	1,30	2,76	1,13
	180	13,9 –	0,90	2,13 +	2,34 –	1,65 +
Stamm 17	80	14,5	0,92	1,01	2,78	1,85
	180	14,7	0,91	1,63 +	1,97 –	1,24 –
Stamm 62	80	15,5	0,94	1,49	3,19	1,52
	180	14,3 –	0,95	1,55	3,73 +	1,90 +
Stamm 81/64	80	13,5	0,91	1,34	2,14	2,06
	180	13,9 +	0,88	1,55 +	3,21 +	2,11
'Felix'	80	14,2	0,95	1,04	3,14	2,10
	180	13,6 –	0,96	1,09	2,41 –	2,25 +
'Ibis'	80	14,8	0,90	1,38	2,18	2,88
	180	14,0 –	0,89	1,14 –	3,45 +	3,13 +
'Jubilar'	80	14,5	0,89	1,55	2,86	1,92
	180	13,4 –	0,91	1,54	3,16 +	2,01 +

* bezogen auf 7% Wassergehalt

Tabelle 3

Einfluß der N-Düngung auf die Aminosäurezusammensetzung im Korn von Winterweizensorten (Standort A)

Sorte	kg N/ha	Rohprotein %	g in 16 g N* Tryptophan	Lysin	Cystin	Methionin
'Meister'	80	14,7	0,91	1,23	3,36	2,04
	180	13,6 –	0,95	1,34 +	3,41 +	2,21 +
'Hanno'	80	14,5	0,96	1,65	3,08	1,79
	180	13,8 –	0,96	1,32 –	2,65 –	1,55 –
'Marco'	80	15,0	0,94	1,35	3,19	1,66
	180	14,1 –	0,93	1,67 +	4,65 +	3,14 +
'Norda'	80	14,8	0,90	1,55	3,29	2,68
	180	14,4 –	0,94	2,32 +	3,48 +	2,88
'Cama'	80	15,3	0,93	1,06	3,01	1,85
	180	14,7 –	0,96	1,15 +	3,20 +	2,07 +
'Mina'	80	14,2	0,98	1,29	4,14	1,37
	180	14,0	0,92	1,84 +	3,93	1,28
'Froncest'	80	15,4	1,00	1,70	3,40	1,77
	180	14,2 –	0,97	1,61 –	3,39	1,44
'Geimes'	80	13,3	0,98	1,64		
USA	180	12,3 –	1,00	1,72 +		
'Aurora'	80	16,8	0,84	1,66		
UdSSR	180	16,3 –	0,90	1,61		

bezogen auf 7% Wassergehalt

erhöhte N-Spätdüngung relativ wenig verändert mit der Tendenz zu einer Abnahme. Das Niveau des Tryptophangehaltes ist in den Proben von Standort B jedoch um 10–15% höher als in denen von Standort A. Der Methionin- und Cystingehalt ist in den Proben von Standort A ebenfalls überwiegend erhöht worden. Diese Veränderungen sind bei den meisten geprüften Sorten eingetreten (Tab. 2 und 3). Von besonderem Interesse sind naturgemäß einzelne positive Abweichungen von diesen generellen Beziehungen. Hervorzuheben ist die starke Zunahme im Lysingehalt der Sorte 'Fanal' im Standort B trotz starker Erhöhung des Rohproteingehaltes. Es kann daraus auf eine veränderte Zusammensetzung des Speichereiweißes geschlossen werden. FAUST (1965) weist auf den sortenabhängigen Einbau der N-Spätdüngung in die Prolamin- bzw. Glutelinfraktion hin. Auch die Sorten 'Delphin', 'Marco' und 'Norda' weisen hohe Gehalte an verwertbarem Lysin, an Cystin und Methionin bei erhöhter N-Spätdüngung auf.

Der höchste Kornertrag ohne N-Spätdüngung wird im Gefäßversuch von der Sorte 'Fakir' erreicht (Tab. 4). Bei dieser Sorte steigt als einziger der Ertrag durch die N-Spätdüngung beim Schossen erheblich an, durch diejenige beim Ährenschieben jedoch noch stärker. In beiden Düngungsstufen wird ebenfalls der höchste Ertrag unter den geprüften Stämmen erreicht. Düngt man je 1 g N zum Schossen und zum Ährenschieben, so steigt der Ertrag ebenfalls nur bei diesem Stamm weiter, und zwar erheblich. Bei den übrigen Sorten und Stämmen steigt der Kornertrag durch die N-Spätdüngung beim Ährenschieben stärker als durch diejenige, die beim Schossen gegeben wurde (Tab. 4). Bei einigen Stämmen wie 13, 97, 95, 45 und 81 sinken die Erträge durch die N-Spätdüngung beim Schossen sogar unter die Variante ohne N-Spätdüngung. Dasselbe trifft für die Sorte 'Delphin' und den Stamm 818 zu, die insgesamt etwa 25% geringere Erträge bei starkem Mehltaubefall (Bonitur 4) aufwiesen. Im Gefäßversuch führt bei reichlicher N-Grunddüngung eine beim Schossen verabfolgte hohe N-Spätdüngung bei den meisten Sorten zu Ertragsdepressionen. Die N-Spätdüngung beim Ährenschieben bewirkt dagegen meist einen erheblichen Ertragsanstieg, wobei der Rohproteingehalt wechselnd beeinflußt wird.

Da die meisten Sorten bereits die N-Spätdüngung beim Schossen nicht verarbeiten konnten, führte eine weitere N-Gabe beim Ährenschieben zu einer verstärkten Ertragsdepression verbunden mit einem wesentlichen Anstieg des Rohproteingehaltes. Von dieser zusätzlichen zweiten Spätdüngung (1 g N) wurde dabei im Mittel etwa 0,2 g aufgenommen. Lediglich die Sorte 'Fakir' konnte die zweimalige hohe N-Spätdüngung produktiv verwenden und einen hohen Ertrag und Rohproteingehalt erzielen, wobei von der zweiten Spätgabe etwa 0,8 g aufgenommen wurden.

Der Rohproteingehalt steigt im Gefäßversuch durch die späte N-Düngung sehr stark an. Die Gehalte an verwertbarem Lysin liegen in derselben Größenordnung wie im Feldversuch. Sie nehmen mit steigendem Rohproteingehalt ab. Das Ausmaß der Abnahme ist vom Ertragsverlauf abhängig. Steigt der Ertrag infolge der N-Düngung an – wie bei der Sorte 'Fakir' –, so ist die Ab-

Tabelle 4

Einfluß einer späten N-Düngung auf den Lysingehalt im Winterweizenprotein bei einer N-Grunddüngung von 1 g/Gefäß (bezogen auf Trockenmasse)

Sorte	1 g N-Spätdüngung/Gefäß bei 40 cm Höhe	bei Beginn d. Ährenschiebens	Korn-Ertrag g/Gefäß	Rohprotein %	g Lysin in 16 g N	Mehltaubefall 0 · · · 4
'Kawkas'	0	0	35,8	13,7	2,51	1
	1	0	40,8	18,5	2,07	
	0	1	46,6 +	19,1	1,93	
	1	1	37,5	19,7	2,06	
'Atlas'	0	0	42,0	13,2	1,83	
	1	0	44,5	18,4	1,68	1
	0	1	50,3 +	17,7	1,83	
	1	1	46,4	19,7	0,92	
'Fakir'	0	0	46,4	11,7	2,43	
	1	0	53,6	16,1	2,26	0
	0	1	56,0	16,4	2,11	
	1	1	66,8 +	18,5	2,04	
Stamm 13	0	0	35,2	10,8	3,39	
	1	0	27,3	14,2	2,66	2
	0	1	43,2 +	15,3	2,40	
	1	1	29,6	16,6	1,86	
Stamm 97	0	0	44,1	11,7	2,46	
	1	0	41,2	17,3	1,71	0–1
	0	1	47,8 +	16,8	2,27	
	1	1	36,5	19,1	1,89	
Stamm 17	0	0	31,4	12,3	2,68	
	1	0	24,7	16,6	1,88	3
	0	1	35,7 +	15,8	2,69	
	1	1	25,6	17,5	2,08	
Stamm 95	0	0	36,9	12,5	2,66	
	1	0	33,2	17,2	2,54	
	0	1	35,5	17,7	2,52	2–3
	1	1	32,4	17,1	2,50	
'Delphin'	0	0	34,2	11,5	2,18	
	1	0	34,2	16,1	2,04	4
	0	1	42,1	16,8	1,57	
	1	1	30,1	16,8	2,10	
Stamm 818	0	0	33,7	11,1	3,48	
	1	0	24,5	15,6	1,84	4
	0	1	36,5	16,9	1,58	
	1	1	24,0	16,6	2,03	

Tabelle 4 (Fortsetzung)

Sorte	1 g N-Spätdüngung/Gefäß bei 40 cm Höhe	bei Beginn d. Ährenschiebens	Korn-Ertrag g/Gefäß	Rohprotein %	g Lysin in 16 g N	Mehltaubefall 0 ... 4
Stamm 16	0	0	41,1	11,1	2,89	
	1	0	42,2	16,3	2,30	2–3
	0	1	40,7	17,7	1,99	
	1	1	33,2	18,2	1,93	
Stamm 45	0	0	46,1	11,0	2,73	
	1	0	45,0	14,9	2,48	0–1
	0	1	49,4	16,1	2,36	
	1	1	41,3	17,2	2,23	
Stamm 81	0	0	42,6	10,5	2,98	
	1	0	37,7	14,9	2,76	0–1
	0	1	37,8	16,8	2,18	
	1	1	40,1	17,4	2,22	

nahme relativ gering (um etwa 15%); fällt er jedoch – wie beim Stamm 13 –, so ist die Abnahme erheblich (um etwa 45%). Es ist demnach bei den im Gefäßversuch geprüften Stämmen keine abweichende Zusammensetzung der Speichereiweiße angedeutet.

3. Schlußfolgerungen

Die Höhe und zeitliche Verteilung der N-Düngung wirkt sich auf den Standorten unterschiedlich auf die Eiweißqualität aus. Die Ursache liegt in der unterschiedlichen Auswirkung der N-Versorgung auf Ertrag und Rohproteingehalt, die zu einem wechselnden Verhältnis von Konstitutions- zu Reserveeiweiß führt.

Wie die Veränderungen des Lysin-, Methionin- und Cystingehaltes in Abhängigkeit vom Rohproteingehalt zeigen, bestehen in dem geprüften Weizensortiment – mit einer Ausnahme – keine Unterschiede in der Zusammensetzung des Reserveeiweißes. Die Sorte 'Fanal' zeigt bei hoher Zunahme des Rohproteingehaltes eine Erhöhung des Lysingehaltes am Rohprotein. Bis auf das noch zu sichernde Ergebnis bei der Sorte 'Fanal' ergeben sich keine Ansatzpunkte, die eine Verbesserung der Aminosäurezusammensetzung des Reserveeiweißes durch Züchtung innerhalb der geprüften Sorten und Stämme andeuten. Die produktive Verwertung hoher N-Gaben durch die Sorte 'Fakir' weist auf die möglichen Verbesserungen des Sortiments durch Züchtung hin.

Zusammenfassung

Feldversuche mit hoher N-Spätdüngung zu verschiedenen Winterweizensorten zeigten, daß der Anteil der Aminosäuren Lysin, Methionin und Cystin am Protein des Weizenkornes mit zunehmendem Rohproteingehalt abnimmt. Bei der Sorte 'Fanal' dagegen stieg der Lysingehalt trotz stark zunehmenden Rohproteingehaltes an. Auf einem Standort mit geringer N-Mobilisierung im April und Mai wurde durch N-Spätdüngung zur Zeit des Schossens der Ertrag stark erhöht. Die damit verbundene Senkung des Rohproteingehaltes führte zu einer Erhöhung des Lysin-, Cystin- und Methioningehaltes. Der Tryptophangehalt wurde dagegen kaum verändert. In einem Gefäßversuch zeigten verschiedene Winterweizensorten und -stämme erhebliche Unterschiede in der Fähigkeit, hohe N-Gaben produktiv zu verwerten. Weitaus am besten schnitt dabei die Sorte 'Fakir' ab. Der Lysingehalt des Proteins nahm allgemein mit steigendem Rohproteingehalt ab, jedoch umso weniger, je mehr der Ertrag je Gefäß durch die N-Düngung gleichzeitig gesteigert wurde.

Резюме

Полевые опыты с внесением высоких доз поздних азотных удобрений под различные сорта озимой пшеницы показали, что с увеличением содержания сырого протеина доля лизина, метионина и цистина в протеине уменьшалась. Однако, у сорта Фаналь содержание лизина увеличивалось несмотря на значительный рост содержания сырого протеина. На почве с низкой мобилизацией азота в мае и апреле поздняя азотная подкормка к моменту выхода в трубку приводит к сильному увеличению урожайности. Связанное с этим снижение содержания сырого протеина привело к увеличению содержания лизина, цистина, и метионина, а содержание триптофана почти не изменилось. В вегетационном опыте различные сорта и штаммы озимой пшеницы проявили значительные различия в способности продуктивно использовать высокие доза азота. Наилучшие показатели были получены по сорту Факир. Содержание лизина в протеине в целом снижалось с увеличением содержания сырого протеина, однако тем меньше, чем больше одновременно увеличивается урожайность на один сосуд за счет азотного удобрения.

Summary

Field experiments with heavy nitrogen top dressing of various winter wheat varieties showed that the share of the amino acids lysine, methionine, and cystine in the wheat grain protein declines as the crude protein content goes up. With the 'Fanal' variety, however, the lysine content went up in spite of the strongly increasing crude protein content. On a site with poor nitrogen mobilization in April and May, the yield was heavily increased by nitrogen top dressing at the time of stem growth. The incident decline of the crude protein content led to increased lysine, cystine, and methionine contents. On the other hand, the tryptophan content was hardly changed. In a pot experiment various winter wheat varieties and strains exhibited considerable differences in their capacities of productively utilizing large amounts of nitrogen fertilizer. By far the best results were obtained with the 'Fakir' variety. The lysine content of the protein generally declined as the crude protein content went up. However, this decline became less pronounced, if the yield per pot was simultaneously increased through nitrogen fertilization.

Literatur

EWALD, E.; WENZEL, G.: Einfluß der N-Düngung auf die Eiweißzusammensetzung und den Aminosäuregehalt des Weizenkorns. Qualitas Plant. Mater. veg., Den Haag 14 (1967), S. 98–104

FAUST, H.: Untersuchungen über Verteilung und Umsatz spät gedüngten Stickstoffs bei *Triticum aestivum* L. und *Hordeum vulgare* L. Jena, Habil.-Schr. 1965

JANICKI, J.; KOWALCZYK, J.; RIEWE, J.: Aminosäurezusammensetzung einiger polnischer Weizen- und Roggensorten. Rozn. Technol. i. Chem. Zywnośa 13 (1967), S. 5–15

KLUPCZYNSKI, Z.: Der Einfluß der Stickstoffdüngung auf den Roggen- und Weizenertrag sowie auf den Gehalt und die Zusammensetzung der Eiweißstoffe im Korn. Pamietnik Pulawski 24 (1967), S. 229–250

PLEŠKOV, B. P.; SAVICKAJTE, E. M.: Der Einfluß der Ernährungsbedingungen auf die Aminosäurezusammensetzung des Weizens. Chimija v sel'skochomzjajstve (Moskva) 3 (1965), Nr. 3, S. 8–16

VÖLKER, T.: Zusammensetzung der Proteine von Weizen und Hafer unter Berücksichtigung des Einflusses der Stickstoffdüngung. Berlin, Dt. Akad. Landwirtsch.-Wiss., Diss. 1969

Anschrift der Verfasser:

Dr. habil. GÜNTER RINNO, Dr. sc. KLAUS EBERT
Institut für Düngungsforschung Leipzig – Potsdam,
Bereich Potsdam,
der Akademie der Landwirtschaftswissenschaften
der Deutschen Demokratischen Republik
15 Potsdam, Templiner Straße 21

Tag.-Ber. Akad. Landwirtsch.-Wiss. DDR · Nr. 119 · 1972 · S. 267–275

Forschungszentrum für Bodenfruchtbarkeit Müncheberg
— Zweigstelle Bad Lauchstädt —
der Akademie der Landwirtschaftswissenschaften
der Deutschen Demokratischen Republik

GÜNTER KÜHN

Güllekopfdüngung zu Winterweizen

Mit zunehmender Konzentration der Tierproduktion in größeren Anlagen wird eine sinnvolle Verwertung der einstreulos gewonnenen Exkremente in Gülleform notwendig.
Die in der Gülle enthaltenen großen Mengen an Nährstoffen und organischer Substanz müssen rationell in der Pflanzenproduktion genutzt werden, zumal der Nährstoffbedarf im Hinblick auf Ertragssicherheit und Ertragshöhe auch in den kommenden Jahren nicht ausschließlich über die Zufuhr von Mineraldüngern gedeckt werden kann.
Da die Gülle in den Landwirtschaftsbetrieben kontinuierlich anfällt und die Lagerkapazität aus ökonomischen Gründen nicht ins Übermaß gesteigert werden kann, kommt der Anwendung der Gülle zu den verschiedenen Fruchtarten im Verlauf einer möglichst ganzjährigen Ausbringungsperiode große Bedeutung zu. Neben der wichtigsten Einsatzmöglichkeit als organischer Grunddünger zu Hackfrüchten und nichtlegumen Futterpflanzen wurde in verschiedenen Feldversuchen der Einsatz von Gülle in wachsenden Getreidebeständen untersucht. Da der Winterweizen im Schwarzerdegebiet die größte Anbaufläche innerhalb des Getreides einnimmt und auch die höchsten N-Mengen verwertet, wurden bereits in den Jahren 1966 ... 68 dazu Versuche durchgeführt. So konnte von uns ermittelt werden, daß auch die Kopfdüngung von Winterweizen mit Gülle möglich ist. Sie sollte etwas später als zu Futterroggen durchgeführt werden, aber nach unseren Beobachtungen Ende April beendet sein, da sonst die Tankfahrzeuge Schäden im wachsenden Bestand verursachen.
In 2 Versuchsjahren lieferte die Gülle gesicherte Mehrerträge gegenüber der KAS-Variante, und nur im trockenen Jahr 1967 brachte die mineralische Düngung eine höhere Leistung.
Durchgeführte Bonituren zeigten sehr deutlich, daß die Standfestigkeit bei der mineralisch gedüngten Variante schlechter war als bei der Güllevariante.
Mit Ausnahme des relativ trockenen Sommers 1967, in dem keine Lagerung auftrat, war natürlich die Standfestigkeit allgemein bei den hohen N-Mengen ohne Halmstabilisierungsmittel unzureichend.
In Auswertung der Versuchsergebnisse wurde im Herbst 1969 auf den Standorten Bad Lauchstädt Lö 1 und Trossin D 3/D 4 je ein dreifaktorieller Versuch

mit den Prüffaktoren: Anwendungszeit, Anwendungsmenge und zusätzliche Beregnung angelegt. Das Vorhandensein hochleistungsfähiger neuer Sorten und die Anwendung von CCC veranlaßten uns, noch höhere N-Mengen einzusetzen. Die Ergebnisse dieser dreifaktoriellen Versuche von 1970 wurden getrennt für jeden Standort ausgewertet, da sie teilweise standortspezifische Aussagen erbrachten.
In Tabelle 1 sind die wichtigsten Angaben zur Agrotechnik sowie zu den Aufwandmengen an Pflanzennährstoffen zusammengefaßt. Bei einheitlichen

Tabelle 1

Agrotechnische Angaben sowie Zufuhr an Stickstoff, Phosphor und Kalium bei der Düngung zu Winterweizen 'Orlando' (V 436 Bad Lauchstädt)

Aussaat:	9. 10. 69	207 kg/ha	Düngung Herbst:	2. 10. 69
Ernte:	11. 8. 70		Düngung Frühjahr:	21. 4. 70
Beregnung:	19. 6. 70	20 mm	CCC-Spritzung:	14. 5. 70
	21. 7. 70	20 mm		

	dt/ha	N kg/ha	P kg/ha	K kg/ha
Herbstdüngung				
Var. 1 Rindergülle	333	100	62	190
2 Rindergülle	500	150	71	235
3 Rindergülle	600	200	79	280
4 Kalkammonsalpeter	6,13	150	44	100
Frühjahrsdüngung				
Var. 1 Rindergülle	208	100	56	179
2 Rindergülle	314	150	62	219
3 Rindergülle	416	200	68	258
4 Kalkammonsalpeter	6,13	150	44	100

Stickstoffgaben weichen die Zuführungen an Phosphor und Kalium bei der Herbst- und Frühjahrsdüngung kaum voneinander ab. Alle Varianten haben einheitlich 44 kg/ha P und 100 kg/ha K vor der Bestellung erhalten.
Die Düngemittel bei der Herbstanwendung wurden vor der Saatfurche ausgebracht und einschließlich des Mineral-Stickstoffes in Variante 4 eingepflügt. Die Düngung im Frühjahr erfolgte als Kopfdüngung. In Tabelle 2 sind die Erträge bei Herbst- und Frühjahrsausbringung für die einzelnen Düngungsvarianten unter Berücksichtigung zusätzlicher Wassermengen dargestellt. Als Vergleichsvarianten wurden einheitlich für die Herbst- und Frühjahrsausbringung die mineralisch gedüngten Parzellen gewählt.
Die erzielten Kornerträge können in ihrer Höhe unter den Bedingungen des Jahres 1970 als sehr gut eingeschätzt werden. Durch die CCC-Anwendung zeigte der gesamte Bestand kein Lager.
Der Stickstoff aus der Gülle, der teilweise schnell wirkte und zum anderen als langsam fließende N-Quelle angesehen werden kann, stand den Pflanzen bei optimaler Wasserversorgung kontinuierlich zur Verfügung und bewirkte Erträge von 68 . . . 72 dt/ha. Die Ertragszahlen zeigten aber auch, daß bereits

Tabelle 2

Erträge der Versuchsfrucht Winterweizen, 1970 – Herbst- und Frühjahrsausbringung der Düngemittel
(V 436 Bad Lauchstädt)

	Korn				Rohprotein (Korn)					
	Herbst-ausbringung		Frühjahrs-ausbringung		Herbst-ausbringung			Frühjahrs-ausbringung		
	dt/ha	rel.	dt/ha	rel.	%	dt/ha	rel.	%	dt/ha	rel.
Ohne Beregnung										
100 kg N/ha (Gülle)	68,9	109	68,9	116	11,28	6,69	92	10,95	6,49	94
150 kg N/ha (Gülle)	69,2	110	68,8	116	11,58	6,89	95	11,65	6,90	100
200 kg N/ha (Gülle)	64,7	103	59,2	100	12,55	6,98	96	11,62	5,91	86
150 kg N/ha (mineral.)	64,1	102	59,8	101	12,63	6,96	96	13,15	6,76	98
Mit Beregnung (40 mm)										
100 kg N/ha (Gülle)	69,2	110	70,0	118	13,85	8,24	114	10,63	6,40	93
150 kg N/ha (Gülle)	68,4	108	71,0	120	11,73	6,90	95	11,38	6,95	101
200 kg N/ha (Gülle)	67,1	106	67,9	115	11,60	6,69	92	12,45	7,27	106
150 kg N/ha (mineral.)	63,1	100	59,3	100	13,35	7,25	100	13,50	6,89	100

bei Aufwandmengen von 200 kg N/ha in Form von Gülle bzw. 150 kg/ha in mineralischer Form die Kornerträge eine rückläufige Tendenz aufweisen. Gleichzeitig ist jedoch auch festzustellen, daß bei Anwendung von CCC und durchschnittlichen Wuchshöhen von 95 und 104 cm beachtliche Stroherträge von teilweise über 100 dt/ha erreicht wurden. Bei der Frühjahrsdüngung ist der Abfall der Varianten mit 200 bzw. 150 kg N in mineralischer Form beträchtlich stärker. Das hohe Nährstoffangebot konnte von den Pflanzen nicht mehr in Kornerträge umgesetzt werden. Die zusätzliche Beregnung bei der Frühjahrsausbringung wirkte bei allen Güllevarianten positiv, bei der mineralischen Düngung konnte keine Ertragserhöhung festgestellt werden.
Relativ einheitlich steigen mit zunehmendem N-Aufwand die Rohproteingehalte an. Bedingt durch die unterschiedlichen Ertragsleistungen sind die Gesamterträge jedoch nur gering voneinander abweichend. Der direkte Vergleich der einzelnen Düngungsstufen im Mittel der Anwendungszeit wird, wie in Tabelle 3 zu erkennen ist, ganz deutlich durch die Erzielung von Höchsterträgen bis zur Aufwandmenge von 150 kg/ha in Gülleform bestimmt. Sowohl mit Beregnung als auch ohne Beregnung liefern die beiden ersten Varianten stets die höchsten Korn-, Rohprotein- und z. T. auch Stroherträge. Diese Aussagen können bei einer hohen Sicherung zwischen den einzelnen Varianten getroffen werden. Der Versuch zeigt, daß der Einsatz der Gülle zur Grund- und Kopfdüngung bei Winterweizen bis zu Aufwandmengen von 150 kg N/ha ausreicht, um Höchsterträge zu erzielen. Unter den Produktionsbedingungen des Jahres 1970 lieferte die Beregnung einen nicht gesicherten Mehrertrag von 1,5 dt/ha, der aber nicht ausreicht, um die Aufwendungen von 40 mm Zusatzregen ökonomisch zu rechtfertigen (Tab. 4). Die beregneten Varianten zeigen einen höheren Prozentgehalt an Rohprotein im Korn, während der Roh-

Tabelle 3

Direkter Vergleich der einzelnen Düngungsstufen im Mittel der Anwendungszeit bei Winterweizen, 1970 (V 436 Bad Lauchstädt)

	Korn		Rohprotein (Korn)		Stroh	
	dt/ha	rel.	dt/ha	rel.	dt/ha	rel.
Ohne Beregnung						
100 kg N/ha (Gülle)	68,9	113	6,59	93	85,4	86
150 kg N/ha (Gülle)	69,0	113	6,90	98	93,3	94
200 kg N/ha (Gülle)	62,0	102	6,45	91	99,9	101
150 kg N/ha (mineral.)	62,0	102	6,86	97	92,7	93
Mit Beregnung						
100 kg N/ha (Gülle)	69,6	114	7,32	104	86,8	88
150 kg N/ha (Gülle)	69,7	114	6,93	98	96,4	97
200 kg N/ha (Gülle)	67,5	110	6,98	99	88,0	89
150 kg N/ha (mineral.)	61,2	100	7,07	100	99,2	100
GD 5%	3,8	6				

Tabelle 4

Direkter Vergleich der Wirkung der zusätzlichen Beregnung im Mittel der Düngungsstufen und der Anwendungszeit bei Winterweizen, 1970 (V 436 Bad Lauchstädt)

	Beregnung		ohne Beregnung		GD 5%
	dt/ha	rel.	dt/ha	rel.	rel.
Kornertrag	67,0	100	65,5	98	3
Strohertrag	92,6	100	92,8	100	
Rohprotein Korn	7,07	100	6,70	95	
Rohprotein Stroh	3,20	100	4,00	125	
N-Entzug	165	100	172	104	

proteingehalt des Strohes der unberegneten Varianten 25% über den der beregneten Varianten liegt.

Die Ergebnisse im direkten Vergleich der Anwendungszeit im Mittel der Düngungsstufen und der zusätzlichen Beregnung weisen auf einen statistisch gesicherten geringfügigen Mehrertrag bei der Herbstanwendung der Düngemittel hin (Tab. 5), selbst unter Berücksichtigung der Tatsache, daß auch die mineralisch gedüngten Varianten den Stickstoff bereits im Herbst verabreicht bekamen. Unter Berücksichtigung anderer Versuchsergebnisse kann dadurch die Schlußfolgerung gezogen werden, daß auf sorptionsstarken Böden die Herbstanwendung organischer Düngemittel keinesfalls der Frühjahrsanwendung unterlegen ist und die Auswaschungsverluste selbst für Stickstoff nicht als sehr hoch einzuschätzen sind.

Gleichzeitig konnte damit jedoch auch der Nachweis erbracht werden, daß die Güllekopfdüngung speziell zu Winterweizen eine für viele Betriebe hoch aktuelle Düngungsmaßnahme ist, die bei sachgemäßer Anwendung zu beträchtlichen Steigerungen in der Getreideproduktion führen kann.

Tabelle 5

Direkter Vergleich der Anwendungszeit im Mittel von beregnet und unberegnet und der Düngungsstufen bei Winterweizen, 1970 (V 436 Bad Lauchstädt)

	Herbstanwendung dt/ha	rel.	Frühjahrsanwendung dt/ha	rel.	GD 5% rel.
Kornertrag	66,8	100	65,6	98	2
Strohertrag	95,9	100	89,5	93	
Rohprotein Korn	7,08	100	6,70	95	
Rohprotein Stroh	3,55	100	3,65	103	
N-Entzug	170	100	166	98	

Tabelle 6

Agrotechnische Angaben sowie Zufuhr an Stickstoff, Phosphor und Kalium bei der Düngung zu Winterweizen 'Delphin' (V 436 Trossin)

Aussaat: 10. 11. 69 220 kg/ha — Düngung Herbst: 5. 11. 69
Ernte: 10. 8. 70 — Düngung Frühjahr: 23. 4. 70
Beregnung: 27. 6. 70 25 mm — CCC-Spritzung: 6. 5. 70

	dt/ha	N kg/ha	P kg/ha	K kg/ha
Herbstdüngung				
Var. 1 Rindergülle	282	100	64	206
2 Rindergülle	423	150	74	259
3 Rindergülle	564	200	84	312
4 Kalkammonsalpeter	6,13	150	44	100
Frühjahrsdüngung				
Var. 1 Rindergülle	200	100	62	183
2 Rindergülle	300	150	71	224
3 Rindergülle	400	200	80	266
4 Kalkammonsalpeter	6,13	150	44	100

Parallel zum Versuch in Bad Lauchstädt erfolgte auch eine Prüfung auf dem D 3/D 4-Standort in Trossin, Kr. Torgau, auf Sand-Rosterde (Tab. 6).
Die Erträge (Tab. 7) bei der Ausbringung der Düngemittel im Herbst spiegeln die Sorptionsschwäche und das Ertragsniveau dieses Standortes wider. Die gewählten N-Mengen zeigen bei der Herbstanwendung mit Ausnahme von Variante 1 keine starke Differenzierung in den erzielten Erträgen. Der Einfluß der zusätzlichen Beregnung ist nicht zu erkennen. Im Vergleich zur Frühjahrsausbringung liegen bei fast allen Varianten die Erträge der Herbstausbringung darunter. Auf dem Standort Trossin erreicht Variante 4 mit ausschließlich mineralischer Düngung in Höhe von 150 kg N/ha die höchsten Leistungen. Die Wirkung des Güllestickstoffes bei gleichen Aufwandmengen beträgt gegenüber mineralischem Stickstoff bei der Anwendung im Frühjahr nur 75 . . . 80%. Die Frühjahrsdüngung erzielte bei allen mit Gülle gedüngten Varianten durch die Beregnung einen Mehrertrag von 3 . . . 4 dt/ha. Die erzielten Kornerträge unterstreichen die bereits in den Vorjahren zu anderen Fruchtarten gewonnenen Ergebnisse, daß auf sorptionsschwachen Böden von den im Herbst aus-

Tabelle 7

Erträge der Versuchsfrucht Winterweizen, 1970 – Herbst- und Frühjahrsausbringung der Düngemittel (V 436 Trossin)

	Korn				Rohprotein (Korn)					
	Herbstausbringung		Frühjahrsausbringung		Herbstausbringung			Frühjahrsausbringung		
	dt/ha	rel.	dt/ha	rel.	%	dt/ha	rel.	%	dt/ha	rel.
Ohne Beregnung										
100 kg N/ha (Gülle)	30,0	93	30,4	69	11,70	3,02	83	11,48	3,00	55
150 kg N/ha (Gülle)	31,4	98	33,4	76	12,50	3,38	93	11,48	3,29	60
200 kg N/ha (Gülle)	32,5	101	35,3	80	12,45	3,49	96	11,70	3,56	65
150 kg N/ha (mineral.)	32,1	100	44,7	101	13,65	3,77	104	14,75	5,66	103
Mit Beregnung										
100 kg N/ha (Gülle)	29,4	92	34,0	77	12,05	3,05	84	11,65	3,40	62
150 kg N/ha (Gülle)	32,6	102	36,1	82	12,20	3,42	94	11,85	3,67	67
200 kg N/ha (Gülle)	32,6	102	39,4	89	12,55	3,51	97	12,03	4,08	74
150 kg N/ha (mineral.)	32,1	100	44,1	100	13,10	3,62	100	14,50	5,50	100

gebrachten Düngermengen ein beträchtlicher Teil ausgewaschen wird und den Pflanzen zur Erzielung von Höchsterträgen zu diesem Düngungszeitpunkt bedeutend höhere N-Gaben zu verabreichen sind.

Der höchste Ertrag an Rohprotein wird jeweils auf den mineralisch gedüngten Varianten erzielt und liegt zum Teil bei der Frühjahrsdüngung beträchtlich über den Güllevarianten.

Beim Vergleich der einzelnen Düngungsstufen (Tab. 8) ist auf dem D 3/D 4-Standort selbst bei 200 kg Gülle-N bzw. 150 kg N/ha in mineralischer Form noch keine Ertragsdepression festzustellen. Durch die Beregnung konnte nur

Tabelle 8

Direkter Vergleich der einzelnen Düngungsstufen im Mittel der Anwendungszeit bei Winterweizen, 1970 (V 436 Trossin)

	Korn		Rohprotein (Korn)		Stroh	
	dt/ha	rel.	dt/ha	rel.	dt/ha	rel.
Ohne Beregnung						
100 kg N/ha (Gülle)	30,2	79	3,01	66	34,5	72
150 kg N/ha (Gülle)	32,4	85	3,34	73	37,2	77
200 kg N/ha (Gülle)	33,9	89	3,53	77	40,1	83
150 kg N/ha (mineral.)	38,4	101	4,72	104	45,2	94
Mit Beregnung (25 mm)						
100 kg N/ha (Gülle)	31,7	83	3,23	71	36,2	79
150 kg N/ha (Gülle)	34,4	90	3,55	78	41,8	87
200 kg N/ha (Gülle)	36,0	94	3,80	83	43,4	90
150 kg N/ha (mineral.)	38,1	100	4,56	100	48,2	100
GD 5%		5				

bei den mit Gülle gedüngten Varianten eine Ertragssteigerung nachgewiesen werden, die 1,5 ... 2,1 dt/ha beträgt. Alle Ertragsdifferenzen, die höher als relativ 5 ausgewiesen werden, sind zwischen den einzelnen Varianten signifikant. Auch bei Rohprotein und bei Stroh zeigen sich die zunehmenden Leistungen mit steigenden Mineraldüngergaben.

Tabelle 9

Direkter Vergleich der Wirkung der zusätzlichen Beregnung im Mittel der Düngungsstufen und der Anwendungszeit bei Winterweizen, 1970 (V 436 Trossin)

	Beregnung		ohne Beregnung		GD 5%
	dt/ha	rel.	dt/ha	rel.	rel.
Kornertrag	35,0	100	33,7	96	3
Strohertrag	42,9	100	39,2	91	
Rohprotein Korn	3,78	100	3,65	97	
Rohprotein Stroh	1,13	100	1,08	96	
N-Entzug	81	100	76	94	

Tabelle 9 zeigt für den Standort Trossin eine geringfügige Ertragserhöhung von 1,3 dt/ha durch die Beregnung im Jahre 1970, die wiederum nicht ausreicht, um die Mehrkosten der Beregnung auszugleichen. Im Gegensatz zum Standort Bad Lauchstädt läßt sich beim direkten Vergleich der Anwendungszeiten (Tab. 10) eine deutliche Überlegenheit der Frühjahrsanwendung gegenüber den im Herbst verabfolgten Düngemitteln nachweisen. Der Mehrertrag

Tabelle 10

Direkter Vergleich der Anwendungszeit im Mittel von beregnet und unberegnet und der Düngungsstufen bei Winterweizen, 1970 (V 436 Trossin)

	Herbstanwendung		Frühjahrsanwendung		GD 5%
	dt/ha	rel.	dt/ha	rel.	rel.
Kornertrag	31,6	100	37,2	118	7
Strohertrag	37,1	100	45,0	121	
Rohprotein Korn	3,41	100	4,02	118	
Rohprotein Stroh	0,92	100	1,29	140	
N-Entzug	69	100	85	123	

von 5,6 dt/ha im Mittel der Düngungsstufen und des zusätzlichen Wassereinsatzes zeigt ganz deutlich, daß die Wirkungsweise der einzelnen Düngemittel speziell für die Anwendung der Gülle zu Winterweizen unterschiedlich für sorptionsstarke und -schwache Böden beurteilt werden muß. Während in Bad Lauchstädt auf Löß-Schwarzerde die Unterschiede zwischen der Herbst- und Frühjahrsanwendung gering ausfielen, ist auf dem D 3/D 4-Standort bei der Bemessung der Düngergaben im Herbst auf alle Fälle ein Zuschlag von 20 ... 30% gegenüber der Frühjahrsdüngung erforderlich. Nur so wird es möglich sein, die für diesen Standort optimalen Düngermengen den Pflanzen zur Verfügung zu stellen, da auch in den Herbstmonaten die Anwendung der Gülle erfolgen muß.

Zusammenfassung

Durchgeführte Feldversuche zur Güllekopfdüngung bei Winterweizen unterstreichen die Einsatzmöglichkeit sowohl in den Herbstmonaten zur Grunddüngung als auch zur direkten Anwendung als Kopfdünger im Frühjahr. Während auf sorptionsstarkem Schwarzerdestandort nur geringe Unterschiede in den Erträgen bei den unterschiedlichen Anwendungszeiten nachzuweisen waren, lagen die Erträge auf dem D 3/D 4-Standort bei der Kopfdüngung im Frühjahr beträchtlich über den Herbstdüngungsvarianten. Die durch die Beregnung erzielten Mehrerträge deckten 1970 nicht die Kosten für die erforderlichen Mehraufwendungen. Auf Lö-Standorten ist die Anwendung von Gülle bis zu 150 kg N/ha zu empfehlen, auf D 3/D 4-Standorten können diese Aufwandmengen noch erhöht werden, insbesondere bei der Herbstausbringung.

Резюме

Проведенные опыты по применению внекорневой подкормки жидким навозом озимой пшеницы подчеркнули возможность его применения как осенью в качестве основного удобрения, так и весной, непосредственно как внекорневое удобрение. Если на черноземных почвах с высокой емкостью поглощения отмечались лишь небольшие различия в урожаях в зависимости от времени применения жидкого навоза, то на почвах типа D 3/D 4 урожаи, полученные после весенней внекорневой подкормки были знанительно выше, чем урожаи в варианте с осенним внесением жидкого навоза. Прибавки урожая, полученные в 1970 г. не покрывали увеличения затрат. На почвах типа Lö рекомендуется вносить 150 кг азота на га жидкого навоза, на почвах D 3/D 4 эти нормы могут быть увеличены, особенно при осеннем внесении.

Summary

Field experiments on slurry top dressing of winter wheat underlined the possibility to apply slurry both in autumn for basic fertilization and in spring for direct top dressing. While on a highly sorptive black earth site yield differences due to different dates of application were but slight, the yields on the D 3/D 4 site were considerably higher in case of spring top dressing than with application in autumn. In 1970, the surplus yields achieved through sprinkler irrigation did not compensate the required additional input. On loess sites slurrying with up to 150 kg N per ha is to be recommended, while on D 3/D 4 sites these amounts may still be raised above all if applied in autumn.

Anschrift des Verfassers:

Dr. Günter Kühn
Forschungszentrum für Bodenfruchtbarkeit Müncheberg
– Zweigstelle Bad Lauchstädt –
der Akademie der Landwirtschaftswissenschaften
der Deutschen Demokratischen Republik
4204 Bad Lauchstädt, Hallesche Straße 44–46

Tag.-Ber. Akad. Landwirtsch.-Wiss. DDR · Nr. 119 · 1972 · S. 277–285

Sektion Pflanzenproduktion – Lehrkollektiv Getreideproduktion – der Martin-Luther-Universität Halle-Wittenberg

HANS-GEORG STOCK und HANS-JOACHIM WICKE

Erfassung der Wirkung von Witterungsfaktoren und pflanzenbaulichen Maßnahmen auf die Ertragsbildung des Getreides durch phänometrische Untersuchungen

1. Aufgabenstellung

Bereits seit längerer Zeit begnügt man sich bei der Untersuchung des Einflusses von acker- und pflanzenbaulichen Maßnahmen bzw. Umweltfaktoren auf die Ertragsbildung des Getreides nicht mehr mit der Feststellung des Endertrages, sondern erfaßt im Rahmen der Ertragsstrukturanalyse sowohl die eigentlichen Ertragskomponenten als auch einige vom Pflanzenbestand gegebene Voraussetzungen für die Ertragsbildung (Keimdichte, Überwinterung und Bestockung). Trotzdem bleibt die Betrachtungsweise damit in gewissem Sinne statisch, da der Umwelteinfluß nur zu bestimmten Terminen getestet wird. Insbesondere zur Ermittlung der Wirkung kurzfristig wechselnder Umweltfaktoren, in erster Linie der meteorologischen Parameter einschließlich der durch Beregnung zu beeinflussenden Bodenfeuchte, sollte deshalb die Ertragsstrukturanalyse durch eine dynamische Beobachtung und Messung der Ertragsbildung ergänzt werden. Hierfür bietet sich die Arbeitsmethode der Phänometrie an, d. h. die messende Verfolgung des Wachstumsverlaufes mit dem Ziel, die Abhängigkeit der Ertragsbildung von meteorologischen Umweltfaktoren zu erfassen (EICH u. a., 1966; RAEUBER u. ENGEL, 1966; RAEUBER u. a., 1968; SCHWEIGER, 1967; STOCK, 1971). Obwohl mit Untersuchungen dieser Art bei Getreide begonnen wurde (Literaturübersicht bei RAEUBER u. ENGEL, 1966), liegt aus neuerer Zeit und in entsprechend umfassender Betrachtung nur eine Arbeit von SCHWEIGER (1967) über Futterroggen vor. Wir wollten daher prüfen, ob die phänometrische Arbeitsweise geeignet ist, Anhaltspunkte über die Wirkung verschiedener Umweltfaktoren, insbesondere der Bewässerung, auf die Ertragsbildung von Getreide zu gewinnen.

2. Methodik

Ein biologischer Parameter ist dann für phänometrische Untersuchungen geeignet, wenn er erstens meßtechnisch einfach zu erfassen ist und zweitens eine enge Beziehung zum Ertrag aufweist.

Die Höhe des schossenden Triebes erfüllt beim Getreide die erste der genannten Forderungen. Die Halmlänge von Feldpflanzen wurde zwischen einer festen Basis an der Bodenoberfläche und dem obersten Blattöhrchen bzw. der Ährenunterkante an mindestens 20 markierten Trieben je Variante ermittelt. Die

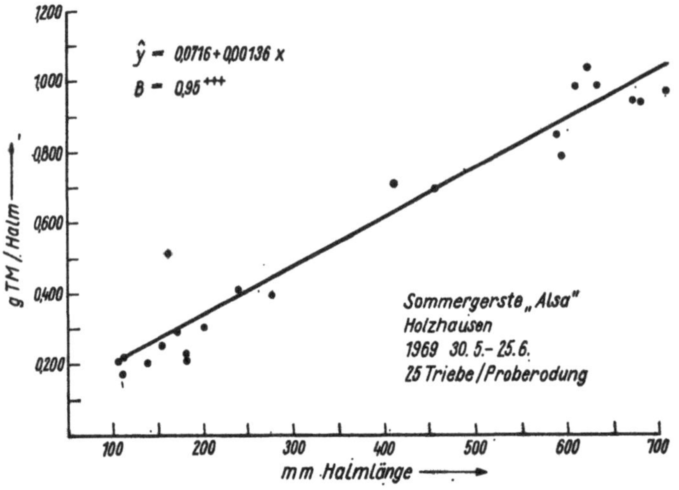

Abb. 1: Abhängigkeit der Trockenmasse je Halm von der Halmlänge bei Sommergerste 1969

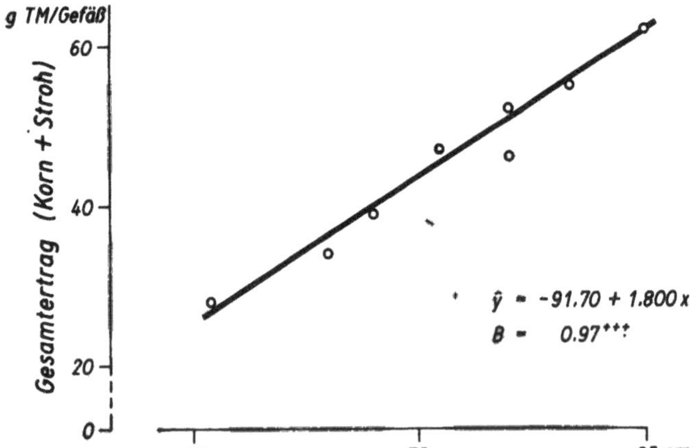

Abb. 2: Abhängigkeit des Gesamtertrages von der Halmlänge bei Sommerweizen im Gefäßversuch 1970

Messungen erfolgten im Zeitraum vom Schoßbeginn bis zum Ende des Höhenwachstums in der Regel täglich zur gleichen Stunde am zeitigen Vormittag und nach Möglichkeit durch die gleiche Person.
Zwischen Halmlänge und Trockenmasse je Halm (einschließlich der Blätter) besteht während des Schossens, d. h. zwischen Schoßbeginn und Blühbeginn,

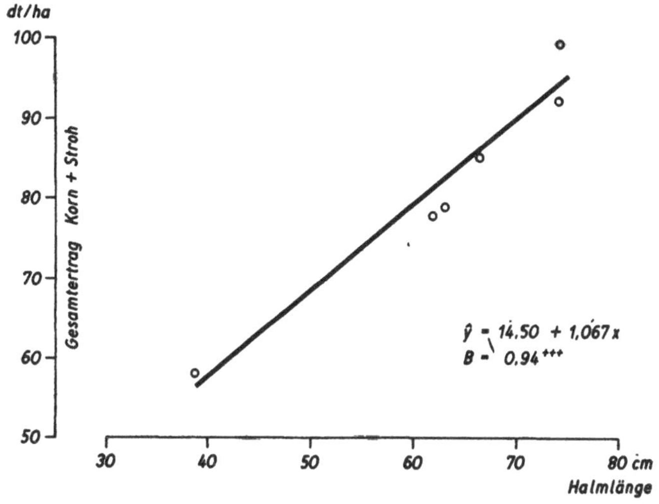

Abb. 3: Abhängigkeit des Gesamtertrages von der Halmlänge bei Sommergerste im Feldversuch 1970

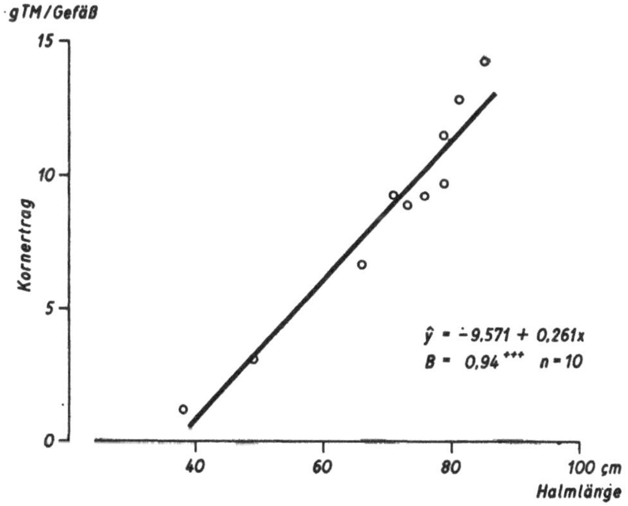

Abb. 4: Abhängigkeit des Kornertrages von der Halmlänge bei Sommerweizen im Gefäßversuch 1970

eine enge, und zwar lineare Beziehung. Sie wurde für Winterroggen von SCHWEIGER (1967) nachgewiesen und von uns für Sommergerste bestätigt (Abb. 1). Auch zwischen Triebhöhe und Gesamtertrag (Korn + Stroh) liegt offenbar eine enge positive Korrelation vor, wie Ergebnisse sowohl aus Gefäß- als auch aus Feldversuchen zeigen (Abb. 2 und 3).
Zwischen Halmlänge und Kornertrag konnten allerdings nur im Gefäßversuch eindeutige Beziehungen ermittelt werden (Abb. 4). In den Feldversuchen ergab sich dagegen bei verhältnismäßig geringeren Ertragsunterschieden keine deutliche Abhängigkeit des Kornertrages von der Halmlänge.
Daraus folgt, daß die Auswertung von Halmlängenmessungen nur Aussagen über die Wirkung von Umweltfaktoren auf den Gesamtertrag (Korn + Stroh) gestattet, was zweifellos von Interesse ist, aber kaum Rückschlüsse auf die Beeinflussung der Kornertragsbildung erlaubt.

3. Auswertung der Ergebnisse

(Untersuchungen aus den Jahren 1969 und 1970 in Seehausen, Kreis Leipzig, Bodenform Lehm-Staugley)

3.1. Darstellung von Wachstumskurven

Die gemessenen Halmlängen ergaben Summenkurven des Wachstums vom bekannten S-förmigen Verlauf. An ihnen ist bereits bis zu einem gewissen Grade der Einfluß von Umweltfaktoren, vor allem das zeitliche Einsetzen ihrer Wirkung, zu erkennen.

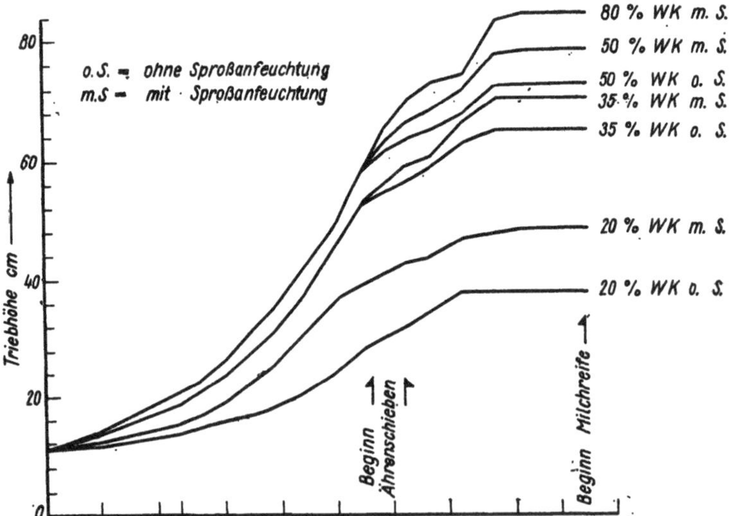

Abb. 5: Wachstumskurven von Sommerweizen bei unterschiedlicher Wasserversorgung im Gefäßversuch 1970

Abbildung 5 zeigt als Beispiel Wachstumskurven eines zweifaktoriellen Gefäßversuches mit Sommerweizen, in dem fünf Bodenfeuchte- und zwei Sproßanfeuchtungsstufen geprüft wurden. Unter Sproßanfeuchtung ist eine mehrmalige kurze Befeuchtung der Pflanzen in den Mittagsstunden warmer Tage zu verstehen, die den Feuchtestress der Pflanzen verringern sollte. Aus der Darstellung ist zu erkennen, wie das Wachstum bei starker Trockenheit von Anfang an beträchtlich gehemmt wurde. Im Bereich höherer Bodenfeuchte wirkte sich eine unterschiedliche Wasserversorgung (35 ... 80% WK) erst später aus. Sproßanfeuchtung hatte bei den sehr trocken gehaltenen Pflanzen sofort, bei besserer Wasserversorgung erst kurz vor dem Ährenschieben einen positiven Einfluß, und zwar zu einem Zeitpunkt, an dem die Tagesmitteltemperaturen 20 °C überschritten.

3.2. Analyse täglicher Zuwachswerte

Eine exaktere Feststellung des Einflusses von kurzfristig sich ändernden Umweltfaktoren ist möglich, wenn diese mit täglichen Zuwachswerten in Beziehung gesetzt werden. Da der Wachstumsverlauf auf Grund endogener Ursachen einer S-förmigen Kurve folgt, sind die Zuwachswerte aus den flacher verlaufenden Strecken am Anfang und am Ende der Wachstumskurve anders zu bewerten als im mittleren, annähernd linear verlaufenden Teil. Wir verwendeten deshalb für die Auswertung nur Zuwachswerte aus diesem Abschnitt und erfaßten damit die Wachstumsstadien vom Schoßbeginn bis einige Tage nach Beginn des Ährenschiebens.

Von den meteorologischen Größen wählten wir die Lufttemperatur als Vertreter des Wärmehaushaltes und die Bodenfeuchte der Krume (0 ... 25 cm) als Vertreter des Wasserhaushaltes aus. Die Zuwachswerte wurden mit den mittleren Lufttemperaturen des Vortages und den Bodenfeuchtewerten des Meßtages in Beziehung gesetzt.

In einer ersten Form der Auswertung erfolgte eine Zuordnung der täglichen Zuwachswerte zu bestimmten Klassen der meteorologischen Größen. Mit dem t-Test wurde geprüft, ob sich die Mittelwerte des Zuwachses zwischen den Klassen signifikant voneinander unterscheiden, d. h. ob der Zuwachs gesichert unterschiedlich auf die wechselnden meteorologischen Bedingungen reagiert hat. Mit ansteigender Temperatur ergab sich in allen Fällen eine Erhöhung des Zuwachses, bis bei Tagesmittelwerten von etwa 18 °C offenbar optimale Bedingungen erreicht waren, denn ein weiteres Ansteigen der Temperatur hatte keine weitere Zunahme des Zuwachses zur Folge. Wurden die Zuwachswerte den Bodenfeuchteklassen ohne Berücksichtigung der Lufttemperatur zugeordnet, zeigte sich stets eine Abnahme des Zuwachses mit zunehmender Bodenfeuchte, was eine Folge der negativen Korrelation zwischen Lufttemperatur und Bodenfeuchte sein dürfte. Um diesen unerwünschten Zusammenhang auszuschalten, wurde die Analyse der Bodenfeuchtewirkung auf bestimmte Bereiche

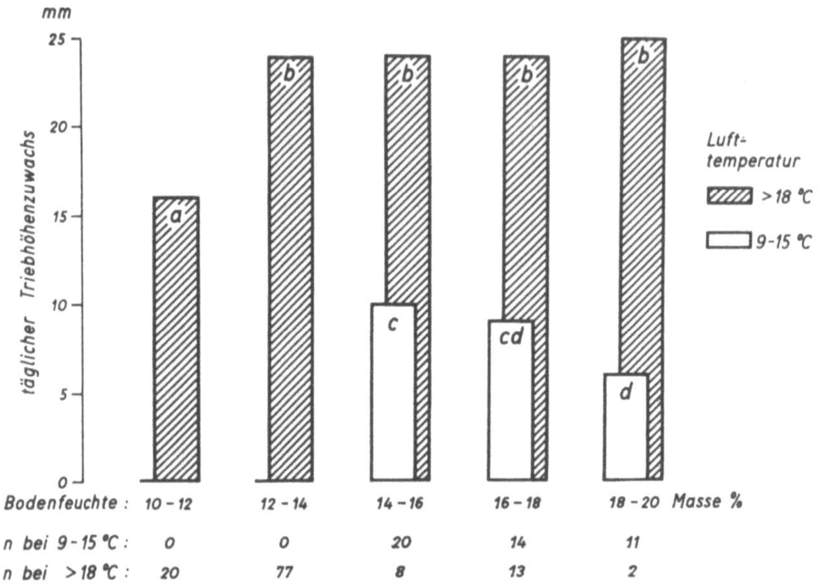

Abb. 6: Abhängigkeit des Halmlängenzuwachses von der Bodenfeuchte bei unterschiedlichen Temperaturbedingungen bei Winterweizen 1970

der Lufttemperatur beschränkt (Abb. 6). Bei optimalen Temperaturen war eine Abhängigkeit des Zuwachses von der Bodenfeuchte nachzuweisen, und zwar lagen im dargestellten Beispiel bei 12 bis 14 Masse-% Bodenfeuchte (12 Masse-% $\triangleq$ 50% nFK) die Zuwachswerte um 40% höher als bei 10 bis 12 Masse-%. Eine weitere Zunahme der Bodenfeuchte über 50% nFK hinaus blieb ohne Einfluß auf den Zuwachs.

Zur besseren Quantifizierung der Beziehungen zwischen Zuwachs und meteorologischen Größen wurden in einer zweiten Form der Auswertung Regressionen nach folgendem Ansatz berechnet:

$$\hat{y} = a + b_1 x_t + b_2 x_t^2 + b_3 x_b + b_4 x_b^2 + b_5 x_t x_b$$

y = täglicher Triebhöhenzuwachs in mm
x_t = Tagesmittel der Lufttemperatur in °C
x_b = Bodenfeuchte in Masse-%

Die Ermittlung der Bodenfeuchtewirkung durch solche Mehrfachregressionen war schwierig. Trockene, das Wachstum ungünstig beeinflussende Bedingungen lagen im allgemeinen nur in der unberegneten Variante vor. Der Anteil der unter solchen Verhältnissen erfaßten Zuwachswerte an der Gesamtzahl der in die Rechnungen eingegebenen Werte war deshalb gering und führte dazu, daß sich in den Regressionen vorwiegend nur der Temperaturanteil als signifikant erwies. In den während des Schossens relativ feuchten Versuchsjahren dominierte also der Temperatureinfluß. Es ließen sich unter diesen Witterungsbedingungen leider keine verallgemeinerungsfähigen Aussagen über die Bodenfeuchtewirkung gewinnen. Lediglich innerhalb der unberegneten Variante des Haferversuches 1970 war der Bodenfeuchteanteil in der Regressionsrechnung statistisch gesichert (Abb. 7). Das rechnerisch zu erfassende Bodenfeuchteoptimum lag hier

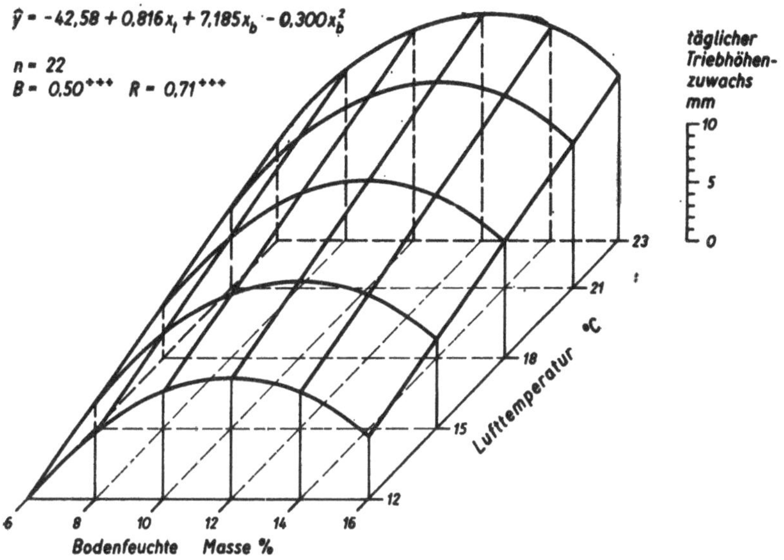

Abb. 7: Abhängigkeit des Halmlängenzuwachses von Lufttemperatur und Bodenfeuchte bei Hafer 1970

bei 12,0 Masse-% (≙ 50% nFK). Das bestätigt die bereits oben getroffene Feststellung, daß Bodenfeuchtewerte ab 50% der nutzbaren Feldkapazität am untersuchten Standort eine ausreichende Wasserversorgung für die Gesamtertragsbildung des Getreides darstellen. Diese Aussage trifft nicht auf die Kornertragsbildung zu, wie an anderer Stelle noch gezeigt wird.

Zusammenfassung

Einfache Höhenmessungen bei Getreide ermöglichen es, die Bildung des Gesamtertrages zu verfolgen, geben aber nur ungenügend Auskunft über die Kornertragsbildung. Am Verlauf der mit Hilfe von Höhenmessungen gewonnenen Wachstumskurven ist sehr gut das zeitliche Einsetzen der Wirkung von Umweltfaktoren bzw. pflanzenbaulichen Maßnahmen zu erkennen. Der Einfluß von sich kurzfristig ändernden Umweltfaktoren (z. B. Lufttemperatur, Bodenfeuchte) läßt sich am besten durch eine Analyse täglicher Zuwachswerte (Zuordnung zu Klassen der meteorologischen Größen bzw. nichtlineare Regressionen) quantitativ erfassen. Vorläufige Ergebnisse der Untersuchungen an Winterweizen, Sommergerste und Hafer am Standort Seehausen, Kreis Leipzig (Bodenform Lehm-Staugley), besagen, daß die höchste Gesamttrockenmasseproduktion (Korn + Stroh) erzielt wird, wenn zwischen Schoßbeginn und Ährenschieben die Lufttemperaturen im Tagesmittel über 18 °C liegen und die Bodenfeuchte 50% der nutzbaren Feldkapazität erreicht oder überschreitet.

Резюме

Простые измерения высоты зерновых дают возможность проследить за формированием урожая в целом, однако, такие размеры дают недостаточно данных о формировании урожая зерна. По ходу кривых, полученных на основании замеров высоты стеблей очень хорошо можно проследить за временным началом действия факторов окружающей среды или агротехнических мер. Влияние быстро меняющихся внешних факторов (например, температура воздуха, влажность почвы) лучше всего поддаётся количественному учёту путём анализа ежедневных приростов (отнесение к классам метеорологических величин или нелинейные регрессии). Предварительные результаты исследований на озимой пшенице, яровом ячмене и овсе в Зеехаузен (район Лейпциг) (форма почвы Lehm-Staugley), показывают, что наибольшее образование общей сухой массы (зерно + солома) достигается в тех случаях, когда между началом выхода в трубу и колошением температуры воздуха в среднем за день лежат выше 18 °C, а влажность почвы равна или выше 50% полезной полевой влагоёмкости.

Summary

Simple measurement of the height of cereal plants makes it possible to observe the formation of the total yield, but gives only insufficient information on the formation of the grain yield. The temporal onset of the effect of environmental factors or measures of agronomy can be easily realized by means of the course of the growth curves that are obtained from height measurement. The effect of quickly changing environmental factors (e. g. air temperature, soil moisture) can best be quantitatively recorded by analyzing daily increment values (association to classes of the meteorological factors or non-linear regressions). Preliminary results of studies on winter wheat, spring barley, and oats at Seehausen, Leipzig county (soil series Lehm-Staugley) indicate that the highest total dry matter production (grains + straw) is achieved when average daily air temperatures are above 18 °C and soil moisture reaches 50 per cent of the utilizable field capacity or even exceeds that value.

Literatur

EICH, D.; KOITZSCH, R.; REIHER, W.: Phänometrische Untersuchungen an Zuckerrüben und Ergebnisse aus Feldberegnungsversuchen. Tag.-Ber. Dt. Akad. Landwirtsch.-Wiss. Berlin Nr. 82, Teil II, 1966, S. 101–109

RAEUBER, A.; ENGEL, K.-H.: Untersuchungen über den Verlauf der Massenzunahme bei Kartoffeln (*Sol. tuberosum* L.) in Abhängigkeit von Umwelt- und Erbguteinflüssen. Abh. Meteor. Dienst d. DDR 10 (1966), Nr. 76

RAEUBER, A.; ENGEL, K.-H.; MEINL, G.: Über die Beziehungen zwischen einigen meteorologischen Elementen und dem Wachstum von Kulturpflanzen. Wiss. Z. Univ. Leipzig, Math.-nat. R., 17 (1968), S. 295–301

SCHWEIGER, W.: Phänometrische Untersuchungen an Winterroggen und die sich daraus ergebenden Möglichkeiten für die Futterroggenzüchtung. Züchter 37 (1967), S. 245 bis 254

STOCK, H.-G.: Mehrjährige Untersuchungen über den Witterungseinfluß auf die Ertragsbildung von Rotklee und Luzerne. Abh. Meteor. Dienst DDR 13 (1971), Nr. 101

Anschrift der Verfasser:

Dr. HANS-GEORG STOCK, Dr. habil. HANS-JOACHIM WICKE
Sektion Pflanzenproduktion – Lehrkollektiv Getreideproduktion –
der Martin-Luther-Universität Halle-Wittenberg
402 Halle/Saale, Ludwig-Wucherer-Straße 79

Tag.-Ber. Akad. Landwirtsch.-Wiss. DDR · Nr. 119 · 1972 · S. 287–294

Sektion Pflanzenproduktion – Lehrkollektiv Getreideproduktion – der Martin-Luther-Universität Halle-Wittenberg

HANS-JOACHIM WICKE und HANS-GEORG STOCK

Wirkung der Bewässerung sowie der Anbaukonzentration auf Ertrag und Ertragsstruktur

1. Problemstellung

Obgleich die Analyse der Ertragskomponenten seit langem zu den Arbeitsmethoden nicht nur des Pflanzenzüchters, sondern auch des Pflanzenbauers gehört, sind Ergebnisse über den Einfluß der Bewässerung und über die Wirkung der Anbaukonzentration auf die Ertragsstruktur bisher kaum bekannt geworden. Über erste Befunde solcher Untersuchungen soll deshalb im vorliegenden Beitrag berichtet werden.

2. Material und Methoden

Die Versuche wurden in Seehausen (Kreis Leipzig) auf Lehm-Staugley (Standorteinheit Lö 4) angelegt. Die Bewässerung erfolgte mit Hilfe eines traktorgezogenen Güllewagens, der von ZIEGLER und SCHILLER (1969) für die Beregnung eingerichtet und von uns für den Einsatz im Getreide umgerüstet wurde (Abb. 1). Das Wasser wird aus Düsen gegen Prallbleche geschleudert und fällt drucklos schleierförmig nach unten, so daß an den Pflanzen keine Schäden auftreten können. Bei einmaligem langsamem Überfahren der Parzellen werden 2,2 mm Wasser ausgebracht. Die Struktur des leicht verschlämmenden Bodens wurde daher wenig beansprucht und ein oberflächiges Abfließen von überschüssigem Wasser vermieden. Die Wasserverteilung war nicht windabhängig und deshalb sehr gleichmäßig. Die Möglichkeit einer schlagartigen Unterbrechung des Zuflusses gewährleistete eine exakte Einhaltung der Parzellenabgrenzung auf $\pm$ 20 cm, so daß eine volle Randomisation der Varianten möglich war. Die Bewässerung (ohne; 30–40, 50–60, 70–80% nFK) wurde vom Schoßbeginn bis zur Milchreife durchgeführt.
Da aus Untersuchungen mit anderen Fruchtarten, z. B. mit Gemüse (WITTE, 1954) und Kartoffeln (ENZMANN, 1966) bekannt ist, daß eine kurzfristige Anfeuchtung der Pflanze in den Mittagsstunden warmer lufttrockener Tage („Sproßanfeuchtung", „Erfrischungsberegnung", „klimatisierende Beregnung") die Erträge zu steigern vermag, erschien eine Prüfung dieser Methode auch bei Getreide lohnend, und zwar wurden etwa 1,3 mm Wasser ausgebracht, wenn die

Abb. 1: Für die Bewässerung von Feldversuchen umgebauter Annaburger Güllewagen im Einsatz

Lufttemperatur in der Wetterhütte um 10 Uhr 20 °C überschritt. Da auf den Boden nur wenige Tropfen gelangten, dürfte die in dieser Variante beobachtete etwas höhere Bodenfeuchte auf den geringeren Wasserverbrauch der Pflanzen zurückzuführen sein.

Im Fruchtfolgedüngungsversuch (Wicke, 1969) prüften wir nur zwei Bewässerungsstufen (ohne; 30–50% nFK).

Ein Gefäßversuch mit Sommerweizen unter Verwendung von Boden aus Seehausen diente zur Prüfung vor allem des Einflusses von sehr trockenen Bedingungen. Die Sproßanfeuchtung wurde in den Mittagsstunden häufiger vorgenommen.

3. Wirkung der Bewässerung auf Ertrag und Ertragsstruktur

Die höchsten Kornerträge wurden in den Bewässerungsversuchen durch Einhaltung einer Bodenfeuchte von 30 bis 40% nFK erzielt. Häufigere Beregnung förderte zwar die Strohmasse, aber die Kornerträge wiesen eine fallende Tendenz auf. Im Fruchtfolgedüngungsversuch (Tab. 1) hatte die Beregnung den größten Erfolg in den Rotationen mit mehrjährigen Futterpflanzen. Bei Verzicht auf Futterbau war nur auf den mit Stallmist gedüngten Parzellen ein gewisser Beregnungseffekt zu beobachten. Dieses Ergebnis unterstreicht, daß die Bewässerung als höchste Stufe der Intensivierung nur dort zweckmäßig ist, wo alle anderen acker- und pflanzenbaulichen Voraussetzungen optimal gestaltet sind. Des weiteren gestattet der vorliegende Befund die Folgerung, daß in typischen Bewässerungsfruchtfolgen mit hohem Futterbau- und geringem Getreideanteil die Bewässerung des Getreides besonders lohnend ist.

Tabelle 1

Wirkung der Bewässerung auf den Ertrag von Winterweizen in Abhängigkeit von der Zufuhr organischer Stoffe

AF-Verhältnis in % Klee bzw. Luzerne	Getreide	Hackfrucht	Stalldung	Kornertrag dt/ha ohne Bewässerung 1969	1970	Mehrertrag durch Bewässerung 1969 dt/ha	%	1970 dt/ha	%
0	60	40	ohne	47,5	53,2	+ 0,0	0,0	+ 1,7	3,2
			mit	47,0	56,7	+ 1,4	3,0	+ 3,3	5,8
20	40	40	ohne	46,2	56,8	+ 2,6	5,6	+ 7,6	13,4
			mit	50,0	58,2	+ 4,7	9,4	+ 8,9	13,3
40	20	40	ohne	48,5	54,0	+ 3,3	6,8	+ 9,7	18,0
			mit	50,8	60,8	+ 3,8	7,5	+ 4,5	7,4
GD 5%						3,6		6,3	

Im Feldversuch führte die Sproßanfeuchtung nur in der Variante ohne bodenanfeuchtende Bewässerung zu Mehrerträgen. Sie hatten etwa die gleiche Größenordnung wie der Ertragszuwachs, der durch Aufrechterhaltung einer Bodenfeuchte von 30 bis 40% nFK erzielt wurde. Da die Versuche des Jahres 1969 das gleiche Ergebnis aufwiesen, scheint grundsätzlich eine Ertragssteigerung auf dem Wege der Sproßanfeuchtung möglich zu sein. Ob allerdings diese physiologisch interessante Aussage auch in technologischer und ökonomischer Hinsicht Vorteile hat, bedarf weiterer Untersuchungen.

Im Gefäßversuch mit Sommerweizen (Abb. 2) steigerte die Sproßanfeuchtung den Kornertrag nicht nur wie im Feldversuch bei geringer, sondern auch bei hoher Bodenfeuchte. Damit ist angedeutet, daß unter bestimmten Bedingungen

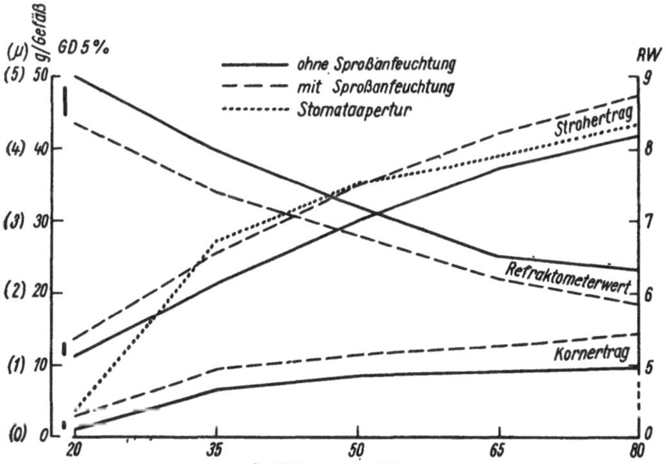

Abb. 2: Wirkung der Bewässerung auf Ertrag und Wasserzustand von Sommerweizen im Gefäßversuch

mit dieser Methode weitere Ertragsreserven erschlossen werden können. Die im Gegensatz zum Feldversuch positive Wirkung der hohen Bodenfeuchte läßt sich leicht mit den besonderen Verhältnissen des Gefäßversuches, insbesondere mit dem fehlenden Wassernachschub aus tieferen Bodenschichten, erklären.

Als Hinweis für eine gegebenenfalls mögliche Steuerung der Bewässerung mit Hilfe von direkten Methoden, d. h. nach pflanzenphysiologischen Kriterien, sind die Ergebnisse einer Bestimmung der Stomataapertur sowie des Refraktometerwertes einzuschätzen, der im Preßsaft der Blätter gemessen wurde. Eine negative Korrelation zwischen Substanzproduktion und Refraktometerwert bestand auch im Feldversuch, jedoch kamen zum Teil Abweichungen vor, so daß noch kein abschließendes Urteil möglich ist.

Die Analyse der Ertragsstruktur der Gefäßpflanzen (Abb. 3) ergab eine Überlegenheit der Sproßanfeuchtung bei allen Ertragskomponenten. Eine Zunahme der Bodenfeuchte wirkte sich nur bis zu einer Sättigung von 35% der WK auf

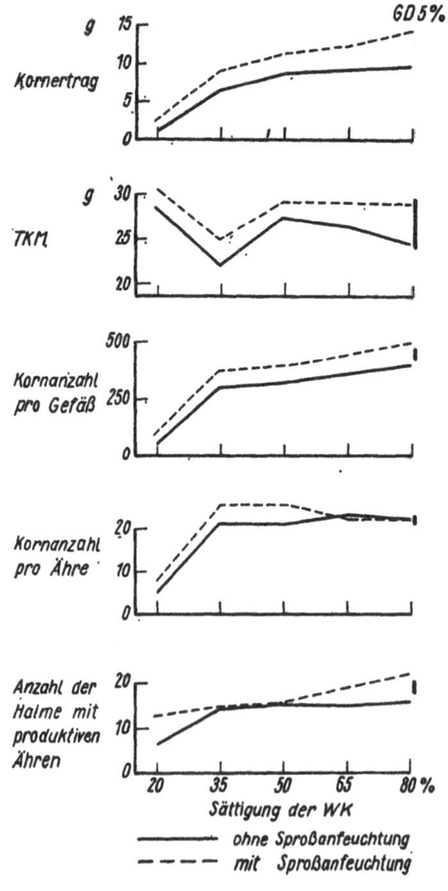

Abb. 3: Wirkung der Sproßanfeuchtung auf die Ertragskomponenten von Sommerweizen im Gefäßversuch

Bestandesdichte und Kornzahl je Ähre positiv aus, während gleichzeitig die TKM zurückging.

Die Ergebnisse der Feldversuche stimmen mit denen des Gefäßversuches überein: Die Bestandesdichte lag in der Bodenfeuchtestufe 30–40% nFK signifikant höher als in der unberegneten Variante, und die TKM fiel mit zunehmender Feuchte ab. Abweichend vom Verhalten der Gefäßpflanzen zeigte sich auf dem Felde keine klare Wirkung der Sproßanfeuchtung. Im Fruchtfolgedüngungsversuch reagierten die Ertragskomponenten nicht eindeutig auf die Bewässerung, obwohl die Mehrerträge erheblich waren. Werden durch Bewässerung sehr hohe Ertragssteigerungen von beispielsweise über 300% erzielt, wie es in Trockengebieten der Fall ist, äußert sich die Überlegenheit selbstverständlich bei allen Ertragskomponenten (Mastinskaja und Meščaninova, 1967).

4. Wirkung der Anbaukonzentration auf Ertrag und Ertragsstruktur

Ebenso wie im Zeitraum von 1964 bis 1968 (Wicke, 1970) gingen auch in den Jahren 1969 und 1970 die Erträge um so mehr zurück, je höher der Getreideanteil in der Fruchtfolge war (Tab. 2). Die Keimdichte wurde durch hohe

Tabelle 2

Ertrag und Ertragsstruktur des Getreides in Abhängigkeit von der Konzentration des Getreideanbaues (Mittel 1968–1970)

Pflanzenart	Getreideanbau in % der AF	Keimdichte je m²	Bestockungstriebe je m²	Bestockungstriebe je Pfl.	ährentragende Halme je m²	ährentragende Halme je Pfl.	Körner je Ähre	TKM in g	Ertrag in dt/ha
Wintergerste	100	250	769	5,1	298	1,6	25	41,09	27,6
	66	275	952	5,6	297	1,5	29	40,46	30,3
	50	282	989	5,6	373	1,7	32	43,87	45,2
	33	294	1091	6,1	375	1,7	32	44,57	49,3
	GD 5%	29	183	0,6	54	+	5	2,20	13,4
Winterweizen	100	332	858	4,8	246	1,8	41	38,92	35,2
	66	334	1014	5,7	345	2,4	40	42,80	47,2
	50	337	1048	5,3	364	2,4	39	44,23	53,3
	33	342	1177	5,6	385	2,3	40	44,52	57,8
	25	332	1238	5,4	414	2,1	40	45,09	58,0
	GD 5%	+	149	0,5	69	0,4	+	3,30	12,1
Winterroggen	100	294	1245	6,3	361	1,6	37	36,65	42,2
	66	307	1257	6,6	400	1,8	36	38,64	42,7
	50	304	1342	6,7	409	1,8	38	40,63	50,2
	GD 5%	+	+	+	+	+	+	2,03	2,6
Hafer	100	232	633	2,2	219	0,9	36	22,68	18,6
	50	276	888	2,8	310	1,1	53	25,08	35,9
	GD 5%	29	92	0,3	66	+	9	1,99	10,8

+ = nach *F*-Test keine Signifikanz

Getreidekonzentration nur bei Wintergerste und Hafer ein wenig beeinträchtigt. Zwischen der Anzahl der Bestockungstriebe je m² und der Anbaukonzentration bestand zwar eindeutig eine negative Korrelation, jedoch geht aus der Triebzahl je Pflanze hervor, daß nur die Monokulturpflanzen eine signifikant schlechtere Bestockungsfähigkeit aufwiesen. Die geringere Bestockungsdichte in den getreidereichen Fruchtfolgen ist demnach vor allem auf eine Reduzierung der Pflanzenanzahl in der Zeit zwischen Aufgang und Bestockung zurückzuführen. Die Ursache dieser besonders in den Wintermonaten eingetretenen konzentrationsabhängigen Verluste gilt es noch zu klären. Sehr deutlich wirkte sich der Konzentrationsgrad auf die Bestandesdichte aus. Ihre Verminderung ist eine wesentliche Ursache für die im Versuch beobachteten Ertragsdepressionen. Auf die Anzahl der Körner je Ähre hatte dagegen die Anbaukonzentration kaum Einfluß. Eine Ausnahme bildeten die Monokulturbestände von Wintergerste und Hafer. Die Tausendkornmasse wies mit steigender Konzentration eine fallende Tendenz auf.

Zusammenfassend ist festzustellen, daß in der Regel außer der Keimdichte und der Kornzahl je Ähre alle Ertragskomponenten durch hohe Getreidekonzentration beeinträchtigt worden sind. Aus dieser einheitlichen Reaktion läßt sich schließen, daß die bekannte Kompensationsfähigkeit des Getreides überfordert wird, wenn es in zu häufiger Folge zum Anbau gelangt. Da die Schädigung bereits nach dem Auflaufen begann und bis in die Kornbildungsphase hinein anhielt, werden die starken Ertragsdepressionen verständlich. Vorbeugungsmaßnahmen, wie z. B. Erhöhung der Saatmenge und Vorverlegung

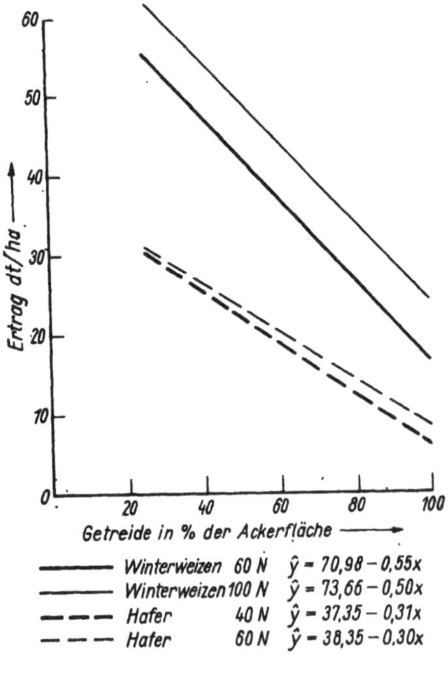

Abb. 4: Lineare Regressionen für die Abhängigkeit der Winterweizen- und Hafererträge 1970 von der Konzentration des Getreideanbaues und der Stickstoffdüngung

der Aussaatzeit, sind deshalb zur Förderung aller Ertragskomponenten notwendig.
Häufig wird in diesem Zusammenhang eine Erhöhung der Düngung mit Stickstoff empfohlen, weil dieser je nach dem Zeitpunkt der Anwendung alle Ertragselemente positiv beeinflußt. Einjährige Ergebnisse lassen jedoch keinen Erfolg erkennen (Abb. 4), denn die Regressionskoeffizienten der beiden Stickstoffgaben waren nicht signifikant voneinander verschieden. Dies trifft nicht nur für den dargestellten Weizen und Hafer zu, sondern auch für Winterroggen und Gerste.

Zusammenfassung

In Beregnungsfeldversuchen auf Lehm-Staugley wurde das Maximum des Kornertrages bereits bei einer Bodenfeuchte von 30 bis 40% nFK erreicht, während die Stroherträge bis zur höchsten geprüften Bodenfeuchtestufe (70–80% nFK) anstiegen. Eine Sproßanfeuchtung (einmalige Besprühung in den Mittagsstunden warmer lufttrockener Tage) hatte nur auf Parzellen ohne bodenanfeuchtende Bewässerung Erfolg. Im Gefäßversuch führte dagegen dieses Verfahren in allen Bodenfeuchtevarianten (20 bis 80% Sättigung der WK) zu Mehrerträgen. Die positive Wirkung der Bewässerung beruhte im wesentlichen auf einer Förderung der Bestandesdichte. Mit steigender Konzentration des Getreideanbaues gingen die Erträge insbesondere von Hafer, Wintergerste und Winterweizen zurück. Die Schadwirkung setzte bereits nach dem Aufgang der Pflanzen ein und hielt bis in die Kornbildungsphase hinein an. Vor allem die Ertragskomponenten Bestockung, Bestandesdichte und TKM wurden beeinträchtigt. Höhere Stickstoffgaben vermochten im Jahre 1970 das Ausmaß des Ertragsrückganges nicht zu verringern.

Резюме

В полевых опытах по дождеванию, проведенных на Staugley максимальные урожаи зерна собирали уже при влажности почвы в 30–40% полезной полевой влагоемкости (ППВ), а урожай соломы возрастал вплоть до самой высокой ступени влажности почвы (70–80% ППВ). Увлажнение побегов (разовое опрыскивание в обеденные часы теплых дней с низкой влажностью воздуха) было успешным только на делянках без увлажнения почвы. В вегетационных опытах этот метод во всех вариантах увлажнения почвы (от 20 до 80% влагоемкости) приводил к прибавкам урожая. Положительное действие орошения основывалось главным образом на увеличении густоты посева. С увеличением концентрации зерновых снижались урожаи, особенно овса, озимого ячменя и озимой пшеницы. Отрицательное влияние сказывалось сразу после появления всходов и сохранялось до фазы образования зерна. Особенно это сказывалось на таких компонентах урожая, как кущение, густота стеблестоя и абсолютный вес семян. Внесением повышенных доз азота в 1970 г. не удалось предупредить этого снижения урожая.

Summary

In field experiments with sprinkler irrigation on Lehm-Staugley the maximum grain yield was reached already if soil moisture was between 30 and 40 per cent of the utilizable field capacity, while straw yields increased up to the highest tested level of soil moisture (70 to 80 per cent of the utilizable field capacity). Wetting of the shoots (one-time spraying in the noon hours of warm days with low atmospheric humidity) was successful only on plots without soil-moistening irrigation. However, in pot experiments this method produced surplus yields in all variants of soil moisture (20 to 80 per cent saturation of the water capacity). The positive effect of irrigation was due above all to the promotion of stand density. As the concentration of grain cropping went up, the yields declined above all with oats, winter barley, and winter wheat. The detrimental effect set in already after field emergence and lasted until the phase of grain formation. The yield components tillering, stand density, and thousand-grain weight were affected most of all. In 1970, it was not possible to reduce the extent of yield decline by the application of higher nitrogen doses.

Literatur

Enzmann, J.: Aktuelle Probleme der Feldberegnung. Wiss. Z. Karl-Marx-Univ. Leipzig, Math.-nat. R., 15 (1966), S. 63–69

Mastinskaja, S. B.; Meščaninova, N. B.: Agrogidrologičeskaja effektivnost' orošenija zernovych kul'tur na Jugo-Vostoke evropejskoj territorii SSSR. Trudy centr. inst. progn. 53 (1957), S. 3–19

Wicke, H.-J.: Der Einfluß des Futterbaues sowie der organischen und mineralischen Düngung auf die Erträge im Fruchtfolgedüngungsversuch Seehausen. Thaer-Arch. 13 (1969), S. 443–453

Wicke, H.-J.: Ertrag und Ertragsstruktur des Getreides in Abhängigkeit von der Konzentration des Getreideanbaues. Thaer-Arch. 14 (1970), S. 377–384

Witte, K.: Klimatologische, pflanzenphysiologische und technische Probleme der Beregnung. Schr.-R. Kuratorium f. Kulturbauwes. 1954, H. 3, Hamburg, Verl. Wasser und Boden

Ziegler, G.; Schiller, W.: Neuerervorschlag, 1969

Anschrift der Verfasser:

Doz. Dr. habil. Hans-Joachim Wicke, Dr. Hans-Georg Stock
Sektion Pflanzenproduktion – Lehrkollektiv Getreideproduktion –
der Martin-Luther-Universität Halle-Wittenberg
402 Halle (Saale), Ludwig-Wucherer-Straße 79

Tag.-Ber. Akad. Landwirtsch.-Wiss. DDR · Nr. 119 · 1972 · S. 295–301

Institut für Getreideforschung Bernburg-Hadmersleben
der Akademie der Landwirtschaftswissenschaften
der Deutschen Demokratischen Republik

GEORG KRATZSCH

Einfluß von Reihenweite auf Standfestigkeit, Ertrag und Ertragsstruktur

Bei der gegenwärtig üblichen Drillreihenentfernung von 14 bis 20 cm steht der einzelnen Pflanze als Standraum nur ein sehr schmales Rechteck zur Verfügung. Aus rein theoretischen Erwägungen heraus ist diese Standraumform als ungünstig zu beurteilen. Mit einer engen Reihenentfernung und damit verbesserter Standraumform für die Einzelpflanze kann erwartet werden, daß eine vollkommenere Ausnutzung der im unter- und oberirdischen Wuchsraum gebotenen Nährstoffe und Wachstumsbedingungen erfolgt. Verbesserte Entwicklungsmöglichkeiten für die Getreidepflanzen sind die Grundlage für die Ausbildung einer optimalen Bestandesdichte in Verbindung mit einem hohen Einzelährenertrag. Die Bestandesdichte läßt sich bis zu einem gewissen Grade durch die Saatstärke, insbesondere aber durch die N-Düngung steigern. Es ist jedoch bekannt, daß bei Überschreiten eines oberen Schwellenwertes der Bestandesdichte zwischen dieser und dem Einzelährenertrag eine negative Korrelation besteht.

Aus der Literatur waren nun Hinweise zu entnehmen, daß diese negative Beziehung durch verbesserte Standraumzumessung abgeschwächt bzw. gebrochen werden kann (HEUSER, 1954).

Von besonderem Interesse ist dabei die Frage, ob durch eine weitgehend gleichmäßige Verteilung des Saatgutes auf der Flächeneinheit positive Ertragseffekte zu erzielen sind. Die in der Literatur (u. a. HEEGE, 1968) teilweise berichteten Ertragssteigerungen bei Breitsaat lassen nicht erkennen, welchem Einfluß die Mehrerträge – entweder der besseren Pflanzenverteilung im Vergleich zur Drillsaat oder der andersartigen Aussaattechnik mit ihrem Einfluß auf die Bodenstruktur – zuzuschreiben sind.

Bei Betrachtung der Standraumfrage ist aber auch das Verhalten des Getreides hinsichtlich der Standfestigkeit zu beachten. Unterschiedliche Pflanzenverteilung auf der Fläche führt zu variierter Belichtung und Belüftung der wachsenden Pflanze, wodurch Auswirkungen auf die Lagerneigung des Getreides zu erwarten sind (BOEKHOLT, 1958).

1. Methodik

Von 1968 bis 1970 wurden zur genannten Fragestellung mehrfaktorielle Feldversuche mit Winterweizen und Sommergerste durchgeführt.

Faktor A: N-Düngung bei W.-Weizen 0, 60, 120 kg/ha
bei S.-Gerste 0, 40, 80 kg/ha
Faktor B: Saatstärke 1. normale ortsübliche Saatstärke
W.-Weizen 180–200 kg/ha
S.-Gerste 140–160 kg/ha
2. die Hälfte der ortsüblichen Saatstärke
Faktor C: Reihenentfernung 20, 10, 5 cm

Die 5-cm-Reihenweite entspricht bei einer Aussaatstärke von 400 Samen je m^2 einem Standraum je Pflanze von 5 × 5 cm. Dieses theoretische Optimum wird natürlich bei einer Drillsaat nicht erreicht, da die Ablage der Körner nicht einheitlich in 5 cm Abstand in der Reihe erfolgt.
Die Untersuchungen wurden 1968 mit einer Sorte, ab 1969 mit zwei in ihrer Ertragsstruktur unterschiedlichen Sorten je Getreideart durchgeführt.
Die Versuchsstandorte sind in Tabelle 1 näher charakterisiert, wobei mit S.-Gerste an allen 4 Orten, mit W.-Weizen jedoch nur an den beiden erstgenannten Feldversuche zur Anlage kamen.

Tabelle 1
Charakteristik der Versuchsstandorte

	Bernburg Bez. Halle	Langenwetzendorf Kr. Zeulenroda Bez. Gera	Hohenfichte Kreis Flöha Bez. Karl-Marx-Stadt	Cobbelsdorf Kreis Roßlau Bez. Halle
Standorteinheit	$Lö_{1/2}$	V_2	V_7	D_2
Bodenart	L	SL – sL	sL	SL
Ackerzahl	85–90	35–44	35–43	38–42
Höhe über NN	60	380	360	134
Niederschlag mm (langj. Mittel)	485	630	840	540

2. Ergebnisse

Die Aufarbeitung des Zahlenmaterials der Untersuchungen ergab, daß bezüglich des Kornertrages keine gesicherten Wechselwirkungen zwischen der Reihenentfernung und der N-Düngung bestanden. In den folgenden Darlegungen werden deshalb in der Regel nur Mittelwerte der N-Düngungsstufen angeführt.

2.1. Winterweizen

Für die Auswertung standen bei dieser Getreideart 7 Versuche zur Verfügung. Hinsichtlich der Standfestigkeit traten zwischen den einzelnen Versuchen in Abhängigkeit der Prüffaktoren deutliche Unterschiede auf. In vier Versuchen war kein; in einem weiteren war nur bei hohen N-Gaben Lager zu verzeichnen, wobei die unterschiedliche Reihenweite ohne Einfluß blieb. Im Jahre 1968 zeigte der in Bernburg mit 'Hadmerslebener Qualitas' durchgeführte Versuch deutlich zunehmende Lagerneigung mit Verminderung des Reihenabstandes. Ursache für die stärkere Lagerneigung der geringen Reihenweiten in diesem Jahr dürfte die extrem kurze Zeitspanne für die Bestockungsphase gewesen sein, die durch sehr hohe Apriltemperaturen bedingt war. Unter diesen Bedingungen wirkte sich die stärkere und frühzeitigere Beschattung bei enger Reihenweite nachteilig auf die Ausbildung des Stützgewebes aus.
Die stärkere Lagerneigung der engen Reihenabstände in diesem Versuch hatte parallel dazu eine deutliche Verminderung der TKM und damit eine Abnahme des Kornertrages zur Folge.
In den anderen drei Versuchen mit je einer Sorte bzw. einem Stamm brachte die Reduzierung des Reihenabstandes von 20 cm auf 10 cm übereinstimmend signifikante Ertragserhöhungen.
Die Zusammenfassung zeigt (Tab. 2), daß die Mehrerträge eine Höhe von 5 bis 7%, entsprechend 2–3 dt/ha, erreichen.

Tabelle 2

Einfluß der Reihenweite und Saatstärke auf Kornertrag (dt/ha) und Ertragsstruktur bei W.-Weizen ($\bar{x}$ N-Düngung)

Reihenweite cm		Saatstärke 180 kg/ha Ertrag	BD	KZ/Ä	TKM	90 kg/ha Ertrag	BD	KZ/Ä	TKM
				'Hadm. Qualitas'					
20	abs.	39,2	445	38,7	34,3	37,5	330	44,2	35,2
	rel.	100	100	100	100	100	100	100	100
10	rel.	105	105	99	98	105	106	102	100
5	rel.	107	108	98	99	102	107	101	102
GD 5%rel.		3,3				3,5			
				'Hadm. Stamm 11833'					
20	abs.	39,0	472	32,0	37,4	36,9	360	41,0	38,5
	rel.	100	100	100	100	100	100	100	100
10	rel.	106	106	98	99	106	105	99	98
5	rel.	107	111	97	99	107	107	99	102
GD 5%rel.		3,6				3,8			

BD = ährentragende Halme/m²; KZ/Ä = Kornzahl/Ähre; TKM = 1000-Korn-Masse in g

Der durch die 5 cm Reihenweite erhoffte positive Effekt konnte nicht nachgewiesen werden. Bei dem 'Hadm. Stamm 11833' handelt es sich um eine Neuzüchtung, die den Anforderungen an eine Intensivsorte bezüglich Standfestigkeit und Kurzstrohigkeit schon weitgehend entsprach. Dieser Stamm hat ähnlich wie 'Hadm. Qualitas' eine relativ gute Bestockungs- und Beährungsfähigkeit. So sind die Mehrerträge von 20 cm auf 10 cm Reihenabstand ausschließlich eine Folge der um 20–30 ährentragenden Halme je m² erhöhten Bestandesdichte bei nahezu gleichbleibendem Einzelährenertrag. Relativ gering ist der Ertragsabfall bei halber Aussaatstärke. Der deutliche Rückgang der Bestandesdichte wird durch eine wesentlich erhöhte Kornzahl/Ähre und eine geringfügig erhöhte TKM fast ausgeglichen.

2.2. Sommergerste

Für die Auswertung standen 10 Versuche mit der Sorte 'Alsa' und 6 Versuche mit der Sorte 'Astacus' zur Verfügung.
In allen Versuchen, in denen Lager auftrat, zeigt sich, daß durch die Reihenentfernung kein unterschiedlicher Einfluß auf die Standfestigkeit ausgeübt wurde. Deutliche Unterschiede waren aber in Abhängigkeit der Saatstärke zu verzeichnen. Bei halber Saatstärke wurden durchschnittlich um 1,5 bessere Lagerboniturwerte als bei normaler Saatstärke erreicht. Der Einfluß der Reihenweite auf die Kornerträge war bei S.-Gerste im Mittel geringer als bei W.-Weizen. Nur in 6 der insgesamt 16 Einzelversuche erhöhte sich mit verringerter Reihenweite der Kornertrag signifikant. Die Versuche mit gesichertem Mehrertrag bei engerer Reihenweite verteilten sich regellos über die Standorte und Jahre, so daß kein spezifischer Standort- bzw. Jahreswitterungseinfluß vorliegen dürfte.
In den Versuchen ohne gesicherte Mehrleistung bestand jedoch einheitlich die Tendenz der Ertragssteigerung von 20 zu 10 cm Reihenweite, so daß bei der zusammenfassenden Auswertung ein insgesamt geringer, aber gesicherter Mehrertrag nachgewiesen werden konnte (Tab. 3). Die Ertragszunahmen von 20 auf 10 cm Reihenweite erreichten Werte zwischen 1,5 bis 3,0 dt/ha. Eine Verengung der Reihenweite auf 5 cm führt zu keiner weiteren Ertragserhöhung.
Die Mehrleistungen bei verringertem Reihenabstand beruhen fast ausschließlich auf der erhöhten Anzahl ährentragender Halme. Besonders bei der Sorte 'Astacus' mit geringer Bestandesdichte wirkte die engere Reihenweite positiv. Diese Förderung der Bestandesdichte wird aber bei dieser Sorte teilweise durch einen Rückgang der Kornzahl/Ähre und TKM kompensiert.
Die halbe Aussaatstärke hat eine deutliche Erhöhung der Kornzahl/Ähre und der TKM zur Folge, jedoch kann dadurch der Rückgang der Bestandesdichte nicht vollständig ausgeglichen werden, so daß der Ertrag um 3–5 dt/ha zurückging.
Es kann insgesamt eingeschätzt werden, daß die heute angebauten Getreidesorten auf eine bessere Standraumverteilung positiv reagieren. Jedoch scheint das theoretische Optimum, das einer quadratischen Form der Pflanzenverteilung entspricht, nicht unbedingt erforderlich zu sein. Die Pflanzen besitzen bezüglich der Standraumausnutzung durch die Bestockung eine gewisse Re-

Tabelle 3

Einfluß der Reihenweite und Saatstärke auf Kornertrag (dt/ha) und Ertragsstruktur von zwei S.-Gerstensorten ($\bar{x}$ N-Düngung)

Reihenweite cm		Saatstärke 150 kg/ha Ertrag	BD	KZ/Ä	TKM	75 kg/ha Ertrag	BD	KZ/Ä	TKM
		'Alsa'							
20	abs.	34,1	477	18,6	42,9	31,8	402	19,3	45,1
	rel.	100	100	100	100	100	100	100	100
10	rel.	104	104	100	99	104	102	102	99
5	rel.	106	107	98	99	104	103	102	99
GD 5%	rel.	2,6				2,8			
		'Astacus'							
20	abs.	38,2	327	34,4	38,3	33,4	256	38,5	40,6
	rel.	100	100	100	100	100	100	100	100
10	rel.	103	112	99	98	109	107	99	99
5	rel.	104	109	97	98	108	108	98	98
GD 5%	rel.	3,0				3,6			

BD = ährentragende Halme/m², KZ/Ä = Kornzahl/Ähre, TKM = 1000-Korn-Masse in g

gulationsmöglichkeit, so daß eine 10-cm-Reihenentfernung für eine gute Bestandesentwicklung ausreichend sein dürfte.

Zusammenfassung

In dreijährigen Feldversuchen wurde bei Winterweizen an zwei, bei Sommergerste an vier Standorten geprüft, welchen Einfluß die Reihenweite bei unterschiedlicher N-Düngung und Saatstärke auf Standfestigkeit, Ertrag und Ertragsstruktur ausübt. Die beiden je Getreideart geprüften Sorten unterschieden sich in ihrer Reaktionsnorm nicht wesentlich voneinander. Von einer Ausnahme abgesehen ist die Standfestigkeit durch die Reihenweite nicht beeinflußt worden, wohl aber durch die Aussaatmenge und die N-Düngung. Mit einer Reihenweite von 10 cm wurden bei Winterweizen gesichert höhere Erträge (5–7%) als bei 20 cm Reihenweite erzielt. Bei Sommergerste waren die Ertragssteigerungen bei 10 cm Reihenweite etwas geringer (3–5%). Die Reihenweite von 5 cm brachte gleiche Erträge wie der 10-cm-Reihenabstand. Wechselbeziehungen zwischen Reihenweite und N-Düngung bzw. Saatstärke bestanden nicht. Ein Standorteinfluß auf die Wirkung der Reihenweite lag ebenfalls nicht vor. Die Mehrerträge der 10-cm- und 5-cm-Reihe beruhten auf höheren Bestandesdichten bei nahezu gleichbleibendem Einzelährenertrag.

Резюме

В трёхлетних полевых опытах, проведённых с озимой пшеницей в двух, а с яровым ячменём в четырёх местообитаниях, было проверено, какое влияние оказывает ширина междурядий при различном азотном удобрении и разной

густоте посева на неполегаемость, урожай и структуру урожая. По обоим видам было проверено по 2 сорта, которые незначительно различались между собой по реакции. Кроме одного случая, на устойчивость не оказывала влияния ширина междурядий, но влияли норма высева и азотное удобрение. В вариантах с междурядьями в 10 см по озимой пшенице были получены более высокие урожаи (статистически достоверно 5–7%), чем при междурядьи в 20 см.
По яровому ячменю прибавки урожая в варианте с междурядьем в 10 см были несколько ниже (3–5%). В варианте с междурядьями в 5 см были получены такие же урожаи, как при междурядьи в 10 см. Взаимодействий между азотным удобрением или нормой высева и шириной междурядья, не отмечалось. Влияния местопроизростания на действие ширины междурядья тоже не проявлялось. Прибавки урожая в вариантах с шириной междурядья в 10 и 5 см объясняются более густым стеблестоем при почти одинаковом сборе с одного колоса.

Summary

Three-year field experiments were carried out with winter wheat on two sites and with spring barley on four sites in order to find out the effect of the row width on lodging resistance, yield, and yield structure at varied nitrogen fertilization and seed rates. The two varieties that were tested for each grain species did not differ essentially by their reaction norms. With but one exception, lodging resistance was not influenced by the row width. However, it was affected by seed rate and nitrogen fertilization. At a row width of 10 cm, winter wheat produced significantly increased yields (5 to 7%) as compared with 20 cm row width. Spring barley yields increased somewhat less (3 to 5%) at 10 cm row width. At 5 cm row width the yields were equal to those obtained with 10 cm rows. No correlations were found to exist between row width and nitrogen fertilization or seed rate, respectively. The site did also not influence the effect of the row width. The surplus yields obtained in the 5 and 10 cm rows were due to the higher stand density at an almost unchanged yield per ear.

Literatur

BOEKHOLT, K.: Zur Frage der Drillweite im Getreidebau. Z. Acker- u. Pflanzenbau 105 (1958), S. 395–408

HEEGE, J.: Die Gleichstand-, Drill- und Breitsaat des Getreides unter besonderer Berücksichtigung der flächenmäßigen Kornverteilung. KTL-Ber. Landtechn., München-Wolfratshausen, Hellmut-Neureuter-Verl., 1967

HEUSER, W.: Untersuchungen über die Höhe und die Struktur des Ertrages beim Wintergetreide unter dem Einfluß verschiedener Drillweiten. Z. Acker- u. Pflanzenbau 98 (1954), S. 25–52

Anschrift des Verfassers:
Dr. GEORG KRATZSCH
Institut für Getreideforschung Bernburg-Hadmersleben
der Akademie der Landwirtschaftswissenschaften
der Deutschen Demokratischen Republik
4351 Bernburg-Strenzfeld, Mitschurinstr. 22

Tag.-Ber. Akad. Landwirtsch.-Wiss. DDR · Nr. 119 · 1972 · S. 303–305

Sektion Pflanzenproduktion – Lehrkollektiv Getreideproduktion – der Martin-Luther-Universität Halle-Wittenberg

ARNULF BANNEICK

Wirkung verschiedener pflanzenbaulicher Maßnahmen auf die Ertragskomponenten von Winterweizen

Es ist seit langem bekannt und viel diskutiert, daß für den Aufbau eines optimalen Getreidebestandes eine weitaus geringere Saatmenge als gemeinhin angewendet notwendig ist. Kaum beeinflußt von Sortenentwicklung, Fortschritten in der Anbautechnik und wechselndem Düngeraufwand wird beim Winterweizen die unter normalen Bedingungen des Flachlandes, speziell in den Bördelagen der DDR, allgemein übliche Saatmenge von rund 200 kg/ha seit Jahrzehnten angewendet.
Zur Überprüfung der Hypothese, daß unter der Voraussetzung guter Bodenkultur, Einhaltung der agrotechnisch günstigen Termine und höherer N-Düngung die gebräuchlichen Saatmengen zu hoch seien, führten wir auf einem Standort mit humosem Lehm (LPG Prosigk/Kreis Köthen, AZ 85–90, Vorfrucht 1969 Kartoffeln, 1970 Zwiebeln) einen 4-faktoriellen Versuch durch, von dem jetzt 2 Erntejahre vorliegen (1969, 1970). Als Faktoren wählten wir die derzeitige Hauptanbausorte des Sortiments 'Poros' sowie die sowjetische Sorte 'Mironowskaja 808', da diese nach den bisherigen Angaben im Bestockungsvermögen, in der Bestandesdichte und in der Korngröße von den einheimischen Sorten abweicht. Um aus wenigen Varianten eindeutige Unterschiede bekommen zu können, wurde außer der üblichen Saatmenge 200 kg/ha die halbierte Menge (100 kg/ha) eingesetzt. Als praxisübliche Intensivierungsfaktoren kamen je 2 N-Düngungsstufen (80 und 120 kg/ha) und CCC-Stufen (0 und 1,5 kg/ha) hinzu. Die Gesamtgröße des Versuches umfaßte 16 Varianten mit 4 Wiederholungen = 64 Parzellen, Reihenweite 12,5 cm. Die Aussaatmenge wurde für beide Sorten auf der Basis „Kornzahl/ha" errechnet. Es wird vorgeschlagen, auch in der DDR auf die in anderen sozialistischen Ländern bereits übliche Angabe von Saatmengen nach der Kornzahl/ha überzugehen.

Ergebnisse der Untersuchungen

Es wird festgestellt, daß unter günstigen Standortbedingungen 'Mironowskaja 808' gegenüber 'Poros' 30% weniger Bestockungstriebe ausbildet, daß aber in der Zahl der ährentragenden Halme zwischen beiden Sorten kaum signifikante Unterschiede nachzuweisen sind. Die höchste Ertragsleistung wird

bei der Sorte 'Poros' nach 80 kg N + CCC, bei 'Mironowskaja' nach 120 kg N + CCC erreicht. Prinzipiell ist bei den bisher üblichen Winterweizensorten nur bei der Intensivierungskombination „hohe N-Gabe + CCC" die gängige Aussaatmenge von 200 kg/ha beizubehalten. Bei einseitig hohen N-Gaben sollte sie herabgesetzt werden (Lagerverminderung).
'Mironowskaja 808' bildet im Vergleich zu 'Poros' eine um 14% höhere TKM und einen um 14% höheren Einzelährenertrag bei etwas verringerter Kornzahl/Ähre aus. Die gegenüber 'Poros' geringere Zahl tauber Ährchen (basal und apikal) wurde in der Variante 200 kg/ha Aussaatmenge/120 kg N/1,5 kg CCC weiter vermindert. Da bislang bestätigende Ergebnisse fehlen, sollte in exakten Versuchen geprüft werden, ob die für 'Mironowskaja 808' geforderten Saatmengen von 240–280 kg/ha zu wesentlichen Mehrleistungen führen.

Zusammenfassung

Es wird über die Ergebnisse eines 2jährigen Feldversuches (1969, 1970) mit Winterweizen berichtet, der auf humosem Lehm in der Mitte der DDR (Kreis Köthen) mit folgenden 4 Faktoren zur Anlage kam: 2 Sorten ('Poros' und 'Mironowskaja 808'), 2 Saatmengen (200 und 100 kg/ha), 2 N-Düngungsstufen (80 und 120 kg/ha), 2 CCC-Stufen (0 und 1,5 kg/ha). An Hand von ertragsanalytischen Untersuchungen erfolgte eine Gegenüberstellung des Einflusses der einzelnen Anbaumaßnahmen auf die Ertragsgestaltung der beiden Sorten.

Резюме

Сообщается о результатах 2-летнего полевого опыта (1969, 1970) с озимой пшеницей, который был заложен на гумусном суглинке в центральных районах ГДР (район Кётен) для изучения следующих 4 факторов: 2 сорта (Пороз и Мироновская 808), 2 нормы высева (200 и 100 кг/га), 2 уровня азотного удобрения (80 и 120 кг/га), 2 дозы ССС (0 и 1,5 кг/га).
На основании анализа урожайности было проведено сопоставление влияния отдельных агротехнических мер на урожайность обоих сортов.

Summary

A report is given of the results of a two-year field experiment (1969, 1970) with winter wheat conducted on humous loam in the centre of the German Democratic Republic (Köthen district) and including the following four factors: two varieties ('Poros' and 'Mironovskaya 808'), two seed rates (200 and 100 kg

per ha), two levels of nitrogen fertilization (80 and 120 kg per ha), and two levels of CCC application (0 and 1.5 kg per ha).
Yield analysis is used to compare the effect of the various cultural measures on the yield formation of the two varieties.

Anschrift des Verfassers:
Dr. Arnulf Banneick
Sektion Pflanzenproduktion – Lehrkollektiv Getreideproduktion – der Martin-Luther-Universität Halle-Wittenberg
402 Halle/Saale, Ludwig-Wucherer-Straße 79

Tag.-Ber. Akad. Landwirtsch.-Wiss. DDR · Nr. 119 · 1972 · S. 307–312

Institut für Pflanzenschutzforschung Kleinmachnow
der Akademie der Landwirtschaftswissenschaften
der Deutschen Demokratischen Republik

GÜNTER FEYERABEND und LISELOTTE BUHR

Neue Erfahrungen zur Windhalmbekämpfung in Getreide

Als winteranuelle Unkrautart keimt der Windhalm (*Apera spica venti* (L.) P. B.) vorwiegend im Herbst und schließt seinen Entwicklungszyklus in der nächsten Vegetationsperiode ab. Wie die meisten winterannuellen Unkräuter vermag der Windhalm auch im Frühjahr aufzulaufen. Die Lebensdauer der in großer Zahl in den Boden gelangenden Samen nimmt mit zunehmender Bodentiefe zu. In den obersten Bodenschichten beträgt die Lebensdauer der Windhalmsamen nur wenige Monate, in tieferen Schichten dagegen mehr als 1 Jahr. Eine natürliche Keimhemmung nach Samenreife tritt nur kurzfristig auf. Beim Pflügen vor der Einsaat von Wintergetreide werden die lebensfähigen Samen aus diesen tieferen Schichten nach oben gebracht und können keimen.

Von den die Keimung beeinflussenden Umweltfaktoren hat die Feuchtigkeit den größten Einfluß. So tritt der Windhalm als Oberflächenkeimer abhängig von der vorhandenen Feuchtigkeit vorrangig in feuchten bis nassen Lagen auf. Das Optimum der Keimung wird bei 40% der Feldkapazität einerseits und bei Temperaturen von 5–30 °C erreicht. Die Keimung beginnt jedoch schon bei 2 °C (KOCH, 1970).

Innerhalb des Wettbewerbs der Unkräuter untereinander gehört der Windhalm zu denjenigen, die sich des durch die Bekämpfung dikotyler Arten mit Herbiziden frei gewordenen Raumes bemächtigen. So verliert also eine einseitige Bekämpfungsmaßnahme gegen dikotyle Unkräuter an Wert, wenn auf dem gleichen Standort der Windhalm auftritt. Wenn ein herbizider Wirkstoff wiederholt eingesetzt wird, gegen den der Windhalm resistent ist, kann es mit der Zeit zu einer entsprechenden Selektion kommen.

Untersuchungen von HAFNER (1968) sagen über die Konkurrenzkraft einiger Unkräuter in Getreide, daß der Windhalm neben dem Wildhafer, dem Ackerfuchsschwanzgras und dem Ackersenf die stärkste Konkurrenzwirkung aus der Gesamtzahl der getreidetypischen Unkrautarten hat.

Als spezielle Ursachen für das verstärkte Auftreten von *Apera spica venti* (L.) P. B. gelten der Mähdrusch und die damit verbundene Ernteverzögerung. Zur Zeit der Mähdrusch-Ernte sind etwa 95–100% der Samen ausgefallen. Die Fruchtfolge hat erheblichen Einfluß auf die Stärke der Verunkrautung. Für das verstärkte Windhalmauftreten ist die Intensivierung des Getreide-

baues neben veränderten Saat- und Ernteterminen und neben der Herbizidanwendung der wichtigste Grund für die Zunahme.
Da der Windhalm verhältnismäßig eng begrenzte Keimzeiten hat, kann die Stärke seines Auftretens durch die Wahl der Kulturarten beeinflußt werden. Als vorrangiger Herbstkeimer wird er in Fruchtfolgen, die reich an Sommerkulturen sind, höchstens begrenzte Entwicklungsmöglichkeiten finden. In Winterfrüchten ist kein allgemeingültiger Trend bezüglich der Verschiebung der Bestelltermine festzustellen, doch variieren sie insbesondere beim Winterweizen je nach örtlichen Gepflogenheiten erheblich. Gerade das Auftreten des Windhalms, als eines der gefürchtetsten Ungräser in der Winterung, kann durch die Wahl des Saattermines in starkem Maße beeinflußt werden. So ist er in Wintergerste wegen ihres frühen Saattermines meist wesentlich häufiger als in Winterroggen und Winterweizen, in frühgesätem Winterweizen häufiger als in spät gesätem. Nach RADEMACHER (1956) gab sich folgendes Bild für die parallel liegende Ackerfuchsschwanzbekämpfung in Winterweizen:

Pflugfurche 18. 9.
2 × Eggen 28./29. 9,
1 × Eggen vor der Bestellung

Saattermin	Pflanzen/m² am 5. 6. 56
7. 10. 55	37
25. 10. 55	20
15. 11. 55	10

Beim intensiven Anbau von Wintergetreide ist auf Grund der Saatzeit und der Wirkungsweise der für den Windhalm selektiven Herbizide die Gefahr einer verstärkten Verunkrautung gegeben. Die Gefahr ist um so größer, je früher der Saattermin liegt. Wegen der kurzen Lebensdauer seiner Spelzfrüchte kann der Windhalm bei sommergetreidereichen Fruchtfolgen sogar weitgehend ausgerottet werden.
Für die mechanische Unkrautbekämpfung zwischen Ernte und Neubestellung erweist sich die Stoppelbearbeitung (Schälen, Fräsen oder Scheibenegge) als brauchbar zur Vernichtung der Windhalmsamen. Wird dagegen nach der Ernte sofort tief gepflügt und auf jede weitere Bearbeitung bis zu den Bestellungsmaßnahmen im nächsten Frühjahr verzichtet, entwickelt sich der Windhalm so, daß eine Vernichtung zur Neueinsaat problematisch wird. Eine Egge in der Zeit von der Keimung bis zum 2-Blatt-Stadium des Windhalms vernichtet etwa 60–80% der Windhalmpflanzen.
International werden z. Z. zur Windhalmbekämpfung verwendet:

Wirkstoffgruppe	*Wirkstoff*
Triazine	Simazin + Methoprotryn
	Terbutryn
Harnstoffderivat	Fluormeturon
	Buturon
	Neburon

Wirkstoffgruppe	*Wirkstoff*
Harnstoffderivat	Metoxuron
	Methabenzthiazuron
	Chlortoluron
Carbamate	Triallat
Diphenyläther	Nitrofen
weitere Herbizide	Brompyrazon + Tricuron

In den letzten Jahren führte unser Institut in Zusammenarbeit mit den Pflanzenschutzämtern zahlreiche Versuche zur Windhalmbekämpfung durch. Dabei wurde die Herbizidanwendung im Herbst mit der im Frühjahr verglichen. Im allgemeinen erwies sich der Einsatz der Herbizide kurz nach der Saat der Wintergetreidearten als günstiger. Jedoch in dem trockenen Herbst 1969 hatten die Herbizide nur eine geringere Wirkung als in den anderen Jahren.
Wie die Tabelle 1 zeigt, verringert sich die Zahl der Windhalmhalme bei allen geprüften Herbiziden um mehr als 90%. Lediglich Triallat hatte eine etwas

Tabelle 1

Windhalmbekämpfung in Winterweizen
Herbizidanwendung im Herbst 1969

Ver-suchs-ansteller	Bodenart und Bodenzahl		Kontrolle Halme/m²	Verringerung der Windhalme auf %				
				Prometryn + Simazin 1,0–1,5 kg/ha	W 6759 12,0–15,0 kg/ha	W 6761 12,0–15,0 l/ha	Monolinuron 2,0–2,5 kg/ha	Triallat 3,0–3,5 l/ha
8	sL	40	453	8,6	2,2	3,1	2,6	12,6
9	sL	35	100	0,0	26,0	5,0	1,0	2,0
11	lS	34	99	2,0	8,1	8,1	0,0	24,2
12	sl	50	11	0,0	0,0	0,0	0,0	0,0
13	sL	55	24	16,7	25,0	4,2	0,0	4,2
$\bar{x}$	mittlere Böden		137	5,8	7,3	4,4	2,2	12,4
14	Lö	46	11	18,2	4,5	0,0	18,2	18,2

schwächere Wirkung. Die meisten zur Windhalmbekämpfung in Wintergetreide verwendeten Herbizide besitzen außerdem eine mittlere bis gute Wirkung gegen annuelle dikotyle Unkräuter. Nach Einsatz dieser Herbizide ist es im allgemeinen nicht mehr nötig, im Frühjahr noch einmal ein Herbizid anzuwenden.
Aus der Tabelle 2 ist ersichtlich, daß die verwendeten Herbizide bis auf Monolinuron die Weizenkornerträge nicht negativ beeinflussen. Außerdem senkte W 6759 an einem Versuchsort den Kornertrag signifikant. Die Versuchsparzellen wurden unkrautfrei gehalten, um den Einfluß der Herbizide auf die Kulturpflanze besser feststellen zu können. Im geringsten Fall kann ein Herbizid unter diesen Umständen Ertragsgleichheit mit der unbehandelten, aber von Anfang an unkrautfreien Variante erreichen.

Tabelle 2
Windhalmbekämpfung in Winterweizen
Herbizidanwendung im Herbst 1969
– Kornertrag –

Versuchsansteller	Bodenart und Bodenzahl	Kontrolle dt/ha	Kornertrag (rel.) Prometryn + Simazin 1,0–1,5 kg/ha	W 6759 12,0–15,0 kg/ha	W 6761 12,0–15,0 l/ha	Monolinuron 2,0–2,5 kg/ha	Triallat 3,0–3,5 l/ha
5b	lS–sL 30	38,2	91,0	83,0^{-}	96,0	64,0^{-}	96,0
11	lS 36	46,3	89,4	92,0	85,4	87,4	84,3
12	sL 50	27,5	113,5	101,8	98,4	80,4	113,5
14	sl 46	25,2	100,0	93,0	93,0	93,0	97,0
$\bar{x}$	mittlere Böden	34,3	101,4	96,5	97,3	85,1^{-}	100,2
5a	L 50	32,2	91,0	91,0	96,0	75,0	100,0
8	L 94/98	52,9	107,8	103,0	100,6	109,1	104,4
9	LT 58	54,1	90,8	101,5	103,1	100,0	100,0
13	L 94	47,9	103,9	103,0	104,3	98,6	106,5
$\bar{x}$	schwere Böden	46,8	98,9	100,6	101,4	97,2	102,9

GD 5% = 3,95%

Bei Wintergerste wurden etwa gleich gute Ergebnisse erzielt (Tab. 3). Zwar liegen die Abtötungserfolge bei der Prometryn-Simazinkombination sowie bei Nitrofen + Neburon nur bei 85%. Jedoch sind die Unterschiede zu den übrigen Präparaten nicht zu sichern.
In den in Tabelle 4 aufgeführten Versuchen beeinflußte keines der geprüften Herbizide den Ertrag negativ. Die Versuche wurden im Herbst 1970 fortgesetzt.

Tabelle 3
Windhalmbekämpfung in Wintergerste
Herbizidanwendung im Herbst 1969

Versuchsansteller	Bodenart und Bodenzahl	Kontrolle Halme/m²	Verringerung der Windhalme auf % Prometryn + Simazin 1,0–1,5 kg/ha	W 6759 12,0–15,0 kg/ha	Tricuron + Brompyrazon 2,5–3,0 kg/ha	Metabenzthiazuron 3,0 kg/ha	Nitrofen + Neburon 3,0–6,0 kg/ha
2	sL 35	77	31,2	10,4	18,2	11,7	26,0
6	lS 28	39	15,4	10,2	10,2	12,8	–
7		87	2,3	3,4	3,4	3,4	–
8	Sl	66	19,7	3,0	7,6	4,5	18,2
9	sL 30	14	14,3	7,1	64,3	21,4	7,1
13	sL 54	7	28,6	14,3	28,6	14,3	0,0
14	sl 58	17	11,8	5,9	0,0	0,0	5,9
$\bar{x}$		44	15,9	6,8	11,4	6,8	15,9

Tabelle 4
Windhalmbekämpfung im Herbst 1969
– Kornertrag –

Versuchsansteller	Bodenart und Bodenzahl		abs. Kontrolle dt/ha	Kornertrag (rel.) Prometryn + Simazin 1,0–1,5 kg/ha	W 6759 12,0–15,0 kg/ha	Tricuron + Brompyrazon 2,5–3,0 kg/ha	Metabenzthiazuron 3,0 kg/ha	Nitrofen + Neburon 3,0–6,0 kg/ha
2	sL	45	19,2	105,0	126,0	103,0	105,0	127,0
6	lS	28	21,0	99,5	98,1	98,6	115,2	–
12	SL	40	48,5	103,1	110,3	100,0	105,6	110,3
$\bar{x}$ (3 Versuche)			29,6	102,7	110,1	100,3	107,8	115,4
8	L	96	46,7	100,0	96,0	98,0	98,0	94,0
9	LT	50	40,0	91,6	100,0	102,1	97,9	106,2
$\bar{x}$ (2 Versuche)			43,4	95,8	97,7	99,5	97,7	99,8

GD 5% = 6,4%

Zusammenfassung

In den letzten Jahren breitete sich der Windhalm im Wintergetreide stärker aus. Keimungsbiologie und Verbreitungsursachen dieses Ungrases werden besprochen. Nach den Möglichkeiten der mechanischen Bekämpfung werden die im internationalen Maßstab gegen den Windhalm eingesetzten Herbizide aus den Gruppen der Triazine, Harnstoffe, Carbamate und Diphenyläther sowie weiterer Verbindungen genannt. Einige Ergebnisse von in der DDR durchgeführten Windhalmversuchen werden vorgestellt.

Резюме

За последние годы сильнее распространилась среди озимых зерновых культур метлица обыкновенная. Обсуждаются биология прорастания и причины распространения этого сорняка. Кроме возможностей механической борьбы с этим сорняком перечисляются гербициды групп триазинов, мочевины, карбаматов и дефенилэфиров, а также другие соединения, которые применяются в международном масштабе. Излагаются некоторые результаты проведённых в ГДР опытов по борьбе с метлицей обыкновенной.

Summary

In recent years silky bent grass spread more strongly in winter grain stands. Germination biology and the causes of spread of this weed are discussed. The possibilities of mechanical control and the herbicides of the groups of triazines, ureas, carbamates, and diphenyl ethers as well as of other compounds that are used on an international scale to control silky bent grass are mentioned. Some results of experiments on silky bent grass control that were conducted in the GDR are presented.

Literatur

HAFNER, K.: Zum Einfluß verschieden starker Konkurrenz von *Sinapis alba* bzw. *Galium aparine* auf das Getreide. Z. Pflanzenkrankh., Sonderh. 4, 1968, S. 75–77

KOCH, W.: Unkrautbekämpfung. Stuttgart, Verl. E. Ulmer, 1970, 342 S.

RADEMACHER, B.: Zur Ackerfuchsschwanzbekämpfung. Württ. Wochenbl. Landwirtsch. 123 (1956), S. 1254–1255

Anschrift der Verfasser:

Dr. GÜNTER FEYERABEND und Diplomlandwirt LISELOTTE BUHR
Institut für Pflanzenschutzforschung Kleinmachnow
der Akademie der Landwirtschaftswissenschaften
der Deutschen Demokratischen Republik
1532 Kleinmachnow, Stahnsdorfer Damm 81

Tag.-Ber. Akad. Landwirtsch.-Wiss. DDR · Nr. 119 · 1972 · S. 313–321

Institut für Getreideforschung Bernburg-Hadmersleben
der Akademie der Landwirtschaftswissenschaften
der Deutschen Demokratischen Republik

HANSGEORG STEIKHARDT

Probleme des Körnermaisanbaues

Die in den letzten Jahren in unserer Republik durchgeführten Parzellen- und Betriebsgroßversuche bestätigen, daß Körnermais unter geeigneten Bedingungen in der Lage ist, hohe Erträge zu liefern und dazu beitragen wird, den Bedarf an Getreide in steigendem Maße mit zu decken.
Um vom Körnermais jedoch maximale Erträge zu erreichen, bedarf es weiterer Arbeiten, die besonders die Sortenfrage, den Einsatz von Intensivierungsmitteln und die Trocknung des Erntegutes klären. Meine Ausführungen sollen einige Probleme aufzeigen, die zur Zeit in unserem Institut bearbeitet werden mit dem Ziel, den Körnermaisanbau zu einem integrierenden Bestandteil der Getreideproduktion zu machen.

1. Zur Sortenfrage

In den klassischen Maisländern, die sich bekannterweise in südlicheren Breiten befinden, werden nur mittelspäte und späte Formen gezüchtet, die den Klimabedingungen und Vegetationszeiten dieser Länder angepaßt sind. Leistungsfähige mittelfrühe Sorten, die unter unseren Umweltbedingungen gute Erträge bringen, wurden bisher nur in Ländern bearbeitet, die ähnliche klimatische Verhältnisse wie unsere Republik aufweisen, wie z. B. Frankreich, Bundesrepublik, Holland und England. Aus diesem Grunde ist die Körnermaisproduktion der DDR z. Z. nahezu vollständig auf Saatgutimporte angewiesen. Auf die Dauer jedoch kann unser Körnermaisanbau nicht von Sorten aus kapitalistischen Staaten abhängig gemacht werden. Deshalb wird in Kooperation mit der Sowjetunion, der VR Ungarn und der SR Rumänien in unserem Institut versucht, schnellstmöglich leistungsstarke mittelfrühe Sorten zu erstellen.
Daß es unserer Abteilung Maiszüchtung in jahrelanger Arbeit gelungen ist, jetzt Formen zu entwickeln, die die bisherige Spitzensorte 'INRA 200' ertragsmäßig und auch in anderen Eigenschaften übertreffen, zeigt die Tabelle 1. Es ist nach einer zügigen Vorvermehrung dieses Materials damit zu rechnen, daß in absehbarer Zeit eigene Züchtungen für den praktischen Anbau zur Verfügung stehen.

Tabelle 1

Vergleich von Körnermais-Neuzüchtungen mit 'INRA 200' (Mittel aus 2 Jahren, Bonituren 1–9)

	Jugend-entwicklung	Ver-zweigung	Stand-festigkeit	% TS i. Korn	Korn-ertrag rel.
'INRA 200'	3	2	2	65	100 (74,7 dt/ha)
St. 1.	2	2–3	2 +	67	120
St. 2.	2	3	1–2	67	116
St. 3.	2	2–3	1–2	67	113
St. 4.	2	2	1–2	66	109

2. Pflanzenzahl pro Hektar

Die südlichen Maisländer arbeiten mit wüchsigeren bzw. spätreiferen Sorten und deshalb mit Beständen von 40000 bis 60000 Pflanzen pro Hektar. Ähnliche Bestandeszahlen wurden in den ersten Jahren des Maisanbaues auch für unser Territorium empfohlen. Die modernen mittelfrühen Hybridsorten mit aufrecht sitzenden Kolben und teilweise auch mehr oder weniger aufrecht stehenden Blättern führten jedoch zwangsläufig zu einer nochmaligen Überprüfung dieser Pflanzenzahlen unter unseren Anbaubedingungen. Die Ergebnisse stellen unter Beweis, daß höhere Pflanzenzahlen als 40000 bis 60000 allgemein bessere Erträge bringen (Tab. 2).

Tabelle 2

Relative Körnermaiserträge bei unterschiedlichen Pflanzenzahlen und verschiedenem Witterungsverlauf

Witterung	Pflanzenzahl/ha i. T. 60	80	100
Schwach humoser Sand			
gleichmäßige Niederschlagsverteilung	100	121	110
feuchter Sommer, trockener Herbst	100	110	115
trockener Sommer, feuchter Herbst	100	99	92
Mittel	100	110	105
Lößlehm			
1	100	111	110
2	100	107	110
3	100	103	101
Mittel	100	108	106

Tabelle 2 läßt den Einfluß des Witterungsverlaufes auf das Abschneiden verschiedener Pflanzenzahlen erkennen. Auf Sandboden sind bei einer gleichmäßig verteilten und ausreichenden Niederschlagsversorgung mit 80000 Pflanzen die besten Erträge erzielt worden. Bei einem feuchten Sommer wurden auch mit 100000 Pflanzen/ha gute Leistungen erreicht. Bei Trockenheit waren jedoch die geringeren Pflanzenzahlen ertragreicher.

Auf besseren Böden ergab sich keine so große Abhängigkeit der Erträge von den Bestandesdichten während der einzelnen Jahre. Doch brachten Pflanzenzahlen von 80000 bis 100000 auf derartigen Standorten die höchsten Erträge. Die Ergebnisse eines in Herzberg (Bez. Cottbus) durchgeführten Versuches bestätigten zunächst diese Feststellungen. Sie lassen darüber hinaus die Auswirkung der Bewässerung auf die Ertragsbildung verschiedener Bestandeszahlen erkennen (Tab. 3). Die Kombination Pflanzenzahl und Wasser hatte Mehrerträge von 25 bis 33% zur Folge. Der Rohproteinertrag stieg um 14 bis 17% an. Der Gehalt an Rohprotein ging bei Beregnung um etwa 0,5% zurück.

Tabelle 3

Körnermaiserträge bei unterschiedlichen Pflanzenzahlen sowie ohne und mit Beregnung (Herzberg)

Pflanzenzahl/ha	Korn dt/ha	rel.	rel.	Rohprotein im Korn % i. TS	dt/ha	rel.	rel.
unberegnet							
40000	55,5	100		12,6	6,0	100	
60000	58,0	104		12,1	6,0	100	
80000	61,3	110		12,1	6,4	107	
beregnet							
40000	63,8	100	115	11,9	6,5	100	108
60000	69,2	109	125	11,5	6,9	106	115
80000	73,7	115	133	11,2	7,1	109	118

In Tabelle 4 sind einige Ertragskomponenten der verschiedenen Maisbestände aufgeführt worden. Mit zunehmender Pflanzenzahl war ein leichter Rückgang der Kornzahl pro Kolben und eine Verringerung der TKM vorhanden. Eine zusätzliche Beregnung wirkte sich vor allem positiv auf die Kornzahl pro Kolben und auch auf die TKM aus.

Tabelle 4

Ertragskomponenten des Körnermaises bei verschiedenen Pflanzenzahlen/ha sowie ohne und mit Beregnung

Pflanzenzahl/ha	Kolbenzahl T/ha	Kornzahl j. Kolben	TKM g
unberegnet			
40 000	50	416	307
60 000	62	408	285
80 000	76	389	268
beregnet			
40 000	55	423	312
60 000	63	431	292
80 000	75	428	276

3. Stickstoffdüngung

Im Getreidebau ist bekannterweise bisher der Stickstoffeinsatz wegen Lagergefahr begrenzt. Körnermais ist zwar standfester als Getreide, doch haben zahlreiche Prüfungen ergeben, daß auch Körnermais sehr hohe N-Gaben oft

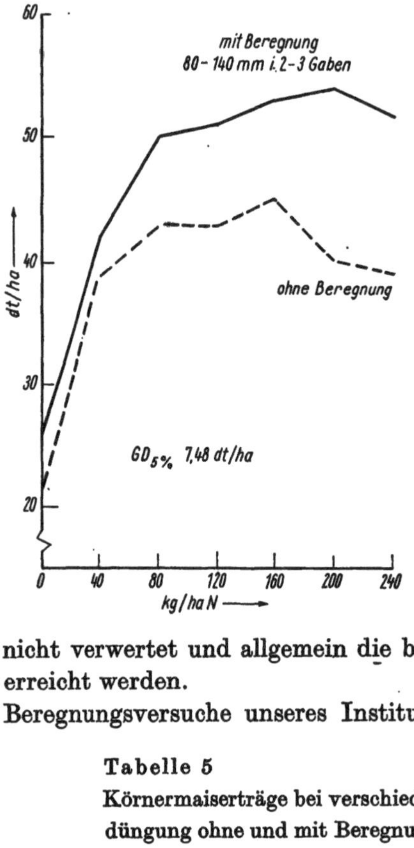

N-Steigerung und Beregnung zu Körnermais (Herzberg 1966–68)

nicht verwertet und allgemein die besten Kornerträge mit 80 bis 120 kg/ha N erreicht werden.

Beregnungsversuche unseres Institutes stellen jedoch unter Beweis, daß die

Tabelle 5
Körnermaiserträge bei verschiedener Stickstoffdüngung ohne und mit Beregnung (Herzberg)

N kg/ha	Korn dt/ha	rel.	Rohprotein im Korn % i. TS	dt/ha	rel.
unberegnet					
0	34,5	100	7,7	2,3	100
60	46,3	134	10,4	4,1	178
120	53,7	156	12,0	5,5	239
180	55,7	161	11,5	5,5	239
beregnet					
0	33,9	100	8,8	2,6	100
60	66,4	196	9,0	5,1	196
120	68,8	203	11,2	6,6	254
180	72,0	212	11,2	6,9	265

Ertragsleistung des Maises höher liegt und auch die Stickstoffverwertung bis 200 kg/ha N reichen kann.
Ein im Jahre 1970 durchgeführter Versuch (Tab. 5) zeigt, daß Stickstoff den Rohproteingehalt im Maiskorn erhöht und damit über den steigenden Kornertrag weiterhin den Eiweißertrag verbessert. Die Beregnung führt wiederum zu einer günstigeren Ausnutzung des Stickstoffs, wie die relativen Ertragswerte beweisen.
Aus Tabelle 6 geht nochmals hervor, daß die besseren Ertragsleistungen des Körnermaises bei Beregnung insbesondere durch vermehrte Kornzahlen je Kolben und größere TKM zustandekommen. Der Stickstoff wirkte sich ebenso aus. Er erhöhte sowohl die Kolbenzahl/ha als auch die Kornzahl pro Kolben und die TKM.

Tabelle 6

Ertragskomponenten des Körnermaises bei Beregnung und Stickstoffdüngung

	Kolbenzahl T/ha	Kornzahl j. Kolben	TKM g
unberegnet	62	400	285
beregnet	64	425	292
80 kg/ha N	62	395	273
160 kg/ha N	64	408	288

Die Auswirkung des Stickstoffs auf die Ertragsbildung verschiedener Bestandesdichten zeigt Tabelle 7. Stickstoff vermochte die Ertragssteigerung durch die höhere Pflanzenzahl sowohl im Kornertrag als auch im Rohproteinertrag positiv zu beeinflussen. Die relativen Ertragsverbesserungen sind bei 80000 Pflanzen mit den höheren Stickstoffgaben größer als bei 40000 Pflanzen. Daraus läßt sich folgern, daß höhere Pflanzenzahlen hohe N-Gaben besser nutzen.

Tabelle 7

Körnermaiserträge unterschiedlicher Pflanzenzahlen/ha bei verschiedenen Stickstoffgaben (Herzberg)

N in kg/ha	40000 Pflanzen/ha Korn rel.	Rohprot. i. Korn % i. TS	Rohprot. i. Korn rel.	80000 Pflanzen/ha Korn rel.	Rohprot. i. Korn % i. TS	Rohprot. i. Korn rel.
100 rel. = dt/ha	52,6	–	5,2	56,2	–	5,2
80	100	11,5	100	100	10,8	100
160	103	12,6	112	110	12,0	121
240	107	12,7	118	113	12,8	135

4. Verwertung des Körnermaisstrohes

Getreidestroh wird wegen seines geringeren Futterwertes weniger beachtet. Das Stroh des Körnermaises besitzt dagegen einen verhältnismäßig hohen Nährstoffgehalt.

Tabelle 8

Nährstoffgehalte von Getreidestroh (in % des Strohs)

Strohart	Rohnährstoffe				VC		verdauliche Nährstoffe	
	Roh-protein	Roh-fett	Roh-faser	NFE	Org. Subst.	Roh-protein	Roh-protein	StW
Mais	7	2	25	41	60	44	1,9	32,4
Mais, weniger gut	5	2	35	39	47	37	1,8	17,9
Hafer	3	1	41	39	48	30	0,8	18,0
Sommergerste	4	2	37	40	48	30	1,1	19,0
Roggen	2	1	43	39	47	24	0,6	16,0
Weizen	2	1	34	42	42	20	0,4	12,8
Maisstroh-Gärfutter	3	1	9	14	60	44	1,2	13,1
Wiesenheu, mittl.	9	2	27	41	60	58	5,5	32,1

Sauber geworbenes Maisstroh kommt im Stärkewert mittlerem Wiesenheu gleich. Daraus ergeben sich 3 Konsequenzen:

1. Betriebe, die Körnermais anbauen, sollten neben Hafer- oder Gerstenstroh primär das Stroh des Maises verwerten.
2. Der Wert des Körnermaises hinsichtlich des Nährstoffertrages wird durch die Verwertung des Maisstrohes noch höher.
3. Die Verwertung des Körnermaisstrohs in der Fütterung (in Form von Saftfutter) trägt in Körnermais anbauenden Betrieben zur Schließung der Futterlücke bei.

Welche Nährstoffbilanzen sich unter Berücksichtigung der Strohernte und -verwertung ergeben, zeigt eine Kalkulation am Beispiel des VEG Reuden-Dubrau, in dem über 4 Jahre lang Körnermais und Getreide ertragsmäßig miteinander verglichen worden sind.

Tabelle 9

Nährstofferträge für Körnermais und Getreide unter Berücksichtigung des Strohes (4 Jahre, VEG Reuden-Dubrau, Kalkulation, dt/ha)

	Körnermais			Sommergetreide		
	Masse	v. Roh-protein	StW	Masse	v. Roh-protein	StW
Korn	41,2	3,0	34,0	25,9	2,1	17,6
Stroh-Aufwuchs	47			32		
-Ernte	33	0,6	10,7	28	0,3	5,2
Gesamtertrag		3,6	44,7		2,4	22,8
Gesamt rel.		100	100		67	51

Durch die Einbeziehung des Maisstrohes in die Nährstoffbilanz verbessert sich der Stärkewertertrag in diesem Beispiel um 10 dt/ha beim Körnermais und um 5 dt/ha beim Sommergetreide. Der absolute Nährstoffertrag von der Flächeneinheit erhöht sich merkbar.

Maisstroh eignet sich kaum zur Direktverfütterung und läßt sich wegen seines mittleren Feuchtigkeitsgehaltes nicht lagern. Deshalb muß siliert werden, was wegen der Sperrigkeit des Strohes nur im gehäckselten Zustand und wegen seiner mäßigen Feuchtigkeit am besten mit Grünfutterstoffen geschieht, die zur Zeit der Strohernte zur Verfügung stehen (Rübenblatt, Stoppelfrüchte). Diese Art der Verwertung setzt allerdings eine nicht zu späte Körnermaisernte und vor allen Dingen eine saubere Aufnahme des Strohes voraus.

Zusammenfassung

1. Es wurde über Neuzuchtmaterial berichtet, das bessere Erträge als die Spitzensorte 'INRA 200' bringt und den Körnermaisanbau in der DDR von Saatgutimporten aus dem kapitalistischen Ausland zukünftig unabhängig machen wird. 2. Als optimale Pflanzenzahlen unter unseren Umweltbedingungen haben sich auf besseren Böden 80000 bis 100000/ha Pflanzen und auf leichteren Standorten je nach Feuchtigkeitsversorgung 60000 bis 80000 Pflanzen erwiesen. 3. Beregnung unterstützt die Ertragsbildung höherer Pflanzenzahlen auf der Flächeneinheit. 4. Der bessere Kornertrag höherer Pflanzenzahlen kam durch den vermehrten Aufwuchs von Kolben zustande; die Kornzahl pro Kolben und insbesondere die TKM gingen leicht zurück. 5. Das Optimum der Stickstoffdüngung im Körnermaisanbau lag bei 80 bis 120 kg/ha N. Durch Beregnung ließ sich jedoch die Ertragsfähigkeit des Körnermaises weiter erhöhen, und der Stickstoffeinsatz bis 200 kg/ha N erscheint noch lohnend. 6. Stickstoff erhöhte den Rohproteingehalt im Maiskorn um 2 bis knapp 4 Prozent und verbesserte über den höheren Rohproteingehalt und den gesteigerten Kornertrag den Rohproteinertrag. 7. Stickstoff und Beregnung erhöhten sowohl die Kornzahl pro Kolben als auch die TKM. Größere Pflanzenzahlen nutzten den Stickstoff besser aus als geringere Bestandesdichten. 8. Körnermaisstroh besitzt höhere Nährstoffgehalte als das Stroh der anderen Getreidearten. Seine Bergung gewährleistet einen Zusatzertrag in Höhe von 10 dt StW pro Hektar. Aus diesem Grunde sollte es zukünftig bei entsprechenden technischen Lösungen vor dem übrigen Getreidestroh vorrangig in der Futterwirtschaft Verwendung finden.

Резюме

1. Было сообщено о новом селекционном материале, дающем более высокие урожаи, чем наилучший сорт Инра 200 и позволяющем сделать ГДР в будущем независимой от импорта посевного материала из капиталистических стран. 2. В наших климатических условиях на более хороших почвах оптимальным числом растений оказалось 80000–100000 растений,

а на легких почвах в зависимости от увлажнения 60000–80000 растений. 3. Полив дождеванием способствует формированию урожая у более высокого числа растений на единицу площади. 4. Более высокий сбор зерна от большего числа растений был получен за счет формирования большего числа початков; число зерен в одном початке и особенно вес 1000 семян несколько сократились. 5. Оптимальные дозы азотного удобрения кукурузы на зерно составляли 80–120 кг азота на га. Однако за счет дождевания урожайность кукурузы на зерно удавалось повысить, и в этом случае выгодным оказывается внесение до 200 кг азота на га. 6. Азот увеличивал содержание сырого протеина в зерне кукурузы на 2–4% и приводил за счет этого, а также за счет увеличения сбора зерна к росту сбора сырого протеина. 7. Азот и дождевание увеличивали как число зерен в одном початке, так и вес 1000 семян. Более высокое число растений лучше использовали азот, чем менее густые посевы. 8. Солома кукурузы на зерно содержит больше питательных веществ, чем солома других видов зерновых. Сбор соломы обеспечивает дополнительный урожай 10 крахмальных эквивалентов на га. Поэтому в будущем кукурузной соломе следует отдавать предпочтение при использовании на корм перед другими видами соломы.

Summary

1. A report is given of newly bred material that produces higher yields than the top variety 'INRA 200' and that, in the future, will render GDR grain maize production independent of seed imports from capitalist countries. 2. Some 80,000 to 100,000 plants per ha on the better soils and, depending on the moisture supply, 60,000 to 80,000 plants per ha on the lighter ones proved to be the optimal stand densities. 3. Sprinkler irrigation promotes the yield formation in case of larger plant numbers per unit area. 4. The higher grain yield in case of increased stand density was due to the increased number of cobs. The number of grains per cob and above all the thousand-grain weight declined somewhat. 5. The optimum of nitrogen fertilization for grain maize production was found to be between 80 and 120 kg N per ha. However, sprinkler irrigation helped to further increase the yielding capacity of grain maize, so that the application of up to 200 kg N per ha seems to be still justified. 6. Nitrogen fertilization raised the crude protein content of the maize grains by 2 to 4 per cent and improved the crude protein yield via a higher crude protein content and increased grain yield. 7. Nitrogen fertilization and sprinkler irrigation raised both the number of grains per cob and the thousand-grain weight. Nitrogen utilization was better in case of high stand density than at lower ones. 8. Grain maize straw contains more nutrients than the straw of the other grain species. If grain maize straw is harvested, an additional yield of 10 dt

starch equivalent will be secured per ha. For that reason this straw should be preferred to the other kinds of straw for use in animal feeding, provided the technological problems will be solved.

Anschrift des Verfassers:
Prof. Dr. sc. agr. Hansgeorg Steikhardt
Institut für Getreideforschung Bernburg-Hadmersleben
der Akademie der Landwirtschaftswissenschaften
der Deutschen Demokratischen Republik
4351 Bernburg-Strenzfeld, Mitschurinstraße 22

Tag.-Ber. Akad. Landwirtsch.-Wiss. DDR · Nr. 119 · 1972 · S. 323–331

Forschungszentrum für Bodenfruchtbarkeit Müncheberg
der Akademie der Landwirtschaftswissenschaften
der Deutschen Demokratischen Republik

REIMAR HERZOG

Zu einigen Fragen der Bodenbearbeitung im Getreidebau

Zur Erreichung hoher und stabiler Getreideerträge ist neben einer hohen Ackerbaukultur der Ersatz empirischer Anschauungen durch exakte Kenntnis der Ansprüche der einzelnen Getreidearten bzw. -sorten an physikalische und chemische Bodeneigenschaften eine Grundvoraussetzung für deren Realisierung mit differenzierten ackerbaulichen Methoden auf unterschiedlichen Standorten.

In der Vergangenheit wurde die Bodenbearbeitung zu Getreide vielfach noch schematisch und ohne ausreichende Differenzierung in Tiefe und Intensität nach Bodenzustand, Vorfrucht, Standort und Getreideart durchgeführt. In den letzten Jahren besteht dagegen eine eindeutige internationale Tendenz zur Rationalisierung der Bodenbearbeitung bei gleichzeitiger Qualitätsverbesserung. Eine erhebliche Schwierigkeit besteht allerdings derzeit durch das Fehlen einfacher, reproduzierbarer Meßmethoden zur Charakterisierung der wichtigsten Bodeneigenschaften in der Praxis, ohne die eine objektive Analyse des vorliegenden Bodenzustandes und des Arbeitseffektes nach der Bearbeitung nicht möglich ist. Derartige Messungen können prognostisch zur Grundlage für optimale Werkzeugzusammenstellungen weiterentwickelt werden, wobei exakte Einsatzrichtlinien nach ermittelten Meßwerten das zu erstrebende Ziel darstellen.

Verbindliche, detaillierte Einsatzrichtlinien lassen sich aus den genannten Gründen vorläufig nur bedingt geben, da mit der Ausarbeitung von ackerbaulichen Normativen erst begonnen wurde, in denen die aus Versuchsergebnissen abgeleiteten Parameter laufend weiter ergänzt werden. Beim Einsatz der jeweiligen Werkzeugkombinationen sollte bedacht werden, daß der physikalische Bodenzustand nach der Saat nicht mehr zu korrigieren ist und daher bereits das Optimum darstellen muß.

1. Bodenbearbeitung zu Wintergetreide

Für eine nach Tiefe und Intensität differenzierte Bodenbearbeitung in der Fruchtfolge ist Getreide besonders geeignet. Darüber hinaus ist die Einhaltung optimaler Saattermine bei Wintergetreide entscheidend für ausreichende Vor-

winterentwicklung und hohen Ertrag, vor allem nach ungünstigen Vorfrüchten und bei unbefriedigendem Struktur- und Nährstoffzustand des Bodens. Die bessere Qualität und Termineinhaltung wird durch Einführung und hohe Auslastung leistungsfähiger Technik erleichtert.
Zur Vermeidung eines hohen Radspuranteils sollte die Saatbettbereitung in großer Arbeitsbreite in einem Arbeitsgang erfolgen, wobei zur Erzielung der erforderlichen Saatbettqualität und zur Realisierung der Pflanzenansprüche mehrere Werkzeugeffekte (z. B. Einebnen, Verfestigen, Krümeln) kombiniert werden können. Die Homogenität des Saatbereiches ist für ein ungestörtes Pflanzenwachstum wichtiger als die schematische Herstellung bestimmter Dichtebereiche.
Außer der Bearbeitung haben bei den Wintergetreidearten auch die differenzierten Wirkungen des Bodenfrostes erheblichen Einfluß auf die Lagerungsverhältnisse, so daß je nach Winterwitterung sowohl eine leichte Vergrößerung des Porenvolumens durch Auffrieren als auch eine Verminderung durch starke Schneeauflagen und Verschlämmungen berücksichtigt werden müssen.

1.1. Wintergerste

Bei Wintergerste ist eine hohe Ackerkultur (z. B. Nährstoff-, Reaktions- und Strukturzustand, Termineinhaltung) besonders entscheidend. Nach Erbsen, Raps, Frühkartoffeln und Futterkulturen ist das exakte Unterbringen von Pflanzenrückständen wichtig für eine hohe Saatbettqualität, gleichzeitig werden dadurch schädigende Hemmeffekte am keimenden Saatgut durch die sich zersetzenden Pflanzenteile vermieden. Eine intensive Vermischung verhindert die konzentrierte Einlagerung von Pflanzenresten und Mineraldünger und die Entstehung unerwünschter Hohlräume im mittleren Krumenbereich, die das Absetzen vor allem auf bindigen Böden verzögern und das Wurzelwachstum negativ beeinflussen.
Da die genannten Vorfrüchte den Boden allgemein in gutem Strukturzustand (nach Leguminosen und Raps auch tiefe Durchwurzelung) hinterlassen, kann an Bearbeitungstiefe und -intensität eingespart werden, wenn Fahrspuren und Bodenpressungen bei der Ernte vermieden wurden. Nach 6 ... 8 cm tiefer ein- oder mehrmaliger Mulchbearbeitung zum Stoppel- und Stroheinmischen, die auch der Bekämpfung phytopathogener Erreger dient (je nach Unkraut- und Strohbesatz mit Schar- oder Scheibenschälpflug), und durch Saatfurche auf 18 ... 20 cm Tiefe mit Krümelwalze kann ein befriedigendes Saatbett geschaffen werden. Durch differenzierte streifen- oder schichtweise Verfestigung kann im Bereich der Saatgutablage eine geringfügig höhere Dichte (z. B. 41 ... 44% PV auf Tieflehmfahlerde) als in der oberen Schicht (46 ... 49% PV) erreicht werden, während unter dem Saatgut eine Lockerheitsreserve (43 ... 46% PV) erhalten bleiben sollte, damit den Pflanzen nach dem Absetzen und evtl. Verschlämmen über Winter noch genügend Sauerstoff für ein

optimales Wurzelwachstum zur Verfügung steht. Eine Verfestigung darf jedoch keine zu tiefe Auflockerung korrigieren, sondern es ist dann von vornherein flacher zu pflügen (Tab. 1).

Tabelle 1

Einfluß von Pflugtiefe und Packereinsatz auf den Ertrag von Wintergerste auf Tieflehmfahlerde

Bearbeitung	% PV in 5 . . . 10 cm Tiefe	Kornertrag dt/ha	rel.	Sig.
22 cm + eggen	44,9	39,3	100	a
22 cm + schwerer Packer	38,8	44,0	112	b
13 cm + leichter Packer	41,1	44,3	113	b

(In gleicher Weise sollen künftig Werte für den Eindring- und Abscherwiderstand, die Luftführung und Aggregatgrößenverteilung oder andere Kenngrößen angegeben werden.) Durch Einstellung wichtiger physikalischer Bodeneigenschaften vor der Saat sollte versucht werden, künftig noch mehr die Ansprüche der Getreidearten auch in den einzelnen Wachstumsstadien zu erfüllen, so daß z. B. Trockenperioden durch optimale Wurzelentwicklung besser überstanden werden.

1.2. Winterroggen

Die Saatfurche bzw. Saatbettbereitung zu Winterroggen sollte vor allem zu tiefe Auflockerung vermeiden und ausreichenden Bodenschluß garantieren, um eine flache Saatgutablage (1,5 . . . 2,5 cm) zu gewährleisten. Auf Hackfruchtflächen auf leichten bis mittleren Böden mit geringem Spuranteil reicht daher eine Feingrubber-Drahtwälzeggenkombination oder flache Schäl-, Grubber- oder Scheibenbearbeitung aus, während tiefe Radspuren zu stärkerer Auflockerung und Einebnung zwingen. Auch nach Getreidevorfrucht ist eine intensivere Auflockerung erforderlich. Falls durch größere Mengen wenig verrotteter Pflanzenrückstände oder durch zu späten Pflugtermin nur schwer ausreichender Bodenschluß zu erreichen ist, muß durch packende Werkzeuge mechanisch verfestigt werden, notfalls auch durch Walzen, damit eine optimale Keimung, Bestockung und zügige Entwicklung vor Winter erreicht wird. Der in der Praxis noch oft zu lockere Boden führt zu tiefer Saatablage, verzögertem Auflauf und zur Ausbildung schwächlicher Pflanzen mit langen Halmhebern, die besonders empfindlich gegen Frosteinwirkungen sind und erheblich geringere Erträge bringen. Zur Gewährleistung eines guten Kontakts zwischen Saatgut und Boden in der Drillreihe und einer gleichzeitigen Lockerheitsreserve zwischen den Reihen hat sich eine lokale Verfestigung z. B. durch vergrößerte oder spezielle Druckrollen gut bewährt (Tab. 2).

Tabelle 2

Einfluß unterschiedlicher Methoden der Bodenverfestigung auf die Erträge einiger Fruchtarten (Tieflehmfahlerde, Müncheberg)

Jahr	Fruchtart	normal	Sig.	ganzflächig verfestigt rel.	Sig.	lokal verfestigt rel.	Sig.
1966	So.-Weizen (Korn)	100	a	102	a	114	b
	So.-Gerste (Korn)	100	a	92	b	105	c
1967	W.-Roggen (Korn)	100	a	98	a	108	b
	W.-Weizen (Korn)	100	a	98	a	113	b
	W.-Roggen (Korn)	100	a	97	a	102	a
1968	Z.-Rüben	100	a	105	a	115	b
	Z.-Rüben (Blatt)	100	a	111	b	112	b
	Silomais (Tr. M.)	100	a	96	a	101	a

Ein weiterer positiver Effekt der Saatbettverfestigung ist die verringerte Disposition des Getreides gegenüber Lagergefahr, Krankheits- und Schädlingsbesatz. Zu Winterroggen ist zwar ein feinkrümeligeres Saatbett als zu Weizen angebracht, damit die Keimpflanzen durch den späteren Klutenzerfall nicht zu stark mit Boden bedeckt werden; durch ein zu feines Saatbett wird jedoch vor allem auf leichten, strukturschwachen Böden die Winderosion und das Verwehen der Keimlinge stark gefördert. In diesen Fällen sollte nicht oder nur leicht eingeeggt werden, da konventionelle Saateggen vielfach einen unerwünschten Häufeleffekt erzielen, der zu tiefe bzw. auch ungleichmäßige Saatgutablagen verursacht. Federzinkeneggen erreichen demgegenüber bessere Arbeitseffekte. Durch profilierte Bodenoberflächen werden auch gleichmäßige Schneeablagen gefördert und Kahlfrostschäden sowie Verwehungen eingeschränkt.

1.3. Winterweizen

Die Saatbettbereitung zu Weizen kann gröber als zu Roggen erfolgen, da eine Erdbedeckung durch Klutenzerfall von den Keimpflanzen gut vertragen und gleichzeitig eine Schutzwirkung ausgeübt wird. Durch eine Pflugfurche auf schweren, bindigen Böden in trockenhartem Zustand werden jedoch zu grobe Kluten geschaffen, die auch bei intensiver Nachbearbeitung eine unzureichende Saatbettqualität bedingen, die zu äußerst ungünstigen Keimbedingungen, Wurzelzerreißungen und lückigen Beständen führt (Tab. 3).

Tabelle 3

Einfluß unterschiedlicher Bearbeitungstiefen auf den Winterweizenertrag eines Auelehmbodens

Bearbeitung	PV %	Kornertrag dt/ha	rel.	Sig.
Pflugfurche 22 cm	1,44	34,5	100	a
Pflugfurche 15 cm	1,54	43,0	122	b
Schälfurche 8 cm	1,59	41,8	120	b
Scheibenegge 8 cm	1,58	36,8	106	a

Auf diesen Böden kann künftig durch Einsatz aktiver Werkzeugformen (z. B. Kreiselpflug oder Fräskombinationen) eine rationelle Saatbettbereitung in einem Arbeitsgang erfolgen, und dadurch können höhere Erträge erreicht werden (Tab. 4).

Tabelle 4
Einfluß unterschiedlicher Saatbettbereitung auf den Winterweizenertrag eines Auelehmbodens

Bearbeitung	Kornertrag dt/ha	rel.	Sig.
12–15 cm pflügen + Nachbearbeitung	34,8	100	a
2 × Scheibenegge (8–10 cm) + Nachbearbeitung	37,2	107	b
8–10 cm fräsen	37,8	109	b

2. Bodenbearbeitung zu Sommergetreide

Für eine rationelle Saatbettbereitung zu Sommergetreide ist eine hohe Qualität der Herbstfurche (schüttendes Pflügen, gleichmäßige Furchenablage, Ausschaltung von Pflug- und Radsohlen sowie Schmierschichten) Voraussetzung. Zur Vermeidung von Verschlämmungen sollte standortgerecht eine ausreichende Profilierung erfolgen und das Heraufpflügen von strukturlosem, nährstoffarmem Unterboden vermieden werden. Nach Getreide- und Futtervorfrucht ist eine größere Pflugtiefe (22 ... 25 cm) als nach Hackfrüchten (18 ... 22 cm) erforderlich. Es sollte jedoch auch nach langen Frostperioden bzw. bei geringer Schneeauflage stets eine ausreichende Ablagerung des Bodens über Winter gewährleistet sein. Zur schnellen Wasserversickerung und zur Abführung überschüssiger Wassermengen im Frühjahr müssen unter Vermeidung von Erosionen alle Möglichkeiten genutzt werden (z. B. Richtung und Tiefe der Schlußfurchen, Einrichten spezieller Abflüsse oder Bedarfsdränung). Eine Nachbestellung übernäßter Teilflächen sollte weitgehend vermieden werden.
Da die Lagerungsdichte der meisten Böden auf abgelagerter Herbstfurche für Sommergetreide weitgehend optimal ist, sollte keine wesentliche Veränderung durch die Bearbeitung mehr vorgenommen werden, um z. B. auf Tieflehmfahlerde 42 ... 45% PV im Saatbereich und 45 ... 48% PV in der darüberliegenden Schicht zu gewährleisten. Eine flache, aber gleichmäßige Lockerung auf 4 ... 6 cm Tiefe durch den Feingrubber mit Drahtwälz- oder bei hohem Steinbesatz mit Strichegge schafft in den meisten Fällen ein qualitätsgerechtes Saatbett in einem Arbeitsgang (Tab. 5). Auch Kombinationen aus schweren Eggen, Schleppen und Saateggen erreichen ein auf einheitliche Tiefe gelockertes und gekrümeltes Saatbett, während durch unbegründet tiefe Auflockerung mit starrem Grubber oder Kombinator die Klutigkeit und unproduktive Verdunstung erhöht und keine einheitlichen Keimbedingungen gewährleistet werden.

Tabelle 5

Sommergetreideerträge nach tiefer und flacher Saatbettbereitung im Frühjahr

Jahr	Frucht	Kornertrag (relativ) Saatbettbereitung 12–15 cm	3–5 cm	Sig.	Strohertrag (relativ) Saatbettbereitung 12–15 cm	3–5 cm	Sig.
Tieflehmfahlerde:							
1964	Sommergerste	100	112	× ×	100	110	× ×
1965	Sommerweizen	100	134	× × ×	100	137	× × ×
1966	Sommerweizen	100	118	× × ×	100	117	× ×
1967	Sommergerste	100	100	–	100	112	× ×
1968	Sommergerste	100	113	× ×	100	109	×
1969	Hafer	100	95	–	100	101	–
1970	Hafer	100	113	×	100	114	× ×
Lehmstaugley:							
1964	Hafer	100	102	–	100	84	×
1966	Sommergerste	100	105	×	100	109	×
1968	Sommergerste	100	102	–	100	104	–
Lößlehm:							
1965	Sommergerste	100	100	–	100	97	–
1966	Sommergerste	100	91	×	100	103	–
1967	Sommergerste	100	102	–	100	93	×
1968	Sommergerste	100	105	–	100	134	× × ×

Vor Zusammenstellung von Saatbettbereitungskombinationen sollten, solange keine Messungen des Bodenzustandes in der Praxis möglich sind, eine intensive visuelle Beurteilung der Oberflächenrauhheit, des Verschlämmungsgrades, der Lockerheit und Feuchtigkeit erfolgen und alle örtlichen Erfahrungen und Aufzeichnungen genutzt werden.

Ein getrennter Arbeitsgang zum Schleppen wird sich bei dem erstrebten frühen Saattermin von Sommergetreide nicht mehr generell ermöglichen lassen, ist aber bei den genannten Kombinationen zum Zwecke der Einebnung auch nicht überall erforderlich und verursacht zusätzlichen Raddruck.

Auf schweren bindigen Böden (besonders im Thüringer Raum), die schollig gepflügt wurden und daher größere Unebenheiten oder unerwünschte Hohlräume im unteren Krumenbereich aufweisen, wird eine Einebnung, Grobkrümelung und Absetzung über Winter durch Bearbeitung mit gerade gestellten Scheibeneggen oder schweren Eggen erreicht. In den letzten Jahren wurde auf mehreren 1000 ha gleichzeitig eine Frostbodenbestellung bei oberflächlich aufgetauter, darunter jedoch gefrorener, tragfähiger Krume durchgeführt. Falls sich Schwierigkeiten bei der Saatbettbereitung ergeben, sollte Hafer als die gegen unbefriedigenden Bodenzustand relativ unempfindlichste Sommergetreideart angebaut werden. Besonders wichtig bei der Saatbettbereitung, Bestellung und Düngung im Frühjahr ist die Verminderung des Spuranteils und des schädlichen Raddrucks durch große Arbeitsbreiten und Einsatz von Traktoren mit Radverbreiterungen oder Luftdruckabsenkungen.

Nach befriedigender technischer Lösung kann die Breitsaat bei Sommer- und Wintergetreide zur Verbesserung der Standraumbedingungen und der Entwicklung beitragen.

3. Körnermais

Körnermais verlangt gegenüber Sommergetreide eine tiefere Auflockerung (auf 6 . . . 8 cm), damit eine schnelle Erwärmung des Bodens und die Einhaltung der Saattiefe gewährleistet sind. Feinheiten der Bodenbearbeitung treten jedoch in ihrer Bedeutung gegenüber den Anforderungen an den Nährstoffhaushalt und die Klimafaktoren zurück.

4. Mechanische Pflegemaßnahmen

Mechanische Pflegemaßnahmen sind im Herbst zu Wintergetreide allgemein nicht erforderlich, im Frühjahr wird durch Striegel- oder Eggeneinsatz (erforderlichenfalls nach Walzenstrich) bei Winterweizen die Bestockung erheblich verbessert, der Besatz auch an herbizidresistenten Unkräutern deutlich verringert und durch verminderte Verkrustung günstige Bedingungen für die Aufnahme von Niederschlags- und Beregnungswasser geschaffen. Das mechanische Brechen von verharschten starken Schneedecken zur Vermeidung schädlicher CO_2-Konzentrationen trägt vor allem bei Raps und Wintergerste, aber auch bei stark entwickelten Beständen anderer Getreidearten zur Vermeidung von Schäden bei.

5. Eingeschränkte Bearbeitungsintensität

Von den international bekannten Formen der Minimalbearbeitung kann vor allem zu Wintergetreide unter den Boden- und Klimaverhältnissen der DDR bei guter Bodenstruktur nach Hackfrüchten und geringem Spuranteil z. B. eine ganzflächige flache Grubber-, Schäl- oder Eggenbearbeitung in der Praxis bereits mit Erfolg zur Anwendung kommen. Außerdem gibt es Tendenzen zur Kombination von Saatbettbereitung und Bestellung.
Auf humusreichen wurzelunkrautfreien Böden in bestem Strukturzustand kann bei Verbesserung der bisher ungenügenden Saattechnik und Vorhandensein geeigneter Herbizide eine zunächst periodische pfluglose Saatbettbereitung Bedeutung bekommen, wobei z. B. durch aktive oder verbesserte passive Werkzeugformen bzw. -kombinationen nur eine streifen- oder schlitzartige Bearbeitung im Saatgutablagebereich vorgenommen wird und zwischen den Reihen Stroh- und Stoppelreste oder abgetöteter Bewuchs als Erosions- und Verdunstungsschutz verbleiben.

Mehrmalig aufeinanderfolgende Direktsaat im Versuch konnte wegen der schon nach 1 ... 2 Jahren eintretenden Dichtlagerung und Verunkrautung vor allem leichter Böden bisher noch keine befriedigenden Voraussetzungen für hohe und stabile Erträge von Wintergerste, Winterroggen und auch Sommergetreide schaffen, auch wenn bei dem gedrungeneren Wuchs und vermindertem Strohanteil infolge geringerer Nährstoffmobilisierung erhöhte Düngermengen eingesetzt wurden. Bessere Ergebnisse wurden bei der pfluglosen Bestellung von Winterweizen nach Silomais erreicht.

Zusammenfassung

Eine wichtige Voraussetzung für hohe und stabile Getreideerträge ist die Realisierung günstiger physikalischer Bodenbedingungen (z. B. Bodenlagerung, -krümelung, -durchlüftung u. a.) für die artspezifischen Pflanzenansprüche, die künftig exakt definiert werden sollen. Versuchsergebnisse zeigen, daß eine Rationalisierung der Grundbodenbearbeitung, Saatbettbereitung und Bestellung für Getreide, z. B. durch Einsatz der geeignetsten Werkzeuge oder -kombinationen und weitgehende Differenzierung der Arbeitsintensität, sich positiv auf Bodenzustand und Erträge auswirkt, wenn strukturschädigende Einflüsse bei der Ernte der Vorfrucht vermieden wurden.

Резюме

Важной предпосылкой высоких и устойчивых урожаев, является выполнение специфических для вида требований растения, путём создания благоприятных физических свойств почвы (например: сложение почвы, комковатость, аэрация и другие), которые в будущем подлежат точному определению. Результаты опытов показывают, что рационализация основной обработки почвы, предпосевной обработки и посева зерновых (например: путём использования соответствующих эффектов орудий или сочетания орудий и значительной дифференциации интенсивности обработки) положительно сказываются на состоянии почвы и урожаях, если при уборке предшественника избегать воздействия, повреждающего структуру.

Summary

One major condition for high and stable grain yields consists in the realization of the crop-specific demands of the plants through the creation of favourable physical conditions of the soil (e. g. soil stratification, crumb structure, aeration etc.) which, in the future, are to be defined precisely. Test results show that rationalization of primary tillage, seedbed preparation, and cultivation for grain crops (e. g. through the use of the most suitable tools or tool combinations and large-scale differentiation of the intensity of work) would have positive effects on the condition of the soil and on the yield, if structure -damaging effects were avoided during the harvest of the preceding crop.

Literatur

KAISER, M.; HERZOG, E.; ZAWICHOWSKI; GLIESE, G.: Rationelle Bodenbearbeitung zu Sommergetreide und Kartoffeln auf leichten Sandböden im Kreis Beeskow. Feldwirtsch. 12 (1971), (im Druck)

KUNZE, A.; KAISER, M.: Zur Ermittlung der für das Pflanzenwachstum optimalen Lagerungsdichte des Bodens. Grundförbättring 19 (1966), Nr. 3, S. 261 ... 272

Anschrift des Verfassers:
Dr. REIMAR HERZOG
Forschungszentrum für Bodenfruchtbarkeit Müncheberg
der Akademie der Landwirtschaftswissenschaften
der Deutschen Demokratischen Republik
1278 Müncheberg/Mark, Wilhelm-Pieck-Str. 72

Tag.-Ber. Akad. Landwirtsch.-Wiss. DDR · Nr. 119 · 1972 · S. 333–343

Sektion Pflanzenproduktion – Lehrstuhl Pflanzenbau (Fruchtfolge) – der Martin-Luther-Universität Halle-Wittenberg

GUSTAV KÖNNECKE

Intensivierung der Getreideproduktion innerhalb von Fruchtfolgen mit hoher Getreidekonzentration durch phytosanitäre Maßnahmen

Intensivierung der Getreideproduktion und Getreidekonzentration sind nicht ohne Schwierigkeiten miteinander zu kombinieren. Der Schwierigkeitsgrad hängt vom Umfang des Getreideanbaues ab. Unter bestimmten Standortverhältnissen kann der Getreideanbau bis 66% AF als Höchstgrenze ausmachen. Auf schweren Böden, in sozialistischen Landwirtschaftsbetrieben mit schwerpunktmäßigem Getreide-Ackerfutteranbau und auf leichten Böden mit hohem Roggen- und Zwischenfruchtanteil ist diese Höchstgrenze zu realisieren, wenn nicht nur die mit sich selbst unverträglichen und untereinander nur in der Folge Winterweizen – Wintergerste möglichen Getreidearten Weizen und Gerste angebaut werden (KÖNNECKE, 1970a). Bei alleinigem Anbau von Weizen und Gerste sind selbst beim Einsatz komplexer Intensivierungsmaßnahmen nur 45 bis 50% des Ackerflächenverhältnisses dafür vorzusehen. Bei Hinzunahme von Roggen und Hafer oder einer dieser Getreidearten sind 60% ohne Ertragseinbußen zu erreichen. Diese vorgegebenen biologischen Grenzen gelten unter den augenblicklichen Verhältnissen, so lange keine Mittel zur Unterbindung von Fruchtfolgekrankheiten zur Verfügung stehen.

Mehrjährige Futterpflanzen, die aus phytosanitärer Sicht und zur Förderung der Bodenfruchtbarkeit große Bedeutung haben und auch sonstiger zweimaliger Blattfruchtbau ermöglichen eine stärkere Häufung von Getreidearten (KÖNNECKE, 1970b). Nach zweimaligem Blattfruchtbau (Kartoffeln – Zuckerrüben, Zuckerrüben – Erbsen, Erbsen – Raps, Frühkartoffeln – Raps) ist sie eher vertretbar als nach einmaliger Hackfrucht, die unbedingt Stallmist oder Gülle zur Sicherung der Bodenfruchtbarkeit erhalten muß. Nach Körnerleguminosen (Erbsen, Bohnen, Weißlupinen) sollte nur zweimal Getreide folgen, da die guten Nachfruchtwirkungen schon nach einem Jahr größtenteils erschöpft sind. Die Fragen der richtigen Vorfruchtwahl für mehrmaligen Getreideanbau beantwortet ein Fruchtfolgebeispiel für bessere Böden (Tab. 1).

Kartoffeln sollten grundsätzlich als Weizenvorfrucht genutzt werden. Wir konnten in der Magdeburg-Hallenser Hackfruchtbörde eindeutig belegen, daß die LPG und VEG mit schwerpunktmäßigem Kartoffelbau wesentlich höhere Weizenerträge aufweisen als die mit schwerpunktmäßigem Zuckerrübenanbau, die gezwungen sind, einen großen Teil des Weizens nach Zuckerrüben anzubauen. Die heute viel stärker auftretenden Schwierigkeiten, wie schlechte

Tabelle 1

Fruchtfolgebeispiel für bessere Böden
Luzerne bzw. Kleegras als Springschlag

1. *Zuckerrüben*	*Blattfrüchte*	
2. Sommergerste	Zuckerrüben	11%
3. Kleegras/Luzerne	Kartoffeln	11%
4. Raps	Kleegras, Luzerne	8%
5. Winterweizen	Raps	8%
6. Wintergerste/Zw.	Silomais	8%
7. Futterroggen/Silomais		46%
8. *Zuckerrüben, Kartoffeln*	*Halmfrüchte*	
9. Hafer, Winterweizen	Winterweizen	23%
10. Winterweizen, Wintergerste	Wintergerste	20%
11. *Kartoffeln*		
12. Winterweizen	Sommergerste	8%
	Hafer	3%
13. Wintergerste/Zw.		54%
	Winterzwischenfrucht	8%
	Sommerzwischenfrucht	16%

Günstig	*Ungünstig*
I. Rotation Raps nach Kleegras	Weizenanteil gering
II. Rotation Raps nach Sommergerste	
Winterweizen nach Kartoffeln	
Ausreichender Zwischenfruchtanteil	

Bodenstruktur, Fehlen spätsaatverträglicher Weizensorten beim Anbau von Rübenweizen, bedingen eine Herabsetzung des Umfanges dieser Fläche. Das Problem ist nicht über den Anbau des ertragsschwächeren Sommerweizens, auch nicht durch Umstellung des Dreifeldergliedes Zuckerrüben – Winterweizen – Sommergerste in Zuckerrüben – Sommergerste – Winterweizen, sondern wie in Tabelle 2 angegeben, zu lösen.

Tabelle 2

Umstellung der Folge Zuckerrüben – Winterweizen – Sommergerste

falsch	*gut*	*vertretbar*
Zuckerrüben	Zuckerrüben	Zuckerrüben
Sommergerste	Sommergerste	Sommergerste
Winterweizen	Kartoffeln/Erbsen	Luzerne
Erbsen	Winterweizen	Luzerne
Winterweizen	Wintergerste	Hafer oder Winterweizen
stark fußkrankheitsgefährdet		Winterweizen oder Hafer
		Wintergerste

Auf leichten Böden sind nach vielen Literaturangaben, nach unseren eigenen Versuchen und auf Grund praktischer Erfahrungen die Unverträglichkeitsbeziehungen stärker ausgeprägt als auf guten Böden. Trotzdem finden wir seit vielen Jahrzehnten gerade auf leichtem Boden typische Dreifelderglieder. Die Verwendung des selbstverträglichen Roggens und der stärkere Zwischenfruchtbau, der enge Getreidefolgen auflockert, ermöglichen dies. Ein mehr als zwei-

maliger Getreidebau ist jedoch hier noch weniger vertretbar als auf guten Böden, da selbst der verträgliche Roggen im Ertrag nachläßt (EHRENPFORDT, 1970). Besonderes Augenmerk sollte bei der Perspektivplanung der Steigerung bzw. Einführung des Körnermaisanbaues zukommen. Nach unseren 20jährigen Versuchsergebnissen ist der Körnermais die leistungsfähigste und sicherste Fruchtart auf leichten Böden. Auf guten Böden und unter ungünstigen klimatischen Bedingungen sind allerdings bei unseren derzeitigen Sorten Schwierigkeiten in der Ausreife vorhanden. Arbeitswirtschaftliche Schwierigkeiten hinsichtlich der Ernte bestehen nicht mehr. Körnermais kann genauso mit dem Mähdrescher – unter Anbringung gewisser Änderungen am Schneidwerk – geerntet werden wie Getreide. Allerdings erweist sich eine Trocknung des Erntegutes als notwendig.
Im folgenden soll versucht werden, einen Fruchtfolgevorschlag für leichte, nicht kleefähige Böden zu entwickeln. Grundprinzip ist dabei, einen möglichst hohen Prozentsatz des leistungsfähigen Roggens gegenüber dem im Ertrag unzureichenden Sommergetreide zu erreichen und mit möglichst hohem Zwischenfruchtbau zu koppeln (Tab. 3).

Tabelle 3

Fruchtfolgebeispiel für nicht kleefähige Sandböden

1. *Kartoffeln*	7. Roggen
2. Roggen	8. Futterroggen/Kohlrüben Futterrüben
3. Roggen/Serradella	9. Lupinen
4. Körner-, Silomais	10. Roggen
5. *Kartoffeln*	11. Roggen/Serradella
6. Gemenge mit Hafer, Sommergerste u. Sommerroggen	
45% Roggen	18% Kartoffeln
9% Sommergemenge	9% Lupinen
6% Körnermais	9% Kohlrüben bzw. Futterrüben
60% Halmfrucht	4% Silomais
27% Zwischenfruchtbau	40% Blattfrucht

Falls nur 5- bis 6feldrige Fruchtfolgen erwünscht sind, könnte die angeführte Rotation geteilt werden. 45% Roggen sind ohne weiteres auch arbeitswirtschaftlich zu vertreten, da er nur einmal nach Kartoffeln, sonst nach Getreide angebaut wird und somit rechtzeitige Bestellung Mitte September garantiert ist. Die Trennung in Körner- und Silomais und die Auswahl der Futterpflanzen auf diesen nicht kleefähigen Böden hängt vom Vorhandensein von Grünland und der Höhe des Viehbesatzes ab. Ein Teil des hohen Kartoffelanbaues wäre durch Feldfutterbau zu ersetzen.
Die durch hohen Getreideanteil, durch einseitigen Weizen-Gerstenanbau und ungünstige Getreideartenfolge auftretenden Ertragsdepressionen können durch den Einsatz der z. Z. verfügbaren Intensivierungsmaßnahmen abgeschwächt, aber nicht aufgehoben werden. Zur komplexen Intensivierung gehört eben in erster Linie eine richtige Fruchtfolgegestaltung, die in Verbindung mit der Düngung, dem Faktor Wasser, einem hohen Zwischenfruchtbau und der ge-

zielten Schädlingsbekämpfung stabile und hohe Getreideerträge ermöglicht und sichert. Die nun folgenden Ausführungen bleiben auf den Faktor Schädlingsbekämpfung beschränkt.

Bei hoher Konzentration von Getreide treten gehäuft Krankheiten und Schädlinge, insbesondere getreideparasitäre Nematoden (*Heterodera avenae* und *Pratylenchus*arten) sowie Fußkrankheiten (*Cercosporella herpotrichoides, Ophiobolus graminis*) auf. An Hand der Tabelle 3 wurde schon auf die Gefahrenquellen des Auftretens von Fußkrankheiten, insbesondere bei der Folge Zuckerrüben – Sommergerste – Winterweizen – Erbsen – Winterweizen hingewiesen. Bei der in den Jahren 1932 und 1934 notwendigen Zuckerrübenkontingentierung und der kurzfristigen Umstellung auf mehr Weizen und Gerste brachte der stark erhöhte Weizen- und Gerstenanbau Ertragseinbußen von 40 bis 70% eines normalen Ertrages. Lange-de la Camp (1964) wies sehr eindringlich auf die Ertragsrückgänge durch überhöhten Getreide- insbesondere auch Roggenanbau im Harz und in Vorgebirgslagen hin. Wir sollten einer Wiederholung der in früheren Jahren aufgetretenen Fehlschläge auf Grund von Fußkrankheitsbefall durch richtige Fruchtfolgegestaltung und Bekämpfungsmaßnahmen entgegentreten. Zu den in früheren Jahren üblichen Maßnahmen gehörten:

1. Anwendung von Kalkstickstoff
2. Sofortiges Tiefpflügen (Kiel, 1962)
3. Späte Aussaatzeit beim Weizen.

Kalkstickstoff, der beispielsweise in getreidebetonten Fruchtfolgen in Schweden vorwiegend zur Fußkrankheitseindämmung und weniger zur Unkrautbekämpfung verwendet wurde, steht uns nicht mehr in ausreichender Menge zur Verfügung. Das sofortige Tiefpflügen steht im Gegensatz zu der Empfehlung von Lange-de la Camp (1964), die Stoppelschälen empfiehlt. Auf die Unmöglichkeit der Ausweitung des Rübenweizens wurde bereits eingegangen. Von unserem Lehrstuhl Pflanzenbau (Fruchtfolge) der Sektion Pflanzenproduktion der Martin-Luther-Universität Halle wurden im Rahmen von Maßnahmen zur direkten Bekämpfung von fruchtfolgebedingten Pflanzenschädigungen in getreidebetonten Fruchtfolgen unter besonderer Berücksichtigung neuer agrochemischer Methoden folgende Varianten zur *Cercosporella*-Bekämpfung geprüft (Tab. 4):

Tabelle 4

Behandlungsvarianten zur *Cercosporella*-Bekämpfung

1. unbehandelt
2. intensive Stoppelbearbeitung
3. chemische Behandlung
4. Stoppeln abbrennen
5. Stoppelfrucht-Gründüngung
6. Stallmist
7. zusätzliche mineralische N-Düngung (Harnstoff) und CCC-Anwendung
8. zusätzliche mineralische N-Düngung (Harnstoff), CCC-Anwendung und chemische Behandlung

Es wurden Feldversuche auf verschiedenen Standorten in Noitzsch mit künstlicher Infektion und in Etzdorf auf Versuchsparzellen durchgeführt, die 14 Jahre lang ununterbrochen mit Getreide bestellt waren und daher eine ausgezeichnete Ausgangsbasis ohne notwendige zusätzliche Infektion darstellten. Die von KUNTZSCH (1971) an unserem Lehrstuhl durchgeführten Untersuchungen weisen deutlich auf enge Beziehungen zwischen Witterung und Befallsstärke hin. Bekämpfungsmaßnahmen sind stark von der Prognose eines epidemischen Auftretens des Pilzes und dem Behandlungszeitpunkt in der Vegetationsperiode abhängig. Zwei- bis dreijährige Anbaupausen reichen für einen Sanierungseffekt nicht aus, während ein 2- bis 3jähriger Kleegras- bzw. Luzerneanbau die besten Erfolge aufweist. Leider konnte im Rahmen dieser Versuche auch nicht untersucht werden, inwieweit sich zweimalige Hackfrucht dezimierend auf den Befall auswirkt, wobei durch starke Bodenlockerung die Zersetzung gefördert wird (KÖNNECKE, 1967; RADEMACHER, 1960). Eine Wirkung chemotherapeutischer Maßnahmen war durch Anwendung der organischen Fungizide Malipur P (Phaltan), Malipur (Captan) und Orthocid 50 (Captan) nicht festzustellen (KUNTZSCH, 1971). Bei einem 80–90%igen *Cercosporella*-Befall und totalem Halmbruch (Lager) sind Kornertragsausfälle von 40 bis 70% möglich. Einige Ergebnisse über Kornertrag und *Cercosporella*-Befall in Abhängigkeit von der Behandlungsvariante werden in der Tabelle 5 dargestellt.

Diese Zahlenunterlagen zeigen eindeutig unterschiedlichen Befallsgrad, der allerdings nicht immer parallel mit der Ertragsbeeinflussung verläuft. In einem Versuch auf einem Feldschlag mit 6jähriger Getreidefolge wurden 10 dt/ha weniger Weizen geerntet als auf einem benachbarten Schlag mit 50% Getreideanbau (38,7 dt/ha gegenüber 48,8 dt/ha). Die einzige sichere Sanierungsmethode ist mehrjähriger Kleegras- bzw. Luzerneanbau. Beim Abbrennen der Stoppeln kommt es darauf an, die Stoppeln vollständig zu verbrennen, so daß keine Infektionsherde übrigbleiben. Dabei werden nur die obersten 2–3 cm des Bodens erwärmt, ein Humusabbau und eine Schädigung nützlicher Mikroorganismen traten nicht auf. Im maritimen Klimabereich werden bei der technischen Durchführung Flammenwerfer auf Heizölbasis und Sprühgeräte mit brennbaren Flüssigkeiten eingesetzt. Nach erfolgtem Abbrennen der Stoppeln läßt es sich leichter pflügen, weiterhin werden Unkräuter vernichtet (KUNTZSCH, 1971). Die organische Düngung (Stoppelfrucht-Gründüngung-Stallmist) trägt wesentlich zur Erhöhung des antiphytopatogenen Potentials bei. Weiterhin wird die Wirkung der gesteigerten mineralischen N-Düngung und CCC-Anwendung sowie die komplexe Wirkung von Harnstoffdüngung, CCC- und organischer Fungizidwirkung ohne zunächst noch überzeugende Erkenntnisse geprüft. Im gesamten Pflanzenproduktionssystem sind alle Maßnahmen der Bodenbearbeitung, der organischen und mineralischen Düngung und in erster Linie eine sinnvolle Fruchtfolgegestaltung anzuwenden, um Schädigungen zu vermeiden.

Neben der bei häufigem Getreidebau verstärkten Vermehrung von Getreidefußkrankheiten muß ferner mit einer Anreicherung pflanzenparasitärer Nema-

Tabelle 5

Winterroggenerträge in drei Jahren bei unterschiedlichem *Cercosporella*-Befall

Varianten	Kornerträge (dt/ha)						*Cercosporella*-Befall in %					
	1968 Infektion		1969 Infektion		1970 Infektion		1968 Infektion		1969 Infektion		1970 Infektion	
	mit	ohne	mit	ohne	mit	ohne	mit	ohne	mit	ohne	mit	ohne
1 Kontrolle	35,43	41,81	33,10	31,25	31,37	33,50	56	26	15	18	17	15
2 Stoppelbearbeitung	—	—	31,30	31,10	31,57	36,94	—	—	18	9	39	35
3 Malipur P	33,00	41,76	30,85	32,10	29,93	34,44	38	19	16	10	35	23
4 Stoppeln brennen	—	—	32,95	32,10	31,81	35,00	—	—	14	12	33	17
5 Gründüngung	33,13	40,08	31,65	31,10	33,00	36,19	51	33	11	15	27	29
6 Stallmist	35,23	44,28	31,95	31,50	34,31	33,38	50	30	21	14	39	35
7 Harnstoff u. CCC	36,65	41,47	33,10	31,95	33,81	34,19	45	26	14	11	30	19
8 Harnstoff, CCC, Malipur P	36,53	41,40	31,75	33,75	30,31	37,50	44	29	16	5	32	23
Durchschnitt	34,99	41,80	32,08	31,86	32,01	35,14	47	27	16	12	31	25

toden gerechnet werden. Unter letzteren kommt dem Hafernematoden (*Heterodera avenae*) und verschiedenen Arten der Gattung *Pratylenchus* besondere Bedeutung zu. Auf diesem Gebiet wurden durch Fischer (1970) wichtige neue Erkenntnisse, insbesondere auch in ihrer Anwendung für die landwirtschaftliche Praxis, gewonnen.

Da der Hafernematode nicht nur durch Hafer und Sommergerste, sondern auch durch Sommer- und Winterweizen stark vermehrt wird, sollte er richtiger als Getreidezystenälchen bezeichnet werden. Der Schädling befällt alle Getreidearten mit Ausnahme von Mais, dessen Rolle als Wirtspflanze noch näher untersucht werden muß. Die Wirtseignung der einzelnen Getreidearten für *Heterodera avenae* nimmt in folgender Reihenfolge ab: Hafer – Sommerweizen – Winterweizen – Sommergerste – Wintergerste – Winterroggen (Abb.). Dadurch hat das Getreidezystenälchen in Gebieten mit schwerpunktmäßigem Getreidebau stark zugenommen. Der Schädling tritt nicht nur auf leichten Böden, wie häufig angenommen, sondern in gleichem Maß auch auf besseren Böden auf. Für Routineuntersuchungen in der Praxis benötigen wir dringend eine wenig aufwendige und schnell durchzuführende Untersuchungsmethode (Fischer, 1970). Auf verseuchten Flächen sollten Wintergerste, Winterroggen sowie Mais bevorzugt, der Anbau von Hafer nach Möglichkeit unterlassen werden. Winterung ist, da sie weniger unter Befall leidet, gegenüber Sommerung vorzuziehen, was dem allgemeinen Trend der Ausweitung der ertragsstärkeren Fruchtarten entspricht. Auf verseuchten Standorten, aber nur dort, ist allerdings auch bei der sonst günstigen Folge Hafer – Winterweizen Vorsicht geboten.

Zwischen Hafererträgen und Nematodenbesatz konnte in den einzelnen Jahren eine z. T. recht enge Korrelation ermittelt werden. Auch bei den anderen Getreidearten war eine gute Parallelität festzustellen. Genaue Angaben über Befalls- und Ertragsbeziehungen sind schwierig, da bei mehrmaligem Getreideanbau neben *Heterodera avenae* auch *Pratylenchus*-Arten und Fußkrankheitserreger gehäuft auftreten. Eine exakte Trennung dieser Einflußgrößen auf rechnerischem Weg ist kaum möglich.

Bei mehr als dreimaligem Getreidenachbau besteht auf allen Standorten die Gefahr einer stärkeren Vermehrung wandernder Wurzelnematoden, unter denen die Gattung *Pratylenchus* die größte Bedeutung besitzt. Fischer (1970) wies nach, daß *Pratylenchus neglectus* auf den lehmhaltigen Böden der Bezirke Halle und Leipzig weit verbreitet ist und häufig zu beachtlichen Schäden führte (Tab. 6).

Der Wirtschaftspflanzenkreis für *Prat. neglectus* umfaßt vorwiegend Gramineen. Unter den Getreidearten konnten noch keine sicheren Unterschiede in der Wirtseignung festgestellt werden. Auch Mais zählt zu den Wirtspflanzen und sollte daher in der Fruchtfolge voll als Halmfrucht gewertet werden.

Als besonders empfindlich gegenüber Befall erwies sich die Wintergerste, die 25% Minderertrag brachte. Durch verbesserte Stickstoffdüngung konnten die Schäden abgeschwächt werden. Werden Abwehr- bzw. zusätzliche Intensivierungsmaßnahmen unterlassen, muß bei längeren Getreidefolgen mit einem

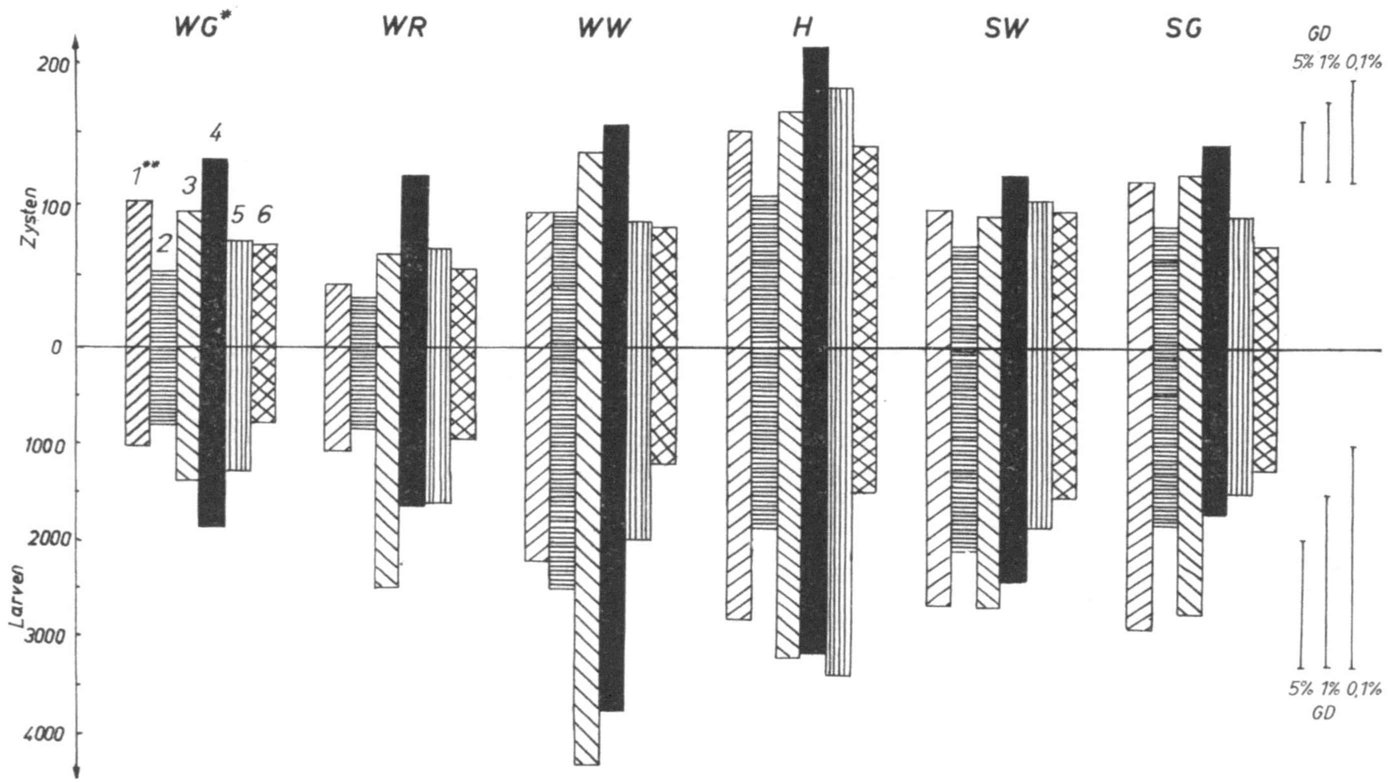

Zysten- und Larvenbesatz von *Heterodera avenae* bei Monokultur und alternierendem Anbau von Getreide im Getreideverträglichkeitsversuch – Noitzsch 1965 (Zysten bzw. Larven und Eier in 100 g Boden; Durchschnitt der Düngerstufen).
* Fruchtarten; ** Vorfrüchte (1 = Wintergerste, 2 = Winterroggen, 3 = Winterweizen, 4 = Hafer, 5 = Sommerweizen, 6 = Sommergerste)

Tabelle 6

Nematodenbesatz in Wintergerstenparzellen verschiedener Fruchtfolgen
Fruchtfolgeversuch Etzdorf, 1964

Folge	Anzahl der Getreidefelder	*Pr. neglectus*/ 100 ccm Bd.	v. H. Gesamt-nematoden-pop.	*Pr. neglectus*/ g Wurzeln	Tylenchorhynchus/ 100 ccm Bd.
H	4	1360	26,5	5000–7000	740
A	3	970	15,5	2000–4000	850
F	1	490	11,5	unter 1000	540
$GD_{5\%}$		325	2,60	–	238
$GD_{1\%}$		492	3,93	–	360
$GD_{0,1\%}$		790	6,32	–	578

erheblichen Ertragsabfall gerechnet werden. Aus Zeitertragskurven der Getreideversuche Noitzsch und Etzdorf konnte abgeleitet werden, daß der durch einseitigen Getreidebau bedingte Ertragsabfall auf leichten Böden zunächst relativ steil verläuft und sich dann auf ein gewisses Gleichgewicht (state of balance) einpendelt, während die Erträge auf besserem Boden langsamer zurückgehen, schließlich aber nur noch ein sehr niedriges Niveau erreichen (Fischer, 1970). Ein solcher Ertragsabfall ist ökonomisch keineswegs zu vertreten. Unter Einsatz aller Intensivierungsmaßnahmen müssen Höchsterträge auch beim schwerpunktmäßigen Getreideanbau erreicht werden. Zur direkten Nematodenbekämpfung auf chemischem Wege steht im Weltmaßstab bereits eine große Anzahl von Nematiziden zur Verfügung. deren Anwendung auf großen Flächen jedoch vor allem auf Grund der hohen Mittelkosten unökonomisch ist. Die Nematoden befinden sich außerdem nicht in einer eng begrenzten Bodenschicht, und nach einer Nematizidbehandlung muß mit einem schnellen Populationsaufbau gerechnet werden, so daß der Erfolg nur von begrenzter Dauer ist. In Anbetracht der Schwierigkeiten einer direkten Nematodenbekämpfung sollten auch die Bemühungen der Pflanzenzüchter um resistente Getreidesorten in Zukunft verstärkt werden.

Zusammenfassung

Bei einer Konzentration auf die Getreidearten Weizen und Gerste ergeben sich größere Schwierigkeiten bei einem hohen Anbauanteil, als wenn zusätzliche Gramineen wie Roggen, Hafer und Mais in der Fruchtfolge verankert sind. An Hand von Fruchtfolgebeispielen auf unterschiedlichen Standorten werden Umstellungen in der Getreidefolge vorgeschlagen. Von den Intensivierungsfaktoren untersuchten wir insbesondere phytosanitäre Maßnahmen zur Eindämmung von Fußkrankheiten (insbesondere *Cercosporella herpotrichoides*) und getreideparasitäre Nematoden (*Heterodera avenae* und *Pratylenchus*-Arten). Mehrjährige Futterleguminosen, zweimaliger Hackfruchtbau, organische und mineralische Düngung, Anwendung von Kalkstickstoff und organischer Fungizide, komplexe

Anwendung von Harnstoff, CCC und organischer Fungizidwirkung sowie Abbrennen der Stoppeln wurden als Behandlungsvarianten zur *Cercosporella*-Bekämpfung geprüft. Pflanzenparasitäre Nematoden sind in Zukunft vielleicht mit Nematiziden (bisher unökonomisch) und Resistenzzüchtung zu bekämpfen. Fruchtfolgemaßnahmen stehen jedoch im Vordergrund. Die Wirtseignung für *Heterodera avenae* nimmt in folgender Reihenfolge ab: Hafer – Sommerweizen – Winterweizen – Sommergerste – Wintergerste – Winterroggen. Bei *Pratylenchus neglectus* konnten noch keine sicheren Unterschiede in der Wirtseignung festgestellt werden. Wintergerste erwies sich als besonders empfindlich.

Резюме

При концентрации на пшенице и ячмене возникают бóльшие трудности при высоком проценте этих культур в структуре посевных площадей, чем в тех случаях, когда в севооборот включаются другие виды злаковых, например рожь, овёс и кукуруза. На примере севооборотов, принятых в разных местах произрастания вносятся предложения о перегруппировке последовательности зерновых. Из факторов по интенсификации, мы исследовали особенно фитосанитарные меры по сокращению корневых гнилей (в частности *Cercosporella herpotrichoides* и нематод, паразитирующих на зерновых (*Heterodera avenae* и виды *Pratylenchus*). Многолетние бобовые кормовые, двухкратное выращивание пропашных, органические и минеральные удобрения, применение цианамида кальция и органических фунгицидов, комплексное применение мочевины, CCC и органического действия фунгицидов, а также сжигание жнивья были испытаны с точки зрения борьбы с *Cercosporella*.

Против паразитирующих на зерновых нематод, в будущем, вероятно можно будет бороться с помощью нематоцидов, (до сих пор неэкономично) и селекции на устойчивость. Од нако, меры по внедрению севооборотов стоят на первом месте. Значение видов как растений-хозяев для *Heterodera avenae* убывает в последовательности: овёс-яровая пшеница-озимая пшеница-яровой ячмень-озимый ячмень-озимая рожь. В отношении *Pratylenchus neglectus* не удалось ещё установить чётких различий в пригодности растений как хозяев. Озимый ячмень оказался очень восприимчивым.

Summary

If the crop rotation is concentrated on the grain species wheat and barley, greater difficulties arise at a higher percentage of grain crops than if other *Gramineae*, such as rye, oats and maize, are included in the rotation. On the basis of examples of crop rotations on different sites the author suggests alterations of the grain rotation. From among the factors of intensification, the investigations included above all phytosanitary measures to restrict root rot diseases (above all *Cercosporella herpotrichoides*) and grain-parasitic nematodes (*Heterodera avenae* and *Pratylenchus* species). Perennial feed legumes, two-time root crop growing, organic and mineral fertilization, application of calcium cyanamide and organic fungicides, complex use of urea, CCC and organic fungicide effects as well as stubble burning were tested for *Cercosporella* control. In the future phyto-parasitic nematodes will perhaps be controlled by means of nematicides (hitherto uneconomic) and breeding for resistance. However, measures of crop rotation are of prime importance. The suitability to act as a host plant for *Heterodera avenae* declines as follows: oats – spring wheat – winter wheat – spring barley – winter barley – winter rye. No significant differences in the suitability to act as host plant for *Pratylenchus neglectus* have so far been found. Winter barley proved to be particularly susceptible.

Literatur

EHRENPFORDT, V.: Auswertung der Feldversuche in LVG Noitzsch. Unveröff. Manuskript, 1970

FISCHER, R.: Untersuchungen über die Vermehrung pflanzenparasitärer Nematoden und den Ertragsverlauf bei fortgesetztem Getreidebau. 1. Mitt.: Kühn-Arch. 84 (1970), H. 4, 2. Mitt. Arch. Acker- u. Pflanzenbau u. Bodenkd. 15 (1971), S. 479–512

KIEL, W.: Pflanzliche Produktion in der sozialistischen Landwirtschaft. Berlin, VEB Dt. Landwirtschaftsverl., 1962

KÖNNECKE, G.: Fruchtfolgen. 2. Aufl., Berlin, VEB Dt. Landwirtschaftsverl., 1967

KÖNNECKE, G.: Konzentrations- und fruchtfolgespezifische Ertragsveränderungen bei Getreide und der Einfluß von Intensivierungsmaßnahmen. Agroforum 1970a, 5–6

KÖNNECKE, G.: Fruchtfolgeprobleme bei verstärktem Getreidebau. Thaer-Arch. 14 (1970b), H. 4

KUNTZSCH, E.: Maßnahmen zur direkten Bekämpfung von fruchtfolgebedingten Pflanzenschädigungen in getreidebetonten Fruchtfolgen unter besonderer Berücksichtigung neuer agrochemischer Methoden. Unveröff. Manuskript, 1971

LANGE-DE LA CAMP, M.: Die Wirkungsweise von *Cercosporella herpotrichoides* Fron, dem Erreger der Halmbruchkrankheit des Getreides. Halle, Univ. Habil.-Schr. 1964

RADEMACHER, B.: Geeignete, gesunde Fruchtfolgen. Arch. DLG 25 (1960), S. 50–71

Anschrift des Verfassers:

Prof. Dr. GUSTAV KÖNNECKE
Sektion Pflanzenproduktion, Lehrstuhl Pflanzenbau (Fruchtfolge),
der Martin-Luther-Universität Halle-Wittenberg
402 Halle/Saale, Ludwig-Wucherer-Straße 2

Tag.-Ber. Akad. Landwirtsch.-Wiss. DDR · Nr. 119 · 1972 · S. 345–353

Forschungszentrum für Bodenfruchtbarkeit Müncheberg
der Akademie der Landwirtschaftswissenschaften
der Deutschen Demokratischen Republik

MARTIN SMUKALSKI

Zu einigen Problemen des Produktionsprofils aus der Sicht des Getreidebaues

In der Landwirtschaft der DDR steht gleichberechtigt neben der Forderung nach steigender Arbeitsproduktivität und sinkenden Selbstkosten die sozialistische Intensivierung zur weiteren Steigerung der Produktion und damit die planmäßige Versorgung der Bevölkerung mit Nahrungsmitteln und der Industrie mit Rohstoffen sowie die Erhöhung des Beitrages zum Nationaleinkommen in der Zielfunktion. Damit wird eine generelle Veränderung der Produktionsprofile mit der Ausrichtung auf Getreidebau ausgeschlossen. Die in den letzten Jahren zu beobachtende leichte Ausdehnung der Gesamtgetreidefläche der DDR von 49,3% der AF im Jahre 1965 auf 51,5% im Jahre 1969 wird nach EBERT (1968) bei etwa 55% enden. Aber abgesehen davon kann in einigen Betrieben und Kooperationsgemeinschaften die Frage nach einer stärkeren Ausweitung der Getreidefläche akut werden, z. B. für Außenrotationen, besonders wenn Beregnungsanlagen oder Trockenwerke eine Konzentration der Futter- und Hackfrüchte in Sonderfruchtfolgen erfordern.

Der Sonderfall der extremen Ausrichtung des Produktionsprofils oder auch einzelner Fruchtfolgen auf alleinigen Getreidebau ist z. Z. generell abzulehnen. Die dabei auftretenden Mindererträge sind nicht akzeptabel.

Wie bereits KÖNNECKE (1970) für den Versuchsstandort Noitzsch zeigen konnte, ergaben auch unsere langjährigen Versuche auf Tieflehm-Staugley in Dewitz (Kreis Neubrandenburg), daß bei einseitigem Getreidebau der Ertrag nicht linear absinkt, sondern sich nach relativ kurzer Zeit auf ein bestimmtes niedrigeres Ertragsniveau einpendelt. Als Vergleichsbasis wurde eine Dreifelderfolge mit stallmistgedüngten Kartoffeln bzw. Erbsen verwendet. Die relativen Erträge sanken bei Winterweizen, Winterroggen und Hafer bis zum 5. Jahr ab und blieben danach etwa gleich (Abb. 1).

Über die Auswirkung ständigen Getreidebaues mit Wechsel der verfügbaren Arten informiert die Tabelle. Bei standorttypischer Bearbeitung und Düngung war es mit Ausnahme von Sommergerste in der Folge Roggen – Roggen – Sommergerste nicht möglich, die Erträge von Winterroggen, Winterweizen, Sommergerste und Hafer auf dem gleichen Niveau wie in einer Dreifelderfolge mit stallmistgedüngter Hackfrucht oder Körnerleguminosen als tragender Frucht zu halten. Der Ertragsabfall ist bei Winterweizen allgemein und bei Hafer nach Gerste oder Hafer ausgeprägter als bei Winterroggen und Sommer-

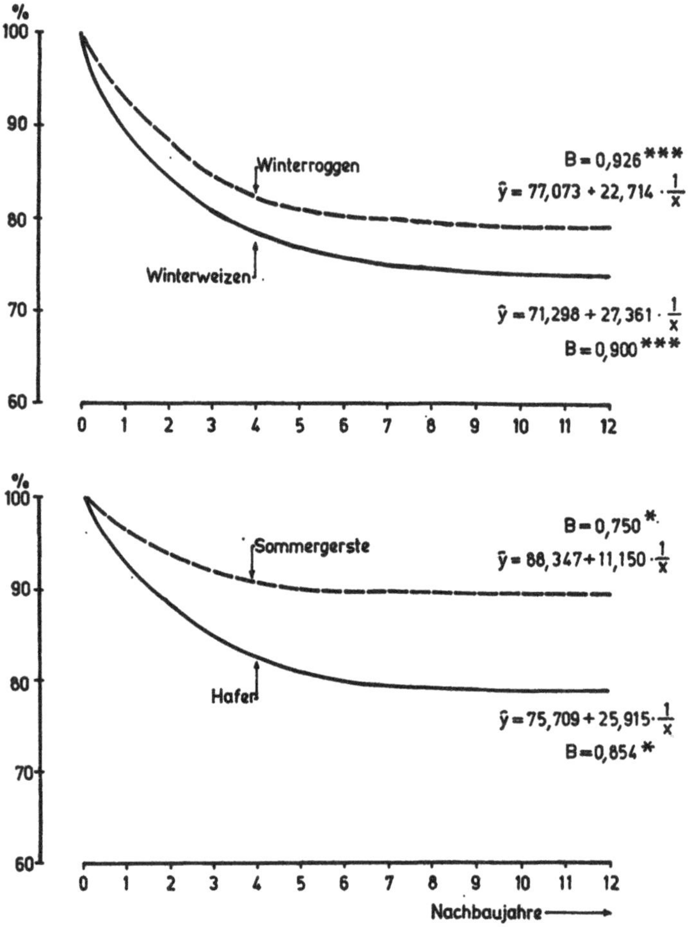

Abb. 1: Relativer Ertragsrückgang bei ständigem Getreidebau im Vergleich zu einer Dreifelderfolge – Versuchsort Dewitz

gerste. Mit Ausnahme von Winterroggen liegen die Varianten mit zweimaligem Vorhandensein der gleichen Art immer in der Gruppe mit dem größten Minderertrag: bei Winterweizen in der Folge Roggen – Weizen – Weizen, bei Sommergerste in der Folge Roggen – Gerste – Gerste, bei Hafer in der Folge Roggen – Hafer – Hafer. Als relativ stabil erwiesen sich die Sommergetreideerträge nach zweimal Roggen. In dieser Folge brachte die Sommergerste höhere Erträge als in der Stellung Roggen – Kartoffeln – Gerste oder Roggen – Erbsen – Gerste.

Die Einführung neuer Technologien des Maschineneinsatzes der Düngung und der Anwendung von Pflanzenschutzmitteln geben neue Möglichkeiten, in die Wechselwirkungen zwischen Pflanze und Boden, zwischen Kulturpflanze und Schädling einzugreifen. Beispielsweise bereitet die Unkrautbekämpfung in

Ertragsdifferenzen in der vierten Rotation bei verschiedenen Getreidearten in reinen Getreidefolgen gegenüber Dreifelderfolgen (Dewitz)

a) Winterroggen Folge	Differenz in dt/ha gegenüber Roggen—Kartoffeln—Roggen	Roggen—Erbsen—Roggen
1. Roggen—Roggen—Roggen	— 5,6 (14,2%)	— 7,4 (17,9%)
2. Weizen—Roggen—Roggen	— 4,2 (10,7%)	— 6,0 (14,6%)
3. S.-Gerste—Roggen—Roggen	— 6,4 (16,2%)	— 8,2 (19,9%)
4. Hafer—Roggen—Roggen	— 10,4 (26,4%)	— 12,2 (29,6%)

b) Winterweizen Folge	Differenz in dt/ha gegenüber Roggen—Kartoffeln—Weizen	Roggen—Erbsen—Weizen
1. Roggen—Roggen—Weizen	— 14,2 (25,9%)	— 14,4 (26,5%)
2. Roggen—Weizen—Weizen	— 14,9 (27,3%)	— 14,7 (27,0%)
3. Roggen—Gerste—Weizen	— 9,2 (18,3%)	— 9,0 (16,6%)
4. Roggen—Hafer—Weizen	— 11,8 (21,4%)	— 5,0 (9,3%)

c) Sommergerste Folge	Differenz in dt/ha gegenüber Roggen—Kartoffeln—Gerste	Roggen—Erbsen—Gerste
1. Roggen—Roggen—Gerste	+ 2,2 (6,3%)	+ 1,8 (5,1%)
2. Roggen—Weizen—Gerste	— 5,1 (14,7%)	— 5,5 (15,7%)
3. Roggen—Gerste—Gerste	— 7,8 (22,5%)	— 8,2 (23,4%)
4. Roggen—Hafer—Gerste	— 7,0 (20,1%)	— 7,4 (21,1%)

d) Hafer Folge	Differenz in dt/ha gegenüber Roggen—Kartoffeln—Hafer	Roggen—Erbsen—Hafer
1. Roggen—Roggen—Hafer	— 3,3 (9,9%)	— 5,7 (16,0%)
2. Roggen—Weizen—Hafer	— 7,0 (21,1%)	— 9,4 (26,4%)
3. Roggen—Gerste—Hafer	— 10,0 (30,1%)	— 12,4 (34,8%)
4. Roggen—Hafer—Hafer	— 10,9 (32,8%)	— 13,3 (37,3%)

einseitigen Produktionsprofilen kaum noch Schwierigkeiten. Allein vom wissenschaftlichen Experimentierstadium gesehen, sind auch viele Probleme, die bisher als klassisches Gebiet der Fruchtfolgeforschung galten, durch den Einsatz von Chemieprodukten zu lösen. Das trifft besonders für das Abwenden von Schäden, also das Aufheben der Fruchtfolge- und Selbstfolgelabilität zu. Gegen die meisten pilzlichen und bakteriellen Schädlinge stehen Bodenmassierungsmittel zur Verfügung. Parasitäre Wurzelnematoden, die nach Oostenbrink (1960), Decker (1963) und Fischer (1970) einen wesentlichen Faktor der Fruchtfolgelabilität darstellen, können durch den Einsatz von Nematiziden bekämpft werden. Strukturverschlechterungen in einseitigen Getreideproduktionsprofilen lassen sich wahrscheinlich durch den Einsatz synthetischer Bodenverbesserungsmittel (BVM) beheben (Kullmann, 1967). Die Umsetzungsvorgänge im Boden, vorwiegend die N-Mineralisierung, können im Modellversuch durch den Einsatz hoher Düngemittelgaben (Müller, 1966) bzw. zweckentsprechender hemmender oder stimulierender Präparate beeinflußt werden (Höflich, 1968). Es ist aber einschränkend festzustellen, daß die meisten dieser sich andeutenden Möglichkeiten vorerst noch nicht bis zur praktischen Anwendungsreife durchgearbeitet sind. Außerdem sind die derzeitigen Industrieabgabepreise für einige bereits gehandelte Produkte noch zu hoch, so daß ihr komplexer Einsatz ein wesentliches Ansteigen der Selbstkosten des Getreides zur Folge hätte, der in keinem Verhältnis zu den durch die Spezialisierung erzielbaren Einsparungen steht. Auch die im Modellversuch nachgewiesenen Ansätze zur Eliminierung der Fruchtfolgewirkung durch hohe Mineraldüngergaben konnten im Feldversuch nicht voll bestätigt werden. Die dominierende Rolle der Nährstoffversorgung ist zwar in vielen Fruchtfolgeversuchen hervorgetreten (Ansorge, Schnee und Jauert, 1967; Ehrenpfordt, 1964; Webber, 1967). Mehrjähriger Nachbau von Getreide mit gestaffelten Düngermengen auf der Fläche des ehemaligen Fruchtfolgeversuches Müncheberg 002 (Tieflehmfahlerde), in dem der Einfluß unterschiedlicher Getreide- und Futterpflanzenanteile auf Boden und Ertrag geprüft wurde (Smukalski, 1970), ergab aber, daß die Mineraldüngung auf den ehemals blattfruchtreicheren Varianten besser verwertet wird als in der getreidebetonten Marktfruchtfolge, die als Kontrolle Verwendung fand. Die Düngermengen waren so abgestuft, daß die höchste Gabe mit hoher Wahrscheinlichkeit in den Depressionsbereich fiel. Das konnte in der Kontrolle stets erreicht werden, nicht aber in den Varianten mit Haupt- und Zwischenfrüchten.

Im ersten Prüfungsjahr war die Nachwirkung starken Zwischenfruchtanbaues aus der vorher geprüften Rotation besonders hoch. Sie erwies sich den Hauptfuttervarianten in der höchsten Düngerstufe noch schwach überlegen. Auch im zweiten und dritten Nachbaujahr konnten hochsignifikante Nachwirkungen der Fruchtfolgen auf den Getreideertrag festgestellt werden. Dabei zeigte sich, daß der Zwischenfruchtanbau als integrierter Bestandteil der Fruchtfolge eine große Bedeutung für die Ertragshöhe des Getreides hat, seine akkumulative Wirkung auf den Boden aber geringer ist als die der Futterhauptfrüchte. Entgegen den bisherigen Modellvorstellungen nahm im zweiten und dritten Nachbaujahr die relative Fruchtfolgewirkung in den ehemaligen Varianten mit Hauptfutterbau im Vergleich zur Kontrolle mit steigendem Düngeraufwand nicht ab, sondern in der Tendenz zu. In der höchsten Düngerstufe wurden im zweiten Nachbaujahr 36%, im dritten Nachbaujahr 22% mehr als in der Kontrolle geerntet.

Auch durch intensivere Bodenbearbeitung, die in einem Fruchtfolgegliederversuch in Müncheberg geprüft wurde, konnte der konzentrationsbedingte Ertragsabfall von Winterweizen und Wintergerste nicht verringert werden.

Die Beregnung kann auf Grund der geringen Beregnungsdankbarkeit des Getreides nicht als Maßnahme zur Ertragssicherung konzentrierter Mähdruschfolgen in Betracht kommen.

Geht man mit Gliemeroth (1970) davon aus, daß für die Beurteilung einseitiger Produktionsprofile nicht entscheidend sein kann, welchen Ertrag intensive Getreidearten bei Veränderung einer Anbaumaßnahme trotzdem noch erreichen, sondern wie sich ihre Leistung dann gegenüber günstigen Fruchtfolgen bei sonst gleichen Erzeugungsbedingungen verhält, so muß auch künftig an den Anbaugrenzen festgehalten werden, die nach EBERT (1968) in Abhängigkeit von Getreidetyp und Artenanteil zwischen 50 und 75% variieren. Die Konzentration von Getreide ist, wie KÖNNECKE (1970) betonte, nicht daran gebunden, daß unbedingt 70 bis 80% des Ackerlandes mit Getreide zu bestellen sind. Durch Kooperationsvereinbarungen können genügend Flächen für die Ausnutzung der modernen Getreidetechnologie ohne Schwierigkeiten bereitgestellt werden. Auf die vielfachen Möglichkeiten, die sich durch eine zweckmäßige Arten- und Sortenrayonierung für die Steigerung des Getreideaufkommens ergeben, kann hier nicht eingegangen werden.

Bedeutsam für die Höhe der Getreideerträge sind neben Ackerkultur und Anbaukonzentration die Komplementärfrüchte. An Hand der langjährigen Müncheberger Ackerfruchtfolgeversuche soll hierbei besonders auf Auswirkungen des Futterbaues eingegangen werden. Diese Versuche liefen unter verschiedenen Standort- und Klimabedingungen. Der Getreideanteil variierte auf leichtem Boden zwischen 42,8% und 71,4%, auf besseren Böden zwischen 42,8% und 57,2%. Hauptfutterpflanzen wurden in den Anteilen 28,6% (I), 14,3% (II) geprüft. Marktfruchtfolgen mit den oben genannten Getreideanteilen enthielten keine Hauptfutterfrüchte, dafür aber 57% Zwischenfrüchte (III) oder wurden vollständig ohne Futterpflanzen belassen (IV). Die Trends der langjährigen Ertragsreihen vergleichbar in (nach mindestens zwei gleichen Vorfrüchten) den Fruchtfolgen angebauten Getreidearten weisen in allen geprüften Varianten eine Tendenz zu steigenden Erträgen auf. Auch in der Marktfruchtfolge ohne Futterbau, die als Kontrolle verwendet wird, steigen die Getreideerträge im Laufe der Versuchsdauer an. Termingerechte Bearbeitung und bedarfsgerechte Düngung bewirkten gegenüber der vor Versuchsbeginn praxisüblichen Bewirtschaftung höhere Erträge, folglich auch größere Massen an Ernterückständen und damit eine positive Veränderung des Ertragspotentials.

Hinsichtlich der Wirkung des Hauptfutterbaus auf die Bodenfruchtbarkeit ist bemerkenswert, daß auf leichten Diluvialböden und Löß in feuchter Lage die mögliche Effektivitätssteigerung bereits nach wenigen Anlaufjahren, d. h. nach einmaligem Hauptfutterbau, manifestiert war. Den stärksten Einfluß auf die Entwicklung des Prüfmerkmals Ertrag der vergleichbaren Hauptfrucht Winterroggen übte auf sandigen Böden die häufige Zufuhr frischer organischer Masse durch einen maximalen Anbau von Zwischenfrüchten aus. Im Hinblick auf die Ertragswirksamkeit erwies sich die Gründüngungsnutzung der Zwischenfrüchte (diese Variante war nicht von Anfang an in den Versuchen enthalten) der Futternutzung als überlegen (Abb. 2). Allerdings wurde durch die Futternutzung ein höherer Rotationsertrag erzielt (RÜBENSAM u. SIMON, 1961). Die große Bedeutung des Zwischenfruchtanbaus für den Ausgleich von Depressionen bei hoher Getreidekonzentration auf leichten Böden konnte EHRENPFORDT (1969) auch an Hand der Roggenerträge im LVG Noitzsch nachweisen.

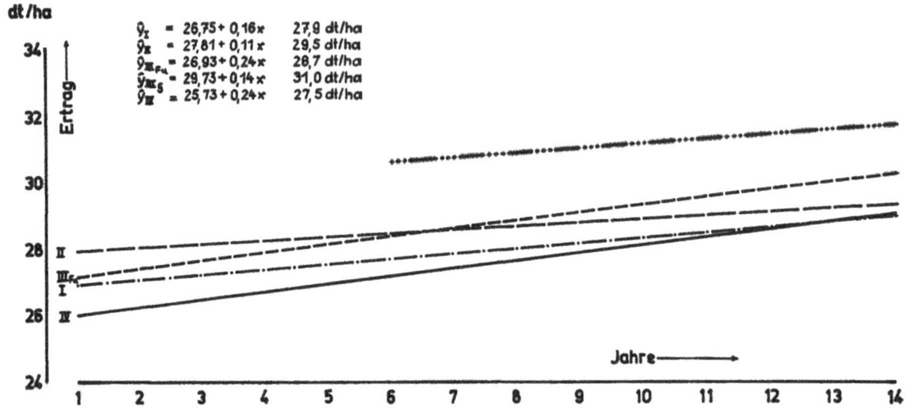

Abb. 2: Lineare Ertragstrends für das Merkmal Kornertrag der vergleichbaren Hauptfrucht Winterroggen im Versuch Müncheberg 001 (...—... = III Gdg)

Aus den dargelegten Ergebnissen kann gefolgert werden, daß für leichte diluviale Böden der Hauptfutterbau innerhalb getreidebetonter Produktionsprofile nicht unbedingt zur Ertragssicherung erforderlich ist. Er ist auf diluvialen Böden in trockener Lage (Müncheberg) mit vielen Unsicherheitsfaktoren belastet. Auf diesen Böden stellt der Anbau von mehrjährigen Hauptfutterpflanzen in Ackerfruchtfolgen ohne Beregnung für spezialisierte und industriemäßig organisierte landwirtschaftliche Produktionseinheiten keine empfehlenswerte Variante dar. Eine Trennung von Marktfruchtfolgen (Getreide-Hackfruchtbau) mit der nötigen Reproduktion der organischen Bodensubstanz und einem hohen Zwischenfruchtanteil zur Gesunderhaltung des Bodens und Futterfruchtfolgen mit Beregnung erscheint sinnvoll und gerechtfertigt. Auch unter den Bedingungen von Lößstandorten mit hohen Jahresniederschlägen vermag sinnvoll in Ackerfruchtfolgen eingegliederter Zwischenfruchtbau fast ebensoviel für die Erzielung hoher Getreideerträge zu leisten wie der Hauptfutterbau.

Grundlegend anders ist die Bedeutung der geprüften Formen des Futterbaus für schwere Böden in trockener Lage einzuschätzen (Abb. 3). Die Ergebnisse aus der ehemaligen Müncheberger Versuchsstation im Oderbruch (Wollup) zeigen, daß hier aus Gründen hoher Getreideerträge nicht auf den Hauptfutterbau verzichtet werden kann. Er ist zur Erhaltung einer günstigen Bodenstruktur und zum Unterdrücken schwer bekämpfbarer Unkräuter notwendig. Zwischenfruchtbau ist, soweit er zusätzliche Bodenbearbeitung erfordert, für derartige Gebiete ungeeignet. Die optimale Bearbeitung des Bodens ist zeitlich begrenzt. Nach der Ernte des vorher stehenden Getreides ist der Boden meist so stark ausgetrocknet, daß sich nur eine unbefriedigende, grobschollige Pflugfurche erzielen läßt. Die Folge sind Schäden der Bodenstruktur und steigende Verunkrautung. Auch der Stoppelfruchtanbau vor Sommergetreide stellt keine sichere Form des Zwischenfruchtbaus dar. Durch Stoppelsaaten wird außerdem die Herbstbearbeitung verzögert. Die Folgen sind ebenfalls Strukturschäden und Ver-

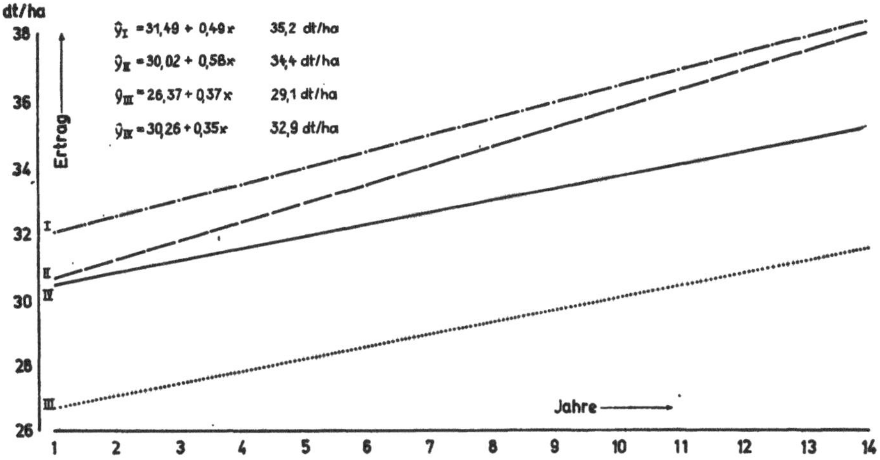

Abb. 3: Lineare Ertragstrends für das Merkmal Kornertrag der vergleichbaren Hauptfrucht Winterweizen im Versuch Wollup 004

unkrautung der Getreidebestände im folgenden Jahr. Die zusätzliche Bereitstellung organischer Masse durch den Zwischenfruchtbau wiegt die Nachteile nicht auf, die eine Verhinderung der Bodenbearbeitung zum optimalen Zeitpunkt hervorruft.
Abschließend sei noch zu bemerken, daß Fragen des Getreidebaues im Produktionsprofil, besonders die Behebung von Konzentrationsschäden, nur in prognostisch ausgerichteten Versuchsserien mit genügend langer Laufzeit geklärt werden können. Ihre weitere Bearbeitung ist sicher lohnenswert.

Zusammenfassung

Obwohl der Getreideanteil an der Ackerfläche der DDR insgesamt nur geringfügig ansteigt, kann in spezialisierten Betrieben die Ausweitung der Getreidefläche akut werden. Von einem reinen Getreidebau, auch alternierender Arten, muß abgeraten werden. Möglichkeiten, konzentrierte Getreidefolgen durch den Einsatz chemischer Mittel risikoärmer zu gestalten, zeichnen sich ab, sind aber für den komplexen Einsatz ökonomisch noch nicht tragbar. Bedeutsam für die Erhöhung der Getreideerträge in einem gegebenen Produktionsprofil ist neben Maßnahmen zur Erhöhung der Ackerbaukultur die zweckmäßige Zusammenstellung von Getreidearten und Komplementärfrüchten. Die Bedeutung unterschiedlicher Formen des Hauptfutter- und Zwischenfruchtbaues in Abhängigkeit vom Standort wird dargelegt.

Резюме

Несмотря на то, что доля зерновых в общей посевной площади ГДР в целом увеличится лишь незначительно, в специализированных хозяйствах может стать острым вопрос обесценивания площадей для зерновых. Не рекомендуется возделывать только зерновые культуры, даже в случае смены видов зерновых. Вырисовываются возможности снижения риска концентрированного возделывания зерновых за счет применения химических средств, однако экономически они еще неприменимы в широком масштабе. Решающим для увеличения урожаев зерновых при имеющемся производственном профиле является целесообразный подбор видов зерновых и дополняющих культур наряду с мерами по увеличению культуры земледелия. Излагается значение различных форм выращивания кормовых культур в севообороте и промежуточных культур в зависимости от местопроизрастания.

Summary

Although the grain percentage in the GDR's arable land as a whole increases but slightly, the extension of the area under grain crops may become acute in specialized farms. Pure grain growing, even of alternate species, cannot be recommended. Possibilities of reducing the risk of concentrated grain rotations through the use of chemicals appear in outlines, but for economic reasons these preparations cannot yet be applied on a large scale. Measures to improve cultural practices as well as the appropriate composition of grain species and complementary crops are important for raising grain yields in a given production profile. The importance of various forms of forage main crop growing and catch crop growing in dependence on the site is outlined.

Literatur

Ansorge, H. M.; Schnee, M.; Jauert, R.: Beziehungen zwischen Vorfrucht und Düngung zu Getreide. Thaer-Arch. 11 (1967), S. 163–169

Decker, H.: Pflanzenparasitäre Nematoden und ihre Bekämpfung. Berlin, VEB Dt. Landwirtschaftsverl. 1963

Ebert, D.: Entwicklungstendenzen der Getreideproduktion in der DDR. In: Industriemäßige Getreideproduktion, Markkleeberg, 1968, S. 10–27

Ehrenpfordt, V.: Zit. bei Könnecke, 1970

Fischer, R.: Untersuchungen über die Vermehrung pflanzenparasitärer Nematoden und den Ertragsverlauf bei fortgesetztem Getreidebau. Halle, Univ., Diss. 1970

Gliemeroth, G.: Untersuchungen über getreidestarke Fruchtfolgen bei Einschaltung von Zwischenfrüchten nach Pflügen und Schälen. Z. Acker- u. Pflanzenbau 131 (1970), S. 265–277

Höflich, G.: Die Wirkung verschiedener chemischer Substanzen auf die Nitrifikation, einige Bodenorganismen und die Stickstoffauswaschung. Thaer-Arch. 12 (1968), S. 692–699

Könnecke, G.: Fruchtfolgeprobleme bei verstärktem Getreidebau. Thaer-Arch. 14 (1970), S. 285–396

Könnecke, G.: Konzentrations- und fruchtfolgespezifische Ertragsänderungen bei Getreide und der Einfluß von Intensivierungsmaßnahmen. Agroforum 1970, H. 5/6, S. 141–148

Müller, P.: Über einige Ursachen der Vorfruchtwirkung. Tag.-Ber. Dt. Akad. Landwirtsch.-Wiss. Berlin Nr. 72, 1966, S. 313–324

Oostenbrink, M.: Vorfruchtwirkung und Nematoden. Wiss. Z. Univ. Halle, Math.-Nat. R. 1961, S. 303–308

Rübensam, E.; Simon, W.: Der Einfluß von Futterpflanzen als Haupt- und Zwischenfrüchte auf die Erträge und die Fruchtbarkeit verschiedener Böden. I. Erträge und Fruchtfolgen mit unterschiedlichem Futterpflanzenanteil auf sandigem Boden. Thaer-Arch. 5 (1961), S. 687–704

Smukalski, M.: – dito – X. Untersuchung der Ertragsentwicklung. Thaer-Arch. 14 (1970), S. 65–77

Smukalski, M.: Zu einigen Fragen getreidebetonter Fruchtfolgen im Rahmen effektiver Ackerbau- und Meliorationssysteme. Agroforum 1969, H. 10, S. 285–288

Webber, J.: Intensive cereal growing-manuring. Agriculture 74 (1967), No. 3, S. 137–140,

Anschrift des Verfassers:

Dr. Martin Smukalski
Forschungszentrum für Bodenfruchtbarkeit Müncheberg
der Akademie der Landwirtschaftswissenschaften
der Deutschen Demokratischen Republik
1278 Müncheberg/Mark, Wilhelm-Pieck-Str. 72

Tag.-Ber.Akad. Landwirtsch.-Wiss. DDR · Nr. 119 · 1972 · S. 355–361

Institut für Getreideforschung Bernburg-Hadmersleben
der Akademie der Landwirtschaftswissenschaften
der Deutschen Demokratischen Republik

Gerhard Knoch

Experimentelle Befunde aus der Fruchtfolgeforschung Getreide

Konzentration und Spezialisierung der Produktion zwingen zu einer Reduzierung der Nutzpflanzenarten im Ackerflächenverhältnis und zur bewußten Gestaltung ertragreicher und gesunder Fruchtfolgen. In Bernburger Fruchtfolge-, Intensitäts- und Vorfruchtversuchen wurde der Vorfruchteinfluß und die akkumulative Wirkung der Futterfolgen auf den nachfolgenden Getreideertrag untersucht.

Bei der Auswertung von Fruchtfolgeversuchen wird vielfach der Ertrag der vergleichbaren Hauptfrucht als Maßstab für Fruchtfolgeeffekte angesehen. In allen Folgen mit Getreide kann in unseren Versuchen die Wintergerste als vergleichbare Hauptfrucht betrachtet werden. Denn Wintergerste wird stets nach Winterweizen angebaut.

Trotz der relativ kurzen Laufzeit des Fruchtfolgeversuches erfolgte eine Auswertung mit Hilfe der Regressionsanalyse (Abb. 1).

Die auf den Ergebnissen von 1965 bis 1970 errechneten Kornerträge der Wintergerste lassen einen unterschiedlichen Fruchtfolgeeinfluß und einen sehr differenzierten Ertragszuwachs erkennen. Kontinuierlich steigende Erträge ergaben sich in den Folgen 2 (Luzerne – Luzerne – Winterweizen – Wintergerste), 7

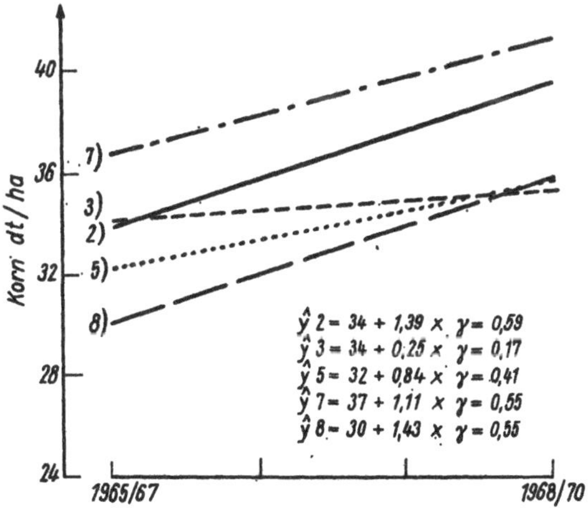

Abb. 1: Erträge der vergleichbaren Hauptfrucht Wintergerste in verschiedenen Fruchtfolgen (Bernburg LI Lö 95–99)

(Kartoffeln – Zuckerrüben – Winterweizen – Wintergerste) und 8 (Hafer – Winterroggen – Winterweizen – Wintergerste), bei allerdings sehr unterschiedlichem Ertragsniveau. Die Folge 5 (Wickgras – Futterroggen/Silomais – Winterweizen – Wintergerste) und die Folge 3 (Bokharaklee/Grünmais – Futterroggen/Silomais – Winterweizen – Wintergerste) lassen einen wesentlich geringeren Ertragsanstieg erkennen. In der reinen Getreidefolge (8) überrascht der relativ hohe Ertragszuwachs. Durch jährlichen Wechsel der Getreideart waren krankheitsbedingte Ertragsausfälle noch nicht zu bemerken. Der sehr niedrige Ausgangswert sollte allerdings bei der Betrachtung des Ergebnisses nicht übersehen werden. Nicht ganz erklärlich erscheint der nahezu gleichförmig verlaufende Ertragstrend der Luzerne-Getreidefolge und der Hackfrucht-Getreidefolge. Denn immerhin liegen nach sechsjähriger Laufzeit Unterschiede im C_t-Gehalt des Bodens von 0,30 bis 0,36%, im N_t-Gehalt allerdings nur von 10 bis 13 mg/100 g Boden vor.

Die Auswirkungen steigender N-Gaben zu verschiedenen ein- und mehrjährigen Futterpflanzen und ihr Vorfruchteinfluß auf eine Kartoffel- und eine Getreidenachfrucht waren Gegenstand weiterer Prüfungen.

Vorfruchteinfluß einiger Futterpflanzen bei steigenden N-Gaben

1. Jahr	Futterpflanzen N-Düngung kg/ha	2. Jahr	N-Düngung kg/ha	1. Nachfrucht	2. Nachfrucht
Wickroggen/ Leguminosen-Gemenge	60/120 240/480	Wickroggen/ Grünmais	60/120 240/480	Kartoffeln	So.-Gerste
Futterroggen/ Leguminosen-Gemenge	60/120 240/480	Futterroggen/ Silomais	60/120 240/480	Kartoffeln	So.-Gerste
Grasgemisch	60/120 240/480	Grasgemisch	60/120 240/480	Kartoffeln	So.-Gerste
Luzerne	0/30 60/120	Luzerne	0/30 60/120	Kartoffeln	So.-Gerste

In diesem Zusammenhang erfolgt vorrangig die Beurteilung des zweijährigen Futteranbaues bei steigenden N-Gaben zur zweiten Nachfrucht Sommergerste. Die Beurteilung kann mit zwei Versuchsreihen am gleichen Standort vorgenommen werden.

Im Bestandesbild der Sommergerste zeigte sich während der gesamten Vegetationszeit der beste Bestand nach Luzerne, ein guter Bestand nach den einjährigen Futterpflanzen, und ein etwas dünneres und nicht so homogenes Bestandesbild bot sich nach Feldgras. Die Lagerneigung nahm durchweg mit erhöhter N-Düngung zu. Zur Ernte hinterließen die mit 480 kg/ha N versehenen Futterpflanzen – außer bei Grasvorfrucht – starkes Lager bei der Sommergerste. Nach Luzerne lagerte die Sommergerste insgesamt, wenn auch unterschiedlich stark. Die am Feldbestand festgestellten Beobachtungen decken sich weitgehend mit den Ertragsleistungen (Abb. 2).

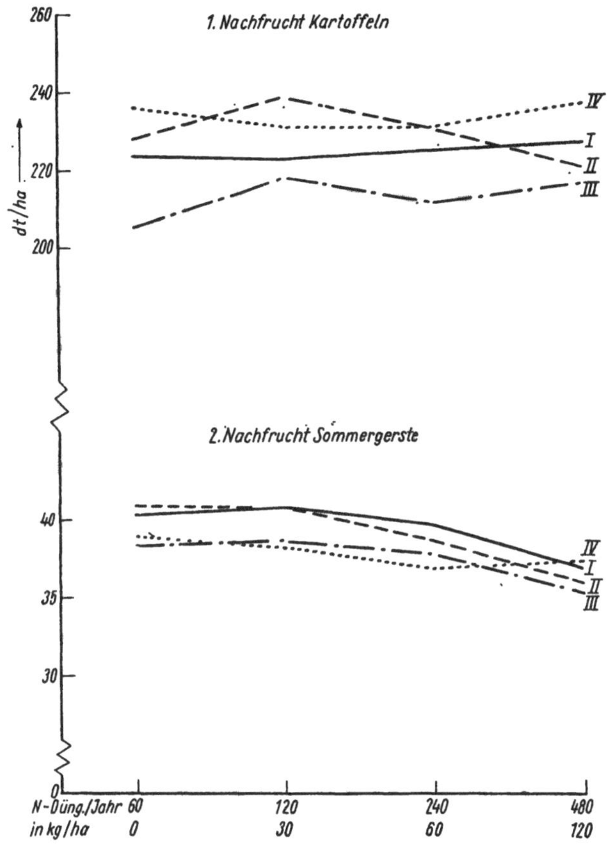

Abb. 2: Ertragsrelationen der 1. u. 2. Nachfrucht (N-Steigerung zu Futterpflanzen 1964–69)

Während zur ersten Nachfrucht Kartoffeln sich der direkte Vorfruchtwert stärker auswirkte als die verabfolgten N-Gaben, wird zur zweiten Nachfrucht Sommergerste der Vorfruchteinfluß geringer und die N-Düngungseffekte treten deutlicher hervor. Durch N-Gaben von 240 kg/ha N zeigten die Sommergerstenerträge schon schwach fallende, durch 480 kg/ha N stark fallende Tendenz. Trotz unterschiedlichen Feldbestandes lagen die Erträge nach Luzerne und Feldgrasvorfrucht nahezu auf einer Ebene. Zu zeitiges Lagern nach Luzernevorfrucht und der schlechtere Bestand nach Feldgras sind ursächlich dafür verantwortlich. Diese Ausführungen werden durch die Abbildung 3 unterstrichen.

Dort ist im oberen Teil der N-Gehalt des Bodens im Herbst nach Aberntung der Futterpflanzen aufgetragen. Durchweg ergibt sich mit der Erhöhung der N-Gaben eine bessere N-Versorgung des Bodens. Naturgemäß lagen die Ausgangswerte nach Luzerne bedeutend höher.

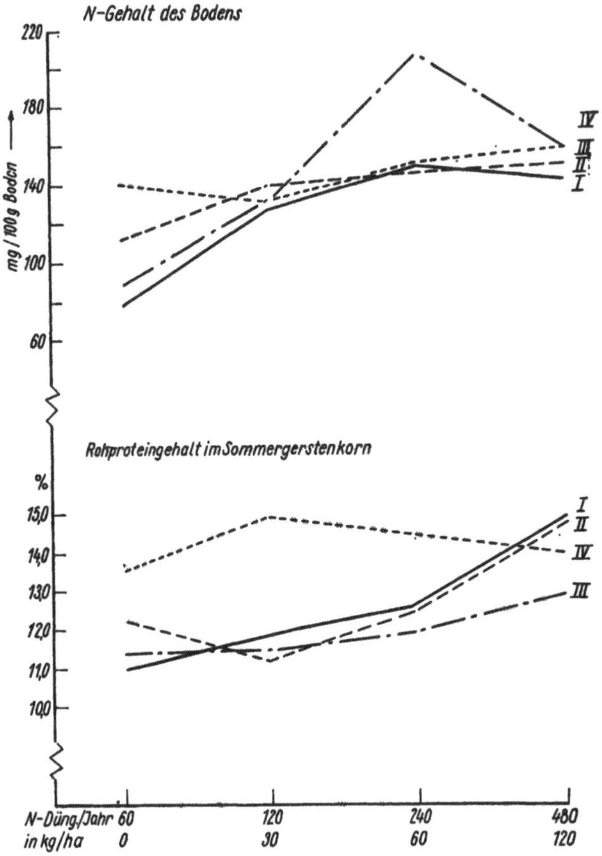

Abb. 3: Beziehungen zwischen Bodenstickstoffgehalt und Rohproteingehalt der zweiten Nachfrucht Sommergerste (N-Steigerung zu Futterpflanzen 1964–69)

Im unteren Teil der Darstellung bestätigen die Rohproteingehalte des Sommergerstenkorns, daß die N-Anreicherung des Bodens durch zweimalige hohe N-Gaben zu den Futterpflanzen bis ins zweite Nachfruchtjahr erhalten geblieben ist. Am deutlichsten ergab sich diese Tendenz bei den einjährigen Futterpflanzen (I u. II) und nicht ganz so ausgeprägt, aber zumindest angedeutet, beim Feldgras (III). Nach Luzerne (IV) wurden von vornherein höhere Gehalte erwartet und festgestellt, die über alle N-Stufen hinweg nur wenig differieren.
Ergänzt und erweitert wird die Aussagekraft dieser Ergebnisse durch eine 1970 vorgenommene Nachfruchtprüfung. Winterweizen wurde nach einem zweijährig genutzten Vergleich verschiedener mehrjähriger Futterpflanzen ausgebracht. In diesem Versuch waren neben dem Faktor Pflanzenarten noch die Intensitätsstufen Stickstoff und Wasser enthalten.
Auf die verschiedenen Vorfrüchte reagierte der Winterweizen mit beträchtlichen Ertragsunterschieden (Abb. 4).

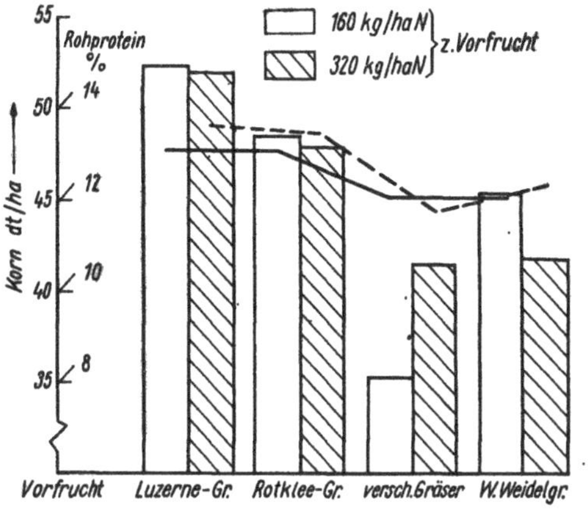

Abb. 4: Winterweizenerträge nach mehrjährigen Vorfrüchten, die unterschiedlich mit N gedüngt wurden

Von den Gräsern kann das Welsche Weidelgras noch als relativ gute Vorfrucht eingeschätzt werden. Nach den übrigen Gräsern Knaulgras, Glatthafer, Rohrglanzgras und Wiesenschwingel reagierte der Winterweizen gleichsinnig mit ähnlich hohen Ertragsleistungen, deshalb wurden diese Erträge in einer Gruppe der verschiedenen Feldgräser vereinigt. Die erhöhte N-Düngung zu den Futterpflanzen bewirkte keine Verbesserung des Nachfruchteffektes nach Leguminosengrasgemischen. Nach den verschiedenen Gräsern und nach Welschem Weidelgras traten jedoch einander entgegenlaufende Ertragsrelationen auf. Die letztere nach Welschem Weidelgras deckt sich voll mit der oben besprochenen mehrjährigen Nachfruchtprüfung, auch dort war Welsches Weidelgras bestandesbildend.

Außer der Vorfruchtwirkung konnte ein deutlicher Einfluß der Beregnung zu Futterpflanzen auf den Nachfruchtertrag des Weizens ermittelt werden (Abb. 5).

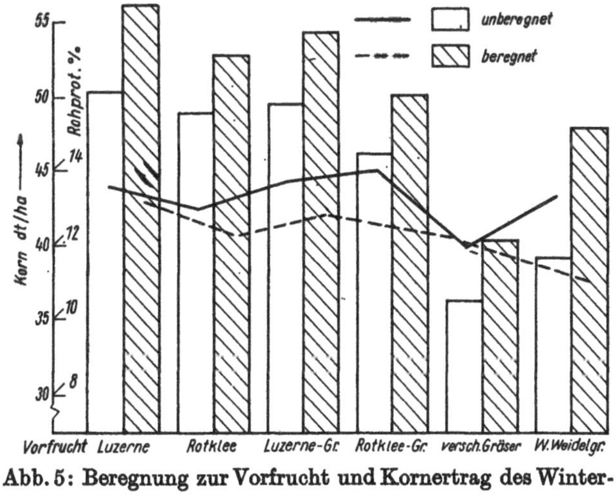

Abb. 5: Beregnung zur Vorfrucht und Kornertrag des Winterweizens

Nach Welschem Weidelgras und nach Luzerne traten die größten Ertragsunterschiede zwischen unberegnet und beregnet auf. Bei den übrigen Pflanzen lagen gleichfalls bedeutende Ertragsdifferenzen vor. Im $\bar{\bar{x}}$ können 5,0 dt Mehrertrag an Korn auf die ständig bessere Wasserversorgung des Bodens zurückgeführt werden, wie Feuchtigkeitsuntersuchungen der Krume und des Untergrundes vom 20. 4. bis 6. 7. bei Knaulgras beweisen. Trotz der reichlichen Winterniederschläge 1969/70 und der über dem langjährigen Mittel liegenden Regenmengen während der Vegetationszeit bewirkte der zu den Futterpflanzen verabreichte Zusatzregen von 438 mm in zwei Jahren diesen Mehrertrag.
Ob überhaupt und inwieweit eine erhöhte N-Düngung zur Nachfrucht in der Lage ist, Vorfruchtwirkungen auszugleichen, wird in der Abbildung 6 gezeigt.

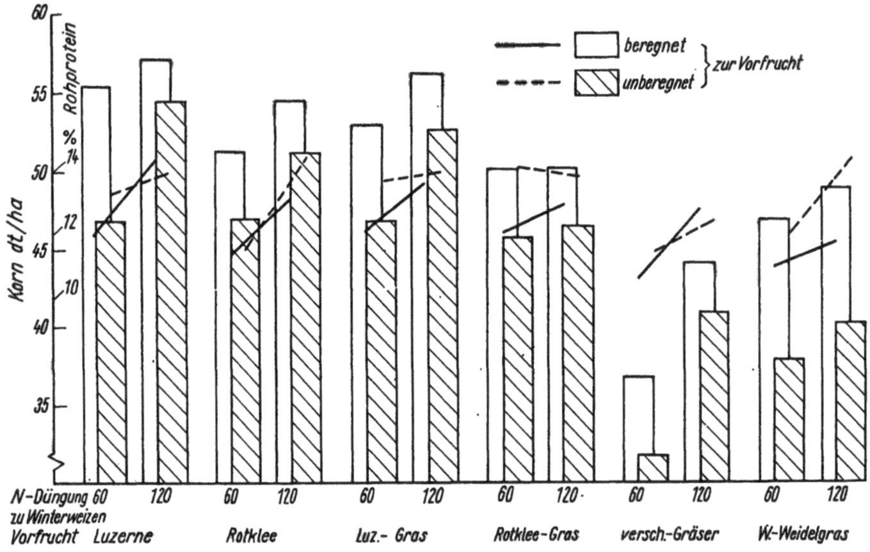

Abb. 6: Erhöhte N-Düngung zu Winterweizen nach Beregnung der Vorfrüchte

Sowohl unberegnet als auch beregnet konnte der höchste Mehrertrag durch erhöhte N-Düngung nach den verschiedenen Feldgräsern erzielt werden. Zu den übrigen wesentlich besseren Vorfrüchten Luzerne bzw. Luzernegras blieben jedoch noch erhebliche Ertragsdifferenzen. Bei allen Vorfrüchten kann eine sehr gute Übereinstimmung des sowohl durch Beregnung als auch durch hohe N-Gaben zur Nachfrucht erzielten Mehrertrages festgestellt werden. Die Beregnung zu den Futterpflanzen schränkte den Erfolg der zusätzlichen N-Düngung ein. Insgesamt kann die Beregnungsnachwirkung noch etwas günstiger als die zusätzliche N-Gabe von 60 kg/ha eingeschätzt werden.

Zusammenfassung

Wie durch Fruchtfolgeversuche sowie mehrjährige und einjährige Nachfruchtprüfungen belegt wurde, kann für ein- und zweijähriges Feldgras in trockener Lage auf gutem Standort nur ein ungünstiger Vorfrucht- bzw. Vorvorfruchteinfluß auf das nachfolgende Getreide bestätigt werden. Erhöhte N-Gaben zu mehrjährigen Feldgräsern ergaben eine gewisse Aufwertung des Vorfruchteinflusses. Beim Welschen Weidelgras muß am ehesten mit einer Minderung des Nachfruchtertrages gerechnet werden. Erhöhte N-Gaben zum Getreide brachten beachtliche Mehrerträge und verringerten die Ertragsdifferenzen zu den besseren Vorfrüchten. Gleichfalls als sehr beachtlich ist der Einfluß der Beregnungsnachwirkung auf den nachfolgenden Getreideertrag einzuschätzen.

Резюме

Опыты с севооборотами, а также многолетние и однолетние испытания последующих культур подтвердили, что однолетние и многолетние полевые травы в засушливой местности и хорошем местопроизрастании оказывают только неблагоприятное действие как предшественник и предшественник предшественника на последующий посев зерновых (Зимон, Айх, 1966). Увеличенные дозы азота, внесенные под многолетние полевые травы несколько улучшали действие трав как предшественников. Райграс итальянский чаще всего приводит к снижению урожайности последующей культуры. Увеличенные дозы азотных удобрений, внесенные под зерновые приводили к значительным прибавкам урожая и сглаживали разницу в урожайности по сравнению с более хорошими предшественниками. Очень значительным является также последействие дождевания на урожай зерновых, выращиваемых после трав.

Summary

Crop rotation experiments as well as testing of succeeding crops for one or several years have shown that in a dry area on a good soil annual and biennial field grass have only an unfavourable effect on the succeeding grain crop as well as on the one that follows the succeeding crop. Increased nitrogen doses applied to perennial field grasses resulted in a certain upgrading of the effect of the preceding crop. Yield decline of the succeeding crop must first of all be expected after Italian ryegrass. Increased nitrogen dressing of grain crops brought considerable surplus yields and reduced the yield difference between these and the better preceding crops. The residual effect of sprinkler irrigation on the succeeding grain yield is also considered to be quite considerable.

Anschrift des Verfassers:
Dr. Gerhard Knoch
Institut für Getreideforschung Bernburg-Hadmersleben
der Akademie der Landwirtschaftswissenschaften
der Deutschen Demokratischen Republik
4351 Bernburg-Strenzfeld, Mitschurinstraße 22

Bei Fragen zur Produktsicherheit wenden Sie sich bitte an:
If you have any questions regarding product safety,
please contact:

Walter de Gruyter GmbH
Genthiner Straße 13
10785 Berlin
productsafety@degruyterbrill.com